国家示范性高职院校优质核心课程系列教材

分析仪器使用与维护

■ 肖彦春　胡克伟　主编

FENXI YIQI
SHIYONG YU
WEIHU

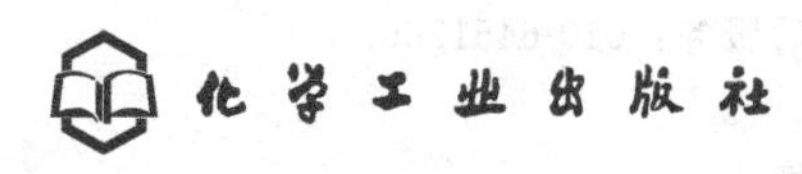

·北京·

本书是国家示范性高职院校优质核心课程系列教材之一。全书以职业能力为依据，以分析仪器为载体，以工作过程为主线，按照一体化教学和工作过程系统化的教学思想，开发出了4个学习模块，分别是常用自动分析仪器的使用与维护、电化学分析仪器的使用与维护、光学分析仪器的使用与维护、色谱分析仪器的使用与维护，这四个模块下又细分为11个学习项目，合计39个工作任务。在每个工作任务后设有阅读材料，以利于进一步拓展理论知识。各个项目的任务实施记录单、操作技能考核表和知识测试题汇集成《学生实践技能训练工作手册》，本书可作为高职高专院校农业、食品、生物、医药类专业师生的教学用书，也可作为其他相关专业人员的参考用书。便于理实一体化教学的实施。

图书在版编目（CIP）数据

分析仪器使用与维护/肖彦春，胡克伟主编. —北京：化学工业出版社，2011.5（2024.1重印）
国家示范性高职院校优质核心课程系列教材
ISBN 978-7-122-10908-8

Ⅰ.分… Ⅱ.①肖…②胡… Ⅲ.①分析仪器-使用②分析仪器-维修 Ⅳ.TH830.7

中国版本图书馆CIP数据核字（2011）第054623号

责任编辑：李植峰　　文字编辑：李　玥
责任校对：吴　静　　装帧设计：史利平

出版发行：化学工业出版社（北京市东城区青年湖南街13号　邮政编码100011）
印　　装：涿州市般润文化传播有限公司
787mm×1092mm　1/16　印张20¼　字数516千字　2024年1月北京第1版第7次印刷

购书咨询：010-64518888　　售后服务：010-64518899
网　　址：http://www.cip.com.cn
凡购买本书，如有缺损质量问题，本社销售中心负责调换。

定　　价：48.00元

《分析仪器使用与维护》编写人员

主　　编　肖彦春　胡克伟

副 主 编　魏丽红　关秀杰　高　涵　燕香梅

编写人员　（按姓名汉语拼音排列）

陈丽娟（大连理想食品有限公司）

高　涵（辽宁农业职业技术学院）

关秀杰（辽宁农业职业技术学院）

郝生宏（辽宁农业职业技术学院）

胡克伟（辽宁农业职业技术学院）

蒋　辉（大连农产品质量安全检测中心）

雷恩春（辽宁农业职业技术学院）

李文一（辽宁农业职业技术学院）

王成义（大连真爱果业有限公司）

魏丽红（辽宁农业职业技术学院）

肖彦春（辽宁农业职业技术学院）

燕香梅（沈阳市农业检测中心）

张建平（辽宁农业职业技术学院）

郑虎哲（辽宁农业职业技术学院）

主　　审　张广才（沈阳农业大学）

“国家示范性高职院校优质核心课程系列教材”建设委员会成员名单

序

我国高等职业教育在经济社会发展需求推动下，不断地从传统教育教学模式蜕变出新，特别是近十几年来在国家教育部的重视下，高等职业教育从示范专业建设到校企合作培养模式改革，从精品课程遴选到双师队伍构建，从质量工程的开展到示范院校建设项目的推出，经历了从局部改革到全面建设的历程。教育部《关于全面提高高等职业教育教学质量的若干意见》（教高［2006］16号）和《教育部、财政部关于实施国家示范性高等职业院校建设计划，加快高等职业教育改革与发展的意见》（教高［2006］14号）文件的正式出台，标志着我国高等职业教育进入了全面提高质量阶段，切实提高教学质量已成为当前我国高等职业教育的一项核心任务，以课程为核心的改革与建设成为高等职业院校当务之急。目前，教材作为课程建设的载体、教师教学的资料和学生的学习依据，存在着与当前人才培养需要的诸多不适应。一是传统课程体系与职业岗位能力培养之间的矛盾；二是教材内容的更新速度与现代岗位技能的变化之间的矛盾；三是传统教材的学科体系与职业能力成长过程之间的矛盾。因此，加强课程改革、加快教材建设已成为目前教学改革的重中之重。

辽宁农业职业技术学院经过十年的改革探索和三年的示范性建设，在课程改革和教材建设上取得了一些成就，特别是示范院校建设中的32门优质核心课程的物化成果之一——教材，现均已结稿付梓，即将与同行和同学们见面交流。

本系列教材力求以职业能力培养为主线，以工作过程为导向，以典型工作任务和生产项目为载体，立足行业岗位要求，参照相关的职业资格标准和行业企业技术标准，遵循高职学生成长规律、高职教育规律和行业生产规律进行开发建设。教材建设过程中广泛吸纳了行业、企业专家的智慧，按照任务驱动、项目导向教学模式的要求，构建情境化学习任务单元，在内容选取上注重了学生可持续发展能力和创新能力培养，具有典型的工学结合特征。

本套以工学结合为主要特征的系列化教材的正式出版，是学院不断深化教学改革，持续开展工作过程系统化课程开发的结果，更是国家示范院校建设的一项重要成果。本套教材是我们多年来按农时季节工艺流程工作程序开展教学活动的一次理性升华，也是借鉴国外职教经验的一次探索尝试，这里面凝聚了各位编审人员的大量心血与智慧。希望该系列教材的出版能为推动基于工作过程系统化课程体系建设和促进人才培养质量提高提供更多的方法及路径，能为全国农业高职院校的教材建设起到积极的引领和示范作用。当然，系列教材涉及的专业较多，编者对现代教育理念的理解不一，难免存在各种各样的问题，希望得到专家的斧正和同行的指点，以便我们改进。

该系列教材的正式出版得到了姜大源、徐涵等职教专家的悉心指导，同时，也得到了化学工业出版社、中国农业大学出版社、相关行业企业专家和有关兄弟院校的大力支持，在此一并表示感谢！

蒋锦标

2010年12月

前言

本教材是在教育部推进国家示范性高职院校建设及高职院校全面开展课程体系和教学内容改革的背景下，根据当前农产品质量检测行业、食品检测行业对人才的需求情况，按照行业和职业岗位（群）的任职要求，参照相关的职业资格标准，由教学一线的骨干教师和行业企业专家共同参与编写的工学结合特色教材。

教材中借鉴了国内外先进的教学理念和教学方法，在编写框架构建上，打破了以知识体系为主线的传统编写模式，以职业能力为依据，以分析仪器为载体，以工作过程为主线，按照一体化教学和工作过程系统化的教学思想，开发出了4个学习模块，11个学习项目，39个工作任务。针对每一个工作任务填充与技能相对应的必需知识点，通过阅读材料进一步拓展理论知识。教材中的每一个项目均设计有任务实施记录单、操作技能考核表和知识测试题，并汇集成《学生实践技能训练工作手册》，与教材配套，便于一体化教学的实施。学生通过完成模块中的各项工作任务，以达到知行合一的目的，有利于学生深入掌握学习内容，同时提高自身的实践能力和职业素质。

本书由肖彦春和胡克伟担任主编，关秀杰、魏丽红、高涵、燕香梅担任副主编，全书的统稿工作由肖彦春和胡克伟负责。参加编写人员的分工如下。模块一由肖彦春、高涵、雷恩春和郝生宏编写；模块二由高涵、肖彦春、李文一编写；模块三由魏丽红、燕香梅编写；模块四由肖彦春、胡克伟、关秀杰和郑虎哲编写。全书的图片由张建平负责绘制和技术处理。王成义、燕香梅、陈丽娟、蒋辉等参加了本书典型工作任务的提取和策划工作。全书由张广才担任主审。

由于编者水平有限，书中疏漏和错误之处在所难免，恳望同仁不吝赐教，并欢迎各位读者批评指正，谢谢！

编者
2011年1月

目　录

模块一　常用自动分析仪器的使用与维护 …… 1

项目 1　凯氏定氮仪的使用与维护 …… 2

任务 1　KDY-9820 凯氏定氮仪的结构认知 …… 2

任务 2　KDY-9820 凯氏定氮仪的安装 …… 6

任务 3　KDY-9820 凯氏定氮仪的调试 …… 7

任务 4　KDY-9820 凯氏定氮仪的操作 …… 9

项目 2　粗脂肪测定仪的使用与维护 …… 14

任务 1　SZF-06 型粗脂肪测定仪的结构认知 …… 14

任务 2　粗脂肪测定仪的操作 …… 17

项目 3　粗纤维测定仪的使用与维护 …… 22

任务 1　粗纤维测定仪的结构认知 …… 22

任务 2　粗纤维测定仪的安装及操作 …… 25

模块二　电化学分析仪器的使用与维护 …… 33

项目 4　酸度计的使用与维护 …… 34

任务 1　酸度计的结构认知 …… 34

任务 2　酸度计的安装及操作 …… 39

项目 5　电导率仪的使用与维护 …… 47

任务 1　电导率仪的结构认知 …… 47

任务 2　电导率仪的安装及其操作 …… 49

项目 6　电位滴定仪的使用与维护 …… 57

任务 1　ZD-2 型自动电位滴定仪的结构认知 …… 57

任务 2　ZD-2 型自动电位滴定仪的安装 …… 61

任务 3　电位滴定仪测定 mV 及 pH …… 65

任务 4　利用电位滴定仪进行电位滴定分析 …… 66

模块三　光学分析仪器的使用与维护 …… 71

项目 7　旋光仪的使用与维护 …… 72

任务 1　旋光仪的结构认知 …… 72

任务 2　旋光仪的操作 …… 76

项目 8　722 型分光光度计的使用与维护 …… 82

任务 1　722 型分光光度计的结构认知 …… 82

任务 2　722 型分光光度计的操作 …… 87

任务 3　722 型分光光度计的校正 …… 92

项目 9　原子吸收分光光度计的使用与维护 …… 100

任务 1　原子吸收分光光度计的结构认知 …… 100

任务 2　原子吸收分光光度计的安装 …… 106

任务3 原子吸收分光光度计的调试 …… 111
任务4 利用原子吸收分光光度计测定待测样品 …… 116

模块四 色谱分析仪器的使用与维护 …… 135
项目10 气相色谱仪的使用与维护 …… 136
任务1 气相色谱仪的结构认知 …… 136
任务2 气相色谱仪的安装和气路系统连接及检漏 …… 149
任务3 气相色谱仪进样口及色谱柱的安装 …… 155
任务4 气相色谱载气流量的测定和校正 …… 161
任务5 气相色谱仪控制面板的操作 …… 164
任务6 GC9790型气相色谱仪ECD检测器操作 …… 172
任务7 GC9790型气相色谱仪FID检测器操作 …… 179
任务8 GC9790型气相色谱仪FPD检测器操作 …… 182
项目11 高效液相色谱仪的使用与维护 …… 188
任务1 液相色谱仪的结构认知 …… 188
任务2 FL2200型液相色谱仪的液路系统的连接 …… 198
任务3 进样阀、色谱柱、检测器及色谱工作站的安装 …… 202
任务4 FL2200型高效液相色谱仪高压输液泵的操作使用 …… 206
任务5 FL2200型高效液相色谱仪紫外检测器的操作使用 …… 213
任务6 N2000色谱工作站的使用 …… 217

参考文献 …… 235

模块一

常用自动分析仪器的使用与维护

学习内容

凯氏定氮仪、粗脂肪测定仪及粗纤维测定仪的结构组成及其作用；各仪器的工作原理；各仪器的安装、调试；各仪器的操作流程、注意事项及日常维护与保养。

项目1　凯氏定氮仪的使用与维护

预期学习目标

◆ 能够准确说出凯氏定氮仪各组成部分的名称及作用；

◆ 能够独立对凯氏定氮仪各辅助部件进行安装；

◆ 能够正确调试凯氏定氮仪；

◆ 能够独立熟练操作凯氏定氮仪；

◆ 掌握凯氏定氮仪操作时的注意事项；

◆ 能够对凯氏定氮仪出现的故障进行排除及日常维护；

◆ 能按照说明书制定出不同型号凯氏定氮仪的操作规程；

◆ 能够运用凯氏定氮工作原理和所掌握的操作技能，对实际样品分析设计合理的方案，并独立使用凯氏定氮仪完成分析任务；

◆ 具备解决问题的动手能力、制定完善工作计划的决策能力。

具体工作任务

① 凯氏定氮仪的结构认知；

② 凯氏定氮仪的安装；

③ 凯氏定氮仪的调试；

④ 凯氏定氮仪的操作。

任务1　KDY-9820凯氏定氮仪的结构认知

任务目标

能够认识 KDY-9820 型凯氏定氮仪的各部分结构；

可熟练操作 KDY-9820 型凯氏定氮仪的操作键盘；

知道常用凯氏定氮仪的型号及特点；

根据凯氏定氮法的原理，理解凯氏定氮仪碱解蒸馏过程。

KDY-9820 型凯氏定氮仪是对消解完全后的样品进行自动加碱、向接收三角瓶中自动加硼酸吸收液，并可以自动蒸馏的系统。该系统主要由微型计算机控制器和蒸汽发生器、蒸馏系统、加碱系统、加硼酸系统所组成，主要用来检测粮食、食品、乳制品、饮料、饲料、土壤、水、药物、沉淀物和化学品等中的氨氮、蛋白质氮等含量。

一、KDY-9820 型凯氏定氮仪主要技术指标

① 测定样品量：固体<5g/样品，液体<15mL/样品。

② 蒸馏速度：15～20mL/min。

③ 回收率：100%±1%。

④ 电源电压：AC 220V，频率 50Hz。

⑤ 耗电功率：1.2kW。

⑥ 冷却水压：0.15MPa。

⑦ 冷却水温：低于20℃（高于20℃时影响蒸馏速度）。

⑧ 环境温度：10～30℃。

二、凯氏定氮仪的外形结构

凯氏定氮仪的结构见图1-1和图1-2。

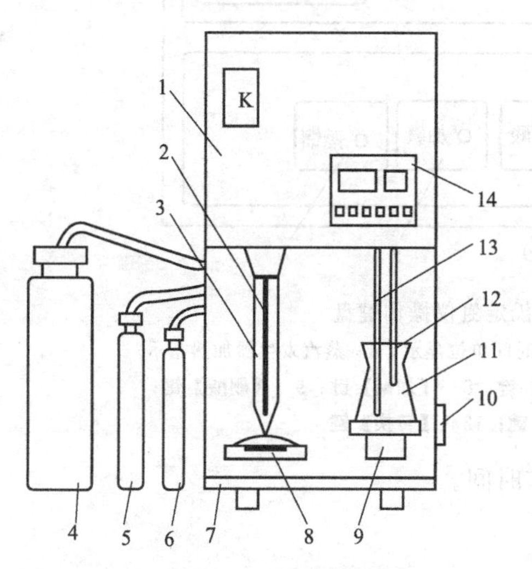

图1-1 凯氏定氮仪的正面结构

1—前罩（内部装有蒸馏器及冷凝器）；2—蒸汽管；3—样品消煮管；4—加水桶；5—加硼酸桶；6—加碱液桶；7—接液槽；8—消煮管托盘；9—三角瓶滑动托盘；10—电源开关；11—三角瓶；12—加硼酸吸收液管；13—冷凝液管；14—操作盘

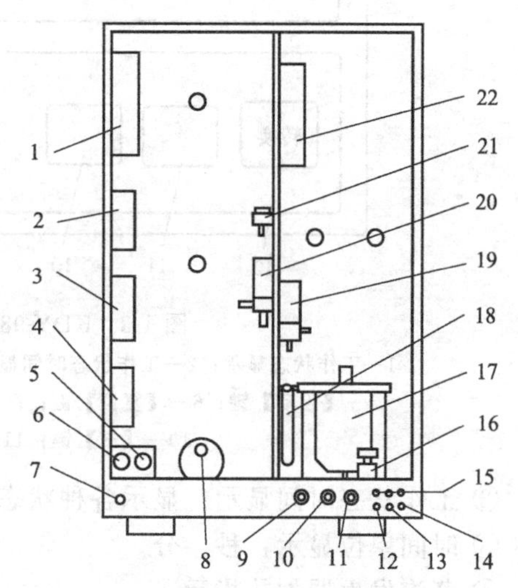

图1-2 凯氏定氮仪的背面结构

1—计算机程控板；2—加热单元控制器；3—5V电源；4—24V电源；5—15A保险管；6—5A保险管；7—电源线；8—托盘配重；9—冷水入口；10—冷凝水排出口；11—蒸汽发生器排水出口；12—蒸汽发生器供水入口；13—硼酸吸收液入口；14—碱液入口；15—压缩空气出口；16—蒸汽发生器排水节门；17—蒸汽发生器；18—液位器；19—电磁阀：碱阀（红色）、蒸汽阀（黄色）、水阀（蓝色）；20—硼酸电磁阀（绿色）；21—放气头（白头）；22—电磁气泵

三、凯氏定氮仪各部件的作用

① 蒸汽管：通过加热，水蒸气从这里流出。

② 消煮管：用于盛装样品溶液。

③ 加水桶：用于盛装蒸馏水。

④ 加酸桶：用于盛装硼酸溶液。

⑤ 加碱桶：用于盛装氢氧化钠溶液。

⑥ 接液槽：用于接收一些溢出的液体。

⑦ 三角瓶：用于装硼酸溶液并接收流出液。

⑧ 加硼酸管：用于加硼酸流出液。

⑨ 冷凝液管：用于导出挥发的氨气。

四、工作仪器操作盘图及各按键的作用

仪器操作盘是薄膜轻触键式的，两位数码显示，盘面见图1-3。

① 工作状态显示：当硼酸、加碱、蒸馏转台指示灯分别亮时，在按【启动】键后切换到工作过程状态；在按【转换】键后切换到工作过程时间设定状态。

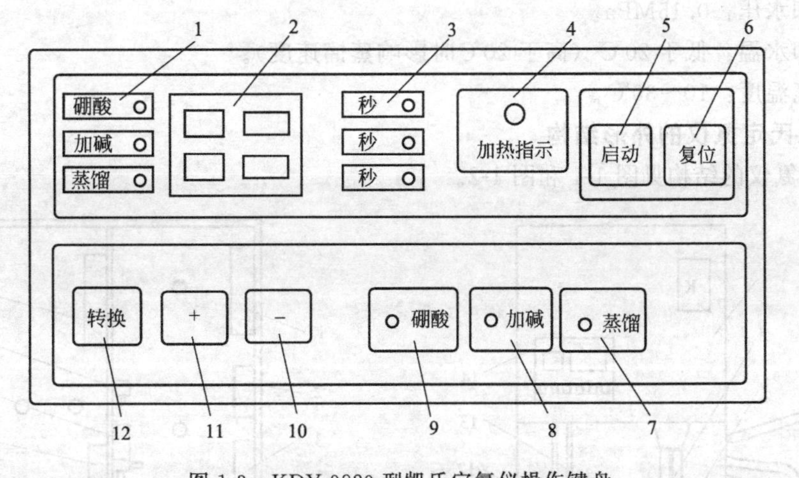

图 1-3 KDY-9820 型凯氏定氮仪操作键盘

1—工作状态显示；2—工作状态时间显示；3—时间单位显示；4—蒸汽发生器加热指示；5—【启动】键；6—【复位】键；7—【蒸馏】键；8—【加碱】键；9—【硼酸】键；10—【−】键；11—【+】键；12—【转换】键

② 工作状态时间显示：显示各种状态的工作时间。

③ 时间单位显示：秒、分。

④ 蒸汽发生器加热指示。

⑤【启动】键：按一次后，仪器进入加硼酸、加碱、蒸馏各延时工作状态，完成一次自动定氮蒸馏过程。

⑥【复位】键：按一次后，仪器恢复到初始状态，原设定时间量被清除。当仪器工作程序被干扰时，按一次键恢复。

⑦【蒸馏】键：按一次后，直接进入蒸馏状态，再按一次，关闭。

⑧【加碱】键：按一次后，直接进入加碱状态，再按一次，关闭。

⑨【硼酸】键：按一次后，直接进入加硼酸状态，再按一次，关闭。

⑩【−】键：各种工作状态时间设定减量键。

⑪【+】键：各种工作状态时间设定增量键。

⑫【转换】键：选择各种状态并设定工作时间。

知识补充

一、凯氏定氮法

凯氏定氮法（Kjeldahl method，全称凯耶达尔定氮法，简称凯氮法）是分析化学中一种常用的确定有机化合物中氮含量的检测方法。这种方法是由丹麦人凯耶达尔在 1883 年发明的。目前，普遍采用凯氏定氮法对土壤、食品、农产品、饲料以及一些物质进行氮、蛋白质含量的测定。凯氏定氮法测定试样时，需经过消解、蒸馏、滴定三个过程。

1. 样品的消解

含氮的有机化合物与硫酸和催化剂一同加热消化，使有机氮分解，分解的氨与硫酸结合生成硫酸铵。反应式为：

$$NH_2CH_2CONHCH_2COOH + H_2SO_4 \longrightarrow 2NH_2CH_2COOH + SO_2 + [O]$$

$$NH_2CH_2COOH + 3H_2SO_4 \longrightarrow NH_3 + 2CO_2\uparrow + 3SO_2\uparrow + 4H_2O$$

$$2NH_3+H_2SO_4 \longrightarrow (NH_4)_2SO_4$$

样品经过消解后，试样中的有机氮转化为无机氮，再将消解后的样品用图 1-4 所示的蒸馏装置进行碱解蒸馏。

2. 碱解蒸馏

按图 1-4 装好定氮装置，于蒸汽发生器内装水约 2/3 处，加甲基红指示剂数滴及硫酸数毫升，以保持水呈酸性，加入数粒玻璃珠以防暴沸，用调压器控制，加热煮沸蒸汽发生器内的水。向接收瓶内加入硼酸溶液及混合指示剂，并使冷凝管的下端插入液面下，吸取一定量样品消化液由进样漏斗流入蒸馏瓶内，并用一定量水洗涤小烧杯使流入蒸馏瓶内，用一棒状玻璃塞将漏斗处塞紧。将氢氧化钠溶液倒入进样漏斗内，提起玻璃塞使其缓慢流入反应室，立即将玻璃盖塞紧，并加水于漏斗内以防漏气。夹紧螺旋夹，在热蒸汽下进行碱解蒸馏，蒸汽通入反应室使氨通过冷凝管而进入接收瓶内。

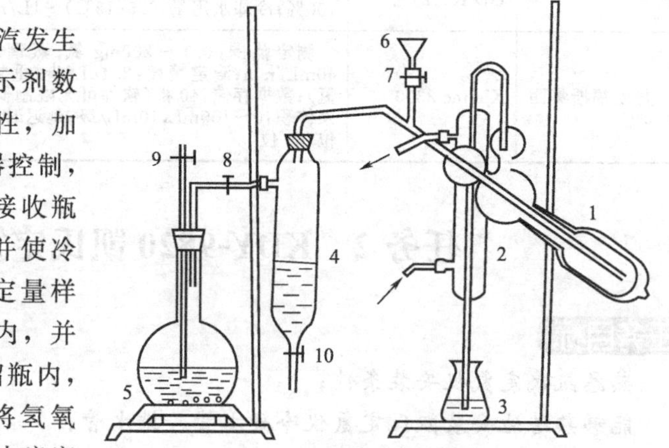

图 1-4 半微量蒸馏装置

1—蒸馏瓶；2—冷凝管；3—接收瓶；4—分水筒；5—蒸汽发生器；6—加碱小漏斗；7、8、9—螺旋夹；10—开关

碱解蒸馏过程主要完成下列化学反应：

$$(NH_4)_2SO_4+NaOH \longrightarrow Na_2SO_4+NH_3\uparrow+H_2O$$

$$NH_3+H_2O \xrightarrow{\text{高温蒸馏}} (NH_4)OH$$

$$(NH_4)OH+H_3BO_3 \longrightarrow (NH_4)H_2BO_3+H_2O$$

3. 滴定

硼酸吸收后的溶液用标准酸液进行滴定，反应式如下：

$$(NH_4)H_2BO_3+H_2SO_4 \longrightarrow (NH_4)_2SO_4+H_3BO_3$$

二、常用凯氏定氮仪的型号及特点

表 1-1 列出了目前实验室常用的凯氏定氮仪的生产厂家、型号、性能指标和主要技术指标，以供参考。

表 1-1 常用凯氏定氮仪的生产厂家、型号、性能指标与主要技术指标

生产厂家	仪器型号	性能与主要技术指标
浙江托普仪器有限公司	ZDDN-Ⅱ	工作方式：自动(不含滴定)；样品量：固体 5g/样品；液体 15mL/样品；测定范围：0.1～200mg 氮(含氮量 0.02%～95%)；回收率：100%±1%(相对误差，包括消化过程)；蒸馏速度：＜5min/样品；冷却水消耗：2L/min；重复率：相对标准偏差＜±1%；供电：AC220V，50Hz；供水：水压大于 0.15MPa，水温小于 20℃；外形尺寸 430mm×360mm×760mm；质量：30kg
	KDN 系列	工作方式：半自动；样品量：固体 5g/样品，液体 15mL/样品；测定范围：1～200mg 氮(含氮量 0.02%～95%)；回收率：100%±1%相对误差，包括消化过程；蒸馏速度：＜5min/样品；冷却水消耗：2L/min；重复率：相对标准偏差＜±1%；供电：AC220V，50Hz；供水：水压大于 0.15MPa，水温小于 20℃；外形尺寸：430mm×360mm×760mm；质量：30kg
上海洪纪仪器设备有限公司	ATN-300	工作方式：全自动；测定样品量：固体＜5g/个，液体＜15mL/个；测定范围：0.1～200mg 氮(含氮量 0.02%～95%)；回收率：100%±1%(相对误差，包括消化过程)；重复率：＜±1%；蒸馏速度：＜5min/样品；冷却水消耗：2L/min；工作电压：AC 220V，50Hz；功率：800W；外形尺寸：380mm×400mm×820mm；质量：26kg

续表

生产厂家	仪器型号	性能与主要技术指标
意大利 VELP 公司	IT61M/ UD K142	重复精度：≤1%；氮回收率：≥99.5%（1～200mg 氮范围内）；检测范围：0.1～200mg 氮；检测下限：0.1mg 氮；蒸馏时间：2～30min，可设；设置蒸汽流量：10%～100%；冷却水用量：0.5(15℃)～1L/min(30℃)
丹麦福斯集团	Kjeltec 2300	测定范围：0.1～200mg 氮；蒸馏时间：3.5min/样品（30mg 氮）；蒸馏能力：40mL/min；滴定精度：2.4μL/步；重复率：RSD1%；回收率：＞99.5%（1～200mg 氮）；数据存储：40 批（软件可无限制储存）；试管排空：200mL 在 10s 内完成；试剂泵体积：0～150mL，10mL/级；延迟时间：0～1800s；SAFE：0～15s；进样器能力：20位/60 位

任务 2 KDY-9820 凯氏定氮仪的安装

任务目标

熟悉凯氏定氮仪安装条件；

能够熟练地安装凯氏定氮仪冷凝水管、排水管；

能独立连接酸、碱、蒸馏水桶；

具备凯氏定氮仪日常维护与保养的能力。

一、安装位置图

图 1-5 为凯氏定氮仪安装较合适的位置图。

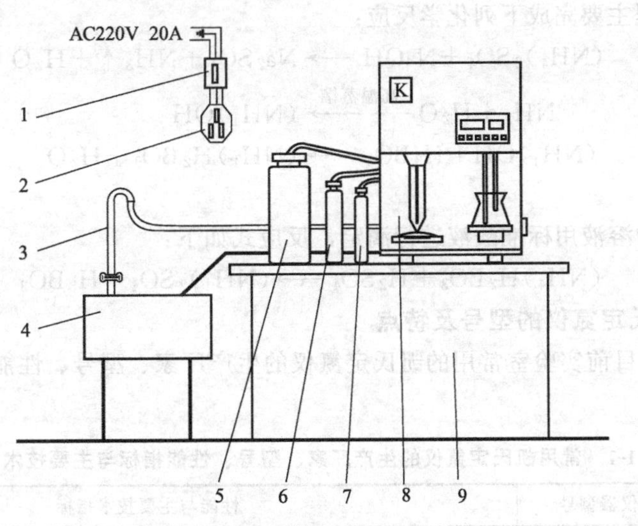

图 1-5 凯氏定氮仪安装位置

1—电源开关；2—电源插座；3—自来水；4—排水池；5—加水桶；6—硼酸加液桶；7—碱加液桶；8—仪器；9—工作台

二、安装

① 参照安装位置图平稳放置仪器。

② 按图 1-2 所列各管接口接管。

a. 冷水入口 9 接自来水。

b. 冷凝水排出口 10、蒸汽发生器排水出口 11 分别接排水管，放入排水池，并使它们排水通畅。

c. 蒸汽发生器供水入口 12、硼酸吸收液入口 13、碱液入口 14 分别接加水桶、硼酸加液桶、碱加液桶出液口，三个压缩空气出口 15 分别接三个加液桶进气口。

③ 请电工人员安装配电。

知识补充

一、凯氏定氮仪的安装条件

① 本仪器应避免安装在阳光直射及过冷、过热或潮湿的地方，一般室内温度应保持在10～30℃。

② 本仪器应安装在离水源和排水池较近的地方，并有电源插座的工作位置上，供水截门和电源位置距离仪器均不应超过1m，以保证排水通畅。

③ 电源配置应符合供电条件要求。必须接有地线，有单独供电开关和保险装置，确保操作者的用电安全。

④ 本仪器应安装在远离大的用电设备处，工作场地无振动、无腐蚀性气体、无强电磁场干扰。

二、凯氏定氮仪的维护与保养

① 仪器应安装在符合上述安装条件的地方使用，还要保持良好的通风，因为仪器内有热源，同时又有计算机工作，所以应有良好的散热条件。

② 仪器前部槽皿中，若积有液体应经常擦净。

③ 仪器使用后，在加热器上会结有水垢，它将影响加热效率。若水垢过厚，在关机状态下，断电，可将蒸汽发生器顶上的一个旋塞拧下，在管口处插入一个小漏斗，注入除垢剂或冰醋酸（也可用稀释后的硫酸）清洗水垢。清洗后，打开机箱内蒸汽发生器排水截门将水排净，并加入清水多次清洗。

④ 加碱液桶、加硼酸桶应定期清理沉淀物并洗净。

任务3 KDY-9820 凯氏定氮仪的调试

任务目标

能够选择合适的使用水；

会进行加硼酸、加碱液的调整；

会进行接收液调整；

会进行蒸馏工作、自动蒸馏工作过程的调整。

一、调试前的准备

水桶内加入供蒸馏使用的水，约 10L，将桶盖拧紧，不得有气泄漏。接通电源，按仪器左侧电源开关，指示灯亮，装空消煮管和三角瓶于仪器托盘上。

二、加硼酸、加碱液的调整

硼酸桶加入有混合指示剂的 2%硼酸溶液，碱桶加入 30%～40%氢氧化钠溶液，拧紧桶盖。等待几分钟后，检查两液桶内空气是否充满，若充满时，液桶即鼓胀。按动【硼酸】键，使硼酸液能够加到三角瓶中，待正常后再按【硼酸】键停止加硼酸液。按动【加碱】

键，使碱液能够加到消煮管中，待加碱液正常后再按【加碱】键停止加碱液。

三、加硼酸液、加碱液定量的调整

先将空三角瓶、消煮管分别放在托盘上，按【转换】键，将加硼酸液时间设定为3～5s，再将加碱液时间设定为3～5s，按【启动】键。待加硼酸液、加碱液结束后，将三角瓶托盘按下一次，完成一个工作过程后，用量液桶分别称量三角瓶内的硼酸液和消煮管内的碱液，把液量除以加液时间，计算得到每秒钟的加液量。以后工作中的加液定量，可根据需用量计算出所需加液量时间，按此时间设定加液量。

四、接收液定量的调整

三角瓶托盘是一套可上下移动的机械机构，它由后面的配重盘前后位置来确定，当三角瓶内接收液体达到一定量时即可自由落下，使接收液管脱离液面，而后蒸馏过程停止。三角瓶内接收液体量一般为100mL左右（液体量增加则蒸馏时间延长）。确定接收液体量的方法是在容量为150mL的三角瓶内加入需要接收的液体量，把它放在托盘上，调整机内配重距离，使托盘能自由落下。

五、蒸馏工作的调整

打开自来水开关，调整给水量，使仪器冷凝供水正常。按【蒸馏】键，进入蒸馏工作状态，当蒸汽发生器内水位达到标准后，加热指示灯亮，待有蒸汽产生后，蒸馏正常，再按【蒸馏】键关闭蒸馏。仪器已预定在约100mL接收液体量。

六、自动工作过程的调整

在前几项工作完成后，根据需要设定加硼酸液时间和加碱液时间，将三角瓶、消煮管分别放在托盘上，按【启动】键，仪器将先显示加硼酸液时间过程，按秒计时。再显示加碱液时间过程，按秒计时。之后显示蒸馏时间过程，按分计时。当三角瓶内接收液体达到预定量后自由落下，蒸馏将自动延长一段时间后结束，显示窗显示闪动的“E”，并发出“嘀-嘀-嘀”的提示音约6s，而后返回到初始状态，显示窗显示闪动的“P”，此时表示自动工作过程正常。

若设定的加硼酸时间或加碱液时间为零，则自动工作过程完成后，显示窗显示“E”不闪动，发出“嘀-嘀-嘀”的提示音（约2s）。若按下【启动】键时，三角瓶托盘仍处于下端，显示窗显示自下而上闪动的“-”符号，并发出“嘀-嘀-嘀”的提示音，提示应放空三角瓶在托盘上，使托盘升起。

知识补充

一、水桶内水的选择要求

① 使用蒸馏水为佳。

② 使用自来水，应保证水质良好，可直接使用。但易结水垢，影响加热效率。

二、化学试剂的准备

① 40%氢氧化钠溶液的配制：称取400g氢氧化钠，溶解在600mL蒸馏水中，配制1L氢氧化钠溶液，将其加入碱液桶中，不能有气体泄漏。

② 2%硼酸溶液的配制：将配好的2%硼酸溶液3～5L加到硼酸液桶中，将桶盖拧紧，不得有气体泄漏。

③ 0.01mol/LHCl标准溶液的配制：量取0.9mL盐酸，缓慢注入1000mL水，然后标定。

④ 混合指示剂：1份0.1L甲基红乙醇溶液与5份0.1L溴甲酚绿乙醇溶液临用时混合；

也可用2份0.1L甲基红乙醇溶液与1份0.1L亚甲基蓝乙醇溶液临用时混合。

任务4 KDY-9820凯氏定氮仪的操作

任务目标

能独立准备所用碱液、硼酸和指示剂等试剂；
能独立操作凯氏定氮仪；
能够对加入的碱液、硼酸溶液是否足量进行判断；
学会辨别指示剂颜色变化；
能对蒸馏结束进行准确判断；
会通过数据处理计算氮含量；
会分析排除故障。

一、准备工作

① 安装连接凯氏定氮仪。

② 配制足量的2%硼酸溶液、40%氢氧化钠溶液分别置于硼酸桶、氢氧化桶内；将蒸馏水装入蒸馏水桶内；准备三角瓶和消煮管。

③ 按消煮样品时加入硫酸量计算出需要加入氢氧化钠的量，根据消煮液中氮的大约含量计算出需加入的硼酸量。根据计算量确定加碱时间和加硼酸时间。

二、KDY-9820凯氏定氮仪的操作

① 打开冷凝水，打开仪器电源开关，显示屏上显示“P”。将空的消煮管放在左侧托盘上，要与上端的橡胶塞装紧，把空三角瓶放在右侧托盘上。按【蒸馏】键，进行空蒸，清洗管路（见图1-6）。

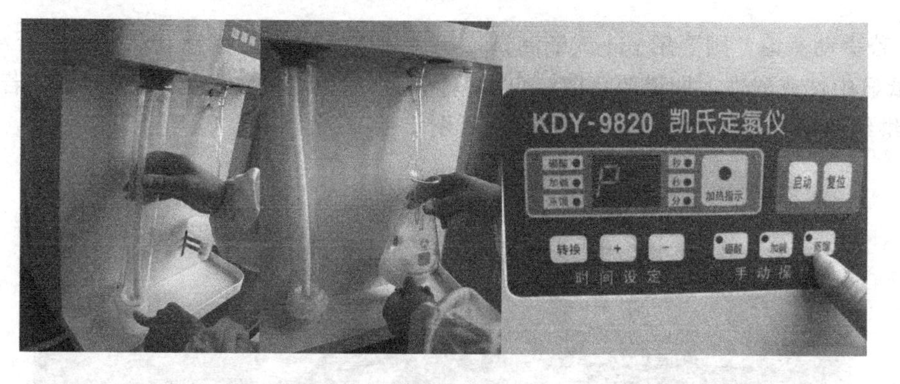

图1-6 空蒸流程

② 空蒸结束后，将装有样品的消煮管置于左侧托盘上，将装有混合定氮指示剂的三角瓶放在右侧托盘上。按【转换】键，使硼酸状态指示灯亮，按【+】键或按【-】键，设定加硼酸时间。再按【转换】键，使加碱状态指示灯亮，按【+】键或按【-】键，设定加碱时间（见图1-7）。

③ 按【启动】键，仪器开始自动向三角瓶中加硼酸，向消煮管内加碱，而后进入蒸馏状态，待三角瓶中冷凝液达到预定体积量时，三角瓶托盘落下，再蒸馏12s后蒸馏停止工作，发出提示声响。在蒸馏过程中三角瓶吸收液逐渐变成蓝绿色（见图1-8）。

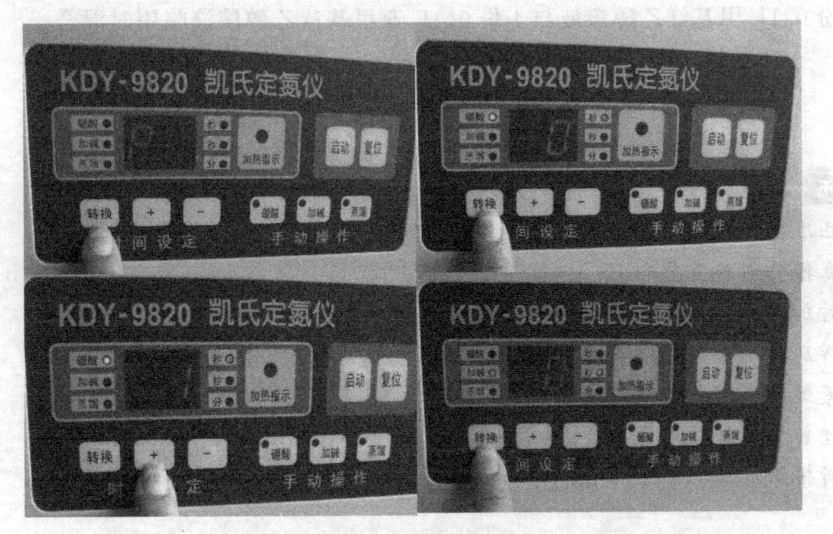

图 1-7 蒸馏设定过程

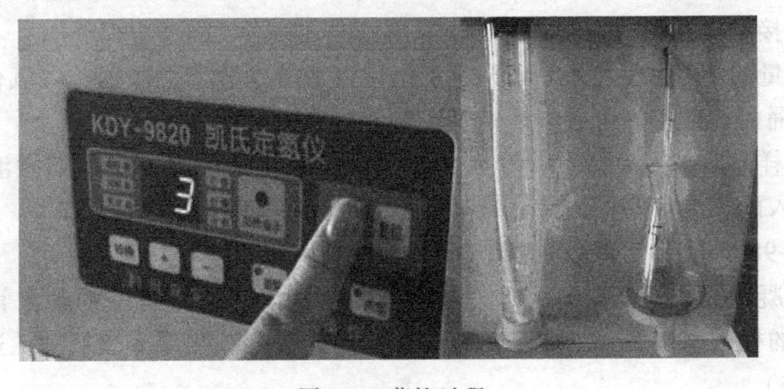

图 1-8 蒸馏过程

④ 若手动蒸馏，则要用 pH 试纸测试一下蒸馏液，根据酸碱性判断蒸馏是否结束。若 pH 试纸显中性或酸性，即说明蒸馏结束（蒸馏结束后按【复位】键停止蒸馏），若显碱性，需要再继续蒸馏直到显中性或酸性为止。（见图 1-9）

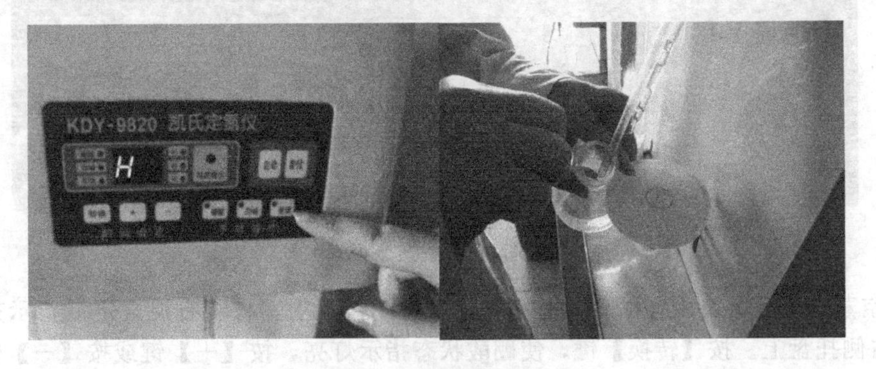

图 1-9 蒸馏结束判定过程

⑤ 蒸馏结束，取下三角瓶（用酸标准溶液滴定三角瓶中的液体，颜色由蓝绿色变为砖红色，即到达终点。按含氮量-粗蛋白质含量公式进行计算，取得测定结果），待消煮管冷却后将其取下，换上一个干净的消煮管，按【蒸馏】键，空蒸 3min（清洗管路），按【复位】键，停止蒸馏。

⑥ 关闭电源开关，关冷凝水。

知识补充

一、凯氏定氮仪的使用说明

① 若设定的加硼酸时间或加碱时间为零，则自动工作过程完成后，显示窗显示“E”不闪动，发出“嘀-嘀-嘀”的提示音（约 2s）。

② 若按下【启动】键时，三角瓶托盘仍处于下端，显示窗显示自下而上闪动的“-”符号，并发出“嘀-嘀-嘀”的提示音，提示应放空三角瓶在托盘上，使托盘升起。

③ 混合指示剂在碱性溶液中呈绿色，在中性溶液中呈灰色，在酸性溶液中呈红色。如果没有溴甲酚绿，可单独使用0.1%甲基红乙醇溶液。

④ 氨是否完全蒸馏出来，可用 pH 试纸测试馏出液是否为碱性。

⑤ 向蒸馏瓶中加入浓碱时，往往出现褐色沉淀物，这是由于分解促进碱与加入的硫酸铜反应，生成氢氧化铜，经加热后又分解生成氧化铜的沉淀。有时铜离子与氨作用，会生成深蓝色的络合物 $[Cu(NH_3)_4]^{2+}$。

二、氮含量的计算

根据酸的滴定量，用下列公式计算含氮量。

$$含氮量(\%)=\frac{1.401\times M}{W}(V-V_0)$$

式中 M——标准酸摩尔浓度；

W——样品质量（g）；

V_0——空白样滴定标准酸消耗量（mL）；

V——样品滴定标准酸消耗量（mL）。

若测定蛋白质含量，操作方法一样，在计算时需乘以转换系数。

蛋白含量(%)＝含氮量(%)×C，C 为粗蛋白转换系数。

三、凯氏定氮仪的故障排除案例分析

凯氏定氮仪常见故障分析见表 1-2。

表 1-2 凯氏定氮仪常见故障分析

现 象	原因分析	故障排除
蒸汽发生器水面已经达到水位，但是无蒸汽产生，而且加热状态指示灯不亮	15A 保险管烧断	换 15A 保险管
(1)加不上碱液	桶中碱液太少，吸管离开碱液面	增加碱液
(2)碱桶没有气压	加气管路或桶盖密封不严	检查各管接口处和桶盖并封紧漏气处
	电磁气泵漏气	更换电磁气泵
(3)碱桶内有气压，但加不上碱液	电磁阀断电不能开启	停机待修
	电磁阀、管路有堵塞	疏通电磁阀和管路
(4)加硼酸故障情况同加碱		
自动工作状态不能继续工作，突然停止	周围有电场对计算机有干扰	按【复位】键或关机后再重新开机
测定值不稳定或过高	蒸汽发生器不干净	将蒸汽发生器内的水排空，换新水后再做测定
	消煮管内液体过多，有碱液冲到蒸馏系统中	空蒸蒸馏系统后再做测定

项目1 凯氏定氮仪使用与维护——任务实施记录单 见《学生实践技能训练工作手册》。

项目1 凯氏定氮仪使用与维护——操作技能考核表 见《学生实践技能训练工作手册》。

项目1 凯氏定氮仪使用与维护——知识测试题 见《学生实践技能训练工作手册》。

【阅读材料】

定氮仪的分类及其现状

凯氏定氮法是丹麦化学家凯耶达尔（J. Kjeldahl）于1883年提出的湿法定量测定含氮有机化合物中氮的方法，是目前国际上通用的检测蛋白质的标准方法，也是我国法定的蛋白质检测方法。凯氏定氮法已有百年历史，广泛为世界承认，而依据凯氏定氮原理设计的凯氏定氮仪的发展也有几十年历史了，形成了一系列的产品，市场已经很充实，一般采用凯氏定氮法测蛋白质几乎都需要凯氏定氮仪，而凯氏定氮仪也因为具有方便省时、易上手、易维护、维护成本低等优点而在蛋白质测定行业得到广泛应用。

一、定氮仪的分类

通常所说的定氮仪是指凯氏定氮仪，除了凯氏定氮仪外还有化学发光定氮仪，又叫总氮分析仪，因为化学发光定氮仪一般用在石油工业行业中，这里就不再多说了。

定氮仪即凯氏定氮仪，又叫蛋白质测定仪，是依据经典（凯氏定氮）方法设计的自动测氮蒸馏系统。目前，国际国内的凯氏定氮仪的工作原理大同小异，都是依据凯氏定氮法测氮的，主要区别就在于它们的自动化程度和工艺的先进程度，因此凯氏定氮仪一般按照自动化程度分为手动定氮仪、半自动定氮仪和全自动定氮仪（也有的分为半自动定氮仪、自动定氮仪、全自动定氮仪，两种分类方法其实是一样的），手动定氮仪顾名思义就是靠手动操作的，只不过是把以前做实验用的瓶瓶罐罐集中到一台仪器上了，使劳动效率和工作的安全系数提高了很多，也节省了大量的劳动时间。半自动定氮仪可以自动加碱、自动蒸馏、自动回收液体，比手动更方便一点，也更安全，毕竟避免了与强碱接触。全自动定氮仪可以自动加碱、自动蒸馏、自动回收、自动滴定，几乎一套步骤都可以自动完成，节省了很多的劳力和时间，同时也尽量避免了人为操作带来的误差，只是目前国内的全自动定氮仪大部分是不带滴定系统的，滴定要靠手工来做或另用滴定仪，进口的全自动定氮仪的滴定系统则可以选配。

这里所说的定氮仪是指定氮仪蒸馏器，也就是定氮仪主机。实际上凯氏定氮法包括消化、蒸馏、吸收与滴定这几步，在进入定氮仪蒸馏器之前还有样品的前处理过程即消化过程，这个过程通过消化炉（即消煮炉）来完成，消化炉一般根据待测样品的数量分为四孔、六孔、八孔、十二孔、十八孔、二十孔、二十四孔等多种，这里的孔就是一次可处理的样品数，四孔表示一次可处理四个样品。定氮仪蒸馏器是不分孔的，一般一次只能处理一个样品。样品的吸收也是在蒸馏器上进行的，至于滴定可以手工操作也可以选配滴定仪，滴定仪按其判定终点的不同方法可分为电位滴定仪、比色滴定仪和颜色判定滴定仪等，其中颜色判定滴定仪是最先进的，只有少数厂家可以生产，当然价格也是很高昂的。

总的来说，一套定氮仪（一般指凯氏定氮仪）由消化炉（即消煮炉）、蒸馏器（定氮仪主机）、滴定仪（选配，国外有的型号整合到定氮仪主机里）这三部分组成。其中定氮仪（主机）分为手动、半自动、全自动三类，消化炉有四孔、八孔等分类，滴定仪有电位、比色、颜色等多种。使用者可以根据实验需要自行搭配。

二、定氮仪的现状

1. 进口定氮仪的现状

目前进口定氮仪产品比较成熟也最先进，较著名的有四家：Gerhardt、Buchi、Foss、Velp，其中Foss质量最好，技术支持和服务也最好，但价格也是最高的，经费充裕的用户可以选择购买Foss。Gerhardt历史最悠久，技术力量雄厚，但售后服务一般。Buchi综合实力很强，价格适中，需要的用户也可以考虑。Velp进入中国市场较晚，但价格相较其他三个品牌也是最低的，质量和售后也不错，是值得考虑的对象。至于其他进口品牌由于市场占有率较小就不再多说了，用户可以看情况购买。不过一般情况下进口产品的价格都在国产的十倍以上，价格不菲。

2. 国产定氮仪的现状

国产定氮仪一般都集中于中低端产品，彼此相差不是很大，技术水平也很接近，一般的差别也就在外形设计和材料选择上，价格相差不大。较为高端的国产定氮仪（全自动定氮仪）由于材料和工艺上有所差别，彼此之间可能会有千元的差价。一般说来，用ABS防腐材料的会贵点，像沛欧SKD-100定氮仪全机壳都用ABS防腐材料，而一般厂家同类产品只有主要部位用了ABS防腐材料，因此它比同类产品贵了千元。不过一般说来，国产各品牌之间价格相差不大，但使用寿命上是会有差别的，所以用户如果要购买国产品牌，找个可靠的供应商较好。由于进口和国产产品不在一个档次，彼此之间也就不做比较了。不过对于那些对精度要求不是很高、经费有限、对定氮没有很高要求的用户来说，国产定氮仪也是一个很好的选择。毕竟国产的不全是很差的，也有好产品，而且很实惠。

三、选购定氮仪需注意的细节问题

首先就是定氮仪的外壳材料，做得不好的就是用金属喷塑，由于机器很容易接触酸和碱，因此金属外壳很容易被腐蚀，而ABS防腐工程材料比较适合这种环境，能做到永不生锈和永不漏电，但是造价高，所以在选购时一定要注意。

其次就是加碱的方式，传统的定氮仪碱泵易坏，目前恒压加碱是比较好的方法，采用恒压原理加碱和补水，既保证了加碱的准确性和一致性，又解决了碱泵易坏的问题，这一点也很重要。

最后就是加碱的管道，因为加碱管道在里面，所以好多生产商就采用普通的橡皮管或硅胶管，殊不知橡皮管和硅胶管不耐酸碱，很容易老化而导致仪器不能用，所以在购买时要特别留意加碱管道的材料。

项目2 粗脂肪测定仪的使用与维护

预期学习目标

◆ 能准确说出粗脂肪测定仪各组成部分的名称及作用；

◆ 能独立对粗脂肪测定仪各辅助部件进行安装、调试；

◆ 能够根据索氏提取法的反应过程，正确地进行粗脂肪测定仪的操作；

◆ 掌握粗脂肪测定仪操作时的注意事项；

◆ 能对粗脂肪测定仪出现的故障进行排除及日常维护；

◆ 能够按照说明书制定出不同型号粗脂肪测定仪的操作规程；

◆ 能够运用索氏提取法工作原理和所掌握的操作技能，对实际样品分析设计出合理的方案，并独立使用粗脂肪测定仪完成分析任务；

◆具备解决问题的动手能力、制定完善工作计划的决策能力。

具体工作任务

① 粗脂肪测定仪的结构认知；

② 粗脂肪测定仪的操作。

任务1 SZF-06型粗脂肪测定仪的结构认知

任务目标

认识 SZF-06 型粗脂肪测定仪的结构；

会操作 SZF-06 型粗脂肪测定仪操作面板；

知道常用粗脂肪测定仪的型号及特点；

掌握索氏提取法的原理，理解粗脂肪测定仪的脂肪提取过程。

SZF-06 型粗脂肪测定仪主要由加热抽提、溶剂回收和冷却三大部分组成。该仪器以索氏抽提、质量测定为基本原理，采用自动控温、全封闭电加热形式，使仪器加温均匀、安全可靠，操作时可以根据试剂沸点和自然温度的不同而设置所需温度，使试样在测试过程中做到浸泡、抽提、溶剂回收一次性完成，从而达到快速测定的目的，回收的试剂又可再利用。粗脂肪测定仪设计合理、性能稳定、精密度高、操作省时省力，可广泛用于食品、油脂、饲料等行业。

一、SZF-06 型粗脂肪测定仪主要技术指标

① 测定范围：含油量在 0.5%～60%范围内的粮食、饲料、油料及各种脂肪制品。

② 测定样品：6 个。

③ 电源电压：220V+10V，频率 50Hz。

④ 电加热功率：300W。

⑤ 控温范围：室温+5℃～90℃。

⑥ 外型尺寸：550mm×320mm×626mm。

⑦ 质量：23kg。

二、SZF-06 型粗脂肪测定仪结构介绍

SZF-06 型粗脂肪测定仪的结构见图 2-1。

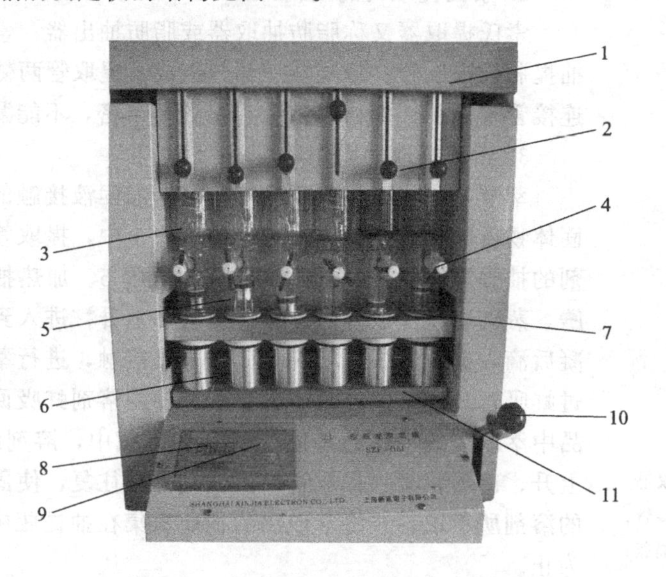

图 2-1 SZF-06 型粗脂肪测定仪外部结构

1—顶盖；2—滑动球；3—冷凝管；4—阀门；5—磁钢样品篮；6—抽提筒；7—保护套；8—数显仪；9—设置键；10—扳手；11—加热板

三、SZF-06 型粗脂肪测定仪各部分结构的作用

① 阀门：用于控制冷凝回流液。

② 冷凝管：用于通入冷凝水，将乙醚或石油醚蒸气冷却、回流。

③ 抽提筒：用于盛放乙醚或石油醚浸提液。

④ 保护套：起到密封的作用。

⑤ 扳手：下压扳手，将抽提装置与抽提筒相连接。

⑥ 数显仪：用于显示电热板的温度。

⑦ 设置键：电源开关、温度设置调节键。

⑧ 磁钢样品篮：用于盛装样品，进行样品抽提。

⑨ 滑动球：用于调节磁钢样品篮的高度。

⑩ 加热板：通过加热使乙醚或石油醚浸提液达到沸点。

知识补充

一、索氏提取法

索氏提取法测定脂肪含量是普遍采用的经典方法，是国标的方法之一，也是美国 AOAC 法 920.39、960.39 中脂肪含量测定方法（半连续溶剂萃取法）。

1. 索氏提取法的原理

将经前处理的样品用无水乙醚或石油醚回流提取，使样品中的脂肪进入溶剂中，蒸去溶剂后所得到的残留物即为脂肪（或粗脂肪）。

本法提取的脂溶性物质为脂肪类物质的混合物，除含有脂肪外，还含有磷脂、色素、树

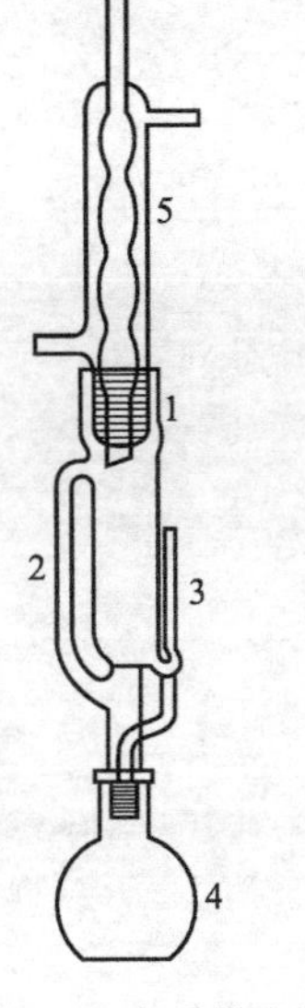

图 2-2 索氏提取器
1—提取管；2—连接管；3—虹吸管；4—抽提瓶；5—回流冷凝管

脂、固醇、芳香油等醚溶性物质。因此，用索氏提取法测得的脂肪也称为粗脂肪。

2. 索氏提取器的结构

索氏提取器又称脂肪抽取器或脂肪抽出器。索氏提取器主要由抽提瓶、提取管、冷凝器三部分组成，提取管两侧分别有虹吸管和连接管（见图 2-2）。各部分连接处要严密，不能漏气。

3. 索氏提取的操作

萃取前先将固体物质研碎，以增加固液接触的面积。然后，将固体物质放在滤纸包内，置于提取管 1 中，提取管的下端与盛有溶剂的抽提瓶 4 相连，上面接回流冷凝管 5。加热抽提瓶，使溶剂沸腾，蒸气通过提取管的支管连接管 2 上升，进入到冷凝管中，被冷凝后滴入提取管中，溶剂和固体样品接触，进行萃取，当溶剂面超过虹吸管 3 的最高处时，含有萃取物的溶剂虹吸回抽提瓶中，从样品中萃取出的一部分物质进入到抽提瓶中，溶剂继续被加热汽化、上升、冷凝，滴入提取管内，如此循环往复，使固体物质不断为纯的溶剂所萃取，并将萃取出的物质富集在抽提瓶中，直到抽提完全为止。

二、常用粗脂肪测定仪的型号及特点

表 2-1 列出了目前实验室及企业实验室常用的粗脂肪测定仪的生产厂家、型号、性能指标与主要技术指标，以供参考。

表 2-1 常用粗脂肪测定仪的生产厂家、型号、性能指标与主要技术指标

生产厂家	仪器型号	性能与主要技术指标
上海纤检仪器有限公司	SZC-C	测定范围：粗脂肪含量在≥0.5%范围内的粮食、食品、饲料、油料及各种油脂制品；同时测试 6 个试样，溶剂回收率≥80%；精度：相对差≤3%，平行差≤0.3%；回收率：≥99%（回流速度 120 滴/min，冷却水温度≤30℃）；加热方式：全封闭铝合金电加热板；密封方式：聚四氟乙烯密封；电源：220V±22V，50～60Hz；功率：500W；温度：室温～200℃（任意调节）；控温精度：±0.3℃；外形尺寸：590mm×390mm×625mm；质量：25kg
济南海能仪器有限公司	SOX416	全自动，安全、可靠，产品内置乙醚泄漏监控系统；自动打印；自动和手动两种抽提方式；冷却水监控系统；溶剂自动回收；最低检测限为 90×10^{-6}；控温范围：室温+5℃～300℃；相对误差：≤1%；回收率：≥85%；升温速度：（室温～100℃）/2min，（室温～300℃）/(6～8)min；浸提时间比传统方法缩短 20%～80%；可同时测定 1～6 个样品；样品处理量：0.5～15g；工作电压：AC220V±22V；加热功率：2500W；频率：50Hz；外型尺寸：604mm×354mm×740mm
美国公司	AKBR-XT10i	脂肪/油品范围：0～100%；样品批处理量：1～15 个；测定耗时：30～60min；结果标准差：≤±1%；重复性精度≤±1.5%；溶剂回收程度：90%，全自动溶剂回收；工作温度：90℃；控温方式：智能循环水介入；处理温度范围：室温～90℃；控温精度：±0.1℃；外型尺寸（宽×深×高）：13cm×20cm×31cm；使用电压：220～240V，50～60Hz；仪器质量：44kg
意大利 VELP 公司	SER148/6	样品处理量：6 个/批；提取时间缩短：20%～80%；重现性：±1%；溶剂回收率：50%～70%；样品质量：0.5～15g（通常 3g）；溶剂体积：30～100mL；程序参数设置工作温度：100～260℃；浸提时间：0～999min；洗涤时间：0～999min；回收时间：0～999min

任务 2 粗脂肪测定仪的操作

任务目标

熟悉粗脂肪测定仪的安装条件；
能够独立进行抽提瓶的准备工作；
会叠滤纸包，能够独立进行试样的包扎；
会安装样品篮；
能够独立设定粗脂肪测定仪操作面板；
能够独立进行抽提操作，并准确判断抽提结束；
能够熟练进行有机溶剂的回收；
会采用不同方法对样品中脂肪含量进行计算；
具备粗脂肪测定仪日常维护与保养的能力；
能分析并排除故障。

一、粗脂肪测定仪使用前的准备工作

1. 抽提筒的准备

抽提筒用蒸馏水洗净，置干燥箱在105℃温度下烘1h，取出移入干燥缸内，冷却后称重编号备用。

2. 连接粗脂肪测定仪冷却水管

检查电源是否连接好，检查冷却水的进水管和出水管是否连接正确。

3. 试样包扎

① 从备用的样品中，称取2～5g试样置于称量瓶中，在105℃温度下烘30min。

② 趁热将样品倒入研钵中，加入约2g脱脂细砂一同研磨。

③ 将试样和细砂研到出油状后，干净地转入滤纸筒内(筒底塞一层脱脂棉，并在105℃温度下烘30min)，用脱脂棉蘸少量乙醚揩净研钵上的试样和脂肪，并入滤纸筒内，最后再用脱脂棉塞入上部，压住试样。

二、粗脂肪测定仪的操作

1. 准备工作

打开电源、接通冷凝水。

2. 安装样品篮

将滤纸包样品放入磁钢样品篮中，移动滑动球，使磁钢把过滤筒吸住，并观察滤纸筒是否在抽提筒上口对准下压紧圈的圆孔，两者平面保持良好接触(见图2-3)。

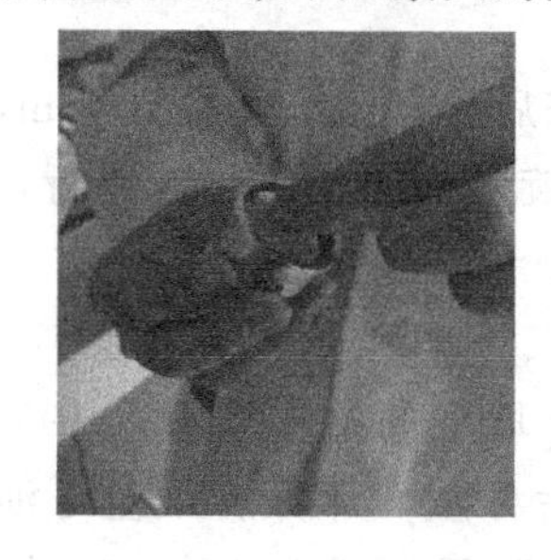  

图 2-3 安装样品篮

3. 加乙醚浸提剂及安装抽提筒

在抽提筒内注入无水乙醚约 50mL，调节滑动球，将过滤筒提升至底部与下压紧圈水平的位置，然后将抽提筒移至加热板上。调节位置使抽提筒上口对准下压紧圈的圆柱孔，两者平面保持良好接触。按下扳手，使抽提筒与下压紧圈密合，不得漏气漏液(见图 2-4)。

图 2-4 加乙醚浸提剂及安装抽提筒

4. 设置抽提温度

①打开仪器右侧电源开关，按下操作面板上的【ON/OFF】键。

②按【SET】键，进行温度设定；根据所需加热温度（如乙醚约 50℃）调节【▲】、【▼】键，下面的显示屏显示加热温度值；上面的显示屏显示电热板实际的温度值，当电热板温度达到设定的温度值时，仪器将自动保持恒温状态(见图 2-5)。

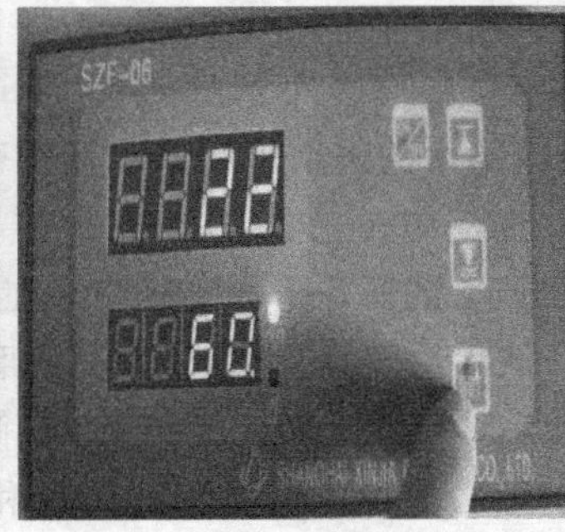
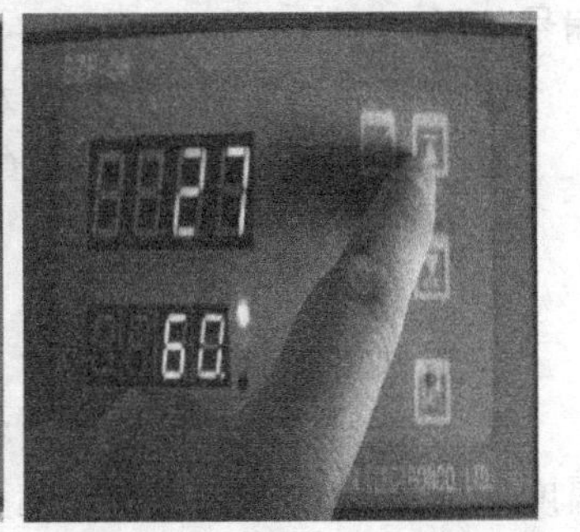

图 2-5 设置抽提温度

5. 抽提

移动滑动球(上滑)使试样置入抽提筒内。此时滤纸筒底与抽提筒底接触，做到不使滤纸筒脱落，使试样完全浸入溶剂内浸泡。从溶剂挥发开始浸泡适当时间，然后将纸筒升高 5cm 进行抽提，约 1h 后再将滤纸筒提升 1cm(最高位置)。

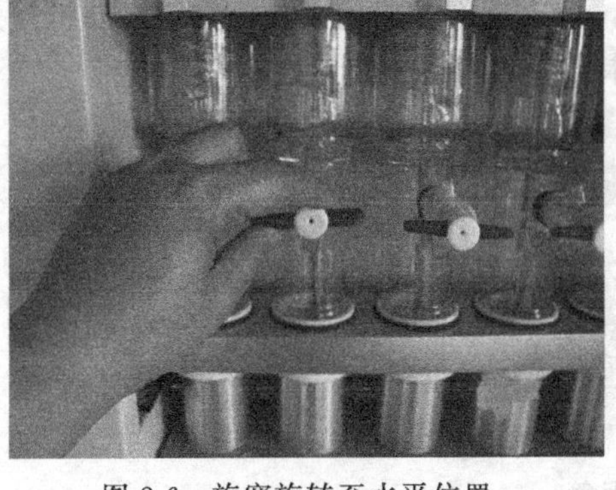

图 2-6 旋塞旋转至水平位置

6. 溶剂回收

当脂肪抽提完后，将滤纸筒提升 1cm(最高位置)，同时将旋塞旋转至与水平位置平行，进行溶剂回收(见图 2-6)。

7. 称量

将从加热板上取下的抽提筒置入 100～105℃恒温箱内，烘干后称重，计算含油量（油重法）。或将滤纸包取出，晾干后置入 100～105℃恒温箱内，烘干，然后移入干燥器内冷却后称重，计算含油量(残余法)。

8. 关机

使用完毕关闭电源，关闭冷凝水，并保持机内干净。

知识补充

一、滤纸筒的制作方法

1. 方法1

将滤纸裁成7cm×7cm大小(谷类可增大些)，并叠成一端不封口的纸包(见图2-7)，用铅笔编上号码，顺序排列在培养皿中，每皿10～20包，然后将放好滤纸包的培养皿置入105℃±2℃烘箱中干燥2h，取出放入干燥器中冷却至室温，分别将各包放入同一个称量瓶中称重。

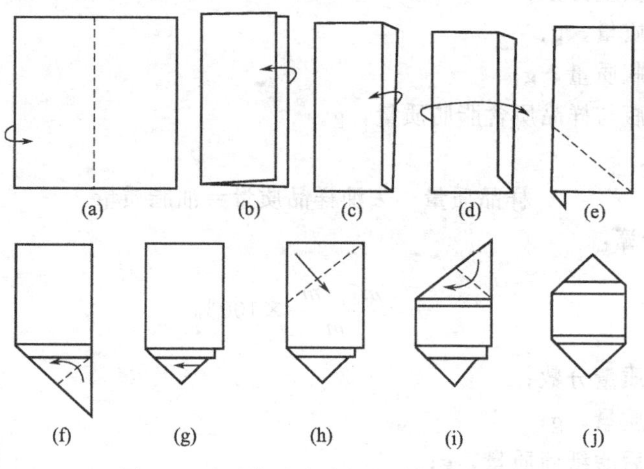

图2-7 索氏提取法滤纸包的折叠方法

2. 方法2

取长约28cm、宽约17cm的滤纸，用直径2cm的试管，沿滤纸长方向卷成筒形，抽出试管至纸筒高的一半处，压平抽空部分，折过来，使之紧靠试管外层，用脱脂线系住，下部的折角向上折，压成圆形底部，抽出试管，即成直径2.0cm、高约7.5cm的滤纸筒。

3. 脂肪含量与浸泡抽提时间表

不同脂肪含量对应的浸泡抽提时间见表2-2。

表2-2 脂肪含量与浸泡抽提时间表

脂肪含量	浸泡时间/h	抽提时间/h	脂肪含量	浸泡时间/h	抽提时间/h
0.5%～5%	0.5	1.0	25%～35%	1.5	1.5
5%～15%	1.0	1.0	35%～45%	2.5	2.0
15%～25%	1.0	1.5	45%～60%	3.0	2.5

二、粗脂肪测定仪的使用说明

① 样品应干燥后研细，装样品的滤纸筒一定要紧密，不能往外漏样品，否则重做。

② 放入滤纸筒的高度不能超过回流弯管，否则乙醚不易穿透样品，脂肪不能全部提出，造成误差。

③ 提取时温度不能过高，一般使乙醚刚开始沸腾即可（约 45℃）。回流速度以 8～12 次/h为宜。

④ 冷凝管上端最好连接一个氯化钙干燥管，这样不仅可以防止空气中水分进入，而且还可以避免乙醚等浸提剂挥发到空气中，这样可防止实验室微小环境空气的污染。如无此装置，塞一团干脱脂棉球亦可。

三、粗脂肪含量的计算方法

1. 油重法（也称直接法）

样品＋溶剂（生成溶剂·油脂）⟶去溶剂⟶油脂称重

粗脂肪含量计算：

$$w=\frac{m_2-m_1}{m}\times 100\%$$

式中 w——脂类质量分数；

m——试样质量，g；

m_1——提脂瓶质量，g；

m_2——提脂瓶与样品所含脂肪质量，g。

2. 残余法

样品质量－去油样品质量＝油脂质量

粗脂肪含量计算：

$$w=\frac{m_2-m_1}{m}\times 100\%$$

式中 w——脂类质量分数；

m——试样质量，g；

m_1——抽提后滤纸筒质量，g；

m_2——抽提前滤纸筒质量，g。

四、粗脂肪测定仪的常见故障及排除方法

粗脂肪测定仪在使用过程中常会出现以下故障。

1. 油脂渗透

故障原因及排除方法：

① 抽提筒上口与下压紧圈接触不良，调整接触面。

② 抽提筒上口与下压紧圈底部磨损，必须进行修复或更新再用。

2. 电加热温控失灵

故障原因及排除方法：

① 熔丝管故障，检查熔丝管。

② 温控仪失灵，调整更换。

③ 加热板引出线松动，应旋紧。

项目 2 粗脂肪测定仪使用与维护——任务实施记录单 见《学生实践技能训练工作手册》。

项目 2 粗脂肪测定仪使用与维护——操作技能考核表 见《学生实践技能训练工作手册》。

项目 2 粗脂肪测定仪使用与维护——知识测试题 见《学生实践技能训练工作手册》。

【阅读材料一】

XN14MT-900A 鲜乳脂肪速测仪

XN14MT-900A 鲜乳脂肪速测仪是快速测量鲜奶脂肪含量的数字式便携仪器，适用于牛奶公司、乳业公司、乳制品厂、奶粉厂及其收奶站点和专业收奶户在收奶时快速测量出鲜奶脂肪含量，按质定价收购鲜奶，遏止掺假兑水，节省收奶资金，促进提高生产液态奶产品的合格率，促进提高生产奶粉产品的出粉率、脂肪蛋白质含量、特级粉率和销售价格，缩短生产时间，降低生产中因奶中兑水造成的额外煤电能耗及生产成本，增加企业的综合经济效益。

XN14MT-900A 鲜乳脂肪速测仪操作简便，测量迅速。使用时，直接将探头插入奶中，无需采样，也不用稀释剂和助测药品，即可测量并显示脂肪含量百分数值。

该产品可以遏止掺假兑水：仪器只识别牛奶的脂肪成分，不受掺假物质的影响；奶中掺假兑水，测量值降低。这样，掺假兑水就得不偿失，从而逐步杜绝掺假兑水，纯正奶源。

该产品采用大屏幕液晶数字显示，直流、交流电源两用，配备充电电池和稳压-充电两用电源，主机装备 5mm 厚黄色防震橡胶皮套，整机配备高级铝制机箱，轻便易携，特别适合公司、工厂收奶车和专业收奶户流动收奶使用。

【阅读材料二】

核磁脂肪快速测定仪

SMART Trac 核磁脂肪测定仪由美国 CEM 公司生产。核磁共振技术是一种非常精确的测量技术，被广泛用于医疗领域对人体的精确扫描，同时它也用于很多工业油脂、油料种籽等的质量控制检测。传统上，核磁共振技术一般不能用于含水分样品的脂肪测试，因为水的氢核会干扰脂肪的氢核。而 CEM 公司利用微波快速干燥样品，去除水分，再用核磁共振技术检测脂肪，可以精确快速地测量各种乳品、肉类、调味品、饲料等中的水分、固形物和脂肪含量，此方法由 CEM 公司开创，现已被 AOAC 认证为测量乳品和肉类中水分、固形物和脂肪含量的标准方法，方法号分别为 PVM1：2004(乳品)、PVM1：2003(肉类)。

SMART Trac 结合了高精度的核磁技术和可靠的微波干燥以及智能化的操作软件，是一个全新的脂肪分析仪，可以快速得到精确的分析结果，检测结果等同甚至优于经典方法。仪器无需任何溶剂和日常标定，可以同时检测游离态和化学凝固态的脂肪，并且改变样品的质地、颜色和均匀性等都不会影响 SMART Trac 系统的精确度。因此 SMART Trac 可以用于分析液体、固体、浆体、凝固体等所有形态的样品，这是其他快速脂肪分析仪器无法比拟的。SMART Trac 可以快速准确地分析冰激凌、炼乳、酸奶、风味奶、奶酪、黄油、奶油以及奶粉、牛奶等几乎所有乳品以及各种肉类的脂肪和水分/固体物含量。

项目3　粗纤维测定仪的使用与维护

预期学习目标

◆ 能准确说出粗纤维测定仪各组成部分的名称及作用；

◆ 能独立对粗纤维测定仪各辅助部件进行安装、调试；

◆ 能够根据重量法测定粗纤维的反应过程，正确地进行粗纤维测定仪的操作；

◆ 能掌握粗纤维测定仪操作时的注意事项；

◆ 能对粗纤维测定仪出现的故障进行排除及日常维护；

◆ 能按照说明书制定出不同型号粗纤维测定仪的操作规程；

◆ 能够运用索氏提取法工作原理和所掌握的操作技能，对实际样品分析设计出合理的方案，并独立使用粗脂肪测定仪完成分析任务；

◆ 具备解决问题的动手能力、制定完善工作计划的决策能力。

具体工作任务

① 粗纤维测定仪的结构认知；

② 粗纤维测定仪的安装及操作。

任务1　粗纤维测定仪的结构认知

任务目标

认识 DYD-06 型粗纤维测定仪各部分结构；

会操作 DYD-06 型粗纤维测定仪操作面板；

知道常用粗纤维测定仪的型号及特点；

根据称量法的原理，理解粗纤维测定仪的测定过程。

DYD-06 型粗纤维测定仪依据目前常用的酸碱消煮法来消煮样品，再用乙醇除去可溶物质，经高温灼烧后扣除矿物质的量，测得的量为粗纤维的含量。粗纤维不是一个确切的化学实体，只是在公认强制规定的条件下测出的概略成分，其中以纤维素为主，还有少量半纤维素和木质素。粗纤维测定仪适用于各种饲料、粮食、谷物、食品等粗纤维的含量的测定。

一、DYD-06 型粗纤维测定仪主要技术指标

① 测定对象：各种饲料、粮食、谷物、食品及其他需要测定粗纤维含量的农副产品。

② 测试样品数：6 个/次。

③ 重复性误差：粗纤维含量在 10%以下，绝对值误差≤0.4%；

粗纤维含量在 10%以上，相对误差≤4.0%。

④ 测定时间：在仪器上所需时间约为 90min(包括酸 30min、碱 30min、抽滤和洗涤约 30min)。

⑤ 电源：AC220V，50Hz。

⑥ 功率：3.3kW。

⑦ 体积：540mm×450mm×670mm。

⑧ 质量：28kg。

二、DYD-06 型粗纤维测定仪外部结构介绍

DYD-06 型粗纤维测定仪的外部结构见图 3-1。

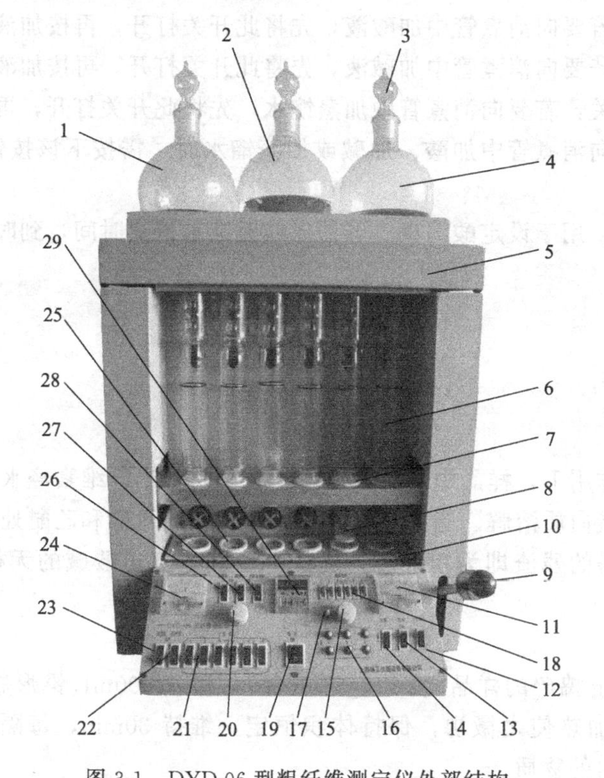

图 3-1 DYD-06 型粗纤维测定仪外部结构

1—酸烧瓶；2—碱烧瓶；3—烧瓶盖；4—蒸馏水烧瓶；5—盖；6—消煮管；7—消煮管下套；8—坩埚；9—升降操纵杆；10—抽滤底板；11—消煮电压表；12—加蒸馏水开关；13—加碱开关；14—加酸开关；15—消煮调压旋钮；16—加液按钮；17—定时启动开关；18—消煮加热开关；19—电源开关；20—预热调压旋钮；21—抽滤开关；22—反冲泵开关；23—抽滤泵开关；24—预热电压表；25—抽滤座；26—酸预热开关；27—碱预热开关；28—蒸馏水预热开关；29—消煮定时器

三、DYD-06 型粗纤维测定仪各部分结构的作用

① 酸烧瓶：用于盛装 1.25%硫酸溶液。

② 碱烧瓶：用于盛装 1.25%氢氧化钾溶液。

③ 蒸馏水烧瓶：用于盛装蒸馏水。

④ 消煮管：用于进行样品消煮。

⑤ 坩埚：用于盛装待测样品。

⑥ 消煮电压表：用于显示消煮时的电压。

⑦ 消煮调压旋钮：用于调整消煮时的电压（温度）。

⑧ 预热调压旋钮：用于调节酸、碱、蒸馏水烧瓶中的加热温度。

⑨ 酸预热开关：打开酸烧瓶下面的电炉子，以便对瓶中酸溶液进行预加热。

⑩ 碱预热开关：打开碱烧瓶下面的电炉子，以便对瓶中碱溶液进行预加热。

⑪ 蒸馏水预热开关：打开蒸馏水烧瓶下面的电炉子，以便对瓶中蒸馏水进行预加热。

⑫ 抽滤泵开关：需要抽滤时，先打开此开关。

⑬ 抽滤开关：酸或碱消煮完后，需将消煮液排除，打开此开关即可。

⑭ 反冲泵开关：当砂芯漏斗被样品堵住，不能正常抽滤时，可打开此开关进行反冲。

⑮ 预热电压表：用于显示酸、碱、蒸馏水预热时的电压。

⑯ 加酸开关：若要向消煮管中加酸液，先将此开关打开，再按加液按钮。

⑰ 加碱开关：若要向消煮管中加碱液，先将此开关打开，再按加液按钮。

⑱ 加蒸馏水开关：若要向消煮管中加蒸馏水，先将此开关打开，再按加液按钮。

⑲ 加液按钮：向消煮管中加酸、加碱或加蒸馏水时，需按下该按钮，直到要停止加液时，再松开手。

⑳ 消煮定时器：用于设定酸消煮、碱消煮或蒸馏水消煮时间，到时自动停止消煮。

知识补充

一、称量法

1. 原理

在热的稀硫酸作用下，样品中的糖、淀粉、果胶质和半纤维素经水解而除去，再用热的氢氧化钾处理，使蛋白质溶解、脂肪皂化而除去。然后用乙醇和乙醚处理以除去单宁、色素及残余的脂肪，所得的残渣即为粗纤维。若其中含有不溶于酸碱的无机物质，可经灰化后除去。

2. 测定过程

① 称取 20～30g 捣碎的样品(或 5.0g 干样品)，移入 500mL 锥形瓶中，加入 200mL 煮沸的 1.25%硫酸，加热使之微沸，保持体积恒定，维持 30min，每隔 5min 摇动锥形瓶一次，以充分混合瓶内的物质。

② 取下锥形瓶，立即用亚麻布过滤后，用沸水洗涤至洗液不呈酸性。

③ 用 200mL 煮沸的 1.25%氢氧化钾溶液，将亚麻布上的存留物洗入原锥形瓶内加热微沸 30min 后，取下锥形瓶，立即以亚麻布过滤，以沸水洗涤 2～3 次后，移入已干燥称量的 G2 垂融坩埚或同型号的垂融漏斗中，抽滤，用热水充分洗涤后，抽干。再依次用乙醇和乙醚各洗涤一次。将坩埚和内容物在 105℃烘箱中烘干后称量，重复操作，直至恒量。

如样品中含有较多的不溶性杂质，则可将样品移入石棉坩埚，烘干称量后，再移入 550℃高温炉中灰化，使含碳的物质全部灰化，置于干燥器内，冷却至室温称量，所损失的量即为粗纤维量。

二、常用粗纤维测定仪的型号及特点

表 3-1 列出了目前实验室及企业实验室常用的粗纤维测定仪的生产厂家、型号、性能指标与主要技术指标，以供参考。

表 3-1 常用粗纤维测定仪的生产厂家、型号、性能指标与主要技术指标

生产厂家	仪器型号	性能与主要技术指标
台北市路桥京奥粮用器材厂	SLQ-6	测试范围：0～100%；样品数量：一次可同时测试 6 个试样；样品称量：≥0.5～3g；测试精度：相对差≤4%，平行差≤0.4%；测试时间：≤90min；加热方式：半圆球陶瓷六管单独加热，每个坩埚独立加温，并可单个调温；密封方式：采用上下四氟乙烯隔离；温度范围：≥室温～400℃；电源：200V±22V，50Hz；额定功率：2kW；外形尺寸：570mm×470mm×750mm；质量：30kg

续表

生产厂家	仪器型号	性能与主要技术指标
意大利 VELP 公司	FIWE3	测定对象：食品和饲料的粗纤维、酸性和中性洗涤纤维、纤维素、半纤维素、木质素；测试样品数：3 个；重复性误差：<±1%；测定时间：≤100min/次；电源：AC220V ± 22V，50/60Hz；功率：1.2kW
	FIWE6	样品处理能力：6 个/批；单个样品量：0.5～3.0g；重现性：≤±1%；测量范围：0～100%；测定时间：0～100min；反吹气泵压力：3～8bar(1bar=10^5Pa)；反吹气泵精度：≤1bar；预热单元温度控制：室温～370℃
	CSF6&GDE	CSF6 高效洗涤过滤装置，一次可同时处理 6 个样品，每个样品可独立处理；内置高效蠕动泵，抽真空过滤，真空度可调；气体反吹，加速洗涤，可将过滤时间缩短到 20min（6 个样品）。GDE 酶培养消化器，含循环恒温水浴，高精度温度控制；6 位磁力搅拌装置，适合各种普通培养烧杯，搅拌速度可调，可设定培养温度和培养时间，电子计时报警

任务 2 粗纤维测定仪的安装及操作

任务目标

能熟练地安装粗纤维测定仪的酸、碱、蒸馏水烧瓶及进出水管等；

能独立进行操作前的准备工作；

能独立熟练地操作粗纤维测定仪；

会对样品中粗纤维含量进行计算；

能分析排除故障；

具备粗纤维测定仪日常维护与保养的能力。

一、粗纤维测定仪的安装

① 将仪器放置于工作台上，工作台附近有水池和水嘴。

② 将 3 个烧瓶放置于仪器顶部的电加热板上，并将顶部小孔中伸出的写明酸、碱、蒸馏水的橡胶管套在相应的烧瓶底部的水嘴上。3 个烧瓶的位置从左至右相应为酸、碱、蒸馏水，加液时切勿混淆（见图 3-2）。

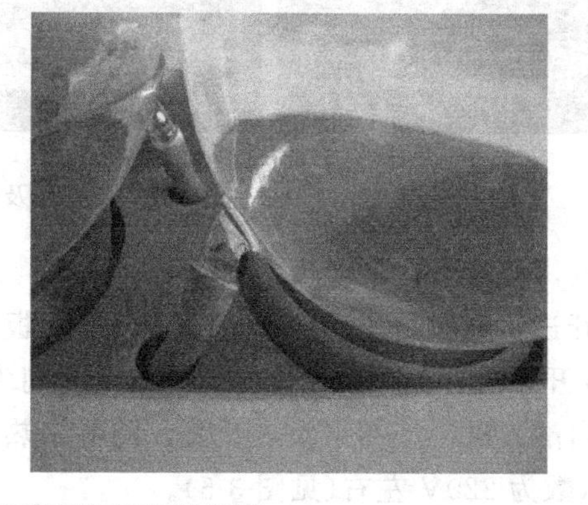

图 3-2 粗纤维测定仪顶部烧瓶

③ 将进出水嘴（位于机箱左下侧）分别套上橡胶管，5 个水嘴分别为：靠左的两个为冷凝水进水嘴，将两条橡胶管连接三通后与自来水相连；靠右的上两个为冷凝水出水嘴，靠

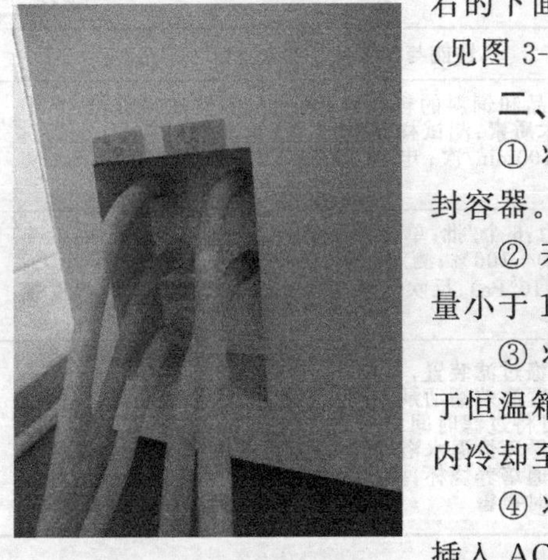

图 3-3 进出水嘴

右的下面一个为抽滤出水嘴，分别用橡胶管引入水池即可(见图 3-3)。

二、操作前的准备

① 将样品用粉碎机粉碎，全部通过 18 目筛后，放入密封容器。

② 若样品中脂肪含量大于 10%，则必须脱脂，若脂肪含量小于 10%可不脱脂。

③ 将坩埚用蒸馏水洗净，使其不带任何杂质，并将其置于恒温箱内(温度在 100℃左右)烘 30min，然后移入干燥器内冷却至室温，并将其编号，再置于干燥器内备用。

④ 将电源线一头插入仪器右下侧的电源插座中，另一头插入 AC220V 的电源插座中，实验室的电源插座必须用三角插座，且必须有可靠接地。

三、粗纤维测定仪的操作

1. 装酸、碱、蒸馏水

在仪器顶部的酸、碱、蒸馏水烧瓶中分别加入已配制好的酸、碱、蒸馏水，应基本加满(不少于 2000mL)，将瓶盖盖上。

2. 装样品及安装坩埚

在坩埚内放入 1～2g（精确到 0.0002g）试样，并将装好试样的坩埚分别放入各自的抽滤座中，注意应放置于抽滤座中央的硅橡胶圈上，并使其与上面的消煮管下套中的硅橡胶圈对齐，不要将坩埚放偏或放斜，否则将会漏液，在确信完全对准后再压下操纵杆并锁紧（见图 3-4）。

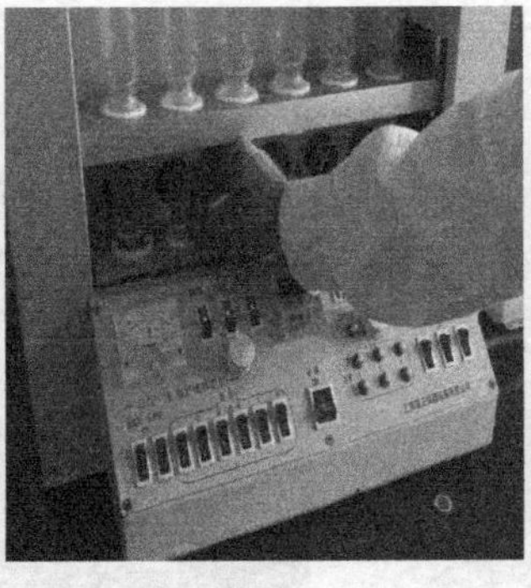
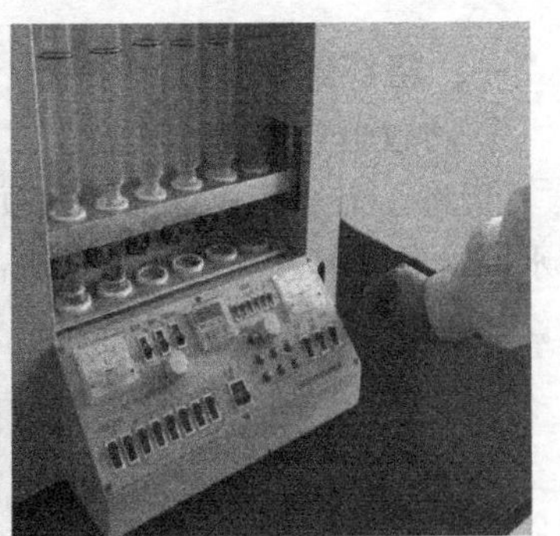

图 3-4 装样品及安装坩埚

3. 开机，酸碱蒸馏水加热

① 打开进水开关，注意进水量适中。将面板上的预热调压旋钮和消煮调压旋钮逆时针旋到底，打开电源开关，调整定时器的设定时间为 30min。

② 开启酸、碱、蒸馏水预热开关，调节预热调压旋钮，将其调到顺时针最大，这时左边电压表示数为 220V 左右(见图 3-5)。

③ 等酸、碱、蒸馏水沸腾时，将预热电压调小至酸、碱、蒸馏水微沸。

4. 酸消煮

① 打开加酸开关，加入已沸的酸液 200mL（约到消煮管中间刻度线），再在每个消煮管

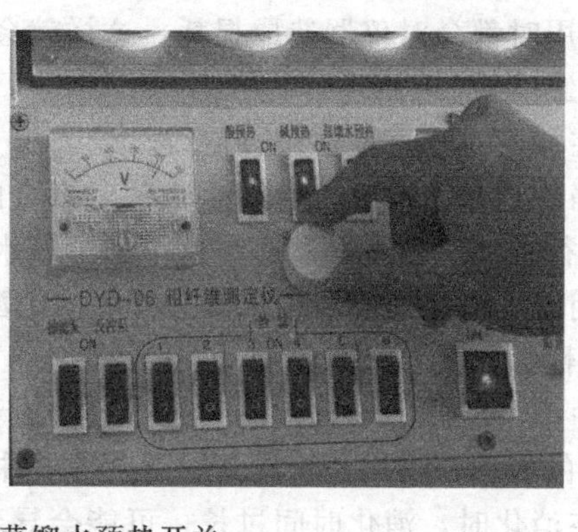

图 3-5 开启酸碱蒸馏水预热开关

内加 2 滴正辛醇。关闭酸预热开关，开启消煮加热开关，将其调到电压为 220V 左右，待消煮管内酸液再次沸腾后再将电压调至 150～170V 左右，使酸液保持微沸，向上打开消煮定时开关，保持酸微沸 30min。30min 消煮时间一到，则蜂鸣器鸣叫，同时自动切断消煮加热电源。

② 将消煮加热开关关闭，将消煮定时开关向下关闭，将消煮调压旋钮逆时针旋到底，打开抽滤开关及抽滤泵开关，将酸液抽掉。抽完酸液后，先关闭抽滤泵开关，再关闭抽滤开关。打开蒸馏水开关，再按下加液按钮，在消煮管中加入蒸馏水后再抽干，连续进行 2～3 次，直至用石蕊试纸测试显中性后关闭加蒸馏水开关。在抽滤过程中若发现坩埚堵塞，可关闭抽滤泵，开启反冲泵用气流反冲，直至出现气泡后关闭反冲泵，打开抽滤泵继续抽滤。洗涤完毕后关闭所有抽滤开关及泵开关。

5. 碱消煮

打开加碱开关，分别在每个消煮管中加入微沸的碱溶液 200mL 后关闭加碱开关，再在每个消煮管中加入 2 滴正辛醇后重复第 4 步①后半部分和第 4 步②的操作，进行碱消煮、抽滤和洗涤。

6. 醇洗

以上工作完成以后，用吸管分别在消煮管上口加入 25mL 的 95％乙醇，浸泡十几秒后抽干。

7. 烘干灰化

① 将操纵杆手柄稍用力下压后拉出定位装置，使升降架缓慢上升复位，戴上手套后将坩埚取出，移入恒温箱，在 130℃±2℃下烘干 2h，取出后在干燥器中冷却至室温，称重后得到 m_1。

② 将称重后的坩埚再放入 500℃±25℃的高温炉内灼烧 1h，取出后置于干燥器中冷却至室温，称重后得到 m_2，测定结果按后文所列公式计算。

知识补充

一、粗纤维测定仪使用说明及注意事项

① 对于不同型号的仪器，加热、消煮有一对一、一对二之分。若是一对二，即使另一管内无样品，也应加蒸馏水。

② 在进行检测之前要检查各个消化腔是否漏液，因为该测定仪一次可测得 6 个样品，

在每次使用时都会对仪器造成损耗。这样就会导致各个部件的规格不一样，在加酸或加碱时会漏出，影响检测结果。

③ 在加液时注意不要超过蓝线。

④ 当酸消化完毕后，要用抽滤泵对剩余的酸进行抽滤，若有一部分抽滤不出来，可用反冲泵进行抽滤，也可向砂芯坩埚中加少量水，再进行抽滤。

⑤ 用碱液消化之前要用水洗去样品中的酸，让其显中性；碱消化完毕后，也要用水洗，使其显中性。

⑥ 由于某些原因导致检测失效，这时就要放弃操作，在放弃操作时，为了不影响其他几个样品的检测，可用一个胶管进入消化腔中，用洗耳球吸出里面的液体。

⑦ 在消化时，消化时间过长，可能会导致酸碱液冒出，这时可调节电流强度或加消泡剂正辛醇。

⑧ 向仪器内部加入液体时，必须保证液体是热的，避免因为温度的差异造成仪器下管的炸裂，因此在加液之前必须要先对酸碱蒸馏水进行预热。

二、结果计算

$$\text{粗纤维含量}(\%)=\frac{m_1-m_2}{m(1-M)}\times 100\%$$

式中 m——试样质量，g；

m_1——在 130℃下干燥后坩埚及试样质量，g；

m_2——在 500℃下灼烧后坩埚及试样质量，g；

M——水分百分率，%。

三、粗纤维测定仪的日常维护

① 仪器由于经常与酸、碱及水接触，且仪器通有 220V 交流电，因此实验室插座一定要有良好的接地。

② 工作中，使用的容器和样品必须同仪器的温度(约 100℃)相一致。

③ 维护及清洗前请拔掉电源插座，每次使用完仪器后，应用滤纸将抽滤座内的水吸干。

④ 当坩埚在 500℃高温炉内灼烧 1h 后，不要立即将坩埚取出，否则由于炉内温度与炉外温度相差太大，极易使坩埚炸裂。

⑤ 清洗仪器时不要用洗衣粉、洗洁精之类的化学溶剂，最好用热水进行清洗，如果确实清洗不净，则可用少量化学溶剂进行清洗。

⑥ 在酸解(或碱解)完成后，排液时应缓慢进行，防止漂浮的样品黏附到消解管壁上，如果样品黏附得比较牢固，无法用水清洗，可用软毛刷从底部轻轻刷掉。

项目 3 粗纤维测定仪的使用与维护——任务实施记录单 见《学生实践技能训练工作手册》。

项目 3 粗纤维测定仪的使用与维护——操作技能考核表 见《学生实践技能训练工作手册》。

项目 3 粗纤维测定仪的使用与维护——知识测试题 见《学生实践技能训练工作手册》。

【阅读材料】

Fibertec 2010 半自动纤维素测定仪

一、Fibertec 2010 半自动纤维素测定仪简介传统的手工测定半纤维素、纤维素、木质素和粗纤维素的方法，操作烦琐，测定结果人为误差较大。Fibertec 2010 分析仪(丹麦福斯公司产品)采用化学和物理相结合的方法完成半纤维素、纤维素、木质素和粗纤维素的分析，是一种使用简单灵活的半自动纤维检测仪。仪器集各种洗涤处理和冲洗过程于一体，采用全封闭结构，用电热直接加温，同时可测6个样品，操作时样品无需转移，从而达到准确、快速的目的。最近几年，食品、饲料等行业广泛使用仪器方法测定样品中半纤维素、纤维素、木质素和粗纤维素等指标。Fibertec 2010 分析仪是使用较广泛的仪器。

二、Fibertec 2010 系统的基本组件

2010 热浸提器：内装加热过滤系统对样品进行热水解和浸提，并自动加入预热的试剂。

2010 冷浸提器：在室温下对样品进行脱脂和浸提(如木质素测定)，也可用于纤维残留物的溶剂脱水。

上述两种装置可用同系列过滤坩埚，需要时可将样品在连续浸提之间进行干燥称重。在仪器里，样品处理在特制的过滤坩埚中进行，这种过滤坩埚既可在浸提、冲洗和过滤过程中作为仪器浸提系统中不可分割的一部分，又可在称重、干燥和灰化过程中作为样品容器。

Fibertec 2010 系统可使用批量处理专用附加工具(坩埚架)一次处理6个样品。它使用独特的吸滤/反吹气流装置来克服过滤中容易出现的问题。

Fibertec 2010 系统提供最省时和最方便的方法，并保证符合 ISO 及 EC 标准，从而获得重现性高的纤维测定，是纤维检测最标准的参考方法，新的设计可以适应21世纪的需要。

三、Fibertec 2010 纤维素分析仪常见故障分析及日常维护

(一) 常见故障

1. 恒温水箱恒温控制失效

仪器正常使用时，水温指示灯一直亮着，加热池内持续加热，仪器水箱恒温控制失效，废水出口(加热池溢出/喷水壶溢出)冒蒸汽。

故障诊断及排除：原因是过热保险及复位失效。一般情况下是因为外部保险(过热保险及复位)失效，检查并修复即可。

2. 抽滤不动

热浸提装置不能进行抽滤时，热浸提装置下部的滴水盘有时会出现漏液。

故障诊断及排除：如果滴水盘内有漏液，说明是热浸提柱控制阀下面的橡胶管爆裂；如果没有漏液，很可能是真空泵部位出现问题。在抽滤故障发生的时候，真空泵的声音也有很大变化，有经验的操作人员可以从声音方面进行判断，更换橡胶管或维修真空泵。橡胶管爆裂现象较常见，需准备一些橡胶管备用。真空泵一般是活塞出现问题，加了消泡剂的洗涤液可能对活塞有侵蚀现象，更换受损的活塞即可。

3. 漏液

热浸提柱下的玻璃坩埚处发生漏水现象。

故障诊断及排除：原因是未按正确的程序预热好浸提柱或未正确安装玻璃坩埚，还有可能是橡胶密封圈出现问题。漏液现象最容易出现在热浸提柱水预热的过程中，特别是加水的时候。玻璃坩埚安装时，应在压紧玻璃坩埚前，逐个将玻璃坩埚用手轻轻地转半圈左右，然后再压紧。如果出现漏水的情况，可以采用调换玻璃坩埚次序的方法来处理，如果逐个调换次序后仍然漏液，则应更换橡胶密封圈。

4. 冷却效果差

热浸提柱冷凝管冷却效果差或两边冷却效果差别很大，致使热浸提柱内部洗液温度

不匀。

故障诊断及排除：冷凝管内结垢会使冷却效果下降；左右冷却效果相差很大是因为管路出现堵塞现象。由于一般都是使用自来水冷却，一段时间后，浸提柱会出现结垢现象，应对冷却管路进行除垢。

除垢方法：首先让仪器处于工作状态，冷却水也处于开启状态，然后关闭进水阀门，拔出进水管，再将废水出口管插入水冲真空泵上，开启水冲真空泵，将管路中的水抽干后，将进水管插入1%的盐酸溶液中，让盐酸溶液抽入管路，关闭水冲真空泵，静置20min后，再用水冲真空泵抽出盐酸溶液即可。出现堵塞现象时可以用水冲真空泵对进水管反抽吸，直至故障消除。

5. 浸提柱内洗涤液冷热不均匀，沸腾程度差异很大

故障诊断及排除：环境温度对仪器影响很大，冬天使用时，特别是在没有空调的房间里，两端的浸提柱温度严重偏低，冷却水流速、管路走向以及反射器两边的加强反射板角度也会对其产生影响。仪器对环境温度要求较高，放置仪器的房间室温要求在20℃左右。如果条件不允许，可以在仪器的正面加一块透明的挡板，减少室温对仪器的影响，因为冷却水管路是两端进水、中间出水，水流速率过低，对两端的冷却效果会更好，造成两端浸提柱温度偏低，所以水流速度不宜过慢。

6. 冷浸提装置不能抽滤和反吹

故障诊断及排除：原因是冷浸提装置控制阀长时间未置于复位位置或管路堵塞。冷浸提装置控制阀长时间未置于复位位置，会将控制阀下面的橡胶管夹扁，黏结在一起。如出现此类现象，首先拆下2010热浸提装置，在冷浸提装置装上玻璃坩埚(无砂芯)后，加满热水，再将控制阀调到反吹位置，用吸耳球压紧压力泵管，用力反吹，直到吹通为此。管路堵塞也可以用此类方法解决，加热水，将阀门调到真空位置，用吸耳球反吹连接水冲真空泵的管路。

(二) 仪器维护

1. 日常检查

由于Fibertec 2010管路较多，容易出现漏液现象。日常检查项目包括热浸提柱下面的滴水盘、控制阀下的管路、冷浸提装置控制阀下的管路；月度检查项目包括热浸提装置后盖内的滴水盘和所有管路。

2. 管路清洗

仪器管路清洗对仪器的正常使用和使用寿命有很大影响。如果实验后仪器未清洗，热浸提柱洗涤液喷口处很容易堵塞，影响真空泵和仪器管路的使用寿命，冷浸提柱控制阀下的管路也容易堵塞，清洗的一般原则如下。

冷浸提柱每次使用后都要用水清洗管路，用水冲真空泵抽干。

热浸提柱如果每天都使用，只需将玻璃坩埚下面的管路冲洗干净，但在冬天室温接近零度时，则需全面清洗，特别是洗涤液喷口，如果有余液，很容易堵塞。如果仪器长时间不用，必须进行管路和喷口等部位的全面清洗，以防堵塞。

(三) 仪器改进

1. 功率控制旋钮改造

在实验室里，电压总是会有一定波动，另外控制旋钮也有一定的自由行程，因而不能准确地控制热浸提柱加热过程，从而影响实验结果的重复性。可以考虑在旋钮后的两端安装一个数显电压表，就可以准确调整电热板的输出功率，避免因为不及时调整带来的误差。

2. 冷却水管路改造

水流速度过慢，造成两端浸提柱温度偏低，所以水流速度不宜过慢。如果有条件，可将水管路改为从中间进水，两端出水，这样可以在一定程度上解决两端热浸提柱温度过低的问题。

3. 浸提柱前面加装挡板

环境温度和室内风向对仪器影响很大，为了解决这个问题，可以考虑将仪器的正面用耐热玻璃或透明树脂材料密封，特别是冬天，可以关掉仪器后盖内的风扇，减少吹风，以免导致右边的浸提柱温度偏低。

模块二

电化学分析仪器的使用与维护

学习内容

电化学分析仪器中酸度计、电导率仪、电位滴定仪的结构组成，及其作用，电化学分析仪器的原理及应用；各仪器的安装、调试；各仪器的操作流程、注意事项及日常维护与保养等。

项目4 酸度计的使用与维护

预期学习目标

◆ 能准确说出酸度计各部分组成及其作用；

◆ 能独立对酸度计各辅助部件进行安装；

◆ 能准确地对酸度计进行调试；

◆ 能正确进行酸度计的操作；

◆ 掌握酸度计操作时的注意事项；

◆ 能对酸度计出现的故障进行排除及日常维护；

◆ 能按照说明书制定出不同型号酸度计的操作规程；

◆ 能运用酸度计工作原理和所掌握的操作技能，对实际样品分析设计出合理方案，并独立使用酸度计完成分析任务；

◆ 具备实事求是的工作态度。

具体工作任务

① 酸度计的结构认知；

② 酸度计的安装及操作。

任务1 酸度计的结构认知

任务目标

认识 pHS-3C 型酸度计各部分结构；

会操作 pHS-3C 型酸度计各旋钮；

知道常用酸度计的型号及特点；

能够根据能斯特方程，理解酸度计的测量过程。

pHS-3C 通用型酸度计在市面常见型号酸度计的基础上，在智能化、测量性、使用环境以及外观结构方面作了大幅改进，具有更高的性价比。可广泛应用于火电、化工化肥、冶金、环保、制药、生化、食品和自来水等溶液中 pH 值的连续监测。

一、pHS-3C 酸度计主要技术指标

① 仪器级别：0.01 级。

② 测量范围：pH 值为 0～14.00，电压值为：0～±1999mV(自动极性显示)。

③ 最小显示单位：0.01pH，1mV。

④ 温度补偿范围：0～60℃。

⑤ 电子单元基本误差：±0.01pH，±1mV±1 个字。

⑥ 仪器的基本误差：±0.02pH±1 个字。

⑦ 电子单元输入电流：$\leqslant 2\times10^{-12}$A。

⑧ 电子单元输入阻抗：≥$1\times10^{12}\Omega$。

⑨ 温度补偿器误差：±0.01pH。

⑩ 电子单元重复性误差：0.01pH，1mV。

⑪ 仪器重复性误差：≤0.01pH。

⑫ 电子单元稳定性：0.01pH±1 个字/3h。

⑬ 外形尺寸：260mm×190mm×70mm。

⑭ 质量：1.5kg。

⑮ 正常使用条件

a. 环境温度：5～40℃；

b. 相对湿度：不大于 85%；

c. 供电电源：AC220V±22V，50Hz±1Hz；

d. 除地球磁场外无其他磁场干扰。

二、pHS-3C 酸度计的外形结构

pHS-3C 酸度计外形结构见图 4-1 和图 4-2。

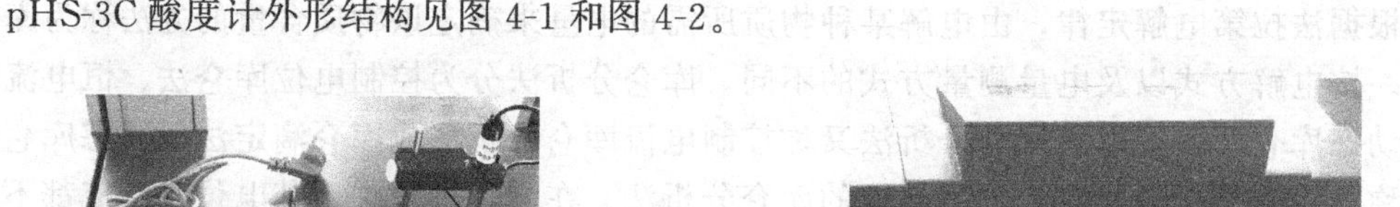

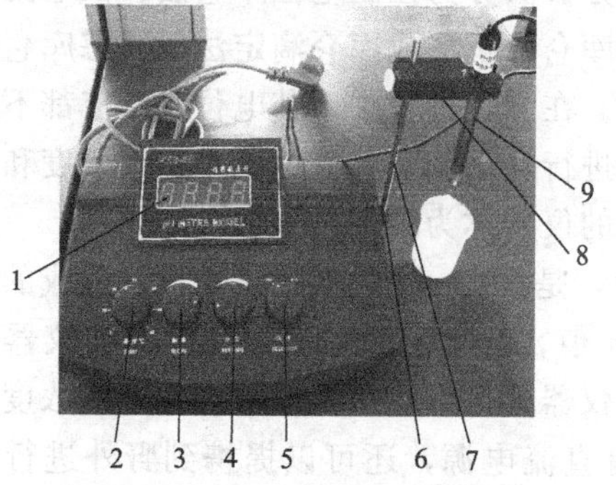

图 4-1　pHS-3C 酸度计的正面结构

1—显示屏；2—【温度】调节钮；3—【斜率】调节钮；4—【定位】调节钮；5—【选择】开关旋钮；6—电极架座；7—电极架立杆；8—电极夹；9—复合电极

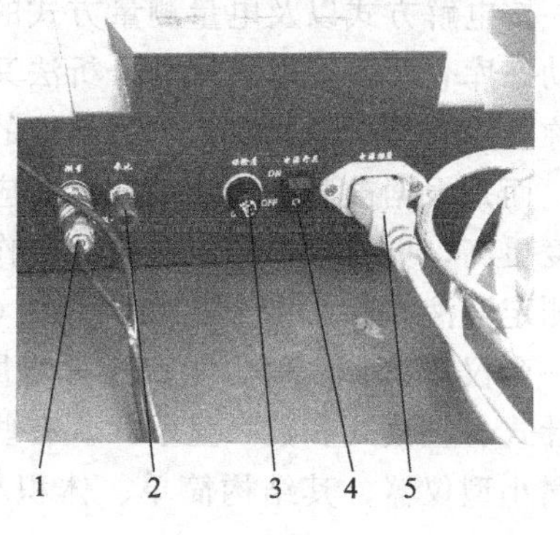

图 4-2　pHS-3C 酸度计的背面结构

1—测量电极插座；2—参比电极接口；3—保险座；4—电源开关；5—电源插座

三、酸度计上各部件的作用

①【选择】开关旋钮：是一个功能选择按钮，当按键在“pH”位置时，仪器用于 pH 的测定；当按键在“mV”位置时，仪器用于测量电池电动势，此时【温度】调节钮、【定位】调节钮和【斜率】调节钮无作用。

②【温度】调节钮：是用来补偿溶液温度对斜率所引起的偏差的装置，使用时将调节钮调至所测溶液的温度数值即可。

③【斜率】调节钮：用于调节电极系数，使仪器能更精确地测量溶液的 pH。

④【定位】调节钮：其作用是抵消待测离子活度为零时的电极电位，即抵消 E-pH 曲线在纵坐标上的截距。

⑤ 电极架座：用于插电极架立杆的装置。

⑥ 电极架立杆：用于固定电极夹。

⑦ 电极夹：用于夹持玻璃电极、甘汞电极或复合电极。

知识补充

一、电化学分析

电化学分析是利用被分析物质在电化学电池中的电化学特性而建立起来的分析方法，是仪器分析的一个重要分支。

电化学分析法主要有电位分析法、库仑分析法、极谱分析法、电导分析法及电解分析法等。电化学分析法的灵敏度、选择性和准确度都很高，测定范围也很广。每一种电化学分析法都有相应的仪器，如电位分析仪、库仑分析仪、电导仪、酸度计等。电化学分析的仪器设备较简单，价格低廉，仪器的调试和操作都较简单。

以测量化学电池两电极的电位差或电位差变化为基础的化学分析方法称为电位分析法。用作电位分析的仪器称为电位分析仪。电位分析仪主要有电位差计、酸度计（pH 计）、离子计（pX 计）、电位滴定仪等。

根据法拉第电解定律，由电解某种物质所需的电量来确定该物质含量的方法称为库仑分析法。按电解方式以及电量测量方式的不同，库仑分析法分为控制电位库仑法、恒电流库仑法及动态库仑法。恒电流库仑分析法又称控制电流库仑分析法或库仑滴定法。动态库仑分析法又称微库仑分析法，它是一种新型的库仑分析法。在测定过程中，其电位和电流都不是恒定的，而是根据被测物质浓度变化，应用电子技术进行自动调节，其准确度、灵敏度和自动化程度更高，更适合作微量分析。用作微库仑分析的仪器称为微库仑仪。

测定溶液 pH 值的仪器是酸度计（又称 pH 计），是根据 pH 的实用定义设计而成的。往往同一台仪器具有多种功能，既可测量 pH 值、pX 值，又可测量电位差值。此类仪器有电位差计式、直读式和数字显示式。有些数字显示式仪器还可以直接读取被测离子的浓度。酸度计属小型仪器，其结构简单、体积小，如果具有直流电源，还可以提携到野外进行环境监测。

二、酸度计内部基本结构

实验室用酸度计的型号很多，但其结构一般均由两部分组成，即电极系统和高阻抗毫伏计。电极与待测溶液组成原电池，以毫伏计测量电极间电位差，电位差经放大电路放大后，由电流表或数码管显示。酸度计的基本结构如图 4-3 所示。

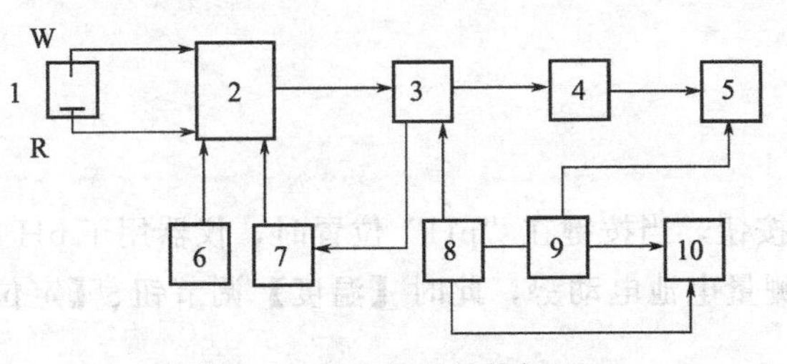

图 4-3 酸度计的结构框图

1—化学电池（W 为指示电极，R 为参比电极）；2—差分对电路；3—运算放大器；4—反对数放大器；5—显示器；6—恒流源；7—负反馈电路；8—温度补偿网络；9—减法器；10—量程扩展电路

根据 pH 玻璃电极和各种离子选择性电极的特性，要求酸度计有较高的阻抗，具有正负极性，能测量试液的正负离子，仪器要有较好的稳定性，因此，在仪器的输入部分由输入阻抗较高的场效应晶体管组成差分对电路，由双三极管组成恒流源，保证差分对的工作点固定不变，以减少信号的漂移程度；仪器中设有滤波电路，以防止高频信号的干扰；温度补偿网络的作用是使电极信号不受温度变化的影响。

三、酸度计的工作原理

酸度计的化学电池中，指示电极为 pH 玻璃电极，参比电极为饱和甘汞电极或银-氯化银电极。银-氯化银电极常和pH玻璃电极一起组成复合电极。在测量过程中，仪器的化学电池所产生的电位信号进入由差分对组成的电路源跟随器作阻抗变换，变成低阻信号后，由一电阻器输至运算放大器的同相端，经运算放大器放大后，输出的信号分别通过仪器的mV挡、pH挡，然后又经过反馈电路源跟随器的场效应晶体管的栅极再进入运算放大器的反相输入端，形成电压串联负反馈。于是在mV、pH同相输入的各挡分别获得放大了的电极信号。在电化学过程中，如果发生温度变化，则运算放大器的输出信号经过温度补偿网络后，得到校正。由于减法器的作用，将温度补偿后的电极信号过滤，凡满足“额定电位值”的整数部分被减去，由量程扩展器挡显示，凡不足“额定电位值”的尾数值，均由显示器的表头显示。

四、电极的种类和用途

在电位分析法中应用的参比电极和指示电极有很多种，以下将介绍几种常用的指示电极和参比电极。

1. 指示电极

(1) 金属电极　能够发生可逆氧化还原反应的金属，插入此金属离子的溶液中即组成金属电极，其电极电位的变化能准确地反映溶液中金属离子活度（或浓度）的变化。

根据能斯特方程，银电极反应达到平衡时的电极电位与此时溶液中银离子浓度的对数值成直线关系。因此银电极不但可用于直接测定银离子浓度，而且可在滴定过程中，用于沉淀或配位等反应而能引起银离子浓度变化的电位滴定。

(2) 惰性金属电极　在氧化还原电对中，若氧化态和还原态都是离子状态，则需用惰性金属如铂（Pt）或金（Au），插入其中组成电极，此电极的电位能指示出溶液中氧化态和还原态活度（或浓度）的比值。惰性电极并不参加电极反应，只作为氧化还原反应变换电子的场所。在氧化还原滴定中，铂电极的应用很广泛。

(3) pH玻璃电极　它的主要部分是电极下端的球泡，球泡是特殊成分玻璃制成的薄膜，泡内装有pH值一定的缓冲溶液（通常为0.1mol/L HCl溶液），溶液中插一支银-氯化银电极作内参比电极，这样就构成了pH玻璃电极。玻璃电极中内参比电极的电位是恒定的，与待测溶液pH无关。pH玻璃电极能用于测量溶液的pH值是因为当玻璃膜浸泡在水溶液中时，在膜的两边由于离子交换、扩散的结果产生了电位差，此电位差被称为玻璃电极的膜电位。

玻璃电极的膜电位与被测试液pH值呈线性关系。实践证明，pH玻璃电极的玻璃膜只有浸泡在水溶液中才能显示pH电极的作用（使用前应在蒸馏水中浸泡24h以上）。

用普通玻璃电极测定溶液pH时，应在pH=1～9范围内使用。当pH≤1时，测得值偏高（称“酸差”）；当pH≥9或溶液中Na^+浓度高时，测得值偏低（称“碱差”）。用pH玻璃电极测定溶液的pH值响应速度快（一般在缓冲溶液中响应时间约30s，但在较高pH值的溶液中则往往需要几分钟才能达到平衡），它不受溶液中氧化剂或还原剂的影响，可用于浑浊或胶体溶液pH值的测定。另外，使用pH玻璃电极测定溶液pH值还不污染溶液。pH玻璃电极的缺点是易破损，电极长期使用会“老化”，失去功能（一般使用期为一年）。

(4) 离子选择性电极　离子选择性电极是一种以电位法测量溶液中某种特定离子活度的指示电极。离子选择性电极种类很多，pH玻璃电极就是具有氢离子专属性的典型离子选择性电极。各种离子选择性电极的构造随敏感膜不同而略有不同。但一般都由敏感膜及其支持体、内参比溶液（含有与待测离子相同的离子）、内参比电极（Ag/AgCl电极）等组成。

用离子选择性电极测定有关离子，都是基于溶液中的离子与电极膜上离子之间交换产生的膜电位，这个膜电位在一定条件下遵守能斯特方程，而且膜电位与溶液中欲测离子活度的对数值呈线性关系。这是离子选择性电极测定离子活度的理论基础。必须指出，离子选择性电极测出的是“游离”离子活度，而不是总浓度，在定量测定时要加入离子强度调节剂。

离子选择性电极包含均相膜电极（如F^-电极）、多相晶膜电极（如I^-电极）、流动载体电极（如NO_3^-电极）以及气敏电极和酶电极等。其中以氟化镧单晶为电极膜的氟离子电极，以卤化银或硫化银等难溶盐作电极膜的各种卤素离子、硫离子电极等应用较多。由于仪器设备轻便，适用于现场测量，易于推广，且对于某些离子的测量灵敏度可达10^{-6}数量级，特效性较好，因此发展较为迅速。

2. 参比电极

（1）饱和甘汞电极（SCE） 它是由纯汞、Hg_2Cl_2-Hg混合物和KCl溶液组成的。电极下端与溶液接触部分是熔结陶瓷芯或玻璃砂芯等多孔物质。在一定温度下，甘汞电极的电位决定于氯化钾溶液的浓度，当Cl^-浓度一定时，其电极电位值是一定的。最常用甘汞电极的KCl溶液为饱和溶液，因此称为饱和甘汞电极（简称SCE），其电位值为0.2438V（25℃）。饱和甘汞电极见图4-4。

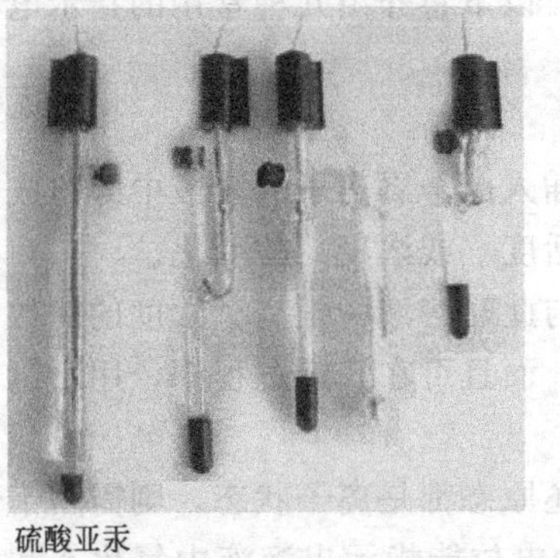

图4-4 饱和甘汞电极

SCE仅能在低于80℃的温度下使用。当试液中含有Cl^-或Ag^+时，常用KNO_3盐桥将甘汞电极与试液连接起来。

（2）银-氯化银电极 在金属银丝或银片表面镀一层氯化银，浸在饱和的氯化钾溶液中，就制得了银-氯化银电极。此电极的电极电位决定于氯离子浓度，在25℃饱和KCl溶液中，银-氯化银电极电位为0.197V。银-氯化银电极见图4-5。

图4-5 银-氯化银电极

银-氯化银电极常在pH玻璃电极和其他各种离子选择性电极中用作内参比电极。由于银-氯化银电极在高达275℃左右的温度下仍能使用，且有足够的稳定性，因此可在高温下替代甘汞电极。

五、常用酸度计的仪器型号和特点

表4-1列出了部分目前常用的酸度计的生产厂家、型号、性能与主要技术指标，可供参考。

表4-1 常用酸度计的生产厂家、型号、性能与主要技术指标

生产厂家	仪器型号	性能与主要技术指标
江苏江分电分析仪器有限公司	pHS-3C	采用发光二极管显示。测量范围：pH挡为0～14pH，mV挡为0～±1999mV；最小分度：pH挡为0.01pH±1个字，mV挡为1mV±1个字；仪器读数重复性：pH挡为0.01pH±1个字，mV挡为1mV±1个字；仪器显示稳定度：0.01pH/3h±1个字；电子单元输入阻抗：≥1×10^{12}Ω；电子单元输入电流：≤2×10^{12}A
	pHS-25	测量范围：pH挡为0～14pH，mV挡为0～±1999mV；测量误差：pH挡为±0.1pH
	pHS-3B	测量范围：pH挡为0～14pH，mV挡为0～±1999mV；测量误差：pH挡为±0.02pH；输入阻抗：≥1×10^{12}Ω
	pHS-4	测量范围：pH挡为0～14pH，mV挡为0～±1999mV；温度调整范围：0～100℃；基本误差：±0.01pH，±0.1%(FS)；输入阻抗：≥1×10^{12}Ω
	101	测量范围：pH挡为0～14pH，mV挡为0～±1999mV；基本误差：±0.1pH，±2%(FS)

续表

生产厂家	仪器型号	性能与主要技术指标
上海雷磁仪器厂	pHSJ-4A	测量范围：pH 挡为 0～14pH，mV 挡为0～±1999mV；温度范围：－5.0～105.0℃；分辨率：pH 为 0.1/0.01/0.001pH，mV 为 0.1mV，温度为 0.1℃；电子单元基本误差：pH 为±0.005pH，mV 为±0.2mV 或±0.03%(FS)，温度为±0.3℃；仪器的基本误差：±0.01pH±1 个字，±0.5℃±1 个字(0～60℃范围内)，±1.0℃±1 个字(其他范围内)；电子单元输入阻抗：>$3\times10^{12}\Omega$；电子单元输入电流：<1×10^{12}A；电子单元重复性：pH<0.001pH±1 个字，mV<0.1mV±1 个字
	pHS-2	测量范围：pH 挡为 0～14pH，分 7 挡量程，每个量程为 2pH，mV 挡为0～±1400mV，分 7 挡量程，每个量程为 200mV；刻度范围：pH 挡最小分格为 0.02pH，mV 挡最小分格为 2mV；稳定性：0.02pH/2h；温度补偿：5～50℃(手动)；输入阻抗：>$3\times10^{11}\Omega$
北京哈纳科仪科技有限公司	pH211	微机化仪器，可测量 pH、温度、离子浓度(ISE)和氧化还原电位(ORP)。测量范围：0～14pH，0～100.0℃，±399.9mV(ISE)，±1999mV(ORP)；测量精度：0.01pH，0.5℃，±0.2mV(ISE)，±1mV(ORP)；校准法：一点法或二点法校准；温度补偿：0～100℃自动温度补偿
	pH213	微机化仪器，可测量 pH、温度、离子浓度(ISE)和氧化还原电位(ORP)。测量范围：0～14pH，0～100℃，±999.9mV(ISE)，±1999mV(ORP)；测量精度：0.01pH，0.4℃，±0.2mV(ISE)，±1mV(ORP)；校准法：一点法或二点法校准；温度补偿：0～100℃自动温度补偿

任务 2　酸度计的安装及操作

任务目标

能独立安装酸度计各部件；

能鉴别不同类型电极；

能正确使用酸度计电极；

能独立完成酸度计的定位、校准；

能准确测定待测样品的酸度值；

能正确地对电极进行维护保养；

能及时排查酸度计的各种故障问题。

一、酸度计的安装

首先旋紧电极架立杆，将电极夹安好，放上复合电极，旋下短路插头，旋进复合电极，插好电源，完成酸度计的安装工作，详见图 4-6。

二、酸度计的操作

1. 开机前的准备

用蒸馏水清洗电极需要插入溶液的部分，并用滤纸吸干电极外壁上的水。

2. 仪器开机预热

将电源线插入电源插座，按下电源开关，电源接通后，预热 30min。

3. 仪器的校正

仪器的校正有两种方法，可以任选其中一种。

(1) 单点校正　这种方法适合于一般要求，即待测溶液的 pH 与标准缓冲溶液的 pH 之差小于 3 个 pH 单位。

将【选择】开关旋钮旋转到 pH 位置，见图 4-7。将【温度】调节钮的刻度线旋到溶液的温度，进行温度补偿，见图 4-8。根据预测的待测试液 pH，选用 pH 接近的标准缓冲溶液

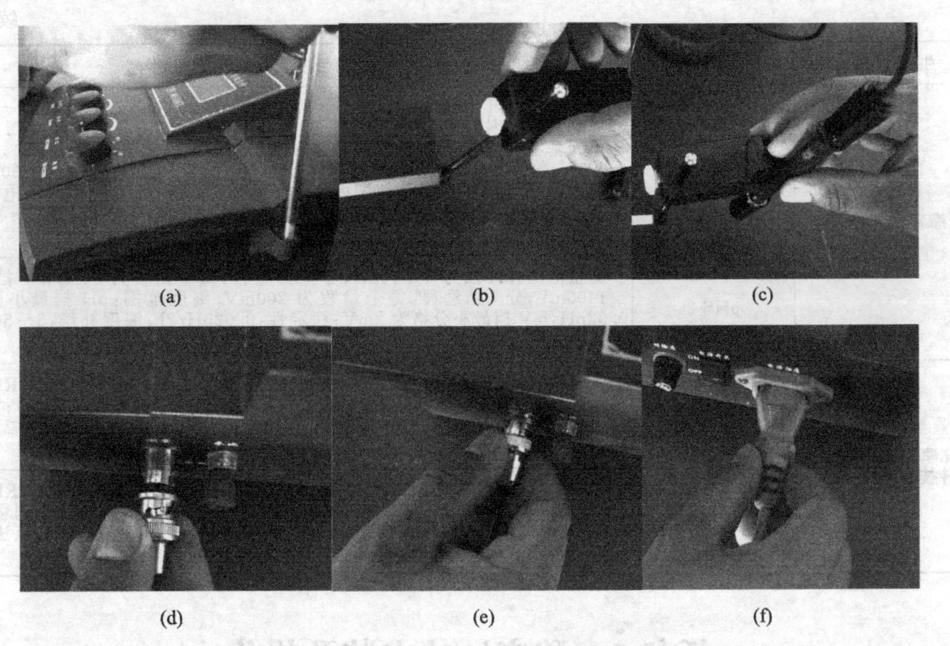

(a) (b) (c)

(d) (e) (f)

图 4-6 酸度计的安装

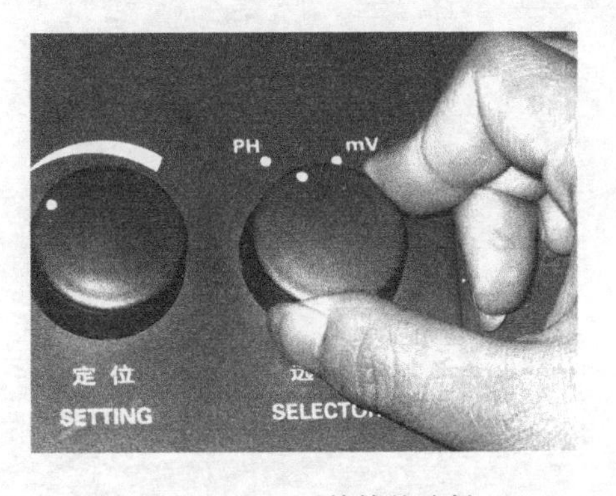

图 4-7 pH 开关挡的选择

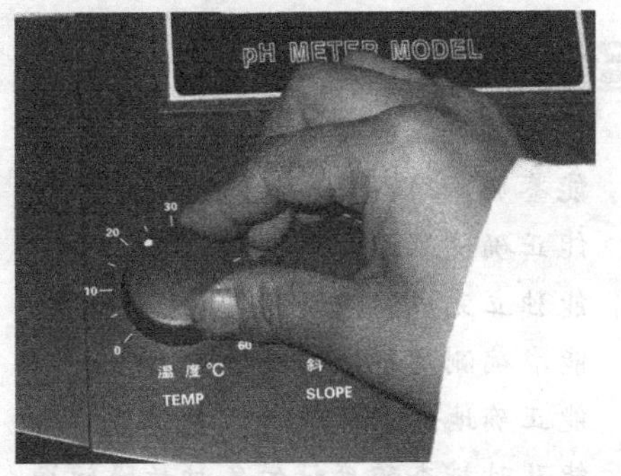

图 4-8 调节温度补偿旋钮

对仪器进行标定。将电极插入与试液接近的 pH 中，转动【定位】调节钮，使仪器显示的 pH 稳定在该标准缓冲溶液的 pH 值。

（2）两点校正 两点校正即选择两种标准缓冲液：一种是 pH＝6.86 的标准缓冲液，另一种是 pH＝9.18 的标准缓冲液或 pH＝4.01 的标准缓冲液。先用 pH＝6.86 的标准缓冲液进行定位，再根据待测溶液的酸碱性选择第二种标准缓冲液。如果待测溶液呈酸性，则选用 pH＝4.01 的标准缓冲液；如果待测溶液呈碱性，则选用 pH＝9.18 的标准缓冲液。具体操作如下。

① 将两电极插入 pH＝6.86 的标准缓冲液中，调节【温度】调节钮，使所指示的温度刻度为该标准缓冲溶液的温度值。将【斜率】调节钮顺时针转到底（最大），见图 4-9。轻摇溶液杯，待电极达到平衡后，调节【定位】调节钮，使仪器读数为该缓冲液在当时温度下的 pH 值，见图 4-10。

② 将电极取出来，用蒸馏水将电极清洗干净，见图 4-11。用滤纸小心地吸去电极上的水液，见图 4-12。然后置于另一个标准缓冲液中，调节【斜率】旋钮（有的仪器没有该旋钮，使用【温度】旋钮代替调节），使仪器显示的 pH 读数至该标准缓冲液的 pH。

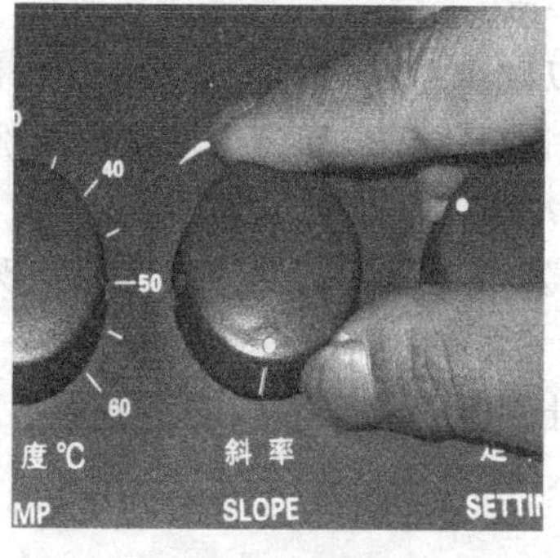
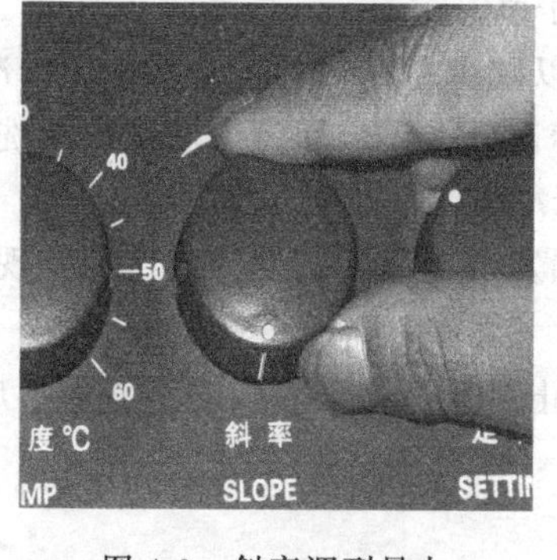

图 4-9 斜率调到最大

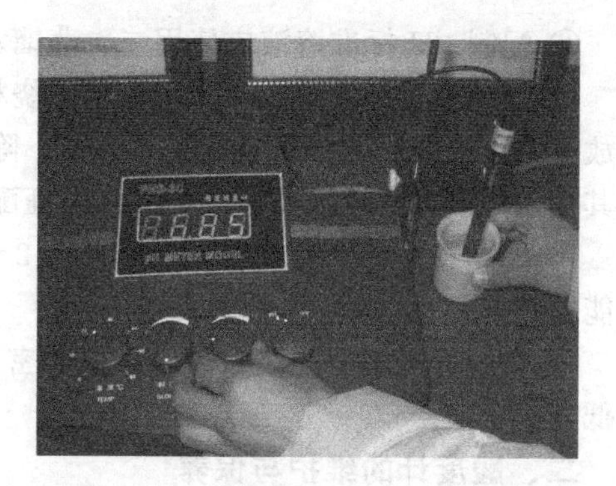

图 4-10 定位

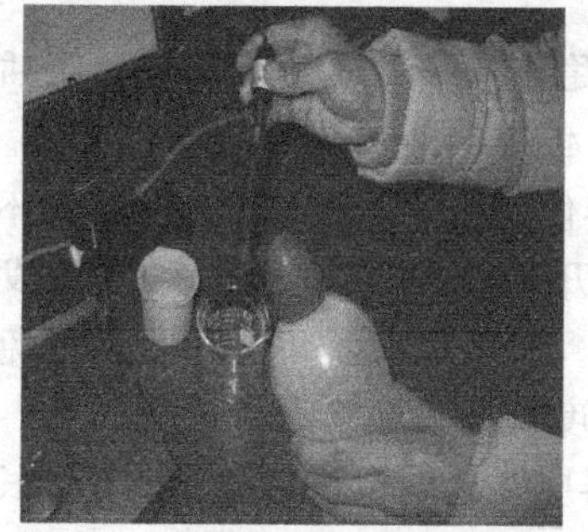

图 4-11 清洗电极

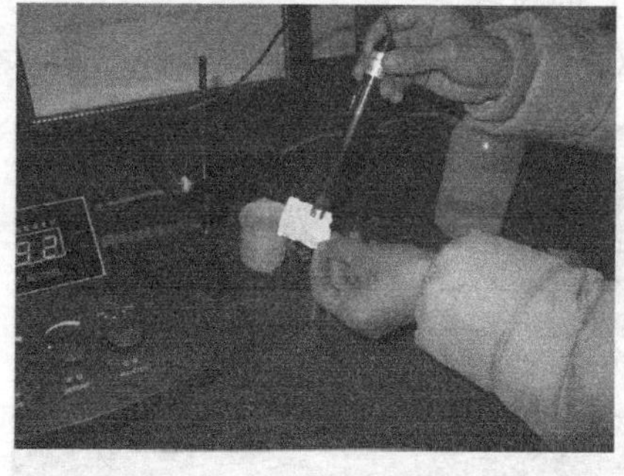
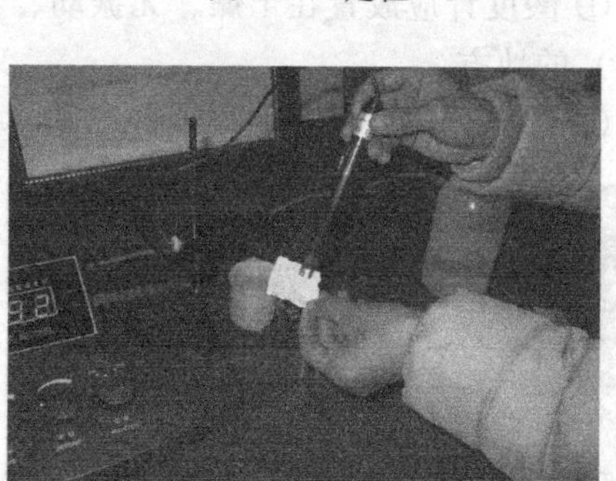

图 4-12 吸取电极上的水液

③ 重复前两步操作数次，使测量系统达到稳定状态，即误差应≤±0.02pH 个单位。

(3) 测量 移去标准缓冲液，清洗两电极，并用滤纸吸干电极外壁上的水后，将其插入待测液中，轻摇试杯，待电极平衡后，读取被测试液的 pH 值。

知识补充

一、标准缓冲液的配制及使用注意事项

1. 标准缓冲液的配制

① 0.05mol/L 邻苯二甲酸氢钾：pH＝4.0，取 2.53g 邻苯二甲酸氢钾溶于水后稀释至 250mL。

② 0.025mol/L 磷酸氢二钠，0.025mol/L 磷酸二氢钾：pH＝6.86，称取 3.53g Na_2HPO_4 和 3.39g KH_2PO_4，溶于水后稀释至 1L。

③ 0.01mol/L 四硼酸钠：pH＝9.18，称取 3.80g $Na_2B_4O_7\cdot10H_2O$ 溶于水后稀释至 1L。

对于一般的 pH 测量，可使用成套的 pH 缓冲试剂（可配制 250mL），配制溶液时，应使用去离子水，并预先煮沸 15～30min，以除去溶解的二氧化碳。剪开塑料袋将试剂倒入烧杯中，用适量去离子水使之溶解，并冲洗包装袋，再倒入 250mL 容量瓶中，稀释至刻度，充分摇匀即可。

2. 使用注意事项

① pH 标准物质应保存在干燥的地方，如混合磷酸盐 pH 标准物质在空气湿度较大时就会发生潮解，一旦出现潮解，pH 标准物质即不可使用。

② 配制 pH 标准溶液应使用二次蒸馏水或者去离子水。

③ 配制 pH 标准溶液应使用较小的烧杯来稀释，以减少沾在烧杯壁上的 pH 标准溶液。存放 pH 标准物质的塑料袋或其他容器，除了应倒干净以外，还应用蒸馏水多次冲洗，然后将其倒入配制的 pH 标准溶液中，以保证配制的 pH 标准溶液准确无误。

④ 配制好的标准缓冲液一般可保存 2～3 个月，如发现有浑浊、发霉或沉淀等现象，则不能继续使用。

⑤ 碱性标准溶液应装在聚乙烯瓶中密闭保存，防止二氧化碳进入标准溶液后形成碳酸，降低其 pH 值。

二、酸度计的维护与保养

① 酸度计应放置在干燥、无振动、无酸碱腐蚀性气体及环境温度稳定（一般在 5～45℃之间）的地方。

② 酸度计应有良好的接地，否则将会造成读数不稳定。仪器不用时，将短路插头插入插座（见图 4-13），防止灰尘及水汽浸入。

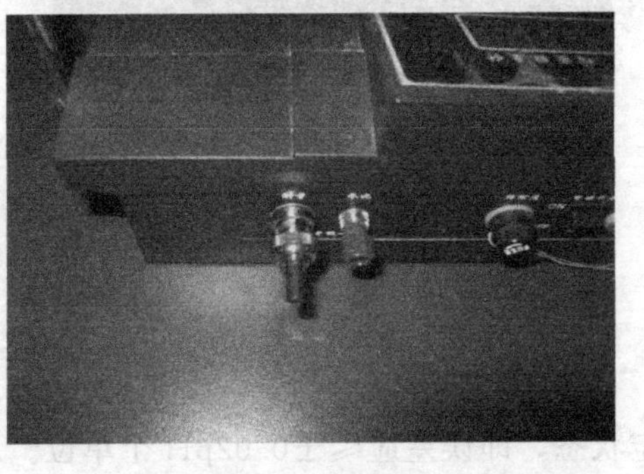

图 4-13 短路插头

③ 仪器使用时，各调节旋钮的旋动不可用力过猛，按键开关不要频繁按动，以防止发生机械故障或破损。温度补偿不可旋过位，以免损坏电位器或使温度补偿不准确。

④ 仪器应在通电预热后进行测量。长时间不使用的仪器预热时间要长些，平常不用时，最好每隔 1～2 周通电一次，以防因潮湿而影响仪器的性能。

⑤ 仪器不能随便拆卸。每隔一年应由计量部门对仪器性能进行一次检定。

⑥ 酸度计在使用前，需检定其准确度和重复性。选择两种新配制的 pH 值相差约 3 个单位的标准缓冲液，检定仪器的准确度总误差和重复性总误差。要求准确度总误差应≤±0.1pH，重复性总误差应≤±0.05pH。

三、pH 复合电极

1. pH 复合电极结构介绍

把 pH 玻璃电极和参比电极组合在一起的电极就是 pH 复合电极，根据外壳材料的不同分为塑壳和玻璃两种。相对于两个电极而言，复合电极最大的好处就是使用方便。pH 复合电极主要由电极球泡、玻璃支持杆、内参比电极、内参比溶液、外壳、外参比电极、外参比溶液、液接界、电极帽、电极导线、插口等组成。

2. 可充式和非可充式 pH 复合电极

可充式 pH 复合电极即在电极外壳上有一加液孔（见图 4-14），当电极的外参比溶液流失后，可将加液孔打开，重新补充 KCl 溶液。而非可充式 pH 复合电极内装凝胶状 KCl，不易流失也无加液孔。

可充式 pH 复合电极的特点是参比溶液有较高的渗透速率，液接界电位稳定重现，测量精度较高，而且当参比电极减少或受污染后可以补充或更换 KCl 溶液，但缺点是使用较麻烦。可充式 pH 复合电极使用时应将加液孔打开，以增加液体压力，加速电极响应，当参比液液面低于加液孔 2cm 时，应及时补充新的参比液。

非可充式 pH 复合电极（见图 4-15）的特点是维护简单、使用方便，因此也得到广泛的

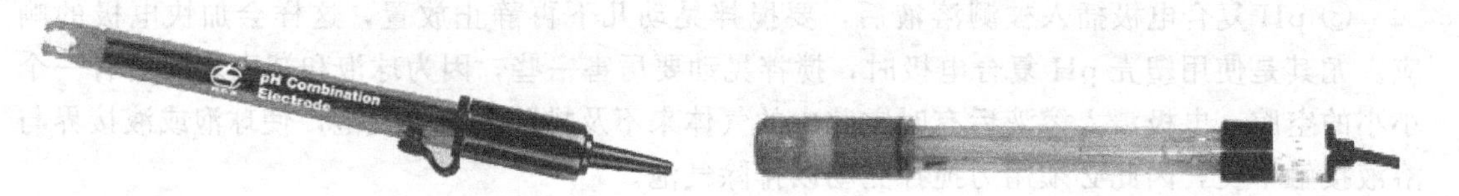

图 4-14 可充式 pH 复合电极　　图 4-15 不可充式 pH 复合电极

应用。但作为实验室 pH 电极使用时，在长期和连续的使用条件下，液接界处的 KCl 浓度会降低，影响测试精度。因此非可充式 pH 复合电极不用时，应浸在电极浸泡液中，这样下次测试时电极性能会很好，而大部分实验室 pH 电极都不是长期和连续测试，因此这种结构对精度的影响是比较小的。而工业 pH 复合电极由于对测试精度的要求比较低，因此使用方便就成为主要的考虑因素。

3. pH 复合电极浸泡方法

pH 电极使用前必须浸泡，因为 pH 球泡是一种特殊的玻璃膜，在玻璃膜表面有一很薄的水合凝胶层，它只有在充分湿润的条件下才能与溶液中的 H^+ 有良好的响应。同时，玻璃电极经过浸泡，可以使不对称电势大大下降并趋向稳定。pH 玻璃电极一般可以用蒸馏水或 pH＝4 的缓冲液浸泡，通常使用 pH＝4 的缓冲液更好一些浸泡时间为 8～24h 或更长，根据球泡玻璃膜厚度、电极老化程度而有所不同。同时，参比电极的液接界也需要浸泡。因为如果液接界干涸会使液接界电势增大或不稳定，参比电极的浸泡液必须和参比电极的外参比溶液一致，浸泡时间一般几小时即可。

因此，对 pH 复合电极而言，就必须浸泡在含 KCl 且 pH＝4 的缓冲液中，这样才能对玻璃球泡和液接界同时起作用。这里要特别提醒注意，因为过去人们使用单支的 pH 玻璃电极已习惯于用去离子水或 pH＝4 的缓冲液浸泡，后来使用 pH 复合电极时依然采用这样的浸泡方法，甚至在一些不规范的 pH 复合电极的使用说明书中也会进行这种错误的指导。这种错误的浸泡方法引起的直接后果就是使一支性能良好的 pH 复合电极变成一支响应慢、精度差的电极，而且浸泡时间越长性能越差，因为经过长时间的浸泡，液接界内部（如砂芯内部）的 KCl 浓度已大大降低了，使液接界电势增大和不稳定。当然，只要在正确的浸泡溶液中重新浸泡数小时，电极还是会复原的。

另外，pH 电极也不能浸泡在中性或碱性的缓冲溶液中，长期浸泡在此类溶液中会使 pH 玻璃膜响应迟钝。

正确的 pH 复合电极浸泡液的配制：取 pH＝4.00 的缓冲剂一包（250mL），溶于 250mL 纯水中，再加入 56g 分析纯 KCl，适当加热，搅拌至完全溶解即成。

为了使 pH 复合电极使用更加方便，一些进口的 pH 复合电极和部分国产电极，都在 pH 复合电极头部装有一个密封的塑料小瓶，内装电极浸泡液，电极头长期浸泡其中，使用时拔出洗净即可，非常方便。这种保存方法不仅方便，而且对延长电极寿命也是非常有利的，但是塑料小瓶中的浸泡液不能受污染，而且要注意更换。

4. 复合电极的正确使用方法

使用时，将电极加液口上所套的橡胶套和下端的橡皮套全取下，以保持电极内氯化钾溶液的液压差。

① 球泡前端不应有气泡，如有气泡应用力甩去。

② 电极从浸泡瓶中取出后，应在去离子水中晃动并甩干，不要用纸巾擦拭球泡，否则由于静电感应电荷转移到玻璃膜上，会延长电势稳定的时间，更好的方法是使用被测溶液冲洗电极。

③ pH 复合电极插入被测溶液后，要搅拌晃动几下再静止放置，这样会加快电极的响应。尤其是使用塑壳 pH 复合电极时，搅拌晃动要厉害一些，因为球泡和塑壳之间会有一个小小的空腔，电极浸入溶液后有时空腔中的气体来不及排除会产生气泡，使球泡或液接界与溶液接触不良，因此必须用力搅拌晃动以排除气泡。

④ 在黏稠性试样中测试之后，电极必须用去离子水反复冲洗多次，以除去黏附在玻璃膜上的试样。有时还需先用其他溶剂洗去试样，再用水洗去溶剂，浸入浸泡液中活化。

⑤ 避免接触强酸、强碱或腐蚀性溶液，如果测试此类溶液，应尽量减少浸入时间，用后仔细清洗干净。

⑥ 避免在无水乙醇、浓硫酸等脱水性介质中使用，它们会损坏球泡表面的水合凝胶层。

⑦ 塑壳 pH 复合电极的外壳材料是聚碳酸酯（PC）塑料，PC 塑料在有些溶剂中会溶解，如四氯化碳、三氯乙烯、四氢呋喃等，如果测试中含有以上溶剂，就会损坏电极外壳，此时应改用玻璃外壳的 pH 复合电极。

5. pH 电极的清洗

在球泡和液接界污染比较严重的情况下，可以先用其他溶剂清洗，再用去离子水洗去溶剂，最后将电极浸入浸泡液中活化。

6. pH 电极的修复

pH 复合电极的“损坏”，其现象是敏感梯度降低、响应慢、读数重复性差，可能由以下三种因素引起，一般可以采用适当的方法予以修复。

① 电极球泡和液接界受污染，可以用细的毛刷、棉花球或牙签等，仔细去除污物。有些塑壳 pH 电极头部的保护罩可以旋下，清洗就更方便了。如污染严重，可按前述方法使用清洁剂清洗。

② 外参比溶液受污染，对于可充式电极，可以配制新的 KCl 溶液，再加进去，注意头两次加进去后要再倒出来，以便将电极内腔洗净。

③ 玻璃敏感膜老化：将电极球泡用 0.1mol/L 稀盐酸浸泡 24h。用纯水洗净，再用电极浸泡溶液浸泡 24h。如果钝化比较严重，也可将电极下端浸泡在 4% 氢氟酸溶液中 3～5s（溶液配制：4mL 氢氟酸用纯水稀释至 100mL），用纯水洗净，然后在电极浸泡溶液中浸泡 24h，使其恢复性能。

四、pH 计使用注意事项

① 如果标定过程中操作失败或调节错误而使仪器测量不正常，需对仪器重新标定。

② 标定后，【斜率】调节钮及【定位】调节钮不能再旋。

③ 标定的缓冲液一般第一次用 pH＝6.86，第二次应用接近溶液 pH 值的缓冲液，如果被测溶液为酸性，缓冲液应选 pH＝4.00；如果被测溶液为碱性，选 pH＝9.18 的缓冲液。

项目 4 酸度计使用与维护——任务实施记录单 见《学生实践技能训练工作手册》。

项目 4 酸度计使用与维护——操作技能考核表 见《学生实践技能训练工作手册》。

项目 4 酸度计使用与维护——知识测试题 见《学生实践技能训练工作手册》。

【阅读材料】

pH100 防水型笔式 pH 计的使用

一、pH100 防水型笔式 pH 计操作步骤

① 拔下笔式 pH 计的 pH 电极帽，将 pH 复合电极在纯水中搅动洗净并甩干。按下按键

使仪器通电，仪器经几秒钟自我诊断（显示SELFCAL）后，液晶屏显示pH单位符号，表示进入测试状态。

② 将pH电极浸入pH=7.00的校正溶液中，稍加晃动后静止放置数秒钟，待显示值稳定后按住键2s，液晶屏会显示CAL符号，然后闪烁7.00字符，几秒钟后校准完成时，液晶屏先显示SR符号再显示END符号，并返回正常显示模式。

③ 将pH电极在纯水中洗净并甩干，浸入pH=4.00的校正溶液中，稍加晃动后静止放置数秒钟，待显示值稳定后按住键2s，液晶屏会显示CAL符号，然后闪烁4.00字符，几秒钟后校准完成时，液晶屏先显示SR符号再显示END符号，并返回正常显示模式。

④ 将pH电极在纯水中洗净并甩干，浸入pH=10.01的校正溶液中，稍加晃动后静止放置数秒钟，待显示值稳定后按住键2s，液晶屏会显示CAL符号，然后闪烁10.00字符，几秒钟后校准完成时，液晶屏先显示SR符号再显示END符号，并返回正常显示模式。

⑤ 被测溶液测定。将pH电极在纯水中洗净并甩干，浸入被测溶液中，稍加晃动后静止放置，待数字稳定后即可读数，该读数就是该被测溶液的pH值（见图4-16）。

图4-16 pH100防水型笔式pH计

二、使用注意事项

(1) pH100防水型笔式pH计可以采用二点校准或三点校准，首先要校准7.00pH，然后根据被测溶液的pH值和精度要求，再校准4.00pH或10.01pH，如果选择三点校准，则在全量程范围内可以得到最精确的读数。自动校准时，仪器会自动识别校准溶液，但如果校准溶液不准确，会使校准出现误差；如果校准溶液大于或小于标准值（4.00、7.00或10.01）1个pH值，仪器会显示CAL或END符号，表示无法校准。

(2) 仪器标定校准的次数取决于被测溶液、电极性能及对测量的精度要求。高精度测量（≤±0.03pH）时，应及时进行校准，一般精度测量（≤±0.1pH）时，经一次校准后可连续使用一周或更长时间，或者在使用前将电极插入接近被测溶液pH值的校正溶液中，如果其误差超出了精度要求，就要重新校准。在下列情况下仪器必须重新校准：

① 长期未用的电极或新换的电极；

② 测量浓酸（pH<2）以后，或测量浓碱（pH>12）以后；

③ 测量含有氟化物的溶液和较浓的有机溶液以后；

④ 当仪器液晶屏出现CAL符号时，表示需要校准，这是仪器内置芯片设置的提醒功能，但这种功能并不适用于所有必须重新校准的情况。

(3) pH复合电极的平面球泡和液接界一定要在湿润的条件下才能保持活化状态，并进行正常的测试。如果pH电极长期干燥，就会出现响应慢、精度差等不正常情况。因此，在pH100防水型笔式pH计前端的电极帽底部，有一块储水海绵，用户必须始终保持该海绵的湿润，当海绵干燥时，可滴加适量pH=4.00的标准液（不要让溶液流出），并且盖紧电极帽，使pH电极在湿润的条件下保持活化状态。

(4) 长期未使用的pH电极可能已经干燥，首次使用前，应在3.3mol/L KCl溶液中浸泡数小时（3.3mol/L KCl溶液的配制：称取25g KCl，用纯水溶解并稀释至100mL即可），也可购买专用的电极浸泡液。

(5) 防水型笔式pH计手提箱中配有3瓶pH校正溶液（4.00pH、7.00pH和10.01pH各一瓶），这3瓶不同颜色的校正溶液内含防霉消毒剂，因此可以在环境温度下长期存放而不变质（保质期为一年）。用户经多次使用而不准确后，可以到仪器代理商或该厂业务处购买同样的校正溶液，这种校正液使用和保存都很方便。

(6) pH电极前端的敏感玻璃球泡不能与硬物接触，任何破损和擦毛都会使电极失效。测量前和测量后都要用纯水清洗电极，以保证测量精度。在黏稠性试样中测定后，电极需用纯水反复冲洗多次，以除去粘在玻璃膜上的试样，或先用适宜的溶剂清洗，再用纯水洗去溶剂。

项目5 电导率仪的使用与维护

预期学习目标

◆ 能准确说出电导率仪各部分组成及其作用；

◆ 能独立安装电导率仪；

◆ 能独立完成电导率仪电极校准；

◆ 能独立操作电导率仪；

◆ 能正确维护保养电极；

◆ 能熟练掌握电导率仪操作时的注意事项；

◆ 能及时排查电导率仪各种故障问题；

◆ 能按照说明书制定出不同型号电导率仪的操作规程；

◆ 能运用电导率仪的工作原理和所掌握的操作技能，对实际样品分析设计出合理方案，并独立使用电导率仪完成分析任务，准确测出样品的电导率值；

◆ 具备实事求是的工作态度。

具体工作任务

① 电导率仪的结构认知；

② 电导率仪的安装及操作。

任务1 电导率仪的结构认知

任务目标

认识 DDS-11D 型电导率仪各部分结构；

学会操作 DDS-11D 型电导率仪；

知道常用电导率仪的型号及特点；

能根据仪器工作原理，理解测量过程。

电导率仪适用于测量蒸馏水、去离子水、饮用水、锅炉水、工业废水及一般液体的电导率，还可以用于电子、化工、制药及电厂检测高纯水的纯度。

一、DDS-11D 型电导率仪主要技术性能

① 测量范围：1～105μS/cm。

② 测量误差：±2%（FS）。

③ 补偿范围：15～35℃。

④ 温度补偿误差：±1.5%（FS）。

⑤ 电导池常数：0.01cm^{-1}，0.1cm^{-1}，1cm^{-1}及10cm^{-1}四种。

⑥ 输出电压：0～10mV。

⑦ 质量：2kg。

⑧ 外形尺寸：260mm×160mm×85mm。

⑨ 仪器工作条件：环境温度为5～40℃；相对湿度为≤85%；供电电源为AC220V±

22V，50Hz±1Hz。

二、DDS-11D 型电导率仪的基本结构

1. DDS-11D 型电导率仪的外形结构

DDS-11D 型电导率仪外形结构见图 5-1 和图 5-2。

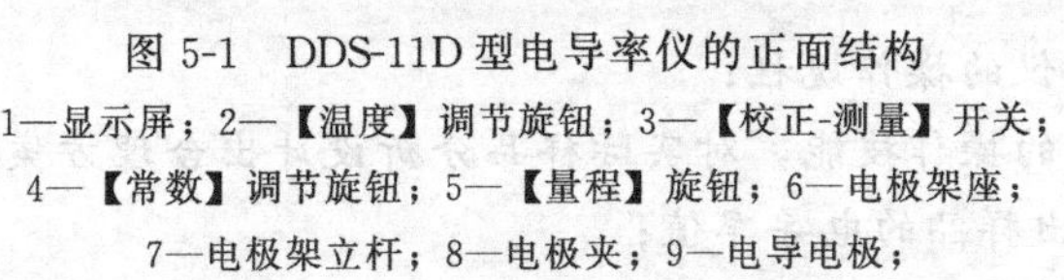

图 5-1 DDS-11D 型电导率仪的正面结构

1—显示屏；2—【温度】调节旋钮；3—【校正-测量】开关；4—【常数】调节旋钮；5—【量程】旋钮；6—电极架座；7—电极架立杆；8—电极夹；9—电导电极；

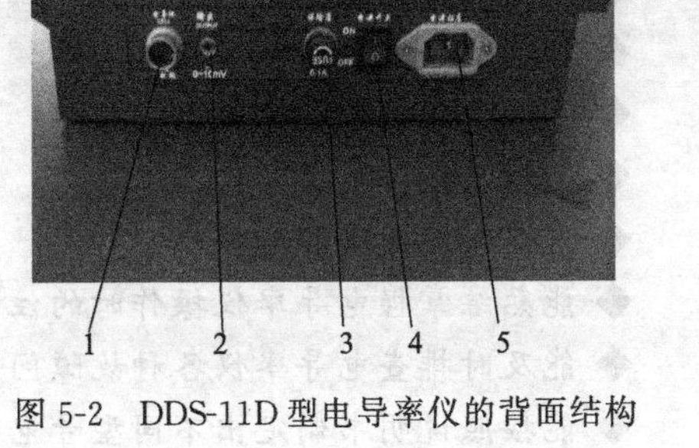

图 5-2 DDS-11D 型电导率仪的背面结构

1—电导电极插座；2—参比电极接口；3—保险座；4—电源开关；5—电源插座

2. 电位计上各部件调节钮的作用

①【温度】调节旋钮：是用来补偿溶液温度对斜率所引起的偏差的装置，使用时将调节钮调至所测溶液的温度数值即可。注意：若把旋钮置于 25℃线上，仪器就不进行温度补偿（即无温度补偿方式）。

②【常数】调节旋钮：用于调节电极常数，使仪器更精确地测量溶液电导率值。

③【校正-测量】开关：是一个功能选择旋钮，当旋钮在“校正”位置时，仪器用于电极常数的校准；当按键在“测量”位置时，仪器用于测量溶液电导率值。

④【量程】旋钮：用于选择适当的测量挡。

⑤ 电极架座：用于插电极架立杆。

⑥ 电极架立杆：用于固定电极夹。

⑦ 电极夹：用于夹持电极。

知识补充

一、电导分析的基础知识

测定溶液的电导以求得溶液中某物质浓度的方法称为电导分析法。电导分析法具有简单、快速和不破坏被测样品等优点。由于一种溶液的电导是其中所有离子电导的总和，因此，电导测量只能用来估算离子的总量。电导分析法可分为直接电导法和电导滴定法两种。

二、电导率仪的工作原理

在电解质溶液中，带电的离子在电场的作用下产生移动而传递电子，因此具有导电作用。导电能力的强弱称为电导度，以符号 G 表示；单位为西门子，以符号 S 表示。电导是电阻的倒数，测量电导大小，用两个电极插入溶液中，以测出两极间的电阻即可。根据欧姆定律，温度一定时，测得的电阻 R 与电极的间距 L（cm）成正比，与电极的横截面积 A（cm^2）成反比，即：

$$R=\rho\frac{L}{A}$$

对于一个给定的电极而言，电极横截面积 A 与间距 L 是固定不变的，故 L/A 是个常数，称电极常数，以 J 表示，故上式可写成：

$$G=\frac{1}{R}=\frac{1}{\rho J}$$

式中，$1/\rho$称电导率，以 K 表示，其单位是 S/cm。因此，上式变为：

$$G=\frac{K}{J}$$

$$K=GJ$$

在电解质溶液中，带电的离子在电场的作用下，产生移动的电子，因此具有导电作用。导电能力的强弱与电导率成正比。

溶液的电导率与离子的种类和浓度有关。通常是强酸的电导率最大，强碱、强碱与强酸生成的盐类次之，而弱酸和弱碱的电导率最小。溶液的电导率与其所含酸、碱、盐的量有一定关系，当它们的浓度较低时，电导率随浓度的增大而增大。

因此，该指标常用于推测水中离子的总浓度或含盐量。不同类型的水有不同的电导率。

电导率的单位用西门子/厘米，即 S/cm 表示。因这个单位太大而采用其 10^{-6}或 10^{-3}作为单位，称微西门子/厘米或毫西门子/厘米。显然，$1S/cm=10^3 mS/cm=10^6 \mu S/cm$。

电导的测量，实际上是通过测量浸入溶液的电极极板之间的电阻来实现的。

三、常用电导率仪的型号和特点

表 5-1 列出了部分目前常用的电导率仪的生产厂家、型号、性能与主要技术指标，供参考。

表 5-1 常用电导率仪的生产厂家、型号、性能与主要技术指标

生产厂家	仪器型号	性能与主要技术指标
上海精密科学仪器有限公司	DDBJ-35	电导率：0.00～1.999×10⁵μS/cm，共分 5 挡量程，可自动切换；盐度范围：0.00～8.00%；温度范围：0.0～40.0℃；电极常数：0.01cm⁻¹、0.1cm⁻¹、1.0cm⁻¹、10.0cm⁻¹；电导率：±1.0%(FS)±1 个字；盐度误差：±0.2%±1 个字；温度误差：±0.3℃±1 个字；电子单元稳定性：±0.7(FS)±1 个字/3h；仪器基本误差：±1.5(FS)±1 个字；温度补偿范围：0.0～40.0℃；电导率基准温度：25℃；盐度基准温度：18℃；外形尺寸：210mm×100mm×45mm；仪器质量：0.5kg
北京九州环宇水处理设备有限公司	CM-230	测量范围：0～20μS/cm、0～200μS/cm、0～2000μS/cm；准确度：1.5%(FS)；稳定性：±2×10⁻³(FS)/24h；介质温度：5～50℃；输出信号：非隔离 4～20mA 电流环；最大负载阻抗：300Ω；环境条件：温度 0～50℃，相对湿度≤85%RH；配套电极：1.0cm⁻¹ 镀铂黑电极；供电电源：AC220V±22V，50Hz；外形尺寸：48mm×96mm×100mm(高×宽×深)；开孔尺寸：45mm×91mm(高×宽)；安装方式：盘装式
韩佳环保设备有限公司	KR-100	电导率：3～3000μS/cm；总固体溶解物：3～2000mg/L；温度：1～60℃或 30～140℃；去除率：1%～99%；解析度：1μS/cm，1mg/L，0.1℃，1.0℃；TDS 因子：0.4，0.5，0.6，0.7，0.8，0.9；外形尺寸：φ31.6mm×178mm
德国西珂曼股份有限公司	C33/C53	电导率：0～20000μS/cm，0～2000μS/cm，0～200.0μS/cm，0～20.00μS/cm；电阻：0～100MΩ；温度：14.0～302.0℃(－10.0～150.0℃)；类比输出(＃1 和＃2)：0.00～20.00mA，4.00～20.00mA；操作：－4～140℃(－20～60℃)；相对湿度：0～95%；准确度：满量程的±1%；稳定性：每 24h 为满量程的 0.05%(不累计)；重复性：小于满量程的 0.1%

任务 2 电导率仪的安装及其操作

任务目标

能独立安装电导率仪；

能正确使用电导率仪的电导电极；

能独立完成电导率仪的校正；

能准确测定样品的电导率值；

能够正确地对电导电极进行维护保养；

能及时排查电导率仪的各种故障问题。

一、安装

安装电极杆、安装电极夹，将电极插入电极夹上，电极插头插入电极插座（插头、插座上的定位销对准后，按下插头顶部即可使插头插入插座；如欲拔出插头，则捏其外套往上拔即可）。清洗电极，用滤纸将电极吸干，将其浸入被测溶液，如图 5-3 所示。

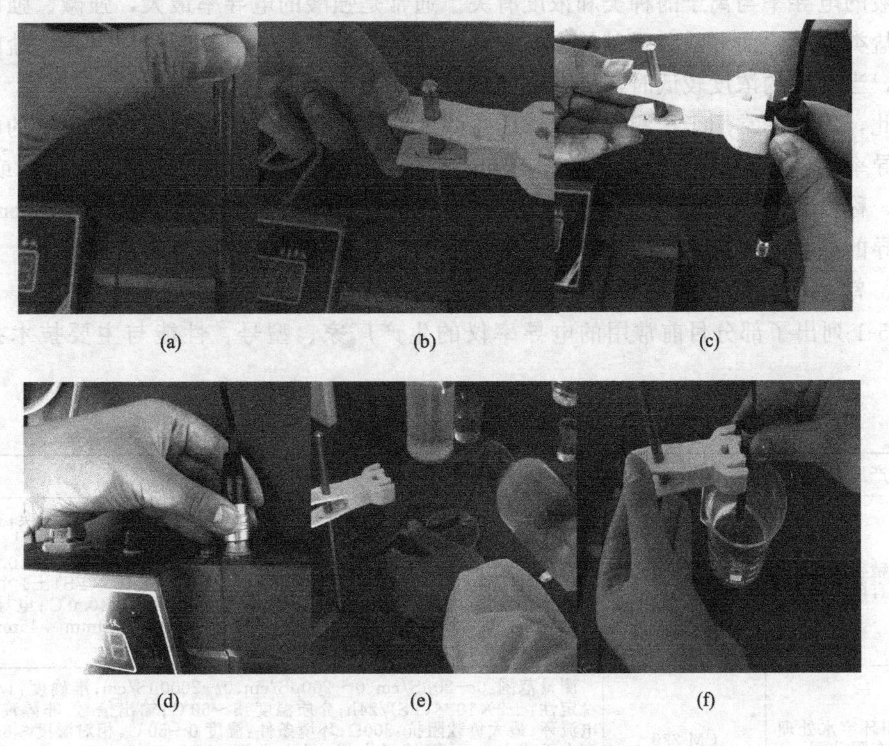

(a) (b) (c)

(d) (e) (f)

图 5-3 电导率仪的安装

二、开机预热

连接电源线，打开电源开关，并预热 10min。

三、设定温度

用温度计测出被测液的温度，将【温度】钮置于被测液的实际温度相应位置上。当【温度】钮置于 25℃位置时，则无补偿作用，如图 5-4 所示。

四、电极校正

将【校正-测量】开关扳向【校正】位置，调节【常数】钮使显示数（小数点位置不论）与所使用的电极常数标准值一致。例如，电极常数为 0.984，调【常数】钮使其显示 984。常数为 1.1，则调【常数】钮使其显示 1100（不必管小数点位置），如图 5-5 所示。

五、样品电导率值测定

将【校正-测量】开关置于【测量】位置，将【量程】开关扳在合适的量程挡，待显示

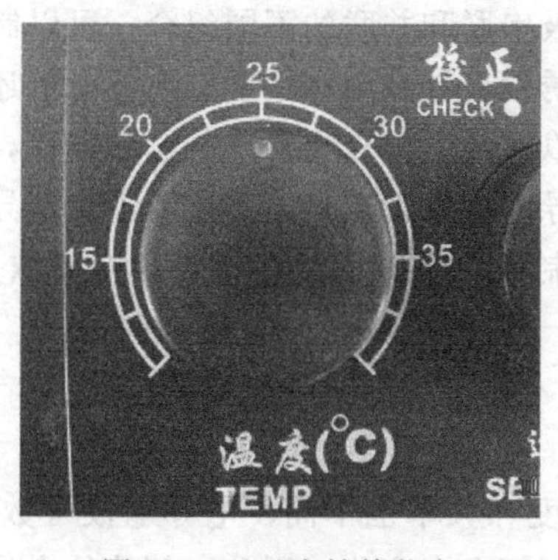

图 5-4 无温度补偿状态

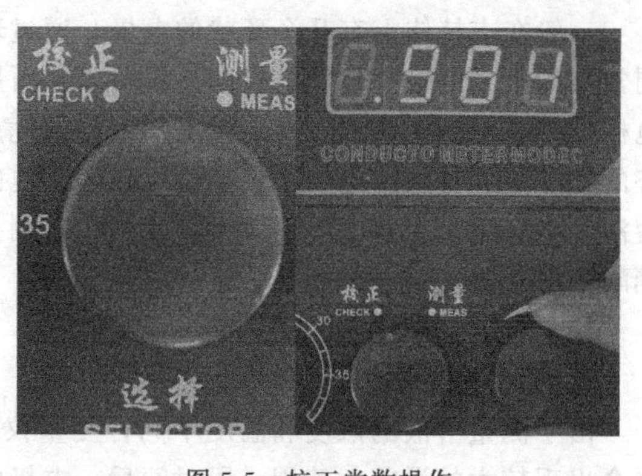

图 5-5 校正常数操作

稳定后，仪器显示值即为溶液在实际温度时的电导率。如果显示屏首位为 1，后三位数字熄灭，表明被测值超出量程范围，可扳在高一挡量程来测量（将量程变换后，应将选择旋钮扳向【校正】位置，重新调节【常数】钮，使显示数与所使用的电极常数标准值一致）。然后将选择旋钮扳向【测量】位置，现在可以读数了。如读数很小，为提高测量精度，可扳在低一挡的量程测量（同样要重新调节电导池常数），如图 5-6 所示。对高电导率测量可使用 DJS-10 电极，此时量程扩大 10 倍，即 20mS/cm 挡可测至 200mS/cm，2mS/cm 挡可测至 20mS/cm，但测量结果需乘以 10。

图 5-6 电导率值测定流程

知识补充

一、电导电极类型

电导率仪的电极，简称电导电极，其结构原理有别于 pH 电极。现具体叙述如下，供大家参考阅读。电导电极一般分为二电极式和多电极式两种类型。

1. 二电极式电导电极

二电极式电导电极是目前国内使用最多的电导电极类型。实验式二电极式电导电极的结构是将两片铂片烧结在两片平行玻璃片上，或圆形玻璃管的内壁上，调节铂片的面积和距离，就可以制成不同常数值的电导电极。通常有 $K=1$、$K=5$、$K=10$ 等类型。而在线式电导率仪上使用的二电极式电导电极通常制成圆柱形对称的电极。当 $K=1$ 时，常采用石墨；当$K=0.1$、0.01 时，材料可以是不锈钢或钛合金。

2. 多电极式电导电极

一般在支持体上有几个环状的电极，通过环状电极串联和并联的不同组合，可以制成不同常数的电导电极。环状电极的材料可以是石墨、不锈钢、钛合金和铂金。电导电极还有四电极类型和电磁式类型。四电极电导电极的优点是可以避免电极极化带来的测量误差，在国外的实验室和在线式电导率仪上使用较多。电磁式电导电极的特点是适宜于测量高电导率的溶液，一般用于工业电导率仪中，或利用其测量原理制成单组分的浓度计，如盐酸浓度计、硝酸浓度计等。

二、电导电极使用说明

1. 电导电极常数

由于测量溶液的浓度和温度不同，测量仪器的精度和频率也不同，电导电极常数 K 有时会出现较大的误差，使用一段时间后，电极常数也可能会有变化，因此，新购的电导电极以及使用一段时间后的电导电极，电极常数应重新测量标定。电导电极常数测量时应注意以下几点：

① 测量时应采用配套使用的电导率仪，不要采用其他型号的电导率仪；

② 测量电极常数的 KCl 溶液的温度，以接近实际被测溶液的温度为好；

③ 测量电极常数的 KCl 溶液的浓度，以接近实际被测溶液的浓度为好。

2. 电极的选择

按被测介质电导率的高低，选用不同常数的电极，并且测试方法也不同。一般当介质电导率小于 0.1μS/cm 时，选用 $0.01cm^{-1}$ 常数的电极且应将电极装在管道内流动测量。

当电导率在 0.1～1μS/cm 之间时，选用常数为 $0.1cm^{-1}$ 的电极，任意状态下测量。

当电导率在 1～100μS/cm 之间时，选用常数为 $1cm^{-1}$ 的 DJS-1C 型光亮电极。

当电导率为 100～1000μS/cm 之间时，选用 DJS-1C 型铂黑电极，任意状态下测量。

当电导率大于 1000μS/cm 时，选用 DJS-10C 型铂黑电极。

三、电导电极常数的测定法

用参比溶液法，具体如下。

① 清洗电极。

② 配制标准溶液。配制的成分比例和标准电导率值见表 5-2。

③ 把电导池接入电桥。

④ 控制溶液温度为 25℃。

⑤ 把电极浸入标准溶液中。

⑥ 测出电导池电极间电阻值 R。

⑦ 按下式计算电极常数 J：$J=R\times k$。式中，k 为溶液已知的电导率（查表 5-3）。

电极常数不必经常测定，但当重新镀铂黑时，必须重新确定。

表 5-2 测定电极常数的 KCl 标准浓度

电极常数 J/cm^{-1}	0.01、0.1	0.1 或 1 光亮	1 光亮或铂黑	1 铂黑或 10 铂黑
KCl 标准浓度	0.001D	0.01D	0.1D	0.1D 或 1D

注：1. KCl 应该用一级试剂，并需在 110℃烘箱中烘 4h，取出在干燥器中冷却后方可称量。

2. 1D：20℃下每升溶液中 KCl 为 74.2460g；0.1D：20℃下每升溶液中 KCl 为 7.4635g；0.01D：20℃下每升溶液中 KCl 为 0.7740g；0.001D：20℃下将 100mL 的 0.01D 溶液稀释至 1L。

四、电导率仪的维护和注意事项

① 电极应置于清洁干燥的环境中保存。

表 5-3 不同温度下氯化钾标准溶液浓度及其电导率值

电导率/(S/m) 温度/℃	浓度			
	1D	0.1D	0.01D	0.001D
15	0.09212	0.010455	0.0011414	0.0001185
18	0.09780	0.011168	0.0012200	0.0001267
20	0.10170	0.011644	0.0012737	0.0001322
25	0.11131	0.012852	0.0014083	0.0001465
35	0.13110	0.015351	0.0016876	0.0001765

注：1D：20℃下每升溶液中 KCl 为 74.2460g；0.1D：20℃下每升溶液中 KCl 为 7.4635g；0.01D：20℃下每升溶液中 KCl 为 0.7740g；0.001D：20℃下将 100mL 的 0.01D 溶液稀释至 1L。

② 电极在使用和保存过程中，因受介质、空气侵蚀等因素的影响，其电导池常数会有所变化。电导池常数发生变化后，需重新进行电导池常数测定。仪器应根据新测得的常数重新进行“常数校正”。

③ 测量时，为保证样液不被污染，电极应使用去离子水（或二次蒸馏水）冲洗干净，并用样液适量冲洗。

④ 当样液介质电导率小于 1μS/cm 时，应加测量槽作流动测量。

⑤ 选用仪器挡程应注意，能在低一挡量程内测量的，不放在高一挡测量。在低挡量程内，若已超量程，仪器显示屏左侧第一位显示 1（溢出显示），此时请选高一挡测量。

⑥ 电极插头座绝对防止受潮，以免造成不必要的测量误差。

项目 5 电导率仪使用与维护——任务实施记录单 见《学生实践技能训练工作手册》。

项目 5 电导率仪使用与维护——操作技能考核表 见《学生实践技能训练工作手册》。

项目 5 电导率仪使用与维护——知识测试题 见《学生实践技能训练工作手册》。

【阅读材料】

DDBJ-350 型便携式电导率仪的结构与使用方法

一、适用范围

DDBJ-350 型便携式电导率仪是一台智能型的分析仪器，可用于测量溶液（营养液）的电导率、TDS（总溶解固态量）、温度，也可用于测量纯水的纯度以及海水淡化处理中的含盐量（以氯化钠为标准）。

二、仪器功能

仪器具有两种工作状态，测量状态和模式状态。测量状态下可以测量溶液的电导率、TDS 和盐度，可以按键切换显示。仪器在测量状态下，可以按键切换到模式状态。在不同的测量状态下，切换的模式状态有所区别。

有些模式是相同的，即在不同的测量状态下切换到模式状态时都有这些模式，称作共用模式。表 5-4 显示了在相应状态下的各种仪器功能。

例如，在电导率测量状态下切换的模式状态是电导率模式状态；在 TDS 测量状态下切换的模式状态是 TDS 模式状态。

三、仪器的主要技术性能

1. 测量范围

表 5-4 各种状态下仪器的功能

工作状态	功能	工作状态	功能
测量状态	电导率/TDS/盐度/温度值测量	TDS	电极常数标定“CAL”
	即时打印		TDS 转换系数标定“TCAL”
	数据储存		TDS 转换系数选择“TCOE”
	通信	盐度	电极常数选择“CONT”
电导率	电极常数选择“CONT”		电极常数标定“CAL”
	温度补偿系数“COEF”	共用模式	储存数据打印“PRN”
	电极常数标定“CAL”		查阅“VIEW”
TDS	电极常数选择“CONT”		删除“DEL”
	温度补偿系数“COEF”		自动关机选择“ASD”

(1) 电导率　0.00～$1.999\times10^5\mu S/cm$。共分 5 挡量程，可自动切换，具体如下：0.00～19.99μS/cm；20.00～199.9μS/cm；200.0～1999μS/cm；2.00～19.99mS/cm；20.00～199.9mS/cm。

当电导率≥20.00mS/cm 时，必须采用电极常数为 5 或 10 的电极；当电导率≥100.00mS/cm 时，必须采用电极常数为 10 的电极。

(2) TDS　测量范围为 0～19.99g/L，也分为 5 个量程。当 TDS≥10g/L 时，必须采用电极常数为 5 或 10 的电极。

(3) 盐度　测量范围为 0～8%，一般采用常数为 10 的电极。当盐度≥1%时，必须采用电极常数为 10 的电极。

(4) 温度　0～40℃。

2. 仪器正常工作条件

环境温度：0～40℃。

环境防护等级：IP65。

供电电源：4 节 AA 碱性电池。

除地球磁场外，周围无电磁场干扰。

四、仪器结构

1. 仪器组成

仪器可由显示屏、按键、T-818-B-6 型温度电极、电导电极几部分组成。

DDBJ-350 型便携式电导率仪见图 5-7。

2. 显示

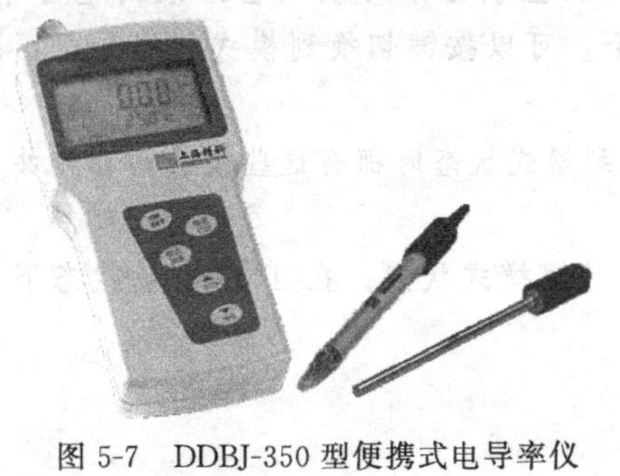

图 5-7 DDBJ-350 型便携式电导率仪

可能的显示内容：①欠压符号（屏幕左上角）；②主测量值（屏幕中央）；③主测量值单位；④温度测量值；⑤商标指示（屏幕右下角）；⑥状态指示（屏幕左下角）。

3. 键盘

①【ON/OFF】键：仪器电源开关。

②【模式/测量】键：在模式和测量之间进行切换。

③【确定/打印】键：当仪器处于测量状态时，

按下此键，可将测量结果即时打印；当处于模式状态时，按下此键，可以进入某一确定状态。

④【▲/C/T/S】键：当仪器处于测量状态时，按下此键，可以切换当前仪器“电导率/TDS/盐度”测量状态；当处于模式状态时，按下此键，可以选择模式或调节参数。

⑤【▼储存】键：当仪器处于测量状态时，按下此键，可以将测量结果即时储存；当处于模式状态时，按下此键，可以选择模式或调节参数。

4. 仪器后侧面板

从左至右分别为RS-232接口、温度传感器插座、电导电极插座。

五、仪器使用方法

1. 参数设置功能

仪器在使用之前，应先根据测量要求和配用的电极设定相应的参数。参数设置功能包括电极常数设置功能和TDS转换系数设置功能。

(1) 电极常数设置功能　每支电极都有一定的电极常数值，用户需将此值输入仪器。

仪器在任何测量状态下均可进入模式状态设置电极常数。

电极常数设置功能有电极常数选择功能和电极常数调节功能。本仪器有5种电极常数挡值，即0.01、0.1、1、5和10。在设定电极常数前需要先选择相应的电极常数，然后再进行常数调节。操作步骤如下。

① 仪器处于模式选择状态下，按【▲/C/T/S】键或【▼储存】键选择“CONT”（显示在液晶屏幕左下角）；按【确定/打印】键仪器即进入电极常数选择状态。

② 可以按【▲/C/T/S】键或【▼储存】键选择相应的电极常数。仪器显示需要的电极常数后，按【确定/打印】键仪器即进入电极常数调节状态，此时液晶左下角显示“ADJS”。

③ 在此状态下，仪器显示当前设定的电极常数值，可以按【▲/C/T/S】键或【▼储存】键修改电极常数，修改为实际电极常数值后，按【确定/打印】键，则仪器完成电极常数设定功能，自动退出“CONT”状态，进入模式选择状态。

【模式/测量】键具有取消功能，若想取消当前操作，在按【确定/打印】键前可以按【模式/测量】键。此功能在其他模式中作用相同。

(2) TDS转换系数设置功能　仪器测量TDS参数时需要设置合适的TDS转换系数，所以在TDS测量状态下可以设置TDS转换系数，其他参数测量状态下（电导率、盐度）则不能进行此参数的设置。

在TDS测量状态下，按【模式/测量】键，仪器即进入模式选择状态，按【▲/C/T/S】键或【▼储存】键选择“TCOE”：或者仪器处于模式选择状态下，直接按【▲/C/T/S】键或【▼储存】键选择“TCOE”，按【确定/打印】键，仪器即进入TDS转换系数设置状态。

仪器显示当前设定的TDS转换系数值，可以按【▲/C/T/S】键或【▼储存】键修改转换系数值，修改好后，按【确定/打印】键，则仪器完成TDS转换系数设定功能，自动退出“TCOE”状态，进入模式选择状态。

(3) 温度补偿系数设置功能　仪器在测量电导率或TDS参数时，有时需要选择合适的温度补偿系数，所以需要设置温度补偿系数。

在电导率或TDS测量状态下，按【模式/测量】键，仪器即进入模式选择状态，按【▲/C/T/S】键或【▼储存】键选择“COEF”；或者仪器处于模式选择状态下，直接按【▲/C/T/S】键或【▼储存】键选择“COEF”，按【确定/打印】键，仪器即进入温度补偿系数设置状态。

仪器显示当前温度补偿系数值，可以按【▲/C/T/S】键或【▼储存】键修改温度补偿系数。修改好后，按【确定/打印】键，则仪器完成温度补偿系数设定功能，自动退出“COEF”状态，进入模式选择状态。

盐度测量状态下，温度补偿系数由计算机自动设定，用户不能修改，因此在盐度测量状态时进入模式状态，无“COEF”温度补偿系数设置功能。

2. 测量

将电导电极用蒸馏水清洗后插入被测溶液，仪器开机后即可进行测量。仪器在测量状态下同时计算电导率、TDS和盐度值，可以按【▲/C/T/S】键进行切换。

在进行精确测量之前，首先需要选择合适的电导电极，然后将电极常数输入仪器，进行仪器常数设定。有必要时还需进行其他参数设定和标定。

(1) 电导率的测量　在电导率测量状态下，仪器显示当前被测溶液的电导率值和温度值。液晶屏幕左下角显示“CON”，表示处于电导率测量模式。

为了获得准确的测量结果，在测量电导率前必须先设定合适的电极常数和温度补偿系数。

(2) TDS的测量　在TDS测量状态下，仪器显示当前的TDS值和温度值。液晶屏幕左下角显示“TDS”，表示处于TDS测量模式。

在测量TDS前必须先设定合适的电极常数、温度补偿系数和TDS转换系数。

(3) 盐度的测量　在盐度测量状态下，仪器显示当前的盐度值和温度值。液晶屏幕左下角显示“SALT”，表示处于盐度测量模式。

在测量盐度前必须先设定合适的电极常数。盐度值测量状态下，不需要设定温度补偿系数，仪器自动进行温度补偿。

项目6　电位滴定仪的使用与维护

预期学习目标

◆ 能够准确说出电位滴定仪各组成部分的名称及作用；

◆ 能够独立对电位滴定仪的各辅助部件进行安装；

◆ 能够独立利用电位滴定仪测定 mV 或 pH 值；

◆ 能够独立利用电位滴定仪进行电位滴定分析；

◆ 能根据电位滴定过程理解电位滴定分析的工作原理；

◆ 掌握电位滴定仪使用时的注意事项；

◆ 能够对电位滴定仪出现的故障进行排除及日常维护；

◆ 能按照说明书制定出不同型号电位滴定仪的操作规程；

◆ 能够运用电位滴定仪工作原理和所掌握的操作技能，对实际样品分析设计出合理的方案，并独立使用电位滴定仪完成分析任务。

◆ 具备实事求是的工作态度。

具体工作任务

① 电位滴定仪的结构认知；

② ZD-2 型自动电位滴定仪的安装；

③ 用电位滴定仪测定 mV 及 pH 值；

④ 用电位滴定仪进行滴定分析操作。

任务1　ZD-2 型自动电位滴定仪的结构认知

任务目标

能够认识 ZD-2 型自动电位滴定仪各部分结构；

理解 ZD-2 型电位滴定仪面板上各控制旋钮和开关的作用；

知道常用电位滴定仪的型号及其特点；

根据电位滴定法的原理，理解电位滴定仪的使用过程。

ZD-2 型自动电位滴定仪主要用于各种溶液的滴定分析，还可以单独作 pH 计使用及人工滴定使用。仪器适用于多种（酸碱、氧化还原、沉淀等）电位滴定，被广泛应用于工业、农业、科研等许多学科和领域。

一、ZD-2 型自动电位滴定仪主要技术指标

① 测量范围：pH 挡为 0～14.00pH；mV 挡为 0～±1400mV。分辨率：pH 挡为 0.01pH；mV 挡为 1mV。

② 电子单元误差：pH 挡为±0.03pH±1 个字；mV 挡为±5mV±1 个字。仪器 pH 测量基本误差：±0.06pH。

③ 电子单元输入电流：2×10^{-12} A。电子单元输入阻抗：不小于 $3\times10^{11}\,\Omega$。滴定分析

重复性误差：0.2%。

④ 滴定控制灵敏度：pH 挡为±0.1pH；mV 挡为±5mV。终点设定范围：（−1400～1400）或（0～14）；pH 电子单元稳定性：±0.01pH/3h。

二、ZD-2 型自动电位滴定仪外型结构介绍

1. ZD-2 型自动电位滴定仪外型

ZD-2 型自动电位滴定仪面板见图 6-1。

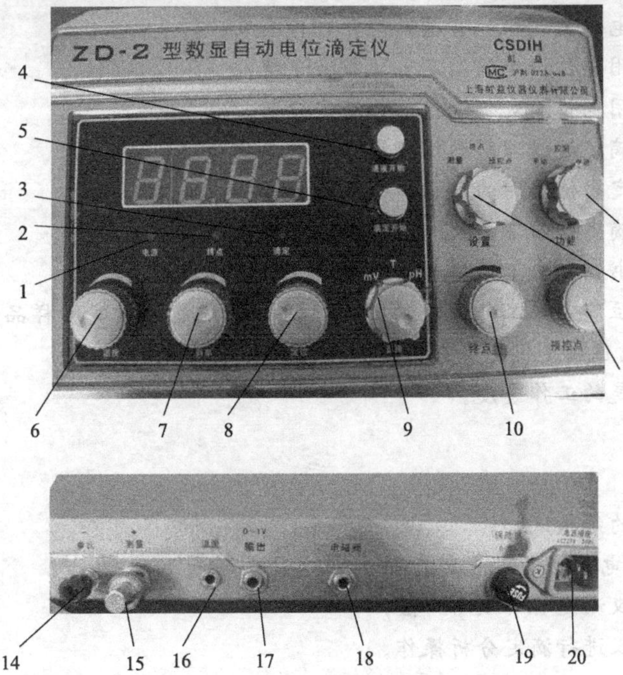

图 6-1　ZD-2 型自动电位滴定仪面板

1—电源指示灯；2—终点指示灯；3—滴定指示灯；4—【滴液开始】按钮；5—【滴定开始】按钮；6—【温度】补偿旋钮；7—【斜率】补偿旋钮；8—【定位】调节旋钮；9—【选择】（波段）开关；10—【终点】调节旋钮；11—【预控点】调节旋钮；12—【设置】选择开关；13—【功能】（方式）开关；14—接地接线柱；15—电极插口；16—温度传感器插口；17—记录仪输出；18—电磁阀接口；19—0.5A 保险丝；20—电源插座

2. 电位滴定仪各部件调节钮和开关的作用

① 电源指示灯：打开电源，此指示灯应亮。

② 滴定指示灯：开始滴定后，此指示灯闪亮。

③ 终点指示灯：用于指示滴定是否结束。打开电源，此指示灯亮；开始滴定后，此指示灯熄灭；滴定结束后，此指示灯亮。

④【滴液开始】按钮：用以选择滴定反应的方向，此由滴定的性质决定。

⑤【滴定开始】按钮：【功能】开关置于“自动”或“控制”时，按一下此按钮，滴定开始（若不滴，确认滴定方式正确，按【滴液开始】按钮，滴定开始）。【功能】开关置于“手动”时，按下此按钮，滴定进行，放开此按钮，滴定停止。

⑥【温度】补偿旋钮：pH 标定和测量时使用（手动温度补偿时使用，自动温度补偿时不起作用）。

⑦【斜率】补偿旋钮：pH 标定时使用。

⑧【定位】调节旋钮：pH 标定时使用。

⑨【选择】（波段）开关：此开关置于“pH”时，根据【设置】开关的位置，可进行 pH 测量或 pH 终点值设置或 pH 预控点设置。此开关置于“mV”时，可进行 mV 测量或 mV 终点值设置或 mV 预控点设置。此开关置于“T”时，接上温度传感器可准确显示被测液的温度，手动温度补偿即将温度传感器拔出时，用此显示应对应的温度值（调节【温度】补偿旋钮可改变数值）。

⑩【终点】电位调节旋钮：用于设置终点电位值或 pH 值。

⑪【预控点】调节旋钮：用于设置预控点 mV 和 pH 值，其大小取决于化学反应的性质，即滴定突跃的大小。一般氧化还原滴定、强酸强碱中和滴定和沉淀滴定可选择预控点值小一些；弱酸强碱、强酸弱碱可选择中间预控点值；而弱酸弱碱滴定需选择大预控点。

⑫【设置】选择开关：此开关置于“终点”时，可进行终点 mV 或 pH 值设定（pH/mV 开关置“pH”进行 pH 终点设定；置“mV”进行 mV 终点）。置于“测量”时，进行 mV 或 pH 或 T 值的测量。

此开关置于【预控点】时，可进行 mV 或 pH 的预控点设置。如设置预控点为 100mV，仪器将在离终点 100mV 时自动由快滴转为慢滴。

⑬【功能】（方式）开关：根据仪器不同的使用方式，分成“自动”、“控制”和“手动”三挡。

自动挡——当滴定反应到达终点后，经 10s 左右延迟时间，电磁阀电路自动切断，滴定终止。

控制挡——进行控制滴定，到达终点之后，处于准备滴定状态，用于可逆式滴定控制，凡电极电位低于终点，滴液就滴，到达或超过终点，滴液就停，无论重复若干次，始终如一。

手动——置于“手动”时进行手动滴定。在寻求滴定终点、绘制滴定曲线而手动操作时，应用此挡。

⑭ 接地接线柱：可接参比电极。

3. CJ-1 型自动电位滴定仪外型

CJ-1 型自动电位滴定仪见图 6-2。

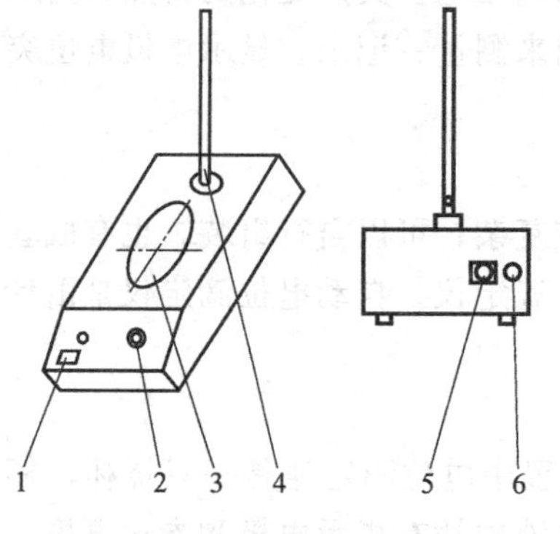

图 6-2　CJ-1 型自动电位滴定仪外型

1—电源开关；2—转速调节器（用以调节电磁搅拌的转速）；3—安放溶液杯的位置；4—管状滴定架；5—三芯电源插座；6—0.5A 保险丝座

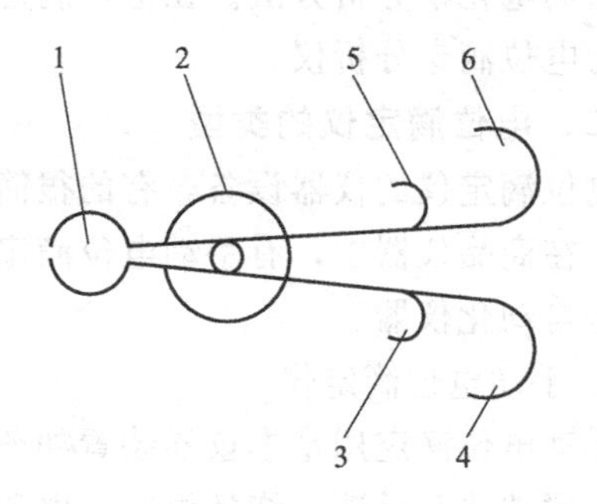

图 6-3　电极夹

1—电极杆夹口；2—弹簧圈；3—温度计夹口；4—甘汞（参比）电极夹口；5—滴液管（玻璃毛细管）夹口；6—玻璃电极夹口

4. 电极夹

电极夹见图 6-3。

5. 滴定架装置

滴定架见图 6-4。

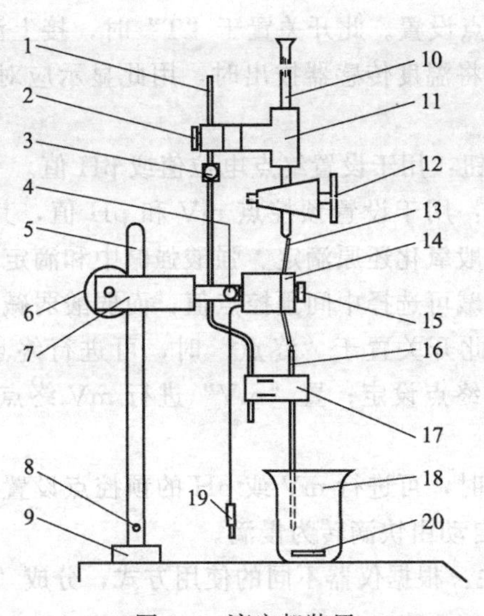

图 6-4 滴定架装置

1—弯式电极杆；2—滴定管夹紧固螺钉；3—限位紧固圈；4—电磁阀紧固螺钉；5—管状滴定架；6—管套紧固螺钉；7—滴定架管套固定块；8—滴定架助紧孔；9—搅拌器上的底螺母；10—滴定计量管；11—滴定管夹；12—滴定管旋塞；13—硅胶管；14—电磁阀；15—电磁阀支头螺钉；16—滴液管（玻璃毛细管）；17—电极夹；18—试杯；19—电磁阀三芯插头；20—搅拌棒

知识补充

一、电位滴定分析法

电位滴定分析法是指以指示电极、参比电极、试液组成工作电池，用标准溶液进行滴定，记录滴定过程中指示电极电位变化，并利用指示电极电位突然变化的特点来指示滴定反应终点的电化学分析方法。在电位滴定分析法中，用来测量、记录、显示电极电位突变的仪器称为电位滴定分析仪。

二、电位滴定仪的类型

电位滴定仪的仪器设备，有的很简单，有的比较复杂；可以自行组装，也有成套的商品仪器。在商品仪器中，有手动电位滴定仪和自动电位滴定仪。自动电位滴定仪是由计算机控制的全自动化仪器。

1. 手动电位滴定仪

手动电位滴定用基本仪器装置如图 6-5 所示。装置中电位滴定池是一只烧杯，杯中放一根铁心搅拌棒和试液，烧杯放在一电磁搅拌器上，试液中插有指示电极和参比电极。参比电极多用饱和甘汞电极，指示电极则应根据实际样品来选择。烧杯上方有一根滴定分析用滴定管（根据需要或选择常量的，或选择微量的）。用于测量两极电位差的仪器是高阻抗毫伏计，或用 pH 计，或用离子计。

2. 自动电位滴定仪

自动电位滴定仪是由计算机控制的全自动化仪器，它至少包括两个单元，即更换样品系统和测量系统，测量系统中有自动加试剂部分以及数据处理部分。

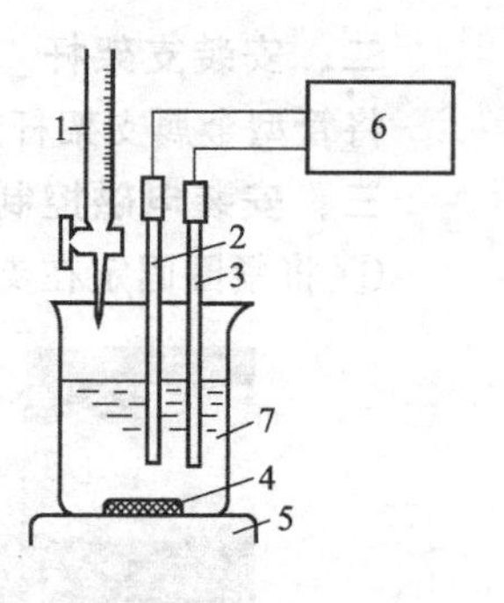

图 6-5 电位滴定用基本仪器装置

1—滴定管；2—指示电极；3—参比电极；4—铁芯搅拌棒；5—电磁搅拌器；6—高阻抗毫伏计；7—试液

三、电位滴定仪工作原理

在滴定过程中，随着滴定剂的加入，由于待测离子与滴定剂之间发生化学反应，待测离子浓度不断变化，造成指示电极电位也相应发生变化。在化学计量点附近，待测离子活度发生突变，指示电极的电位也相应发生突变。

因此，通过测量滴定过程中电池电动势的变化，可以确定滴定终点。最后根据滴定剂浓度和终点时滴定剂消耗体积计算试液中待测组分含量。

四、常用电位滴定仪的型号及特点

表 6-1 列出了目前实验室及企业实验室常用的电位滴定仪的生产厂家、型号、性能指标与主要技术指标，以供参考。

表 6-1 常用电位滴定仪的生产厂家、型号、性能指标与主要技术指标

生产厂家	仪器型号	性能与主要技术指标
江苏江分电分析仪器有限公司	MIA-3 型微机化多功能离子分析器	微机化仪器，仪器具有与分光光度计联机功能、微机化 pH 计和离子计功能，微机化自动电位滴定仪功能，微机化光度滴定与电流滴定功能，微机化电导与温度测定仪功能。分析结果由显示器显示，或用磁盘储存，打印机打印。①模拟信号电压测量范围为 0～±1999.9mV；最小读数为 0.1mV，自动判别极性；②精度为读数的 0.025%±2 个字；③输入阻抗≥10^{12}Ω；④数据采样速率 3～10 次/s
上海雷磁仪器厂	ZD-2 型自动电位滴定仪	测量范围：pH 挡为 0～14.00pH，mV 挡为±1400mV；最小分度为 0.1pH，10mV；输入阻抗≥10^{12}Ω
	ZD-3 型自动电位滴定仪	预设滴定终点；测量范围为 0～±2000mV；输入阻抗≥10^{12}Ω；稳定性为±500μV/4h；控制精度为±5mV；输入阻抗≥10^{12}Ω；滴定管读数误差<±0.2%
	ZD-4 型自动电位滴定仪	测量范围为 0～±1999.9mV；稳定性为±300μV/2h；滴定管误差<±0.1%；输入阻抗≥10^{12}Ω
瑞士万通公司	Metrohm700 系列智能化自动电位滴定仪	微机化仪器，自动进样，测定结果可以存储；测量范围：pH 挡为 0～14pH，mV 挡为 0～±2000mV，电流为 0～200.0μA，温度为－170～500.0℃；测量精度：mV 挡为±1mV；温度≤0.2℃（－130～500℃）
日本三菱化成株式会社	GT-06 自动滴定仪	微机化仪器；用于测定各种样品中的 Zn、Ca、Cu、Mg、Cl、Ni、Ag 元素及酸、碱等；检测范围：pH 挡为 0～14pH，mV 挡为 0～±1999mV

任务 2 ZD-2 型自动电位滴定仪的安装

任务目标

能够熟练独立地安装电位滴定仪的各部件结构；

能准确地进行电极的选择。

一、连接 ZD-2 型电位滴定计和滴定装置

将电位滴定计放左边，滴定装置放右边，分别用两根三芯电源线插入电位滴定计背面的电源插座和滴定装置背面的电源插座，并与电源连接。

二、安装支架杆

将管型金属支架杆旋紧在滴定装置上部的两枚螺钉上，见图 6-6。

三、安装电磁控制阀

① 将紧圈固定在支架杆上合适位置，见图 6-7。

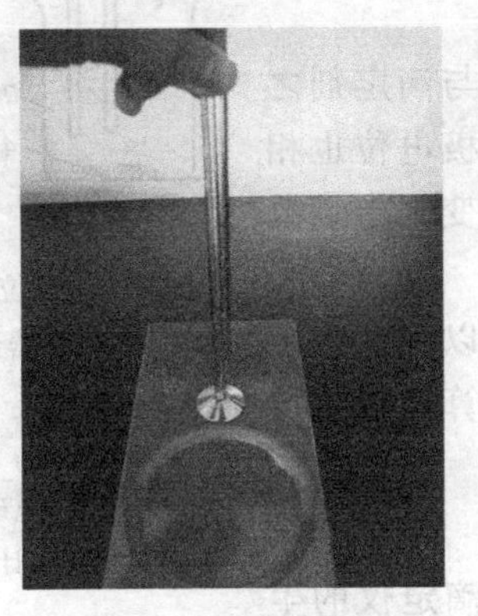
图 6-6 安装支架杆

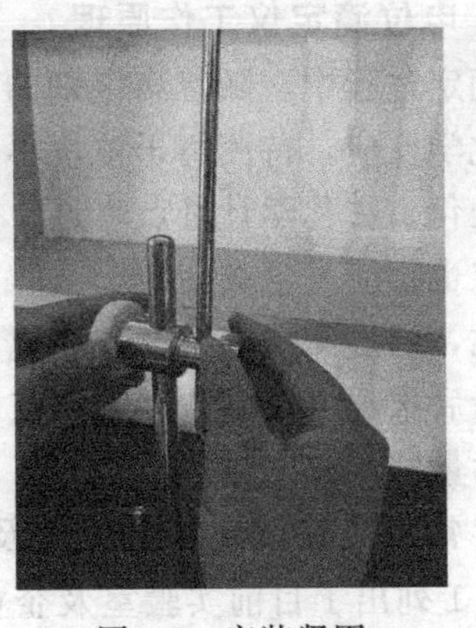
图 6-7 安装紧圈

② 将电磁阀上的夹心孔和夹套孔对齐，然后穿过支架杆，搁在紧圈上，并稍旋紧电磁阀的固定螺母，见图 6-8。

四、安装滴定管夹和电极夹

① 将滴定管夹穿进支架杆选择好适当高度（位于电磁阀上面）后，旋紧，见图 6-9。

② 将电极夹夹在支架杆上，选择好适当高度（位于电磁阀下面），见图 6-10。

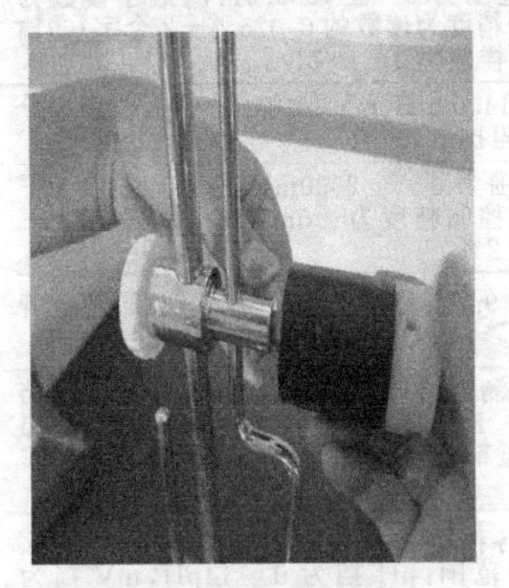
图 6-8 安装电磁阀

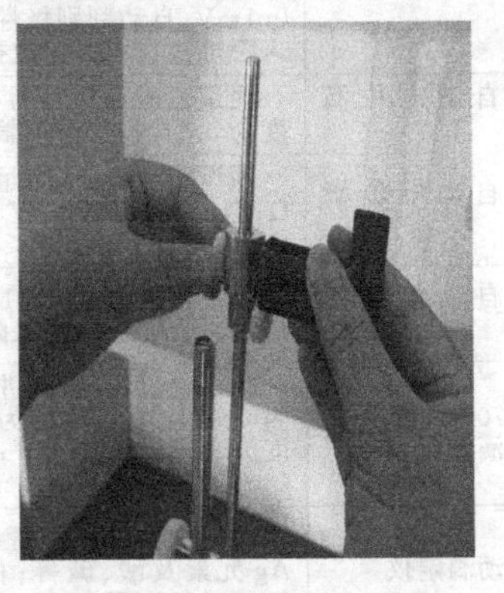
图 6-9 安装滴定管夹

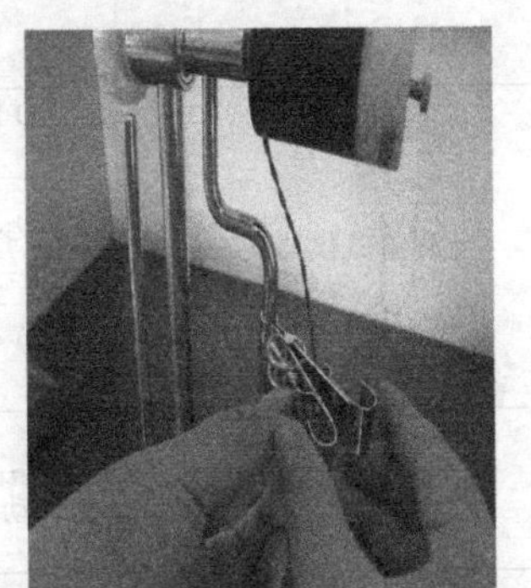
图 6-10 安装电极夹

五、连接安装滴定管、电磁阀滴液毛细管

① 将乳胶管穿过电磁阀中弹簧片与电磁铁之间的空隙，见图 6-11。

② 将装有滴定剂的滴定管夹在滴定管夹上，将电磁阀上的乳胶管上端套在滴定管下口上，见图 6-12 和图 6-13。

③ 将乳胶管的下端套在滴液毛细管上口上，见图 6-14。

④ 将滴液毛细管固定在电极夹右边的小夹口内，见图 6-15。

⑤ 将电磁阀的接线插入滴定装置背面电磁阀插座上，见图 6-16。

六、选择、检查、处理、安装指示电极和参比电极

① 根据滴定类型选择合适的指示电极和参比电极；

② 对所选电极进行检查，作预处理；

③ 将指示电极夹在电极夹右边的夹口内，将参比电极夹在左边夹口内，将温度计夹在左边小夹口内，见图 6-17～图 6-19；

④ 将指示电极引线柱插入电位滴定计“指示电极插孔（一）”，参比电极接在“甘汞电极插孔（+）”。

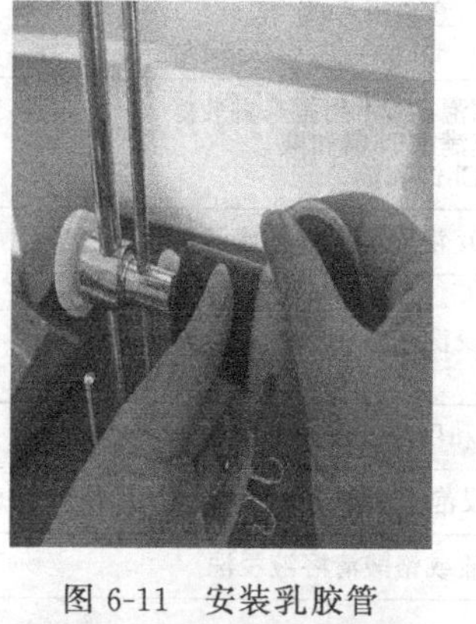

图 6-11　安装乳胶管

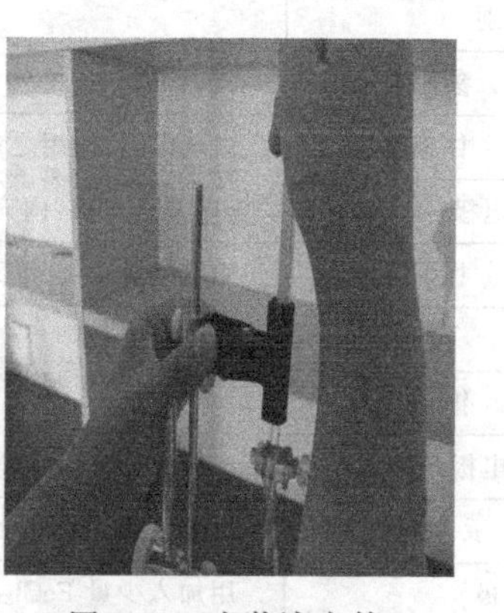

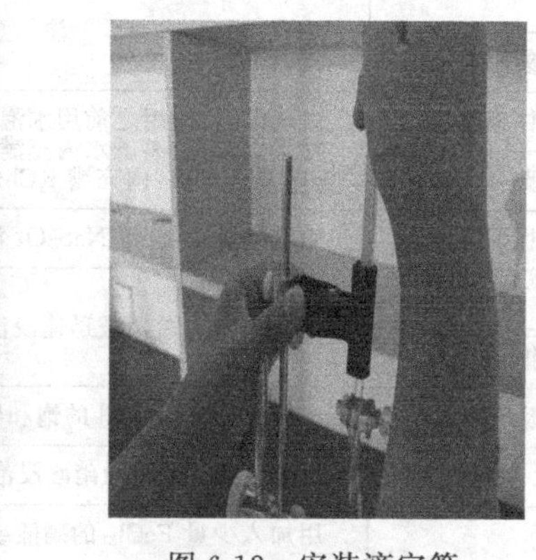

图 6-12　安装滴定管

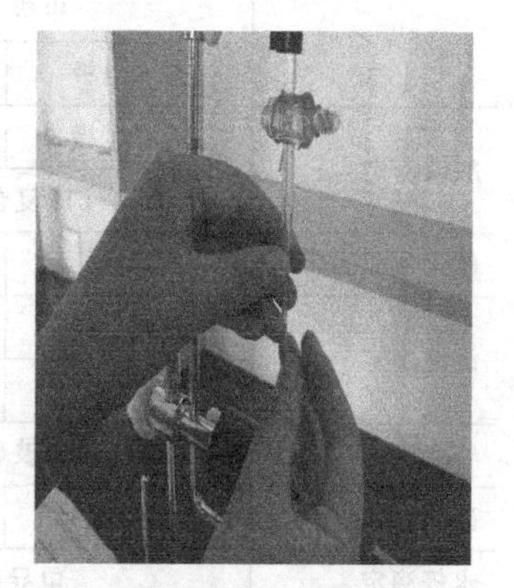

图 6-13　连接乳胶管与滴定管

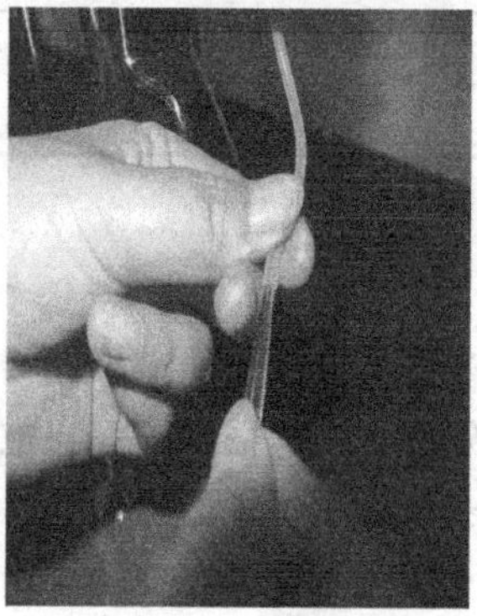

图 6-14　连接乳胶管与毛细管

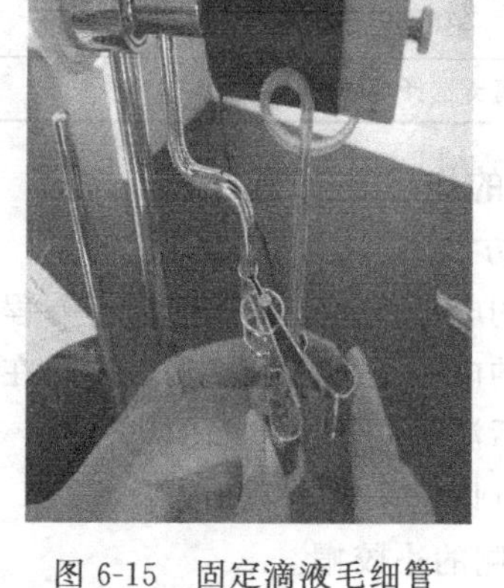

图 6-15　固定滴液毛细管

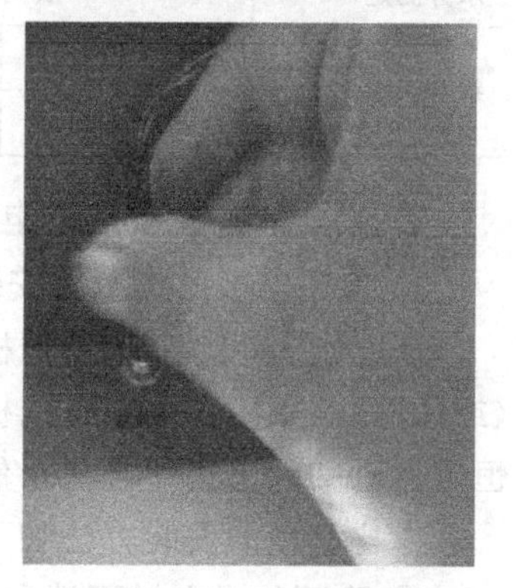

图 6-16　连接电磁阀的接线

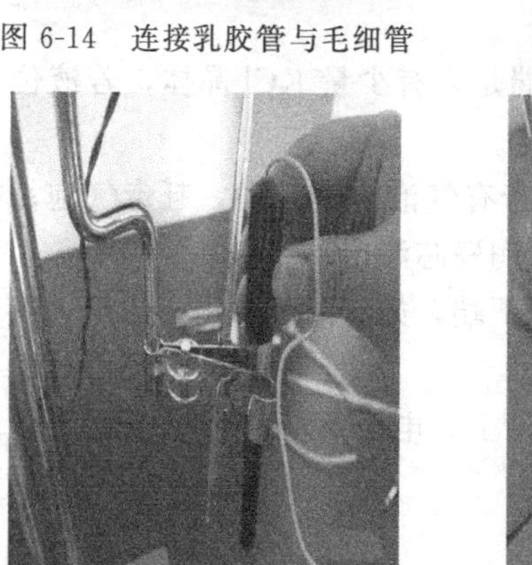

图 6-17　安装指示电极

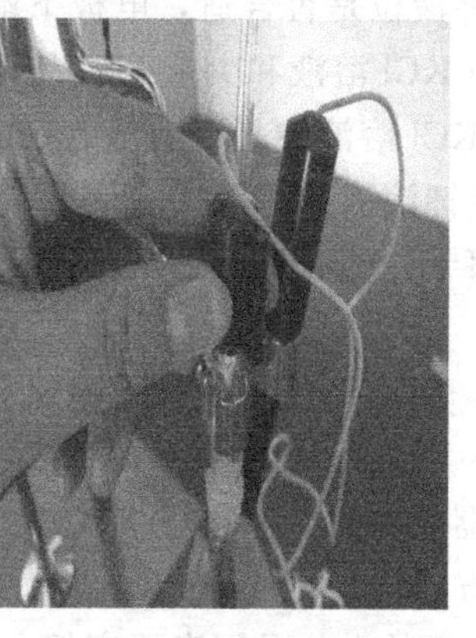

图 6-18　安装参比电极

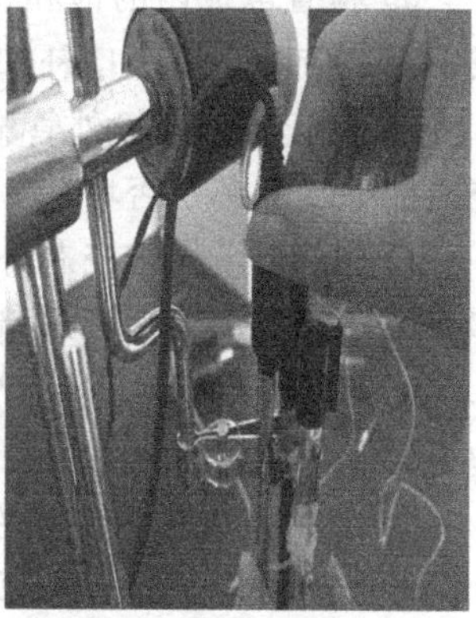

图 6-19　安装温度计

知识补充

一、电极选择原则

电位滴定法在滴定分析中应用广泛，可用于酸碱滴定、沉淀滴定、氧化还原滴定及配位滴定。不同类型的滴定需选用不同的指示电极，表 6-2 列出了各类滴定常用的电极，供读者参考使用。实际工作中，应使用产品分析标准规定的指示电极和参比电极。

表 6-2 用于各类滴定的电极

滴定类型	电极类别		注意事项
	指示电极	参比电极	
酸碱滴定	玻璃电极	甘汞电极	玻璃电极：使用之前用水泡 2h，不用擦净并收好 甘汞电极：去离子水内充满 KCl 饱和液 pH 复合电极：内充满 KCl 饱和液
	pH 复合电极		
氧化还原滴定	铂电极	甘汞电极	铂电极可用 10% NaS_2O_3 溶液浸泡并用水清洗后使用
沉淀滴定	玻璃电极	银电极	银电极可用稀硝酸迅速浸洗
	银电极	饱和甘汞	
非水滴定	pH 复合电极或玻璃电极与甘汞电极		电极放入充满 KCl 的饱和甲醇或乙醇溶液中
硝酸汞滴定	铂电极	汞-硫酸亚汞	Hg-K_2SO_4 可用稀硝酸浸泡 3～4min，用清水洗净后使用
永停滴定	电导电极		用加入少量 $FeCl_3$ 的硝酸或铬酸清溶液浸洗
水分测定	双铂电极		用丙酮溶液浸泡
络合滴定	甘汞电极	铂电极	
	甘汞电极	离子选择电极	

二、参比电极和指示电极的作用及安装方法

1. 参比电极的作用及安装方法

从原则上讲，测量了电极的电位就可以根据能斯特方程求出参与电极反应的离子的活度（或浓度）。事实上，单一电极的电位是无法直接测量的。在电位分析法中，需要以一支电位恒定且已知的电极作参比，然后测量两个电极间的电位差，从而求出待测电极的电位。

参比电极的安装方法如下（以甘汞电极为例）。

① 取下甘汞电极下端和上侧的小胶帽。

② 检查电极内的饱和氯化钾液位是否合适，电极下端是否有少量 KCl 晶体，若液位低或无晶体应从上侧小口补加饱和 KCl 溶液和少量 KCl 晶体。

③ 检查甘汞电极外管饱和 KCl 溶液中是否有气泡，若有气泡应稍晃动，赶走气泡；检查电极下端瓷芯是否堵塞，氯化钾溶液是否能缓缓从下端陶瓷芯渗出。

检查方法：先将瓷芯外部擦干，然后用滤纸贴在瓷芯下端，如有溶液渗出，滤纸上有湿印，则证明瓷芯毛细管未堵塞。

④ 用蒸馏水清洗电极外部，用滤纸吸干后，置电极夹上。电极下端略低于玻璃电极球泡下端。

⑤ 将甘汞电极导线接在仪器后右角甘汞电极接线柱上。

2. 指示电极的作用及安装方法

在电位分析方法中，参比电极的电位是固定不变的，而指示电极的电位则随着溶液中待测离子活度（浓度）的变化而变化，并在一定条件下呈线性关系。因此，根据测量结果得到指示电极的电位后，就可利用能斯特方程求出溶液中待测离子的活度（或浓度）。

指示电极的安装方法如下（以玻璃电极为例）。

① 根据被测溶液大致 pH 值（可使用 pH 试纸试验确定），选择合适型号的 pH 玻璃电极（已在蒸馏水中浸泡 24h 以上）。

② 仔细检查所选电极的球泡是否有裂纹、内参比电极是否浸入内参比溶液内、参比液内是否有气泡。若有裂纹或内参比电极未浸入内参比液则不能使用；参比液内有气泡应稍晃动，除去气泡。

③ 将所选择的pH玻璃电极用蒸馏水冲洗后固定在电极夹上，球泡高度略高于甘汞电极下端。

④ 把玻璃电极引线柱插入仪器后右角的玻璃电极输入座。

任务3 电位滴定仪测定mV及pH

任务目标

能独立熟练地利用电位滴定仪进行mV的测量；

能独立熟练地利用电位滴定仪进行pH的测定。

一、开机预热

仪器安装连接好以后，插上电源线，打开电源开关，电源指示灯亮。经15min预热后再使用。

二、mV测量

①【设置】开关置“测量”：“pH/mV”【选择】开关置“mV”；

② 将电极插入被测溶液中，开启电磁搅拌器，调节转速，将溶液搅拌均匀后关闭电磁搅拌器，停止搅拌，即可读取电极电位（mV）值。

注意：如果被测信号超出仪器的测量范围，显示屏会不亮，作超载报警。

三、pH测量

1. pH标定

仪器在进行pH测量之前先要标定。一般来说，仪器在连接使用时，每天要标定一次。其步骤如下。

①【设置】开关置“测量”挡，“pH/mV”【选择】开关置“pH”挡。

② 调节【温度】旋钮，使温度值等于对应溶液的温度值（手动温补）。

直接插入温度传感器不用调节【温度】旋钮即可进行自动温补。也可将【选择】开关置于“T”，测出被测溶液当前温度。

③ 将【斜率】旋钮顺时针旋到底（100）。

④ 将清洗过的电极插入pH值为6.86的缓冲液中，开启电磁搅拌器，调节转速，将溶液搅拌均匀后关闭电磁搅拌器，停止搅拌。

⑤ 调节【定位】旋钮，使仪器显示读数与该缓冲液当时温度下的pH值相一致。

⑥ 用蒸馏水清洗电极，并用滤纸吸干电极外壁的水后，再插入pH值为4.00（或pH值为9.18）的标准缓冲液中（应选择pH与试液相接近的标准缓冲液）。开启电磁搅拌器，调节转速，将溶液搅拌均匀后关闭电磁搅拌器，停止搅拌。调节【斜率】旋钮使仪器显示读数与该缓冲液当时温度下的pH值相一致（注意：此时不可动【定位】旋钮）。

⑦ 重复⑤～⑥直至不用再调节“定位”或“斜率”调节旋钮为止，至此，仪器完成标定。标定结束后，【定位】和【斜率】旋钮不应再动，直至下一次标定。

2. 试液pH测量

经标定过的仪器即可用来测量pH，其步骤如下。

① 将【设置】开关置“测量”挡，“pH/mV”【选择】开关置“pH”挡；

② 用蒸馏水清洗电极头部，再用被测溶液清洗一次；

③ 将温度传感器插入被测液或用温度计测出被测溶液的温度值；

④ 插入传感器则直接进行第⑤步；未用传感器或手动补偿则调节【温度】旋钮，使旋钮指向对应的溶液温度值；

⑤ 将电极插入被测溶液中，搅拌溶液使溶液均匀后，读取该溶液的 pH 值。

任务 4 利用电位滴定仪进行电位滴定分析

任务目标

能够独立熟练地进行自动滴定分析；

能够独立熟练地进行手动滴定分析；

能够对电位滴定仪进行日常维护保养；

能及时排查电位滴定仪的各种故障问题。

一、自动滴定分析

1. 电位滴定前的准备工作

① 按任务 2 安装好滴定装置。

② 在滴定管内倒入标准滴定溶液（在这之前，滴定管应先用所装的标准滴定溶液荡洗 3～4 次），用滴定管内的标准溶液将电磁阀橡皮管冲洗 3～4 次，再向滴定管内倒入标准滴定溶液，并将滴定管液面调至 0.00 刻度（注意：电磁阀橡皮管内不能有气泡）。

③ 取一定量的试液于试杯中，在试杯中放入清洗过的搅拌子，再将试杯放在搅拌器上。

④ 选择并处理、清洗电极，再将电极夹在电极夹上，并将电极头浸入试液中。

2. 终点设定

将【设置】开关置“终点”挡，“pH/mV”【选择】开关置于“mV”挡，【功能】开关置“自动”挡，调节【终点】电位旋钮，使显示屏显示所要设定的终点电位值（先用手动方法对待测试液进行预滴定，作 *E-V* 曲线，并以此确定终点的电位）。终点电位选定后，【终点】电位旋钮不可再动。

3. 预控点设定

预控点的作用是当离开终点较远时，滴定速度很快；当到达预控点后，滴定速度很慢。设定预控点就是设定预控点到终点的距离。其步骤如下。

将【设置】开关置“预控点”，调节【预控点】旋钮，使显示屏显示所要设定的预控点数值。例如，设定预控点为 100mV，仪器将在离终点 100mV 处转为慢滴。注意：预控点选定后，【预控点】调节旋钮不可再动。

4. 开始滴定

终点电位和预控点电位设定好后，将【设置】开关置“测量”，打开搅拌器电源，调节转速使搅拌从慢逐渐加快至适当转速。

按一下【滴定开始】按钮，仪器即开始滴定，滴定灯闪亮，滴定管中的标准滴定溶液快速滴下，在接近终点时，滴定速度减慢。到达终点后，滴定灯不再闪亮，过 10s 左右，终点指示灯亮，滴定结束。

注意：到达终点后，不可再按【滴定开始】按钮，否则仪器将认为另一极性相反的滴定开始，而继续进行滴定。

5. 记录读数

记录滴定管内消耗滴液的读数。

二、手动滴定分析

① 将【功能】开关置“手动”，【设置】开关置“测量”。

② 按下【滴定开始】按钮，滴定灯亮，此时标准滴定溶液滴下，控制按下此开关的时间，即控制标准溶液滴下的数量，放开此按钮，则停止滴定。

知识补充

一、电位滴定仪的使用注意事项及维护

① 仪器的输入端（电极插座）必须保持干燥、清洁。仪器不用时，将短路插头插入插座，防止灰尘及水汽侵入。

② 测量时，电极的引入导线应保持静止，否则会引起测量不稳定。

③ 用缓冲溶液标定仪器时，要保证缓冲溶液的可靠性，不能配错缓冲溶液，否则将导致测量不准。

④ 取下电极套后，应避免电极的敏感玻璃泡与硬物接触，因为任何破损或擦毛都将使电极失效。

⑤ 甘汞电极应经常注意有饱和氯化钾溶液。

⑥ 电极应避免长期浸在蒸馏水、蛋白质溶液和酸性氟化物溶液中。

⑦ 电极应避免与有机硅油接触。

⑧ 滴定前最好先用滴液将电磁阀橡皮管冲洗数次。

⑨ 到达终点后，不可按【滴液】按钮，否则仪器又将开始滴定。

⑩ 滴定前应先调节电磁阀的支头螺钉，变动橡皮管的上下位置，或者更换一根新橡皮管。橡皮管调换前最好放在略带碱性的溶液中蒸煮数小时。

⑪ 滴定时切勿使用与橡皮管起作用的高锰酸钾等溶液，以免损坏橡皮管。

二、电位滴定仪故障排除

电位滴定仪常见故障分析见表 6-3。

表 6-3 电位滴定仪常见故障分析

故障现象	故障原因	排除方法
打开电源后，指示灯不亮，但其他正常	指示灯灯泡坏	更换新指示灯灯泡
滴定开始后，滴定灯闪亮，但无标准滴定溶液滴下	电磁阀插头连接错误	重新连接
	电磁阀插头连接无误，但压紧螺钉未调好	调节电磁阀支头螺钉，直至电磁阀关闭时无漏液，而打开时滴液可滴下
	电磁阀橡皮管老化，无弹性	更换新橡皮管
电磁阀关闭时，仍有标准滴定溶液滴下	压紧螺钉未调好	重新调节支头螺钉
	电磁阀橡皮管老化，无弹性，或橡皮管安装位置不合适	变动橡皮管上下位置或取下橡皮管，更换新橡皮管
电磁阀无漏滴，但有过量滴定现象	滴定控制器存在故障	将预控制指数适当调大一点（但不宜调得太大，以免滴定时间太长），或将仪器送至生产厂家维修

项目6 电位滴定仪使用与维护——任务实施记录单 见《学生实践技能训练工作手册》

项目6 电位滴定仪使用与维护——操作技能考核表 见《学生实践技能训练工作手册》

项目6 电位滴定仪使用与维护——知识测试题 见《学生实践技能训练工作手册》

【阅读材料】

离子选择性电极研究概述

电位分析法是一种经典的分析方法。它是根据指示电极的电极电位与响应离子活度的关系，通过测定由指示电极、参比电极和试液组成的原电池的电动势确定被测离子浓度的一种分析方法。早在1893年，离子选择性电极就应用于电位分析。20世纪初发现氢离子选择性玻璃电极被广泛用于测定溶液的pH值。20世纪50年代末制成了测定碱金属离子的玻璃电极，其中钠离子电极性能较好。1967年，Eiseman在长期研究玻璃电极的基础上，出版了关于玻璃电极组分及其响应的专著，对膜电位理论的发展作出了重大贡献。1965年，Pungor等将卤化银分散在惰性基质中，制成了卤素离子选择性电极。这些重大进展有力地推动了离子选择性电极的研制和应用。迄今已生产出几十种离子选择性电极。这对微量物质的测定和生物样品的分析起了很大作用，这一分析技术也成为电化学分析法的一个独立分支科学。

一、离子选择性电极的基本结构和响应机理

1. 离子选择性电极的基本结构

离子选择性电极是一类指示电极，它的电化学活性元件是“膜”，称活性膜或敏感膜。离子选择电极主要由两部分组成。

(1) 敏感膜　这是离子选择性电极最重要的组成部分，它决定着电极的性质。不同的离子选择电极具有不同的敏感膜。其作用是将溶液中特定离子活度转变成电位信号——膜电位。

(2) 内导系统　一般包括内参比溶液和内参比电极。其作用在于将膜电位引出。

2. 响应机理

离子选择性电极中，如果离子选择性电极与参比电极组成电池为：参比电极‖试液|离子选择电极，当它和含被测离子的溶液接触时，能对溶液中特定离子选择性地产生能斯特响应，其电极电位是一种膜电位。那么对于任意价数n的离子电极，离子选择性电极（ISE）电位的能斯特表示式为：

$$E=E^{\ominus}_{ISE}\pm\frac{RT}{nF}\ln\alpha$$

式中，$E^{\ominus}_{ISE}$为离子选择性电极的标准电位；“+”为阳离子选择性电位；“-”为阴离子选择性电位；α为内充液中敏感离子活度。

二、离子选择性电极的特性

离子选择性电极的特性是衡量电极性能好坏的指标。

1. 能斯特响应及斜率

如果离子选择性电极与参比电极组成的电池为：参比电极‖试液| 离子选择电极，则此电池电动势为：

$$E_{池}=K\pm\frac{2.303RT}{nF}\ln\alpha_i$$

$$=K\pm\frac{RT}{nF}\ln\alpha_i$$

电极有很宽的测量范围，一般有几个数量级。根据膜电势公式，以电势对离子活度的对数作图，可得一直线，其斜率为 $RTnF$。这就是校正曲线，称电极具有能斯特响应。

实际上，当活度 α_i 很低时，由于膜物质本身的溶解以及干扰离子的影响等，校正曲线明显弯曲。电极的线性响应范围是指校正曲线的直线部分。线性响应范围是定量分析的基础，是电极性能的指标之一，一般在 $10^{-1}\sim10^{-5}$ mol/L（或 10^{-6} mol/L）之间，个别电极达 10^{-7} mol/L，所以测定的灵敏度往往满足不了痕量分析的要求。在采用离子缓冲液时，电极的能斯特响应范围可大大扩展，使电极可用于理论研究。

2. 选择性系数及其测定

各种离子选择性电极并不是指定离子的专属性电极，它不但对指定离子有响应，而且对共存的其他离子也可能有一定的响应。

当被测离子 i 和干扰离子 j 共存时，膜电位 E 表示为：

$$E=E\pm\frac{RT}{nF}\ln(\alpha_i+K_{i,j}\alpha_j^{\frac{n_i}{n_j}})$$

式中，α_i，α_j 为被测离子 i 和干扰离子 j 活度；n_i 和 n_j 为被测离子 i 和干扰离子 j 的电荷数；$K_{i,j}$ 为选择性系数。

选择性系数 $K_{i,j}$ 是表示离子选择性电极性能的重要参数，是离子选择性电极对指定离子选择性好坏的量度。它的含义为电极相对被测离子 i 来说，对于干扰离子 j 的选择性。换句话说，表示 j 离子对 i 离子的干扰程度。其数值为在相同条件下产生相同电位响应的被测离子活度 α_i 与共存离子活度 α_j 的比值。

$$K_{i,j}=\frac{\alpha_i}{\alpha_j}\ln(\alpha_i+K_{i,j}\alpha_j^{\frac{n_i}{n_j}})$$

$$K_{i,j}=\frac{\alpha_i}{\alpha_j^{\frac{n_i}{n_j}}}$$

$K_{i,j}$ 数值越大，则干扰越大，选择性越差。

$K_{i,j}$ 数值越小，电极对 i 离子选择性越好，共存 j 离子干扰就越小。

例如，NO_3^- 电极的选择性系数 KNO_3^-，$Cl^-=4\times10^{-3}$，表示电极对干扰离子 Cl^- 响应仅为被测离子 NO_3^- 的 4‰。

必须指出，$K_{i,j}$ 是个实验数据，并非一严格常数，它与溶液中离子 i 和 j 活度的测量方法有关。选择性系数 $K_{i,j}$ 测定法分为以下两类。

（1）分别溶液法　用同一电极分别测得若干不同活度的被测离子 i 和干扰离子 j 电极电位作相应的响应曲线，然后用等活度法或等电位法求 $K_{i,j}$。

（2）混合溶液法　上述分别溶液法是在被测离子 i 和干扰离子 j 单独存在时测得的电位，没有考虑实际体系中存在着离子间相互干扰的情形。混合溶液法是在被测离子 i 和干扰离子 j 共存时求得 $K_{i,j}$ 的，因而比较实际。

3. 响应时间

按 IUPAC 的定义，响应时间由离子选择性电极和参比电极与试液接触起至电极与稳定态相差±1mV 所需的时间。响应时间在离子电极测量中显然是个重要参数，特别是在连续监测体系中，要求离子电极响应快，能迅速地跟踪体系被测离子活度的变化。

影响响应时间的因素较多，具体有以下几种。

① 主要与敏感膜性质有关，也与被测离子活度、干扰离子活度及被测离子到达电极表面的速度有关。被测离子活度低的响应时间比活度高的响应时间长；共存干扰离子通常使响应时间延长。

② 电极的响应时间因电极种类、溶液浓度、温度、电极处理方法而异。一般固体电极响应较快，有的只有几毫秒；液膜电极响应较慢，通常从几秒到几分钟。

③ 其他实验条件，如搅拌速度、膜内阻等均对响应时间有影响。

三、离子选择性电极的分类

在一般书刊上，仍习惯按电活性物质的性质和电极的构造分类。

四、离子选择性电极应用于电位分析法

离子选择性电极应用于电位分析中，主要有以下方法。

(1) 直接电动势法　通过测量电势，由校正曲线或计算法直接求得被测物浓度的方法。离子选择性电极（ISE）作为指示电极具有较好的选择性，一般样品可不经分离或掩蔽处理进行测定，且测定过程中不破坏试液，同时仪器设备简单，操作方便，易于实现连续和自动分析，分析速度快，应用比较广泛。

(2) 电位滴定法　根据滴定过程中原电池电动势的变化确定终点的方法。利用离子选择性电极作为电位滴定的指示电极，它能达到与一般容量法相同的高准确度。由于可用电极指示被测离子和滴定剂离子甚至指示剂离子浓度变化，因此该法扩大了电极的应用范围。

五、离子选择性电极的应用

离子选择性电极是一种简单、迅速、能用于有色和浑浊溶液的非破坏性分析工具，它不要求复杂的仪器，可以分辨不同离子的存在形式，能测量少到几微升的样品，所以十分适用于野外分析和现场自动连续监测。与其他分析方法相比，它在阴离子分析方面特别具有竞争能力。电极对活度产生响应这一点也有特殊意义，使它不但可用作络合物化学和动力学的研究工具，而且通过电极的微型化已被用于直接观察体液甚至细胞内某些重要离子的活度变化。离子选择性电极的分析对象十分广泛，它已成功地应用于环境监测、水质和土壤分析、临床化验、海洋考察、工业流程控制以及地质、冶金、农业、食品和药物分析等领域。

模块三

光学分析仪器的使用与维护

学习内容

旋光仪、紫外可见光度计、火焰分光光度计及原子吸收光度计的结构组成及其作用；各光学分析仪器的工作原理；各仪器的安装、调试；各仪器的操作流程、注意事项及日常维护与保养。

项目7　旋光仪的使用与维护

预期学习目标

◆ 能准确说出自动旋光仪各组成部分的名称及作用；

◆ 能独立对自动旋光仪各辅助部件进行安装；

◆ 能准确地调试与操作自动旋光仪；

◆ 掌握操作自动旋光仪的注意事项；

◆ 能对自动旋光仪进行故障排除及日常维护；

◆ 能运用自动旋光仪工作原理和所掌握的操作技能，对实际样品分析设计出合理方案，并独立使用自动旋光仪完成分析任务；

◆ 养成良好的职业道德品质；

◆ 具备科学、准确和快速的工作作风。

具体工作任务

① 自动旋光仪的结构认知；

② 自动旋光仪的操作。

任务1　旋光仪的结构认知

任务目标

认识 WZZ-2B 型自动旋光仪各部分结构；

学会操作 WZZ-2B 型自动旋光仪操作键盘；

知道常用自动旋光仪的型号；

根据原理，理解自动旋光仪的测量过程。

WZZ-2B 型自动旋光仪是测定物质旋光度的仪器。通过对样品旋光度的测定，可以分析确定物质的浓度、含量及纯度等。WZZ-2B 型自动旋光仪采用光电自动平衡原理进行旋光测量，测量结果由数字显示，它既保持了 WZZ-1 型自动旋光仪稳定可靠的优点，又弥补了其读数不方便的缺点，具有体积小、灵敏度高、没有误差、读数方便等特点。对目视旋光仪难以分析的低旋光度样品也适应。旋光仪广泛用于医药、食品、有机化工等各个领域，例如，农业：农用抗生素、家用激素、微生物农药及农产品淀粉含量等成分分析；食品：食糖、味精、酱油等生产过程的控制及成品检查，食品含糖量的测定等。

一、WZZ-B 型自动旋光仪主要技术指标

① 测量范围：0～±45°；

② 准确度：±（0.01°+测量值×0.05%）；

③ 读数重复性：≤0.01°；

④ 显示方式：五位 LCD；

⑤ 最小读数：0.002°；
⑥ 光源：钠单色光源；
⑦ 波长：589.44nm；
⑧ 试管：200mm、100mm 两种；
⑨ 电源：220V±22V，50Hz±1Hz；
⑩ 仪器尺寸：600mm×320mm×220mm；
⑪ 仪器净重：28kg。

二、仪器的外部结构及作用

1. WZZ-2B 型自动旋光仪

WZZ-2B 型自动旋光仪外观如图 7-1 所示。

2. 样品室

样品室用于放置样品管，见图 7-2。

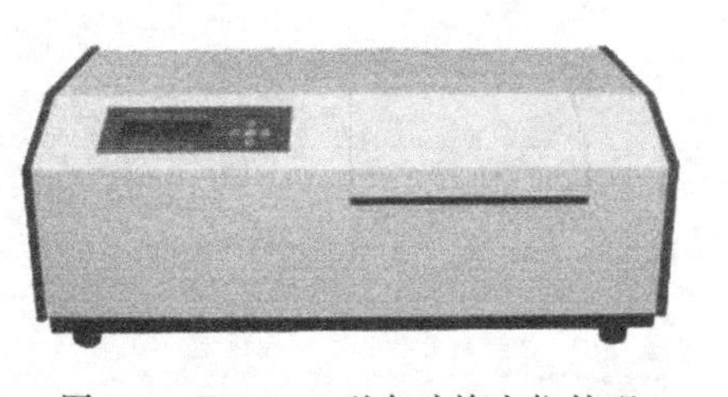

图 7-1 WZZ-2B 型自动旋光仪外观

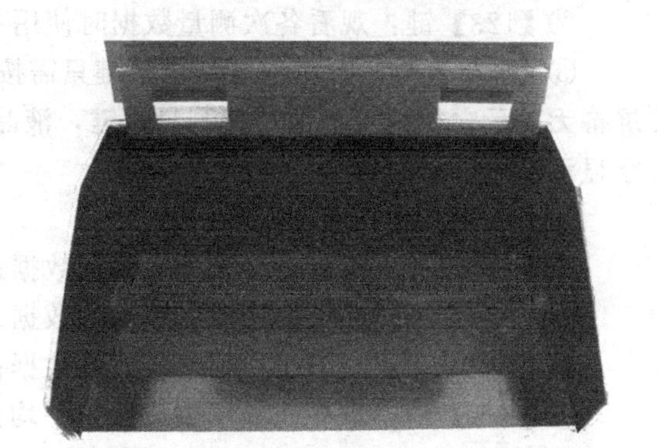

图 7-2 样品室

3. 仪器开关

仪器开关分电源开关（右）和灯开关（左），见图 7-3。

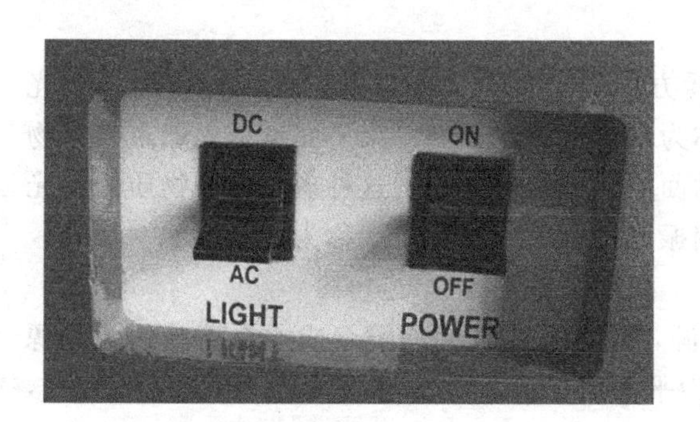

图 7-3 仪器开关

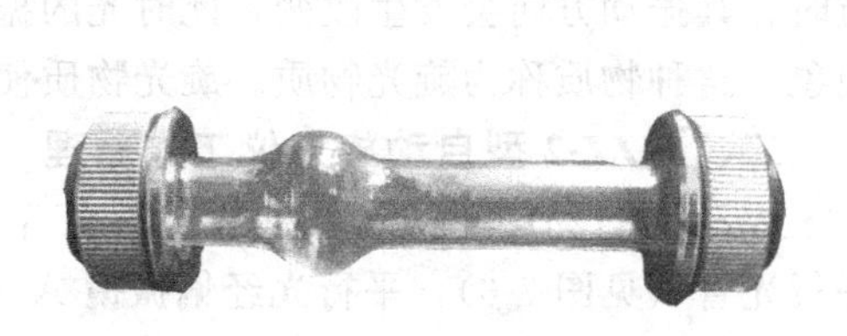

图 7-4 旋光管

4. 旋光管

旋光管通常有 10cm、20cm、22cm 三种规格。经常使用的有 10cm 长度的。但对旋光能力较弱或者较稀的溶液，为提高准确度，降低读数的相对误差，需用 20cm 或 22cm 长度的旋光管。旋光管外观如图 7-4 所示。

5. 操作面板

操作面板结构如图 7-5 所示。

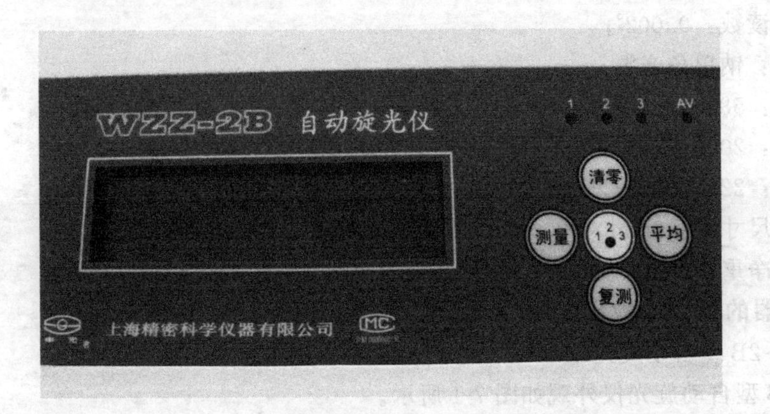

图 7-5 WZZ-2B 型自动旋光仪操作面板结构

①【复测】键：重复测量时使用；

②【123】键：观看各次测量数据时使用；

③【测量】键：开机后【测量】键只需按一次，如果误按该键，则仪器停止测量，液晶屏幕无显示。用户可再次按【测量】键，液晶重新显示，此时需重新校零（若液晶屏已有数字显示，则不需按测量键）；

④【清零】键：用于清零；

⑤【1】灯：点亮时显示第一次测量数据；

⑥【2】灯：点亮时显示第二次测量数据；

⑦【3】灯：点亮时显示第三次测量数据；

⑧【AV】灯：点亮时显示测量数据平均值；

⑨【平均】键：计算平均值时使用。

知识补充

一、旋光现象和旋光度

一般光源发出的光，其光波在垂直于传播方向的一切方向上振动，这种光称为自然光（非偏振光）；而只在一个方向上有振动的光称为平面偏振光。当一束平面偏振光通过某些物质时，其振动方向会发生改变，此时光的振动面旋转一定的角度，这种现象称为物质的旋光现象，这种物质称为旋光物质。旋光物质使偏振光振动面旋转的角度称为旋光度。

二、WZZ-2 型自动旋光仪工作原理

WZZ-2 自动旋光仪采用 20W 钠光灯作光源，由小孔光栅和物镜组成一个简单的点光源平行光管（见图 7-6），平行光经偏振镜 A 变为平面偏振光，其振动平面为 OO（见图 7-7），当偏振光经过有法拉第效应的磁旋线圈时，其振动平面产生 50Hz 的 β 角往复摆动，光线经过偏振镜 B 投射到光电倍增管上，产生交变的电信号。

仪器以两偏振镜光轴正交时（即 $OO \perp PP$）作为光学零点（OO 为偏振镜 A 的偏振轴，PP 为偏振镜 B 的偏振轴），此时，$\alpha=0°$。磁旋线圈产生的 β 角摆动，在光学零点时得到 100Hz 的光电信号；在有 α_1° 或 α_2° 的试样时得到 50Hz 的信号，但它们的相位正好相反。因此，能使工作频率为 50Hz 的伺服电机转动。伺服电机通过蜗轮，蜗杆将偏振镜转过 α°（$\alpha=\alpha_1$ 或 $\alpha=\alpha_2$），仪器回到光学零点，伺服电机在 100Hz 信号的控制下，重新出现平衡指示。

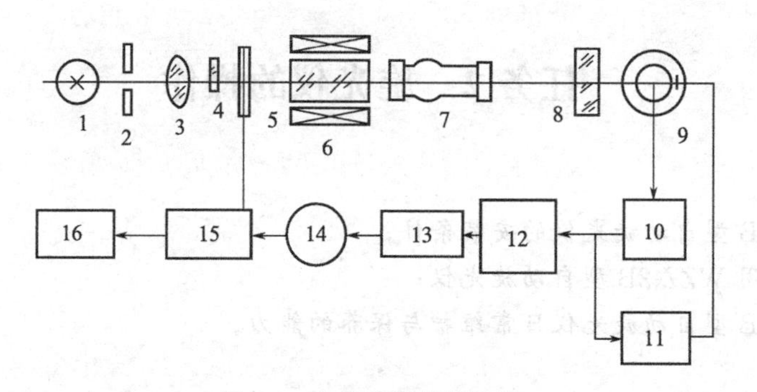

图 7-6 自动旋光仪的构造

1—光源；2—小孔光栅；3—物镜；4—滤光片；5—偏振镜；6—磁旋线圈；7—样品室；8—偏振镜；9—光电倍增管；10—前置放大器；11—自动高压；12—选频放大器；13—功率放大器；14—伺服电机；15—蜗轮蜗杆；16—计数器

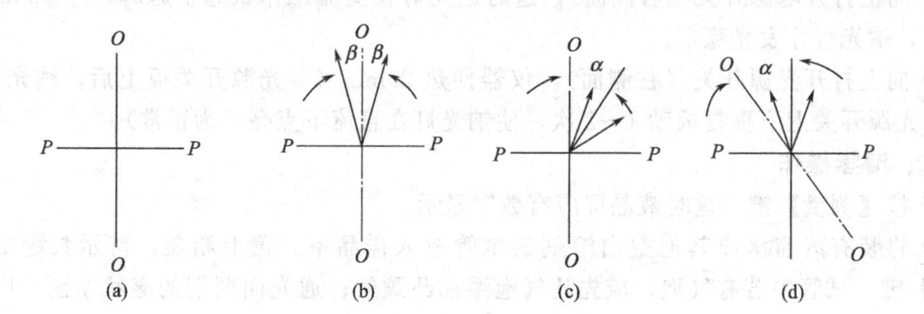

图 7-7 旋光仪工作原理

(a) 偏振镜 A 产生的偏振光在 OO 平面内振动；(b) 通过磁旋线圈后的偏振光振动面以 β 角摆动；(c) 通过样品后的偏振光振动面旋转 α_1°；(d) 仪器示数平衡后偏振镜 A 反向转过 α_1° 补偿了样品的旋光度

三、常用旋光仪的型号及特点

表 7-1 列出了目前实验室及企业实验室常用旋光仪的生产厂家、型号、性能指标与主要技术指标，以供参考。

表 7-1 常用旋光仪生产厂家、型号、性能指标与主要技术指标

生产厂家	仪器型号	性能与主要技术指标
上海鹏顺科学仪器有限公司	WSG-4	旋光度测量范围：±180°；度盘公度值：1°；游标最小分度值：0.05°； 光源：低压钠光灯；试管长度：100mm、200mm
	WZZ-1S	测量范围：±45°；最小示值：0.001°；准确度等级：±0.02°；读数重复性：≤0.01°；光源：低压钠光灯，波长 589.44mm；试管：100mm、200mm
	WZZ-2A	测量范围：±45°；最小示值：0.005°；准确度等级：±0.05°；读数重复性：≤0.01°；光源：低压钠光灯，波长 589.44mm；试管：100mm、200mm
奥地利安东帕(中国)有限公司	MCP300/500	测量范围：0～±89.99°(旋光度)，0～99.9℃(温度)； 测量分辨率：0.001°，0.1℃(温度)；测量准确性：0.003°(全量程范围内旋光度)，0.1℃(温度)；测量重现性：0.002°(旋光度)
瑞士华嘉(香港)有限公司	AUTOPOL-Ⅵ	测量范围：±89.99°(旋光度)；浓度：0～99.9%；测量模式：旋光度、比旋光、浓度、国际糖分度；准确度：0.0002°(≤1°)，0.2%(1°～5°)，0.001°(≥5°)；精度：0.0001°(旋光度)，0.0001%浓度；测试波长：365nm、405nm、436nm、546nm、589nm、633nm

任务 2 旋光仪的操作

任务目标

熟悉 WZZ-2B 型自动旋光仪的安装条件；

能够熟练使用 WZZ-2B 型自动旋光仪；

具备 WZZ-2B 型自动旋光仪日常维护与保养的能力。

一、开机

① 将仪器电源插头插入 220V 交流电源（要求使用交流电子稳压器 1kW），并将接地线可靠接地。

② 向上打开电源开关（右侧面），这时钠光灯在交流工作状态下起辉，经 5min 钠光灯激活后，钠光灯才发光稳定。

③ 向上打开光源开关（右侧面），仪器预热 20min（若光源开关扳上后，钠光灯熄灭，则再将光源开关上下重复扳动 1～2 次，使钠光灯在直流下点亮，为正常）。

二、清零操作

① 按【测量】键，这时液晶屏应有数字显示。

② 将装有蒸馏水或其他空白溶剂的试管放入样品室，盖上箱盖，待示数稳定后，按【清零】键。试管中若有气泡，应先让气泡浮在凸颈处；通光面两端的雾状水滴，应用软布揩干，试管螺母不宜旋得过紧，以免产生压力，影响读数。试管安放时应注意标记的位置和方向，见图 7-8。

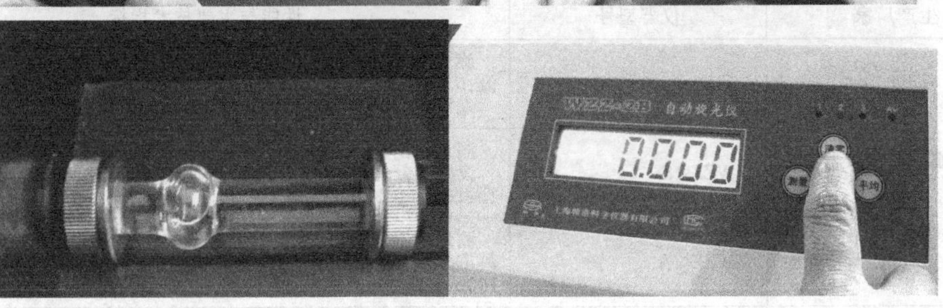

图 7-8 清零操作

三、待测样品的测定

① 取出试管，将待测样品注入试管，按相同的位置和方向放入样品室内，盖好箱盖，仪器将显示出该样品的旋光度，此时指示灯【1】点亮，见图 7-9。注意：试管内腔应用少量被测试样冲洗 3～5 次。

图 7-9 测量过程

② 按【复测】键一次，指示灯【2】点亮，表示仪器显示是第一次复测结果，再次按【复测】键，指示灯【3】点亮，表示仪器显示第二次复测结果。按【123】键，可切换显示各次测量的旋光度值。按【平均】键，显示平均值，指示灯【AV】点亮，见图 7-10。

图 7-10 复测与求平均值过程

③ 如样品超过测量范围，仪器在±45°处来回振荡。此时，取出试管，仪器即自动转回零位。此时可将试液稀释一倍再测。

四、关机

仪器使用完毕后，应依次关闭光源、电源开关。

知识补充

一、旋光仪使用中的注意事项

① 测定前应将仪器及样品置 20℃±0.5℃的恒温室中，也可用恒温水浴保持样品室或样品测试管恒温 1h 以上，特别是一些对温度影响较大的旋光性物质，尤为重要。

② 打开电源以前，应检查样品室内有无异物，钠光灯源开关是否在规定位置，示数开关是否在关的位置，仪器放置位置是否合适，钠光灯启辉后，仪器不要再搬动。

③ 开启钠光灯后，正常起辉时间至少 20min，发光才能稳定，测定时钠光灯尽量采用直流供电，使光亮稳定。如有极性开关，应经常于关机后改变极性，以延长钠光灯的使用寿命。钠光灯在直流供电系统出现故障不能使用时，仪器也可以在钠光灯交流供电（光源开关不向上开启）的情况下测试，但仪器的性能可能会略有降低。

④ 当放入小角度样品（小于±5°）时，示数可能变化，这时只要按【复测】键，就会出现新数字。

⑤ 试管螺母不宜旋得过紧，以免产生压力，影响读数。试管安放时应注意标记的位置和方向。

⑥ 浑浊或含有小颗粒的溶液不能测定，必须先将溶液离心或过滤，弃去初滤液测定，有些见光后旋光度改变很大的物质溶液，必须注意避光操作；有些放置时间对旋光度影响较

大的，也必须在规定时间内测定读数。

⑦ 测定空白零点时，均应读取读数 3 次，取平均值。严格的测定，应在每次测定前用空白溶剂校正零点，测定后再用试剂核对零点有无变化，如发现零点变化很大，则应重新测定。

⑧ 测定结束时，应将测定管洗净晾干放回原处。仪器应避免灰尘，放置于干燥处，样品室内可放少许干燥剂防潮。

二、旋光仪的日常维护与保养

① 仪器应放在干燥通风处，防止潮气侵蚀，尽可能在 20℃ 的工作环境中使用仪器。搬动仪器时应小心轻放，避免振动。

② 光源（钠光灯）积灰或损坏，可打开机壳进行擦净或更换。

③ 机械部分摩擦阻力增大，可以打开门板，在伞形齿轮蜗杆处加少许机油。

④ 如果仪器发现停转或其他元件损坏的故障，应请专业人员检查，由厂方维修人员进行检修。

三、旋光仪的常见故障及处理方法

旋光仪的常见故障及排除方法见表 7-2。

表 7-2 旋光仪的常见故障及排除方法

故障现象	原因分析	排除方法
交流下钠光灯不亮	灯坏或保险丝断	更换一新的钠光灯
直流下钠光灯不亮	光源开关速度太慢	快速扳动开关
	灯管失效	更换新的线路板
	直流光源线路板损坏	送厂检修
无自动平衡	样品室堵光	清除杂物
	灯未亮足	等待
	高压供电或伺服系统故障	送厂检修
无显示、少笔划	显示电路故障	送厂检修
声音响	机械摩擦大	打开后门运动件加油
重复性差，读数漂移	钠光灯老化	换新
	光学系统积灰	送厂清洗

四、自动旋光仪的常见应用

1. 测定浓度或含量

先将已知纯度的标准品或参考样品按一定比例稀释成若干份不同浓度的试样，分别测出其旋光度。然后以横轴为浓度，纵轴为旋光度，绘成旋光曲线（见图 7-11）。一般旋光曲线均按算术插值法制成查对表形式。测定时，先测出样品的旋光度，根据旋光度从旋光曲线上查出该样品的浓度或含量。旋光曲线应用同一台仪器、同一支试管来做，测定时应予注意。

2. 测定比旋光度纯度

先按规定的浓度配制好溶液，依法测出旋光度，然后按下列公式计算出比旋光度 $[\alpha]_t^\lambda$：

$$[\alpha]_t^\lambda=\frac{\alpha}{LC}$$

式中 α——测得的旋光度，(°)；

C——溶液的浓度，g/mL；

L——溶液的长度，dm。

由测得的比旋光度可求得样品的纯度：

纯度=试剂比旋光度/理论比旋光度

3. 测定国际糖分度

根据国际糖度标准，规定用 26g 纯糖制成 100mL 溶液，用 200mm 试管在 20℃下用钠光测定，其旋光度为+34.626，其糖度为 100 糖分度。

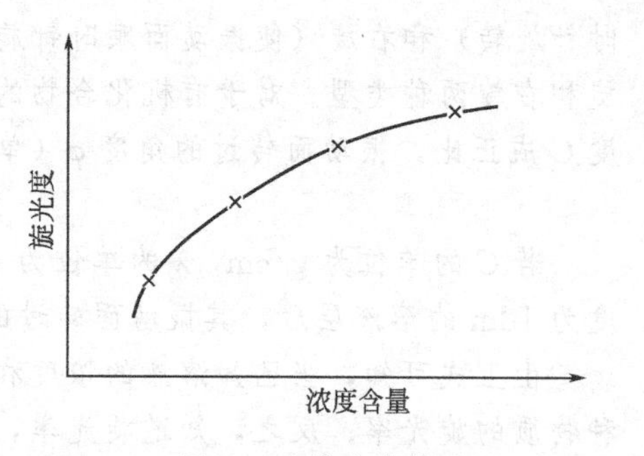

图 7-11 旋光曲线

五、影响旋光度的因素

1. 溶剂的影响

旋光物质的旋光度主要取决于物质本身的结构。另外，还与光线透过物质的厚度、测量时所用光的波长和温度有关。如果被测物质是溶液，影响因素还包括物质的浓度，溶剂也有一定的影响。因此，旋光物质的旋光度在不同的条件下，测定结果通常不一样。一般用比旋光度作为量度物质旋光能力的标准。在测定比旋光度值时，应说明使用什么溶剂，如不说明一般指以水为溶剂。

2. 温度的影响

温度升高会使旋光管膨胀而长度加长，从而导致待测液体的密度降低。另外，温度变化还会使待测物质分子间发生缔合或离解，使旋光度发生改变。通常温度对旋光度的影响，可用下式表示：

$$[\alpha]_D^t=[\alpha]_D^{20}+Z(t-20)$$

式中，t 为测定时的温度；Z 为温度系数。不同物质的温度系数不同，一般在−0.01～−0.04℃$^{-1}$之间。为此在实验测定时必须恒温，旋光管上装有恒温夹套，与超级恒温槽连接。

3. 浓度和旋光管长度对比旋光度的影响

在一定的实验条件下，常将旋光物质的旋光度与浓度视为成正比，因而将比旋光度作为常数。而旋光度和溶液浓度之间并不是严格地呈线性关系，因此严格来讲，比旋光度并非常数，在精密的测定中，比旋光度和浓度间的关系可用下面的 3 个方程任意一个来表示：

$$[\alpha]_t^\lambda=A+Bq$$

$$[\alpha]_t^\lambda=A+Bq+Cq^2$$

$$[\alpha]_t^\lambda=A+\frac{Bq}{C+q}$$

式中，q 为溶液的百分含量；A、B、C 为常数，可以通过不同浓度的几次测量来确定。

项目 7 旋光仪使用与维护——任务实施记录单 见《学生实践技能训练工作手册》
项目 7 旋光仪使用与维护——操作技能考核表 见《学生实践技能训练工作手册》
项目 7 旋光仪使用与维护——知识测试题 见《学生实践技能训练工作手册》

【阅读材料】

WXG-4 型圆盘旋光仪实验分析探讨

一、WXG-4 型圆盘旋光仪实验原理

旋光现象：当偏振光通过旋光物质时，偏振光的振动面将旋转一定角度的现象。因不同的旋光物质可以使振动面向不同的方向旋转，故旋光物质的旋光性可分为左旋（使振动面逆时针旋转）和右旋（使振动面顺时针旋转）两类，如石英晶体，由于结晶形状不同，具有左旋和右旋两种类型。对于有机化合物的溶液，旋转角φ除了与厚度λ成正比外，还与溶液浓度C成正比，振动面转过的角度φ（单位为度）可由下式表示：

$$\varphi=\alpha C\lambda$$

若C的单位为g/cm，λ的单位为dm，则α在数值上等于偏振光通过浓度为g/cm、厚度为1dm的溶液层后，其振动面转过的角度。α取决于物质的性质，表示物质的旋光性。

由上式可知，当已知溶液的浓度和厚度时，只要测出振动面旋转角度φ后，便可求得这种物质的旋光率；反之，知道旋光率，也可求出溶液的浓度。

测量振动面旋转角度的道理很简单，当检偏镜和起偏镜的透射轴相互正交时，通过起偏镜P后的单色偏振光不能通过检偏镜A。若用眼睛从检偏镜A后观察，视野完全黑暗。

若于透射轴正交的起偏镜和检偏镜之间放入某种旋光物质，由于经过起偏镜的单色偏振光经过旋光物质后，其振动面发生旋转，按马吕斯定律，有部分光线通过检偏镜A，视野变亮，如图7-12所示。

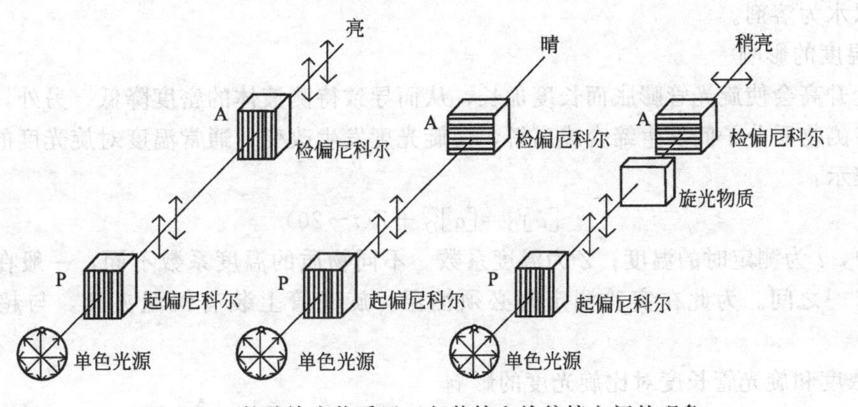

图7-12 某种旋光物质置于起偏镜和检偏镜之间的现象

若将检偏镜旋转可以使视野重新变黑暗，这时A转过的角度就等于单色偏振光的振动面通过旋光物质以后转过的角度。但由于人眼对视野是否完全黑暗很难精确判断，因此只能得出大致的结果。更精确的测量是应用半阴式结构，具体结构见图7-13。

在起偏镜后再加一石英晶体片，此石英晶体片和起偏镜的一部分在视场中重叠，同时在石英片旁装上一定厚度的玻璃片，以补偿由石英片产生的光强变化。由光源发出的光经起偏镜后变成线偏振光，其中一部分再经过石英片，出射光的振动面相对于入射石英片的偏振光的振动面转过了准角，所以进入试管旋光溶液的光是以振动面夹角为准的两束线偏振光，但光强相同。

在图7-14中，P_1P_1'表示石英片两侧光的偏振面，P_2P_2'表示经过石英片后光的偏振面，以它们的夹角为准。AA'表示检偏镜的透射轴，当AA'与P_1P_1'垂直时，则区域Ⅰ黑暗，区域Ⅱ稍亮；若AA'与P_2P_2'垂直，则区域Ⅱ黑暗，区域Ⅰ稍亮；仅当AA'垂直或平行于准的平分线CC'时，Ⅰ和Ⅱ两区域的亮度才相等，但由于人眼对弱照度时的变化比较敏感，因此选用图（b）所对应的位置进行测量，这个位置叫半暗位置。

二、判断旋光物质是左旋物质或右旋物质的方法

左旋物质：朝向线偏振光，加旋光物质后，使线偏振光的振动面逆时针转过一个角度，称旋光物质为左旋物质。

右旋物质：朝向线偏振光，加旋光物质后，使线偏振光的振动面顺时针转过一个角度，

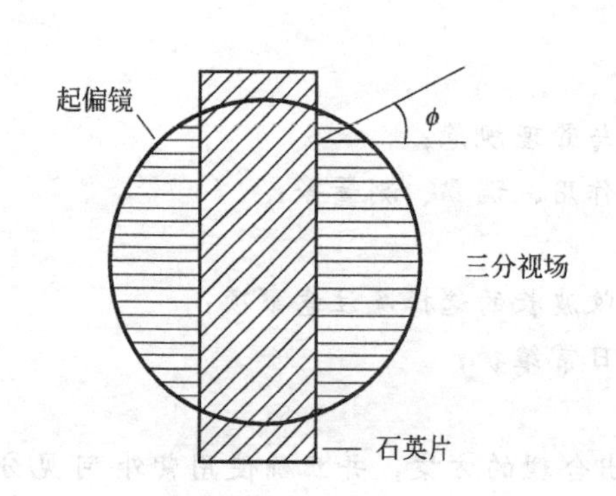

图 7-13 半阴式结构

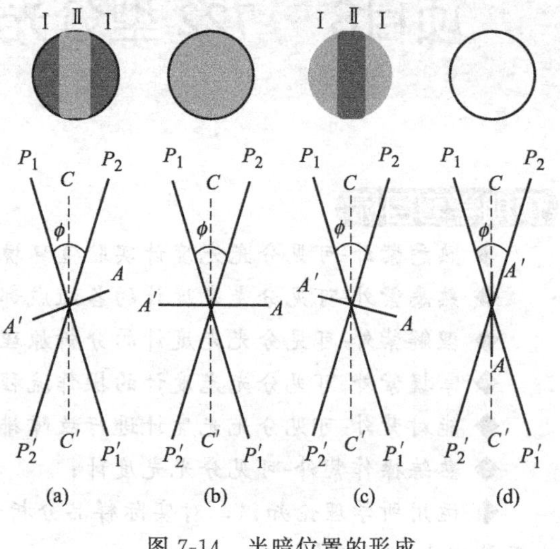

图 7-14 半暗位置的形成

称旋光物质为右旋物质。

判断旋光物质是左旋或右旋的方法如下。

方法 1：改变旋光物质的浓度，使旋光物质的浓度逐渐由小变大，如线偏振光偏转的角度逆时针逐渐变大，则为左旋物质；改变旋光物质的浓度使旋光物质的浓度逐渐由小变大，如线偏振光偏转的角度顺时针逐渐变大，则为右旋物质。

方法 2：改变线偏振光通过旋光物质的长度，线偏振光通过旋光物质的长度由小变大，振动面逆时针偏转的角度由小变大为左旋物质；改变线偏振光通过旋光物质的长度，线偏振光通过旋光物质的长度由小变大，振动面顺时针偏转的角度由小变大为右旋物质。

三、刻度盘读法

WXG-4 型圆盘旋光仪采用双游标读数以消除度盘偏心差，度盘分为 360 格，每格读度值为 1°，游标分为 20 格，每格直接读度到 0.05°。对同一样品，无论顺时针还是逆时针旋转刻度盘，度的读数都应该是一致的。对操作者来讲，当观察值为 β 时，实际角度可以是 $\beta \pm n \times 180°$。因为偏振面在旋光仪中旋转 β 度后，它所在的平面和从这个角度向左或向右旋转 n 个 180°后所在的平面完全重合。

四、旋光率的测定

① 将旋光仪接于 220V 交流电源，开启电源开关，约 2～3min 后钠光灯正常发光，调焦目镜，使视野清晰。

② 校正旋光仪零点。槽内空着，盖上槽盖，调节目镜使视野清晰，旋转检偏镜，直到使三分视野明暗度相等且较暗为止（即三分视野消失），记下刻度盘的读数，重复几次，取其平均值，此值即为旋光仪零点。

③ 选取所用长度的样品管，洗净，再用已配制好的被测试液荡洗样品管 2～3 次，然后用该试液注满样品管，盖上玻璃片，旋紧套盖，检查有无漏液和有无气泡。装好后，依上法测定线偏振光旋转角。记下样品管的长度及溶液的温度、浓度，然后按公式计算出其旋光率。

④ 根据判断旋光物质是左旋物质或右旋物质的方法，判断其旋光性。

项目8 722 型分光光度计的使用与维护

预期学习目标

◆ 熟悉紫外-可见分光光度计实验室环境要求与管理规范；

◆ 熟悉紫外-可见分光光度计的各组成部分及作用、调零、测量等；

◆ 理解紫外-可见分光光度计的分析原理；

◆ 掌握紫外-可见分光光度计的操作流程、吸收波长的选择及注意事项；

◆ 能对紫外-可见分光光度计进行故障排除及日常维护；

◆ 熟练操作紫外-可见分光光度计；

◆ 运用所学理论知识，对实际样品分析设计出合理的方案，并正确使用紫外-可见分光光度计完成分析任务；

◆ 养成良好的职业道德；

◆ 具备科学、准确和快速的工作作风。

具体工作任务

① 722 型分光光度计的结构认知；

② 722 型分光光度计的操作；

③ 722 型分光光度计的校正。

任务1 722 型分光光度计的结构认知

任务目标

认识 722 型分光光度计各部分结构；

知道常用紫外-可见分光光度计的型号；

理解紫外-可见分光光度计的测量过程。

分光光度计又称吸收光谱仪，是利用产生的单色光通过样品时被吸收形成吸收光谱并加以测量的仪器。它包括分子吸收分光光度计和原子吸收分光光度计等类型，其中分子吸收分光光度计根据所测光谱区域的不同，又可分为可见、紫外、红外分光光度计等。此处主要以 722 型分光光度计为例加以介绍。

一、722 型分光光度计主要技术指标

① 光学系统：单光束、衍射光栅；

② 波长范围：330～800nm；

③ 光源：卤钨灯，12V/30W；

④ 接收元件：端窗式 G1030 光电管；

⑤ 波长精度：±2nm；

⑥ 波长重现性：0.5nm；

⑦ 光谱带宽：6nm；

⑧ 杂散光：1%（T）（在360nm处）；

⑨ 透射比测量范围：0.0～100.0%（T）；

⑩ 吸光度测量范围：0.000～1.999（A）；

⑪ 浓度直读范围：0～2000；

⑫ 透射率线形精度：±0.5%（T）；

⑬ 吸光度精度：±0.004A（在0.5A处）；

⑭ 透过率重现性：0.5%（T）；

⑮ 噪声：0.5%（T）（在550nm处）；

⑯ 电源：220V±22V 49.5～50Hz；

⑰ 外形尺寸：552mm×400mm×230mm；

⑱ 净重：22.5kg。

二、722型分光光度计外形结构

722型分光光度计外形结构见图8-1。

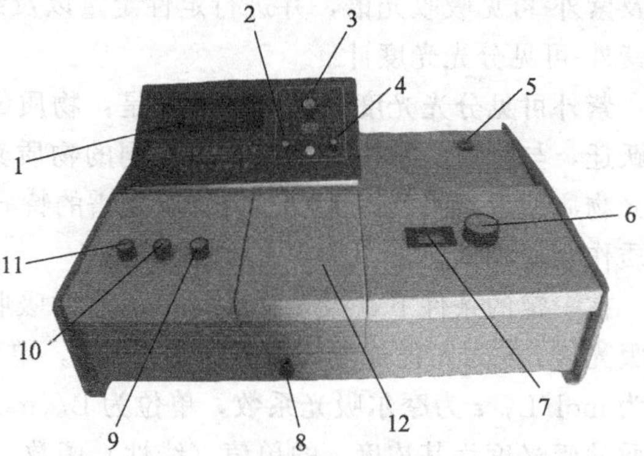

图8-1 722型分光光度计外形结构

1—数字显示器；2—吸光度调零旋钮；3—选择旋钮；4—浓度调零旋钮；5—电源开关；6—波长调节旋钮；7—波长读数窗；8—试样架拉杆；9—100%旋钮；10—0%旋钮；11—灵敏度调节旋钮；12—样品室盖

三、仪器面板上主要控制器和指示器功能

① 电源开关：外接220V交流电源，开关开启后，由仪器内变压器和稳压器转变为12V给光源供电。

② 波长旋钮：转动此旋钮可选择测试所需的波长。

③ 波长读数窗：直接读出以nm为单位的波长值。

④ 试样架拉杆：拉动拉杆可以将吸收池依次送入光路。

⑤ 样品室盖：当打开样品室盖时，光电管暗盒光门自动关闭；当盖上样品室盖时，光门打开，光电管受光。

⑥ 100%T旋钮：当盖上样品室盖，选择开关置于“T”挡，参比溶液置于光路时，调节此旋钮，使显示器显示为“100.0”（即T=100.0%）。

⑦ 0%T旋钮：当打开样品室盖时，调节此旋钮，使显示器显示为“000.0”（即T=0%）。

⑧ 灵敏度调节钮：分挡，“1”挡灵敏度最低，依次逐渐提高。选择原则是：当空白溶液置于光路能调节至T=100%的情况下，尽可能采用低挡次，当改变灵敏度挡次后应重新校正“0”和“100.0”。当然，仪器上灵敏度转换挡不能提高测量准确度，也就是说同一个分析试液，在任何一挡测得的吸光度都是基本一致的。

⑨ 数字显示器：采用3位LED数字显示。

⑩ 吸光度调零旋钮：在反复调节0%T旋钮和100%T旋钮，使显示器稳定地显示“100.0”透射比后，将选择开关置于“A”挡（即吸光度），调节此钮，使显示为“.000”。

⑪ 选择开关：仪器有T、A、C 3种方式可供选择。

⑫ 浓度旋钮：当选择开关置于“C”挡，已知浓度的溶液处于光路中时，调节此旋钮，使数字显示器显示为标定值。

知识补充

一、紫外可见分光光度法

紫外-可见分光光度法通常是指利用物质对 200～800nm 光谱区域内的光具有选择性吸收的现象，对物质进行定性和定量分析的方法。按测量光的单色程度（即含波长范围的宽窄程度）分为分光光度法和比色法。利用比较溶液颜色深浅的方法来确定溶液中有色物质含量的方法称为比色法。应用分光光度计，根据物质对不同波长的单色光的吸收程度不同而对物质进行定性和定量分析的方法称分光光度法（又称吸光光度法）。

分光光度法中，按所用光的波谱区域不同，又可分为紫外分光光度法和可见分光光度法，合称为紫外-可见分光光度法。用于测量和记录待测物质分子对紫外线、可见光的吸光度及紫外-可见吸收光谱，并进行定性定量以及结构分析的仪器，称为紫外-可见吸收光谱仪或紫外-可见分光光度计。

紫外可见分光光度计的工作原理是：物质的紫外-可见光谱直接地反映了物质分子的电子跃迁，与物质的结构直接相关，不同的物质其紫外-可见吸收光谱不同，而吸收强弱又与吸光物质的量有关。因此可以由物质光谱的特异性对物质进行定性分析，并根据吸收强度对物质作定量测试。

在一定的条件下，吸光物质对单色光的吸收符合朗伯-比尔定律，即 $A=\varepsilon bc$。式中，A 为吸光度；b 为光程长度（即吸收池厚度），单位为 cm；c 为吸光物质的物质的量浓度，单位为 mol/L；ε 为摩尔吸光系数，单位为 L/(mol・cm)；由上式可知，当 b、ε 一定时，吸光物质的吸光度为其浓度 c 的单值（线性）函数。因此对吸光物质的浓度的测试可直接归结为对吸光度 A 的测试。

二、分光光度计的类型和基本组成部分

1. 分类

紫外-可见分光光度计按使用波长范围可分为可见分光光度计和紫外-可见分光光度计两类（统称为分光光度计）。前者的使用波长范围是 400～780nm；后者的使用波长范围为 200～1000nm。可见分光光度计只能用于测量有色溶液的吸光度，而紫外-可见分光光度计可测量在紫外、可见及近红外光区有吸收的物质的吸光度。紫外-可见分光光度计按光路可分为单光束式及双光束式两类；按测量时提供的波长数又可分为单波长分光光度计和双波长分光光度计两类。

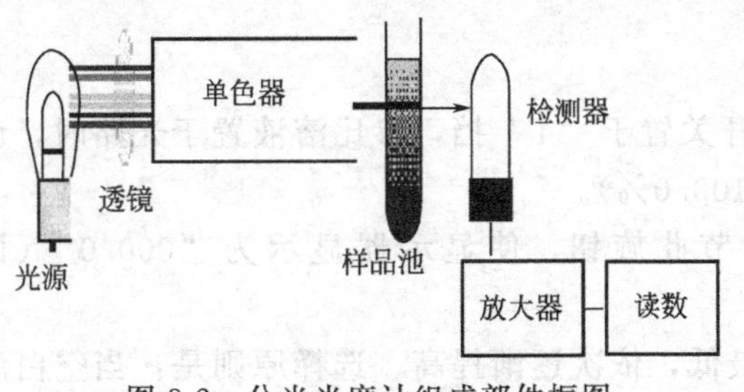

图 8-2 分光光度计组成部件框图

2. 仪器的基本组成部分

目前，紫外-可见分光光度计的型号较多，但它们的基本构造都相似，都由光源、单色器、样品吸收池、检测器和信号显示系统五大部件组成，其组成部件框图见图 8-2。由光源发出的光，经单色器获得一定波长单色光照射到样品溶液，被吸收后，经检测器将光强度变化转变为电信号变化，并经信号指示系统调制放大后，显示或打印出吸光度 A（或透射比 T），完成测定。

(1) 光源　光源是提供入射光的装置，见图 8-3。可见光区常用的光源为钨灯，可用的

(a) 可见光源——钨灯(320～1000nm)

(b) 紫外光源——氘灯(185～375nm)

图 8-3　光源

波长范围为350～1000nm；紫外光区常用的光源为氢灯或氘灯（其中氘灯的辐射强度大、稳定性好、寿命长，因此近年生产的仪器多使用氘灯），它们发射的连续波长范围为180～360nm。

（2）单色器　单色器是将光源辐射的复合光分成单色光的光学装置，见图8-4。单色器一般由狭缝、色散元件及透镜系统组成，其中色散元件是单色器的关键部件。最常用的色散元件是棱镜和光栅（现在的商品仪器几乎都使用光栅）。

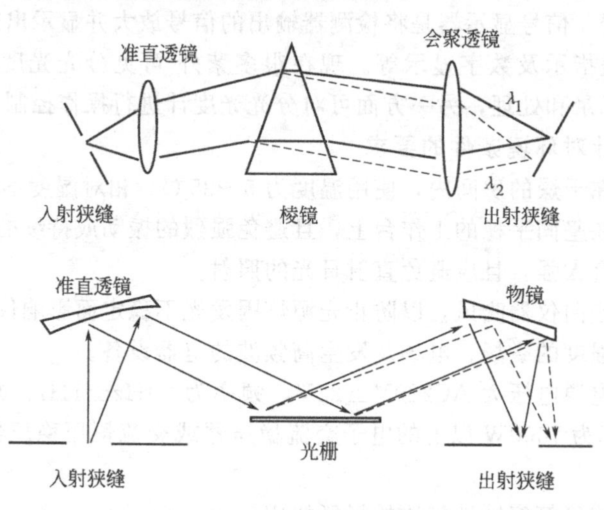

图 8-4　单色器结构

（3）吸收池　吸收池是用于盛装被测量溶液的装置，见图8-5。一般可见光区使用玻璃吸收池，紫外光区使用石英吸收池。紫外-可见分光光度计常用的吸收池规格有0.5cm、1.0cm、2.0cm、3.0cm、5.0cm等。使用时可根据实际需要选择。

图 8-5　吸收池

（4）检测器　检测器是将光信号转变为电信号的装置，见图 8-6。常用的检测器有硒光电池、光电管、光电倍增管和光电二极管阵列检测器。硒光电池结构简单、价格便宜，但长时间曝光易“疲劳”，灵敏度也不高。光电管的灵敏度比硒光电池高。光电倍增管不仅灵敏度比普通光电管灵敏，而且响应速度快，是目前高、中档分光光度计中最常用的一种检测器。光电二极管阵列检测器是紫外-可见光度检测器的一个重要进展，它具有极快的扫描速度，可得到三维光谱图。

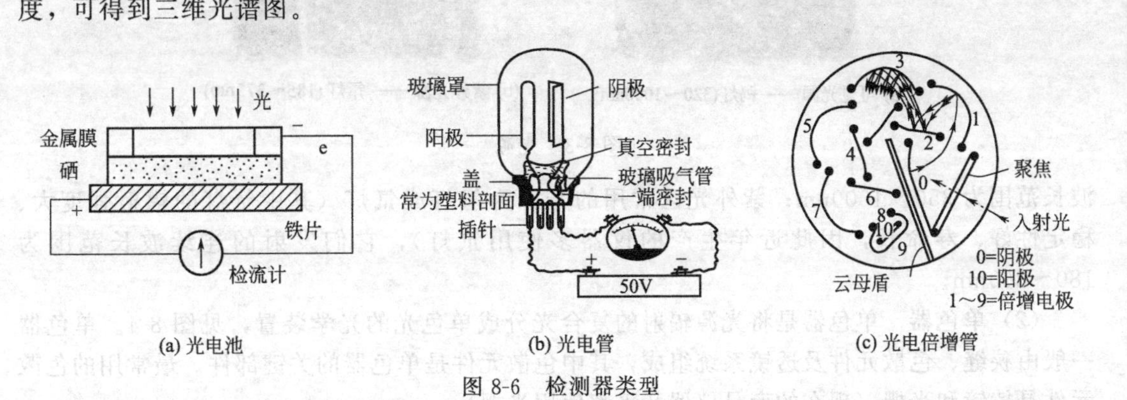

图 8-6　检测器类型

（5）信号显示器　信号显示器是将检测器输出的信号放大并显示出来的装置。常用的装置有电表指示、图表指示及数字显示等。现在很多紫外-可见分光光度计都装有微处理机，一方面对信号进行记录和处理，另一方面可对分光光度计进行操作控制。

三、分光光度计对环境条件的要求

① 仪器应安放在干燥的房间内，使用温度为 5～35℃，相对湿度不超过 85%。

② 仪器应放置在坚固平稳的工作台上，且避免强烈的振动或持续的振动。

③ 室内照明不宜太强，且应避免直射日光的照射。

④ 电扇不宜直接向仪器吹风，以防止光源灯因发光不稳定而影响仪器的正常使用。

⑤ 尽量远离高强度的磁场、电场及发生高频波的电器设备。

⑥ 供给仪器的电源电压为 AC220V±22V，频率为 50Hz±1Hz，并必须装有良好的接地线。推荐使用功率为 1000W 以上的电子交流稳压器或交流恒压稳压器，以增强仪器的抗干扰性能。

⑦ 避免在有硫化氢等腐蚀性气体的场所使用。

四、常用仪器型号和特点

国产常用紫外-可见分光光度计的型号和特点见表 8-1。

表 8-1　国产常用紫外-可见分光光度计的型号和特点

型号	波长范围/nm	准确度/nm	分光器件
721	360～800	3	棱镜
7210	360～800	3	棱镜
722	360～800	3	光栅
723	330～800	2	光栅
752	330～800	1	光栅
754	200～850	2	光栅
WFZ-D3A 756MC	200～800	2	光栅

续表

型号	波长范围/nm	准确度/nm	分光器件
731	200～800	0.5	光栅
760MC(双光束)	200～800	1	全息闪耀光栅
760CRT(双光束)	195～850	0.4	全息闪耀光栅
WFZ-900D4	190～900	0.3	光栅
UV-1600	190～900	0.3	光栅
UV-2100(双光束)	190～900	0.3	光栅

常用的进口紫外-可见分光光度计的型号及其主要特点见表 8-2。

表 8-2　常用的进口紫外-可见分光光度计的型号和特点

生产厂家	型号	波长范围/nm	准确度/nm	单色器	杂散光
Varian	Cary5	175～3300	0.1	G-G	<0.00008
	Cary4	175～900	0.1	G-G	<0.00008
岛津	UV-3101PC	190～3200	0.3	3G-3G	<0.0005
	UV-2101PC	190～900	0.3	G	<0.05
日立	U-3300	190～900	0.3	G-G	<0.0005
	U-3501	187～3200	0.2	P-G	<0.0001
	U-3000	190～900	0.3	G	<0.015
P-E	Lambda6	185～3200	0.3	G-G	<0.0005
Beckman	DU-650	190～1100	0.5	G	0.05
Specord	M-500	185～900	0.3	G-G	0.001
GBC	914/916	190～1000	0.2	G	0.05
Philips	PU8710	190～900	0.3	G	<0.01

任务 2　722 型分光光度计的操作

任务目标

能独立完成 722 型分光光度计的调试；
能独立熟练进行 722 型分光光度计的操作；
能正确使用比色皿；
能正确地对仪器进行维护保养；
能及时排查 722 型分光光度计的各种故障；
能按照说明书制定出不同型号分光光度计的操作规程。

一、仪器开机

① 取下防尘罩，将灵敏度调节钮置于“1”挡（信号放大倍率最小），将【选择】开关置于“T”挡。

② 打开试样室盖，检查样品室内是否放有遮光物，若有则取出。插上电源插头，按下

电源开关，指示灯亮，仪器预热 20min，见图 8-7。

二、设定波长

调节波长旋钮，使测试所需波长值对准标线，见图 8-8。

图 8-7 开盖预热

图 8-8 设定波长

三、仪器调 0%

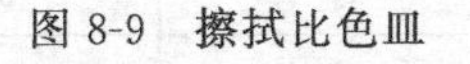

图 8-9 擦拭比色皿

用所要装盛的溶液润洗洁净的吸收池后，倒入相应的溶液（注意：溶液不可装太满，以免逸出腐蚀仪器，一般装至池高的 2/3～4/5 即可），用滤纸吸干吸收池外壁水珠；用擦镜纸擦亮透光面，见图 8-9。将盛参比溶液的吸收池置于试样架的第一格内（靠操作者身边），盛试样的吸收池按试样编号依次置于第二、三、四格内，用夹子固定好。

将参比溶液推入光路，在试样室盖打开的情况下，调节 0%旋钮，使显示器显示为“00.0”，见图 8-10。

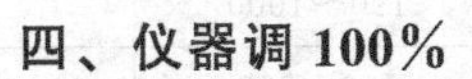

四、仪器调 100%

盖上试样室盖，将参比溶液推入光路，调节 100%旋钮，使之显示为“100.0”（见图 8-11），如果显示不到“100.0”则要增大灵敏度挡，然后再调节 100%旋钮，直到显示“100.0”为止。重复调 0%调 100%，直到显示稳定。

图 8-10 透射比调零操作

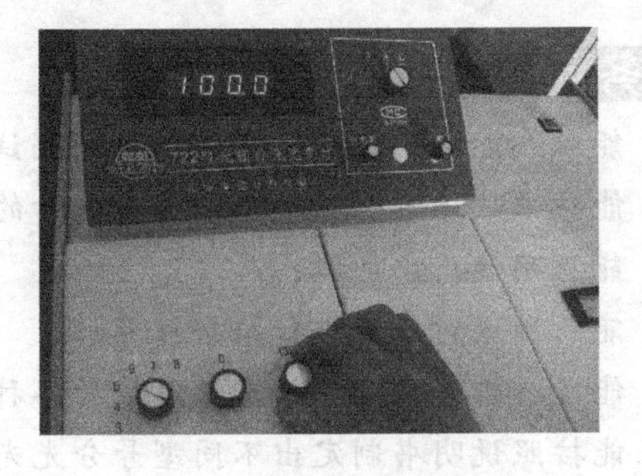

图 8-11 透射比调百操作

五、吸光度的测定

稳定地显示“100.0”透射比后，将选择开关置于“A”挡，此时吸光度显示应为“0.00”，若不是，则调节吸光度调零钮，使之显示为“0.00”，见图 8-12。将试样推入光路，这时的显示值即为试样在这一波长下的吸光度。

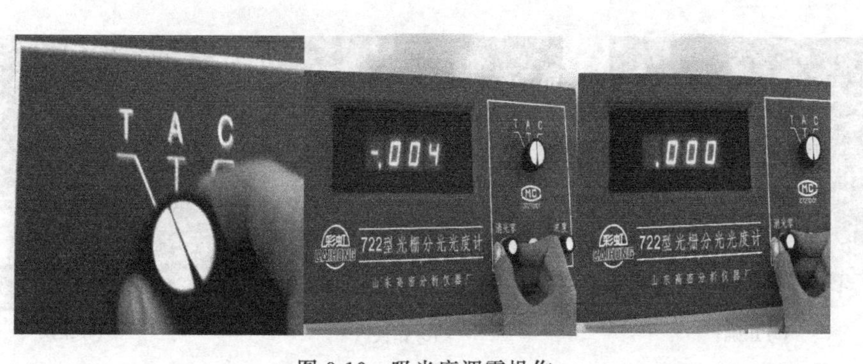

图 8-12　吸光度调零操作

六、仪器关机

仪器使用完毕，关闭电源（短时间不用，不必关闭电源，只需打开试样室盖，即停止照射光电管），洗净吸收池并放回原处，仪器冷却 10min 后盖上防尘罩。

知识补充

一、比色皿介绍及其使用

1. 比色皿的分类

比色皿有石英的和玻璃的，722 型分光光度计用于测定可见光区波长，所用比色皿为玻璃的。

2. 比色皿的选择

通常有相互配套的比色皿，不同套的比色皿不能混用。相互配套的比色皿要求其透光率之差不大于 0.5%。

3. 比色皿的使用方法

（1）拿　拿毛玻璃面，勿接触光学面，见图 8-13。

（2）洗　通常比色皿不用时可放在 1%的洗涤液中浸泡，去污效果好，使用时用水冲洗干净，要求杯壁不挂水珠。严禁加热烘烤。急用干的比色皿时，可用酒精荡洗后用冷风吹干，绝不可用超声波清洗器清洗。

（3）擦　严禁用硬纸和布擦拭透光面，只能用擦镜纸或者丝绸擦拭，并且只能顺着一个方向擦，见图 8-14。

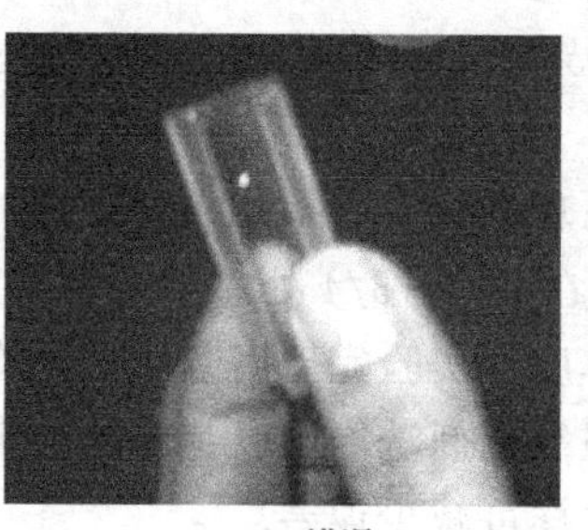
(a) 错误

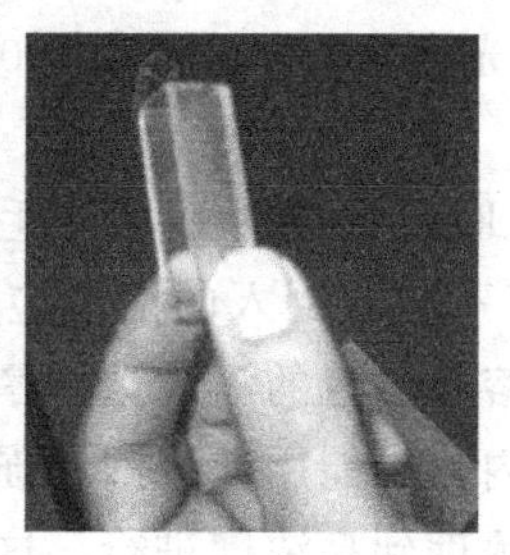
(b) 正确

图 8-13　比色皿的拿法

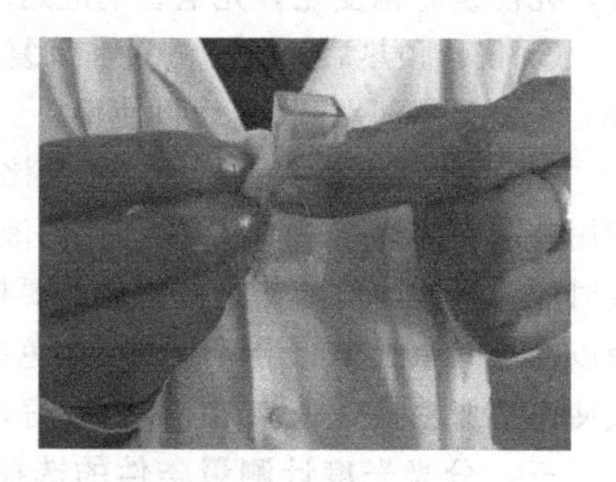

图 8-14　比色皿擦拭操作

（4）装　装液到距皿口大约 1cm 处，见图 8-15。太多易溢出污染样品池，太少不能充分吸收入射光。

(a) 正确

(b) 错误

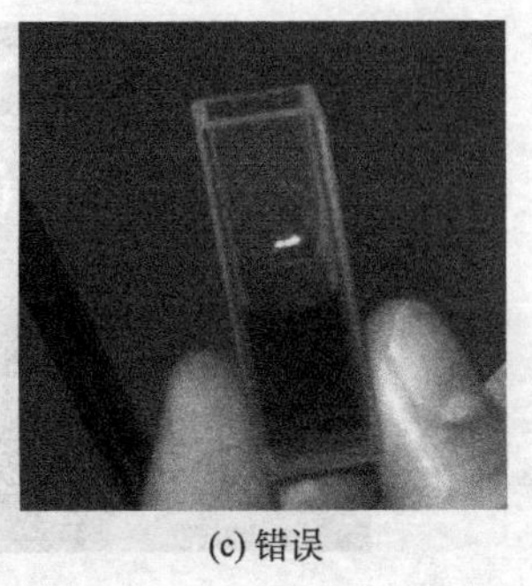
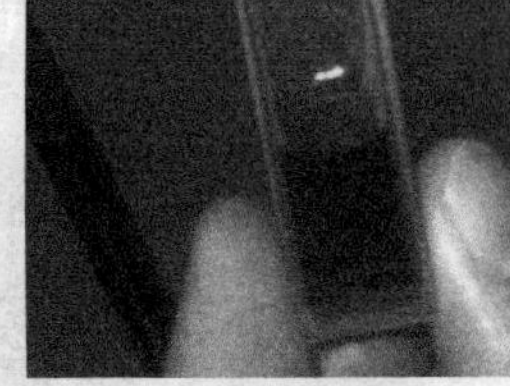

(c) 错误

图 8-15 装液操作

（5）放 通过拉杆调节样品槽位置，使光学面对准入射光，比色皿与光路垂直，见图 8-16。

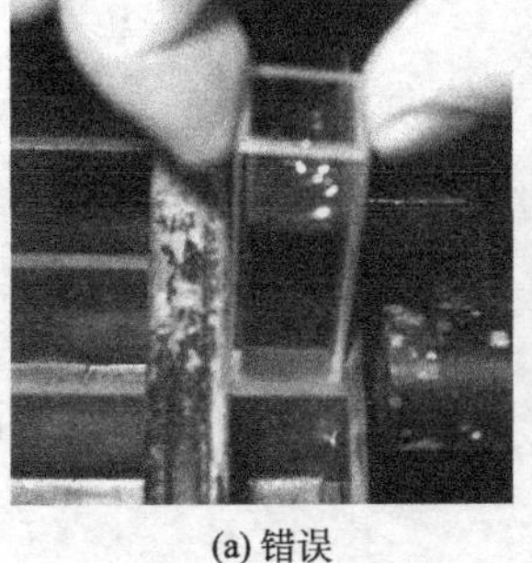

(a) 错误

(b) 正确

(c) 垂直形式

图 8-16 比色皿入样品室的操作

二、722 型分光光度计使用注意事项

① 实验过程中，参比溶液不要拿出样品室，可随时将其置入光路以检查吸光度零点是否有变化。若不为“.000”，则不要先调节吸光度调零钮，而应将选择开关置于“T”挡，用 100%旋钮调至“100.0”，再将选择开关置于“A”，这时如不为“.000”方可调节吸光度调零钮（一般情况下不需要经常调节吸光度调零钮和 0%旋钮，如发现这两个显示有改变，则应及时调整）。

② 实验过程中，若大幅度改变测试波长，需等数分钟才能正常工作（因波长大幅度改变，光能量急剧变化，光电管响应迟缓，需一段光响应平衡时间）。

③ 仪器预热后，开始测量前反复调透光率 0%和透光率 100%；仪器连续使用不应超过 2h，否则最好间歇 0.5h 后再使用。

④ 比色皿洗涤必须干净，拿取比色皿时，只能用手捏住毛玻璃的两面，装待测液时，应用待测液润洗 2～3 次，保证待测液浓度不变，倒入的溶液应在 2/3～3/4 处，不要太满，放时应将透光面对着光路；比色皿要根据溶液颜色的深浅选择厚度；实验完后用专用的洗涤液以及蒸馏水洗净晾干后存放在比色皿盒内，不能用碱溶液和强氧化剂洗涤，以免腐蚀玻璃或使比色皿粘接处脱胶；测量时最好从低浓度到高浓度进行，这样可减少误差。

三、分光光度计测量条件的选择

在测量吸光物质的吸光度时，测量准确度往往受多方面因素影响。例如，仪器波长准确度、吸收池性能、参比溶液、入射光波长、测量的吸光度范围，测量组分的浓度范围等都会对分析结果的准确度产生影响，必须加以控制。

1. 入射波长的选择

当用分光光度计测定被测溶液的吸光度时，首先需要选择合适的入射光波长。选择入射光波长的依据是该被测物质的吸收曲线。在一般情况下，应选用最大吸收波长作为入射光波长。在λ_{max}附近，波长的稍许偏移引起的吸光度的变化较小，可得到较好的测量精度，而且以λ_{max}未入射光测定灵敏度高。但是，如果最大吸收峰附近有干扰存在（如共存离子或所使用试剂有吸收），则在保证有一定灵敏度情况下，可以选择吸收曲线中其他波长进行测定（应选曲线较平坦处对应的波长），以消除干扰。

2. 参比溶液的选择

在吸光度的测量中，由于比色皿的反射以及溶剂、试剂等对光的吸收，使得测得的吸光度值不能真实地反映待测物质对光的吸收，也就不能真实地反映待测物质的浓度。为了校正上述影响，需要正确选择参比溶液，通过调节仪器使参比溶液的吸光度为零（$A=0$），或透光度 $T=100\%$，来消除上述影响。

参比溶液的选择原则如下：

① 若仅待测物（M）与显色剂（R）的反应产物（MR）有吸收，可用蒸馏水作参比溶液；

② 若待测物（M）无吸收，而显色剂（R）或其他试剂（R′）有吸收，则用不加试样的空白溶液作参比溶液；

③ 若试样中的其他组分有吸收（待测物 M 之外的组分，如 N），但不与显色剂反应，而显色剂无吸收时，可用试样溶液作参比溶液；当显色剂有吸收时，可在试液中加入适当掩蔽剂，将待测组分掩蔽后再加显色剂，以此溶液作参比溶液。

总之，选择参比溶液的原则是：应使测得的试液的吸光度能真正反映待测物的浓度。

3. 吸光度读数范围的选择

吸光度值太大或太小时，读数波动所引起的吸光度读数误差较大，为了减小读数误差，应使测量的吸光度值控制在 $A=0.15\sim1.0$（或透光度 T 在 $75\%\sim100\%$）范围之内。

可采用以下措施：

① 控制溶液的浓度，如改变试样的质量、改变溶液的稀释度等；

② 选择不同厚度的比色皿，以改变光程的长度。

四、可见分光光度法定量分析方法

1. 标准曲线法

标准曲线法是可见-紫外分光光度法中最经典的方法。测定时，先取与被测物质含有相同组分的标准品，配成一系列浓度不同的标准溶液，置于相同厚度的吸收池中，分别测其吸光度。然后以溶液浓度 c 为横坐标，以相应的吸光度 A 为纵坐标，绘制 A-c 曲线图，如果符合比尔定律，该曲线为通过原点的一条直线——标准曲线（或工作曲线），如图 8-17 所示。在相同条件下测出样品溶液的吸光度，从标准曲线上便可查出与此吸光度对应的样品溶液的浓度。

朗伯-比尔定律只适用于稀溶液，浓度较大时，吸光度与浓度不成正比，当浓度超过一定数值时，引起溶液对比尔定律的偏离，曲线顶端发生向下或向上弯曲的现象。

标准曲线法对仪器的要求不高，尤其适用于单色光不纯的仪器，因为在这种情况下，虽然测得的吸光度值可以随所用仪器的不同而有相当的变化，但若是认定一台仪器，固定其工作状态和测定条件，则浓度与吸光度之间的关系仍可写成 $A=Kc$，不过这里的 K 仅是一个比例常数，不能用作定性的依据，也不能互用。

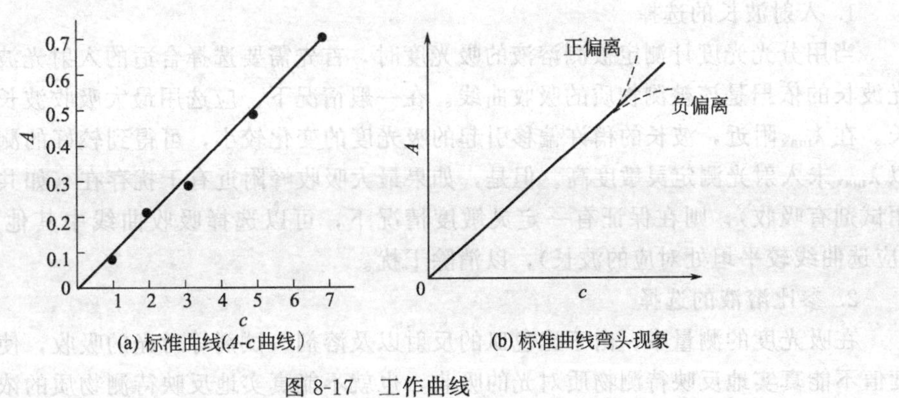

图 8-17 工作曲线

2. 对照法

对照法又称比较法。在相同条件下，在线性范围内配制样品溶液和标准溶液，在选定波长处分别测量吸光度。根据比尔定律：

$$A_{样}=K_{样}\ c_{样}\ L_{样}$$

$$A_{标}=K_{标}\ c_{标}\ L_{标}$$

因是同种物质、同台仪器、相同厚度吸收池及同一波长测定，故 $K_{样}=K_{标}$，$L_{样}=L_{标}$，所以：

$$c_{样}=\frac{A_{样}}{A_{标}}\times c_{标}$$

为了减少误差，比较法配制的标准溶液浓度常与样品溶液的浓度接近。当测定不纯样品中某纯品的含量时，可先配制相同浓度的不纯样品溶液（$C_{原样}$）和标准品溶液，即 $C_{原样}=C_{标样}$，设 $C_{样}$ 为 $C_{原样}$ 溶液中纯被测物的浓度。在最大吸收峰处分别测定其吸光度 A 值，便可直接计算出样品的含量。

$$w_{纯被测组分}=\frac{c_{样}}{c_{原样}}=\frac{c_{标}\times\frac{A_{样}}{A_{标}}}{c_{原样}}=\frac{A_{样}}{A_{标}}$$

任务 3 722 型分光光度计的校正

任务目标

能独立完成 722 型分光光度计波长准确度的校正；

能独立完成吸收池的配套性检查；

学会分光光度计光源灯的更换和调整；

学会透射比正确度的检验；

学会对稳定度的检验。

一、波长准确度的校验

分光光度计在使用过程中，由于机械振动、温度变化、灯丝变形、灯座松动或更换灯泡等原因，经常会引起刻度盘上的读数（标示值）与实际通过溶液的波长不符合的现象，因而导致仪器灵敏度降低，影响测定结果的精度，需要经常进行校验。

722 型分光光度计可以使用仪器随机配置的镨钕滤光片准确地校正波长。镨钕滤光片的吸收峰为528.7nm和807.7nm，其吸收光谱见图8-18。

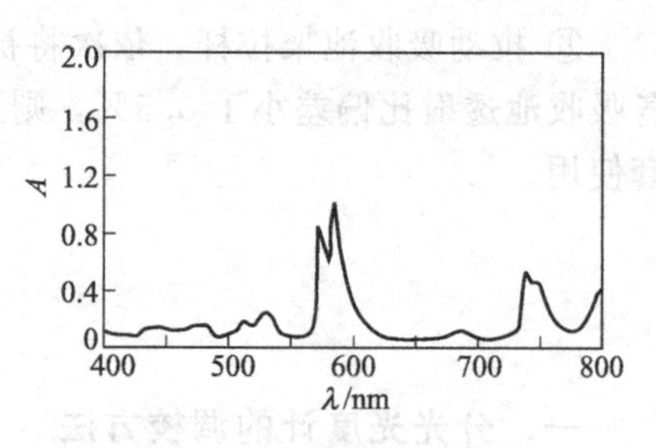

图8-18 镨钕滤光片吸收光谱曲线

波长准确度校验过程如下。

① 开机预热。

② 调节0%旋钮，使显示器显示为“000.0”（调节时应将选择旋钮置于“T”挡并打开样品室盖）。

③ 在吸收池位置插入一块白色硬纸片，将波长旋钮从720nm向420nm方向慢慢转动，观察出口狭缝射出的光线颜色是否与波长调节钮所指示的波长相符，（黄色光波长范围较窄，将波长调节在580nm处应出现黄光），若相符，说明该仪器分光系统基本正常。若相差甚远，则应调节灯泡位置。

④ 取出白纸片，在吸收池架内垂直放入镨钕滤光片，以空气为参比，盖上样品室盖，将波长调至500nm，旋转“100%T”旋钮使显示器显示100.0。用吸收池拉杆将镨钕滤光片推入光路读取吸光度值。以后在500～540nm波段每隔2nm测一次吸光度值（注意：每改变一次波长，都应重新调空气参比的$T=100.0\%$）。记录各吸光度值和相应的波长盘标示值，查出吸光度最大时相应的波长标示值。

如果测出的最大吸收波长的仪器标示值与镨钕滤光片的吸收峰波长相差±3nm以下（即在528.7nm±3nm之内），说明仪器波长的标示值准确度符合要求，一般不需作校正。如果测出的吸收光谱曲线最大吸收波长的仪器标示值与镨钕滤光片的吸收峰波长相差±3nm以上，则可卸下波长手轮，旋松波长刻度盘上的3个定位螺钉，将刻度指示置于特征吸收波长值，旋紧螺钉即可（注意：不同厂家生产的仪器波长读数的调整方法可能有所不同，应按仪器说明书进行波长调节）。如果测出的最大吸收波长的仪器波长标示值与镨钕滤光片的吸收峰波长之差大于±10nm，则需要重新调整钨灯灯泡的位置，或检修单色器的光学系统（应由计量部门或生产厂检修，不可自行打开单色器）。

二、吸收池配套性检验

一般商品吸收池的光程与其标示值常有微小的误差，即使是同一生产厂家生产的同规格的吸收池，也不一定能够互换使用。仪器出厂前吸收池是经过检测选择而配套的，所以在使用时不应混淆其配套关系。在定量工作中，为了消除吸收池的误差，提高测量的准确度，需要分别对每个吸收池进行校正及配对。下面介绍玻璃吸收池配套性检验的具体步骤。

① 检查吸收池透光面是否有划痕或斑点，吸收池各面是否有裂纹，若有则不应使用。

② 在选定的吸收池毛面上口附近，用铅笔标上进光方向并编号。用蒸馏水冲洗2～3次[必要时可用（1+1）HCl溶液浸泡2～3min，再立即用水冲洗干净]。

③ 拇指和食指捏住吸收池两侧毛面，分别在4个吸收池内注入蒸馏水到池高3/4处（注意：吸收池内蒸馏水不可装得过满，以免溅出腐蚀吸收架和仪器。装入水后，吸收池内壁不可有气泡）。用滤纸吸干池外壁的水滴（注意：不能擦），再用擦镜纸或丝绸轻轻擦拭光面至无痕迹。按吸收池上所标箭头方向（进光方向）垂直放在吸收池架上，并用吸收池夹固定好。

④ 打开样品室盖，将选择旋钮置于“T”挡，用波长调节旋钮将波长调至600nm，调节0%旋钮，使显示器显示为“000.0”。

⑤ 盖上样品室盖，将在参比位置上的吸收池推入光路。调节100%调节钮，使显示器显示为“100.0”，反复调节几次，直至稳定。

⑥ 拉动吸收池架拉杆，依次将被测溶液推入光路，读取并记录相应的透射比。若所测各吸收池透射比偏差小于0.5%，则这些吸收池可配套使用。超出上述偏差的吸收池不能配套使用。

知识补充

一、分光光度计的调校方法

分光光度计经较长时间的使用后，仪器的性能指标会有所变化，需要进行调校或修理。国家技术监督局批准颁布了各类紫外-可见分光光度计的检定规程。检定规程规定，检定周期为半年，两次检定合格的仪器检定周期可延长至一年。

1. 光源灯的更换和调整

光源灯是易损件，当损坏件更换或由于仪器搬运后均可能偏离正常的位置。为了使仪器有足够的灵敏度，正确地调整光源灯的位置则显得更为重要。

(1) 光源灯的更换　722型可见分光光度计的光源灯采用12V/30W插入式卤钨灯。更换时先切断电源，移去仪器上面的大盖板，光源灯室处于仪器的后右侧。旋下灯室盖板螺钉，可找到如图8-19所示的光源灯。松开螺钉1，取出损坏的卤钨灯，换上新灯（注意：在更换光源灯时应戴上手套，以防止沾污灯壳而影响发光能量），轻轻紧固螺钉1。

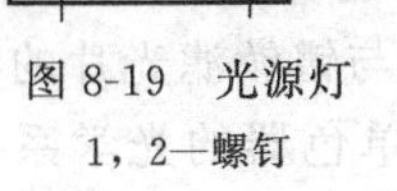

图8-19　光源灯
1，2—螺钉

(2) 光源灯的调整　接通电源，观察光源灯在入射光孔和入射狭缝上形成的光斑（可在样品室通光孔处插一张白色卡片纸），它在垂直方向应相对于狭缝对称分布，如果有偏高或偏低的现象，应关掉电源，松开螺钉1，向相反方向降低或升高灯的位置，直到达到要求为止。然后紧固螺钉1，再观察左右对称情况及光斑是否清晰完整、亮度最强，若达不到要求，应松开螺钉2，将光斑调到适当的位置并使其最亮，最后紧固螺钉2。调整完毕，将灯室盖板及仪器盖板装回原来的位置。

2. 透射比正确度的检验

透射比的准确度通常使用硫酸铜、硫酸钴铵、重铬酸钾等标准溶液来检查，其中应用最普遍的是重铬酸钾溶液。

透射比正确度的检验操作步骤：配制质量分数为0.006000%的$K_2Cr_2O_7$的0.001mol/L $HClO_4$标准溶液（即1000g溶液中含$K_2Cr_2O_7$ 0.006000g）。以0.001mol/L $HClO_4$为参比液，以1cm的石英比色皿做吸收池，分别在235nm、257nm、313nm、350nm波长处测定相应溶液的透射比。连续测定3次，求均值，与表8-3所列标准溶液的标准值比较，根据仪器级别，其差值应在0.8%～2.5%范围内。

表8-3　$w_{K_2Cr_2O_7}=0.006000\%$ $K_2Cr_2O_7$溶液的透射比（25℃）

波长/nm	235	257	313	350
透射比	18.2	13.7	51.3	22.9

3. 稳定度的检验

在光电管不受光的条件下，用零点调节器将仪器调至零点，观察3min，读取透射比的变化，即为零点稳定度。

在仪器测量波长范围两端向中间靠10nm处，例如仪器工作波长范围为360～800nm，则在370nm和790nm处，调零点后，盖上样品室盖（打开光门），使光电管受光，调节透射比为95%（数显仪器调至100%）观察3min，读取透射比示值最大的漂移量，即为光电流稳定度。

二、减除仪器因素误差的措施

1. 减除入射光束单色性不纯的影响

各种不同的分光光度分析仪器除了本身的质量决定其单色光的纯度不同外，使用或操作也会影响单色光的纯度，例如对同一台分光光度计，由于出射狭缝调节不当（过宽）就会使单色光纯度差。因此，除了应该根据分析的要求选择适当的仪器外，还必须正确地使用仪器。

2. 减除杂散光的影响

杂散光的主要来源是仪器的光学元件保护不好，如透镜或反射镜上有尘埃或指纹印、仪器光学系统的暗箱中的黑体被划伤或脱落、在操作时样品室盖未盖好等。因此，要消除杂散光应注意以下几点：

① 做好仪器（特别是光学系统）的防潮和防霉工作，绝对不允许用手或其他硬物触碰光学元件和暗箱的黑体；

② 保护好吸收池架，并应经常保持其清洁和干燥；

③ 测定时，必须盖好样品室盖。

3. 减除吸收池误差

吸收池的质量（主要是精度）不好或使用不当都会给测定结果带来误差。即使是同一组的数个同规格的吸收池，也不能保证其光程长度绝对相等，只是其误差在一定的范围之内。为了减除由此而产生的误差，使用时应对吸收池进行校正。

三、仪器的日常维护和保养

1. 光源

光源的寿命是有限的，为了延长光源使用寿命，在不使用仪器时不要开光源灯，应尽量减少开关次数。在短时间的工作间隔内可以不关灯。刚关闭的光源灯不能立即重新开启。

仪器连续使用时间不应超过3h。若需长时间使用，最好间歇30min。如果光源灯亮度明显减弱或不稳定，应及时更换新灯。更换后要调节好灯丝位置，不要用手直接接触窗口或灯泡，避免油污沾附。若不小心接触过，要用无水乙醇擦拭。

2. 单色器

单色器是仪器的核心部分，装在密封盒内，不能拆开。选择波长应平衡地转动，不可用力过猛。为防止色散元件受潮生霉，必须定期更换单色器盒干燥剂（硅胶）。若发现干燥剂变色，应立即更换。

3. 吸收池

必须正确使用吸收池，应特别注意保护吸收池的两个光学面。为此必须做到：

① 测量时，池内盛的液体量不要太满，以防止溶液溢出而侵入仪器内部，若发现吸收池架内有溶液遗留，应立即取出清洗，并用纸吸干；

② 拿取吸收池时，只能用手指接触两侧的毛玻璃，不可接触光学面；

③ 不能将光学面与硬物或脏物接触，只能用擦镜纸或丝绸擦拭光学面；

④ 凡含有腐蚀玻璃的物质（如F^-、$SnCl_2$、H_3PO_4等）的溶液，不得长时间盛放在吸收池中；

⑤ 吸收池使用后应立即用水冲洗干净，有色物污染可以用3mol/L HCl和等体积乙醇

的混合液浸泡洗涤。生物样品、胶体或其他在吸收池光学面上形成薄膜的物质要用适当的溶剂洗涤；

⑥ 不得在火焰或电炉上进行加热或烘烤吸收池。

4. 检测器

光电转换元件不能长时间曝光，且应避免强光照射或受潮积尘。

5. 停止工作后应注意的问题

当仪器停止工作时，必须切断电源。为了避免仪器积灰和沾污，在停止工作时，应盖上防尘罩。

仪器若暂时不用要定期通电，每次不少于 20～30min，以保持整机的干燥状态，并且维持电子元器件的性能。

四、常见故障分析和排除方法

仪器常见故障、产生原因和排除方法见表 8-4。

表 8-4 常见故障、产生原因和排除方法

故障现象	可能原因	排除方法
开启电源开关,仪器无反应	电源未接通	检查供电电源和连接线
	电源保险丝断	更换保险丝
	仪器电源开关接触不良	更换仪器电源开关
光源灯不工作	光源灯坏	更换新灯
	光源供电器坏	检查电路,看是否有电压输出,请求维修人员维修或更换电路板
光源亮度不可调	电路故障	请求维修或更换有关电路元件
显示不稳定	仪器预热时间不够	延长预热时间
	电噪声太大(暗盒受潮或电器故障)	检查干燥剂是否受潮,若受潮则更换干燥剂,若还不能解决,则要查线路
	环境振动过大,光源附近气流过大或外界强光照射	改善工作环境
	电源电压不良	检查电源电压
	仪器接地不良	改善接地状态
T 调不到 0%	光门漏光	修理光门
	放大器坏	修理放大器
	暗盒受潮	更换暗盒内干燥剂
T 调不到 100%	卤钨灯不亮	检查灯电源电路(修理)
	样品室有挡光现象	检查样品室
	光路不准	调整光路
	放大器坏	修理放大器
测试数据重复性差	池或池架晃动	卡紧池架或池
	吸收池溶液中有气泡	重换溶液
	仪器噪声太大	检查电路
	样品光化学反应	加快测试速度

项目 8　722 分光光度计使用与维护——任务实施记录单　见《学生实践技能训练工作

手册》。

项目 8　722 分光光度计使用与维护——操作技能考核表　见《学生实践技能训练工作手册》。

项目 8　722 分光光度计使用与维护——知识测试题　见《学生实践技能训练工作手册》。

【阅读材料】

紫外-可见分光光度法的应用及新进展

一、紫外-可见分光光度计各部件的发展

1. 光源

紫外-可见区的光源主要采用钨卤灯和氘灯（或氙灯）两者组合使用。氙灯是新颖的光源，发光效率高、强度大，而且光谱范围宽，包括紫外、可见和近红外。随着发光二极管(LED) 光源技术及产业的日益成熟，以LED为光源的小型便携且价格低廉的分光光度计已成为研究开发的热点。

2. 分光系统

扫描光栅型的分光系统常称为单色仪。固定光栅型的分光系统则接近摄谱仪。单色仪大多布置在样品室之前，固定光栅型则必须把分光系统置于样品室之后。扫描光栅型主要有单光束、准双光束和双光束，还有双波长等多种光路设计。为了进一步提高分辨率或降低杂散光，还出现了双单色器分光光度计，其杂散光等性能是单色器分光光度计无法企及的。

3. 光栅

光栅是分光系统的核心元件，经历了棱镜、机刻光栅和全息光栅的过程。商品化的全息闪耀光栅已迅速取代一般刻划光栅。光栅一般有平面光栅和凹面光栅两种。全息技术的长处在于成品率更高，杂散光更小，不产生伪线。目前，凹面光栅已发展出 4 种类型。其中的Ⅳ型可用于扫描光栅型中。因为兼具色散和聚焦两项功能，因此使用凹面光栅可以帮助简化扫描光栅型分光光度计的结构。Ⅲ型常称为平场型，它能使凹面光栅的像面从通常的罗兰圆变成平面，还可以同时实现消像散的设计。这对于固定光栅的光路不仅是必需的，也使固定光栅型分光光度计的分光系统简约到了极致。

4. 探测器

探测器对分光光度计的设计和性能有着重要的影响。在传统的紫外-可见近红外分光光度计中，一般都将光电倍增管作为检测器，而随着阵列型光电器件技术的发展和应用，阵列型光电探测器分光光度计得到了很好的发展，其典型代表是 PDA 和 CCD，这类探测器测量速度快，多通道同时曝光，最短时间仅在毫秒量级，也可以累积光照，积分时间最长可达几十秒，可探测微弱的信号、动态范围大。

5. 软件

仪器的软件功能可以极大地提升仪器的使用性能和价值，软件已不再只是用作数值运算的附属工具，而是分析仪器自动化、智能化的关键因素。软件的作用主要有控制、监测与校正、光谱采集与处理、数据存储与分析等。分光光度计的测量波长或范围的设置、光栅运动的驱动和控制、光源的自动切换、滤光片的自动选择、探测器的驱动、AD 转换的同步、数据传输至计算机、数据写入内存、光谱或测量结果的显示，以及光谱数据的处理和分析所有这些功能都可以由软件完成。为了提高仪器的使用性能，在软件中包含了硬件的监测和校正，如光源的输出功率、波长的准确性、杂散光水平、基线校正等。

二、数据处理的应用和发展

不经分离、同时测定多组分体系中各组分含量的研究，一直是分光光度分析领域的热门课题。20世纪90年代初，由Salinas等提出了比光谱-导数分光光度法。该方法可方便地将重叠吸收光谱分开，且计算简便、分辨率更高。而后运用比光谱-导数分光光度法的基本原理，推导了双除数因子-比光谱导数分光光度（计算）法同时测定三元混合物含量的基本公式，研究了在邻、间和对三元混合物同时测定中的应用，取得了满意的结果。

近年来兴起的应用化学计量学方法也为不经分离同时测定多组分提供了许多有效方法，多波长线性回归-紫外分光光度法解决了单波长紫外分光光度法中共存物吸收干扰的问题，并简化了紫外一阶导数法中导数值的求法：重叠光谱数据经计算机采集后分别用化学计量学中的偏最小二乘法（PLS）和主成分回归法（PCR）处理，并用于样品的测定，获得了较好的定量效果。

而用CPA矩阵计算分光光度法同时测定多组分体系，将AKC矩阵计算过程的两次求逆矩阵简化为只进行一次求逆运算，应用获得了很大的发展。但同时人们逐渐发现了该方法的缺陷，比如计算结果误差大、波长个数不能太多、有时会产生“病态”等。于是在后来的研究中利用回归的正交设计这一数理统计方法有效地解决了这一问题。

三、联用技术和新技术的开发

随着集成电路技术和光纤技术的发展，联合采用小型凹面全息光栅和阵列探测器以及USB接口等新技术，出现了一些携带方便、用途广泛的小型化甚至是掌上型的紫外-可见分光光度计，而光电子技术和MEMS技术的发展，使得有可能将分光元件和探测器集成在一块基片上，制作微型分光光度计；而快速显微多道分光光度技术是一种将光学显微镜和多通道分光光度技术相结合，在完整细胞水平上进行快速准确定性、定量或局部定位分析的先进技术；除了空间色散的分光方式，也有人对声光调制滤光和傅里叶变换光谱在紫外-可见区的应用进行了研究。

紫外光谱仪在使用过程受到一定的限制，样品必须配制成稀溶液，而现在已不再是影响和制约分光光度技术发展的难题。只要在紫外分光光度计上添置一个自制反射光谱法样品架，将样品粉末置于不锈钢薄板的圆孔槽内，加盖一块石英片，就可以利用反射光谱附件进行各种固体粉末样品测定。试验结果表明，该方法简便快速，并可回收测试样品，对于昂贵样品更为适宜。

四、紫外-可见分光光度法的典型应用

1. 在环境监测中的应用

在混凝处理二沉池出水中，基于二沉池出水与泥炭水相似，主要成分是分子量在数千以上的天然聚合物，其中的组成成分芳香基团的含量较高。在紫外260nm处有吸收峰，有相关研究实验验证了260nm紫外线（E260）与COD的相关性关系，并将其应用于混凝法深度处理某污水处理厂的二沉池出水。实验结果表明，其可有效地表明出水水质及处理效果。采用E260指标用于混凝处理二沉池出水具有操作简单、费用低、节省时间的优点。

2. 在药物分析中的应用

由于紫外-可见分光光度法具有专属性强、灵敏度、准确度高、操作简便、快速、安全、检品用量少等特点，在现代药物分析中已逐步取代了许多经典的化学滴定方法。采用紫外-可见分光光度法对一些药材进行真伪鉴别，具有简便易行、可靠性高、重现性好的优点。其主要应用包括定性分析和定量测定等方面。

定性方法常采用：①比较光谱的一致性，用以区分两种吸收曲线区别显著的药物；②比较λ_{max}、λ_{min}肩峰的一致性，吸收光谱中的λ_{max}、λ_{min}和肩峰是由药物的分子结构决定的，其特征因结构不同而异，可用于定性鉴别；③比较吸收度及吸收系数的一致性；④比较吸收度比值的一致性。

紫外-可见分光光度计虽然是一类有着悠久历史的分析仪器，但每一次吸收新的技术成果都使它焕发出新的活力。从今后的发展来看，就要联用和结合各种新技术的开发、应用，使分光光度计向更加自动化、智能化的方向发展。

项目9　原子吸收分光光度计的使用与维护

预期学习目标

- ◆ 能够准确说出原子吸收分光光度计各组成部分的名称及作用；
- ◆ 能够独立对原子吸收分光光度计各辅助部件进行安装；
- ◆ 能够准确地对原子吸收分光光度计进行调试；
- ◆ 能根据使用说明书对原子吸收分光光度计进行一般操作；
- ◆ 掌握原子吸收分光光度计操作时的注意事项；
- ◆ 能够对原子吸收分光光度计出现的故障进行排除及进行日常维护；
- ◆ 能按照说明书制定出不同型号原子吸收分光光度计的操作规程；
- ◆ 能够运用原子吸收分光光度计工作原理和所掌握的操作技能，对实际样品分析设计出合理的方案，并独立使用原子吸收分光光度计完成分析任务；
- ◆ 养成良好的职业道德品质；
- ◆ 具备科学、准确和快速的工作作风。

具体工作任务

① 原子吸收分光光度计的结构认知；

② 原子吸收分光光度计部件的安装；

③ 原子吸收分光光度计的调试；

④ 原子吸收分光光度计操作界面的使用。

任务1　原子吸收分光光度计的结构认知

任务目标

认识原子吸收分光光度计仪器基本结构；

认识原子吸收分光光度计各部件功能；

知道常用原子吸收分光光度计主要的原子化方法。

原子吸收分光光度计是用于测量和记录待测物质在一定条件下形成的基态原子蒸气对其特征光谱线的吸收程度并进行分析测定的仪器，也称为原子吸收光谱仪。按原子化方式分，有火焰原子化和非火焰原子化两种；按入射光束分，有单光束型和双光束型；按通道分，有单通道型和多通道型。原子吸收分光光度计作为常规量、痕量金属和半金属元素的重要定量分析手段，因其具有良好的检测准确度及较高的检测灵敏度，以及分析速度快等优点，在生物、食品、地质、冶金、建筑、材料、医药、环境、石油化工、农业等各个领域得到广泛的应用。

一、PE700 原子吸收分光光度计主要技术指标

PE700 高性能原子吸收光谱仪采用 WinLab32 原子吸收软件，同时还具有原子化器自动切换功能，利用该功能可通过简单的软件命令在火焰和石墨炉之间进行切换。该仪器配备有一个高性能的燃烧器系统以及具有氘背景校正器的石墨炉。石墨炉系统包括实际温度控制和一体化平台石墨管，为痕量金属的近似无干扰分析提供完全恒温平台炉环境。仪器具备如下技术特点。

① 波长范围：189～900nm。

② WinLab32 软件可以使用峰面积进行计算，也可以使用峰高进行计算。

③ 狭缝：狭缝的宽度自动选择，狭缝的高度自动选择。

④ 灯选择：内置两种灯电源，可连接空心阴极灯和无极放电灯。通过 WinLab32 软件由计算机控制灯的选择和自动准直，可自动识别灯名称和设定灯电流推荐值。

⑤ 燃烧系统：可调式通用型雾化器，高强度惰性材料预混室，全钛燃烧头。

⑥ 排液系统：排液系统前置以利于随时检测。

⑦ 石墨炉：内、外气流由计算机分别单独控制。管外的保护气流防止石墨管被外部空气氧化，从而延长管子的寿命。内部气流则将干燥和灰化步骤气化的基体成分清出管外。石墨炉的开、闭为计算机气动控制以便于石墨管的更换。采用热解涂层石墨管。

⑧ 电源：石墨炉电源内置，整个仪器为一个整体。

⑨ 温度控制：红外探头石墨管温度实时监控，具有电压补偿和石墨管电阻变化补偿功能。

⑩ 环境温度：＋15～＋35℃。

⑪ 相对湿度：20％～80％。

⑫ 工作电源：230V（AC），50Hz 或 60Hz。

二、PE700 原子吸收分光光度计仪器基本结构

原子吸收分光光度计主要组成部分为光源、原子化器、光学系统、检测与记录系统以及辅助设备等，见图 9-1。

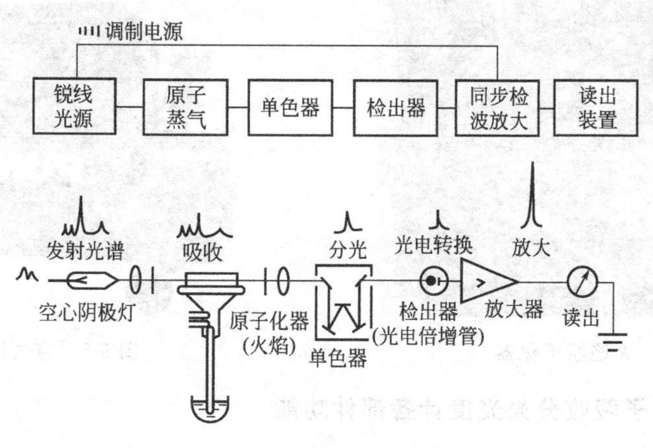

图 9-1 原子吸收分光光度计结构

1. 灯室的位置

灯室位于分光光度计的左上角处，如图 9-2 所示。

2. 灯室的构造

灯室内共有 8 个灯架，空心阴极灯可以装在任何一个灯架上，无极放电灯则只能装在 2 号灯架上，无极放电灯插座在灯室左侧，如图 9-3 所示。

3. 火焰原子化器

火焰原子化器主要包括雾化室、雾化器、撞击球、扰流器、燃烧头、液封盒、气体控制系统，如图 9-4 所示。这些器件也是测定时条件优化的主要对象。

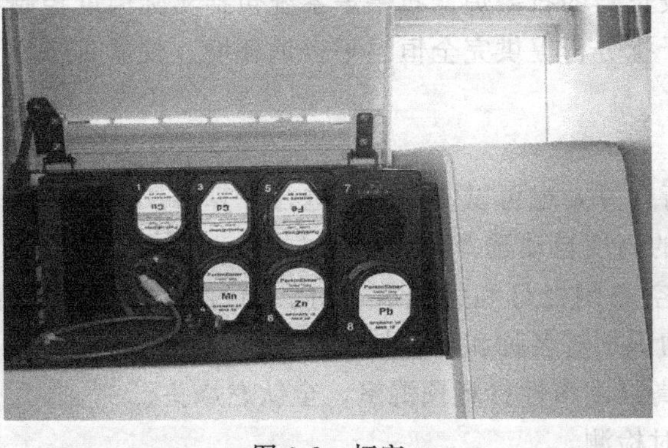
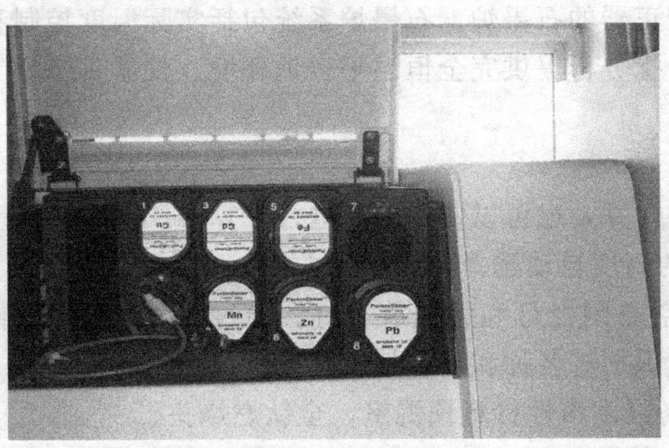

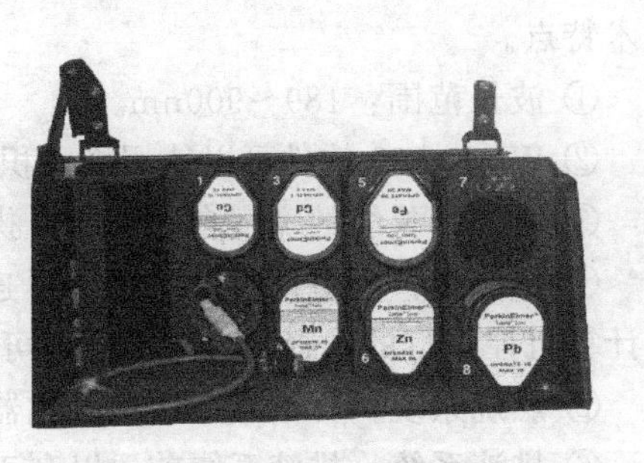

图 9-2 灯室　　　图 9-3 灯室的构造

4. 石墨炉原子化器

石墨炉原子化器相对火焰原子化器具有体积小、检出限低、用样量少、分析时间长的特点。石墨炉原子化器的缺点主要是基体蒸发时可能造成较大的分子吸收，炉管本身的氧化也产生分子吸收，背景吸收较大，一些固体微粒引起光散射造成假吸收，因此使用石墨炉原子化器必须要选择背景校正装置，比较复杂的基体推荐在塞曼校正模式下进行分析。石墨炉原子化器主要包括炉体、电源、冷却水、气路系统。

5. 仪器的辅助设备

仪器的辅助设备有空气压缩机（见图 9-5）、冷水循环机、气路系统以及排风系统。

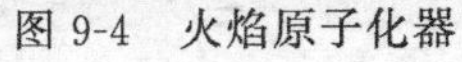

图 9-4 火焰原子化器　　　图 9-5 空气压缩机

三、PE700 原子吸收分光光度计各部件功能

1. 光源

光源的功能是发射被测元素基态原子所吸收的特征共振辐射。

2. 原子化器

原子化器的作用是将试样中的待测元素转化为基态原子，以便对特征光谱线进行吸收。由于原子化器的性能将直接影响测定的灵敏度和测定的重现性，因此要求具备原子化效率高、噪声低、记忆效应小等特性。试样的原子化目前主要有火焰原子化、石墨炉原子化和低温原子化 3 类。

3. 光学系统

光学系统的作用是将待测元素的分析线与干扰线分开，使检测系统只能接受分析线。它主要由入射狭缝、反射镜、色散元件（光栅、棱镜等）和出射狭缝等组成。光源发出的特征光经第一透镜聚集在待测原子蒸气时，部分被基态原子吸收，透过部分经第二透镜聚集在单色器的入射狭缝，经反射镜反射到单色器上进行色散，再经出射狭缝反射到检测器上。

4. 检测系统

检测系统的作用就是把单色器分出的光信号转换为电信号，经放大器放大后以透射率或吸光度的形式显示出来。

5. 空气压缩机

空气压缩机是原子吸收仪配套的供气源，提供纯净、恒流稳压、具有一定压力的空气，使原子吸收在测试时重现性达到100%。

6. 冷水循环机

冷水循环机能产生恒温、恒流、恒压冷却水，为全自动控制的独立循环系统，具有安全保护功能，是保证原子吸收仪正常工作的必备设备。

7. 气路系统和排风系统

最主要的气路系统有乙炔气路系统和氩气气路系统。乙炔是火焰原子化法中使用的燃气，在石墨炉中氩气是作为保护气使用的，主要用于保护石墨炉。排风系统是指主机烟窗上方安装的排风罩，用于捕集有害物，排除污染空气。排风罩离主机烟窗大约有25cm，绝对禁止直接接到仪器烟窗口上，管道应采用防腐材质，排风要适量。

知识补充

一、原子吸收分光光度法

原子吸收光谱法（atomic absorption spectrometry，AAS），又称原子吸收分光光度法（atomic absorption spectrophotometry，AAS），是基于蒸气相中待测元素的基态原子对其共振辐射的吸收强度来测定试样中该元素含量的一种仪器分析方法，它是测定痕量和超痕量元素的有效方法。具有灵敏度高、干扰较少、选择性好、操作简便、快速、结果准确可靠、应用范围广、仪器比较简单、价格较低廉等优点，可以使整个操作自动化。因此近年来发展迅速，是应用广泛的一种仪器分析新技术。

它能测定几乎所有金属元素和一些类金属元素，此法已普遍应用于冶金、化工、地质、农业、医药卫生及生物等各部门，尤其是在环境监测、食品卫生和生物机体中微量金属元素的测定中，应用日益广泛。

二、原子吸收分光光度计的工作原理

元素在热解石墨炉中被加热原子化，成为基态原子蒸气，对空心阴极灯发射的特征辐射进行选择性吸收。在一定浓度范围内，其吸收强度与试液中被测元素的含量成正比。其定量关系可用朗伯-比耳定律表示，$A=-\lg I/I_0=-\lg T$。式中，I为透射光强度；I_0为发射光强度；T为透射比。

三、原子吸收法对光源的要求

① 发射的共振线宽度要明显小于吸收线的宽度，所以要求发射出锐线光源。

② 光谱纯度高，背景小，在光源通带内几乎无其他干扰光谱。

③ 强度高。

④ 稳定性高。

⑤ 寿命长。

符合上述条件的锐线光源主要有无极放电灯和空心阴极灯。其中空心阴极灯的光谱区域

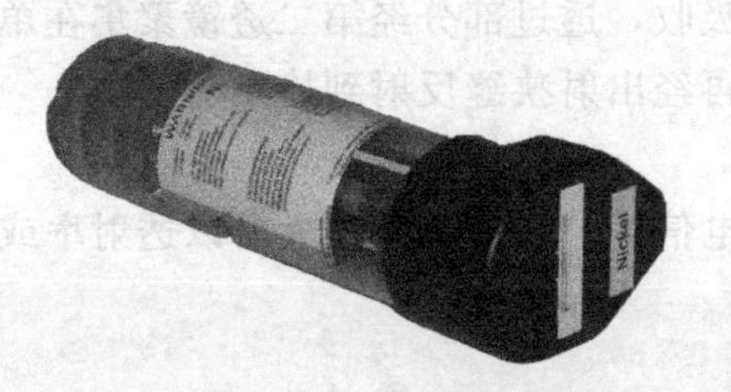
图 9-6　空心阴极灯

比较宽广，且锐线明晰，发光强度大，输出光谱稳定，结构简单，操作方便，因此获得了广泛应用。

空心阴极灯又称元素灯。它是原子吸收分析中最常用的光源。其结构如图 9-6 所示。硬质玻璃管的一端做成细颈状，端部熔接一片能透光的窗口，所有窗口材料视空心阴极灯所发射的共振线波长而定（350nm 以下用石英，350nm 以上用光学玻璃）。灯管的后端封入两个电极，中间是阴极，做成圆筒状，故称空心阴极。阴极一般用待测元素的纯金属制成，有些元素也可使用合金。玻璃管内充有一定压力的惰性气体，如氖气、氩气等。

四、原子吸收分光光度计主要的原子化方法

1. 火焰原子化法

火焰原子化器实际上是由雾化器和燃烧器两部分组成的。燃烧器又可分为全消耗型和预混合型。前者原子化效率低，目前很少采用；后者由雾化器、预混合室、燃烧器和供气系统四部分组成。

（1）雾化器　雾化器又称喷雾器，是预混合型火焰原子化器的关键部件。其作用是将样液雾化，使之形成直径为微米级的气溶胶。雾化器的性能对原子吸收光谱法分析的精密度和灵敏度都有显著的影响。雾粒越细越多，雾化效率越高，在火焰生成的基态自由原子越多，测定灵敏度越高。目前普遍采用的是气动同轴型雾化器，雾化率可达 10%左右，如图 9-7 所示。

（2）混合室　混合室又称雾化室，其作用是使燃气、助燃气以及气溶胶在混合室中充分混合均匀，以减少它们进入火焰时对火焰的扰动。利用扰流器进一步细化雾滴，让较大的气溶胶在室内凝聚为大的液滴，并从泄液管中排走，使得进入火焰的气溶胶更为均匀。

（3）燃烧器　燃烧器又称燃烧头，可燃气体、助燃气体和试样溶液的混合物由此喷出，燃烧形成火焰。燃烧器的作用是支持火焰并通过火焰的作用使试样原子化。被雾化的试液进入燃烧器后，在火焰中经过蒸发、干燥、熔化、离解、激发等过程，将被测元素原子化。与此同时，还产生离子、分子和激发态原子等。燃烧器的缝口一般都为长缝式，最常用的燃烧器是单缝燃烧器，如图 9-8 所示。

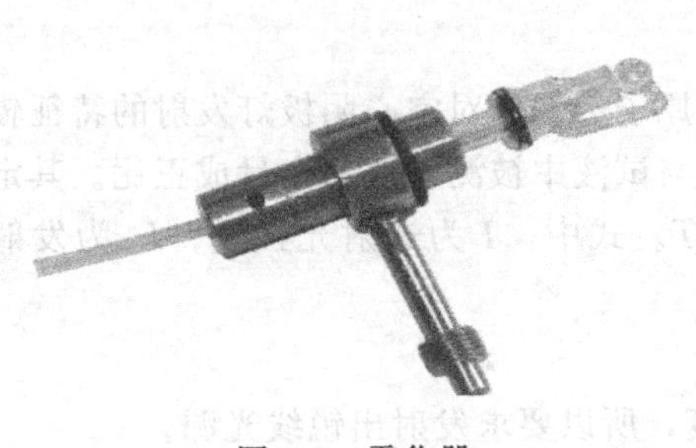
图 9-7　雾化器

图 9-8　单缝燃烧器

2. 石墨炉原子化法

石墨炉原子化器通常是用一个长约 30～60mm、外径 8～9mm、内径 4～6mm 的石墨管制成（如图 9-9 所示），管上留有直径为 1～2mm 的小孔（有三孔和单孔两种）以供注射试样和通惰性气体之用。管两端有可使光束通过的石英窗和连接石墨管的金属

电极。通电后，石墨管迅速发热，使注入的试样蒸发和原子化。为了保护管体，管外设计有水冷外套。管上小孔通入的惰性气体如N_2、Ar等可使已形成的基态原子和石墨管本身不被氧化。

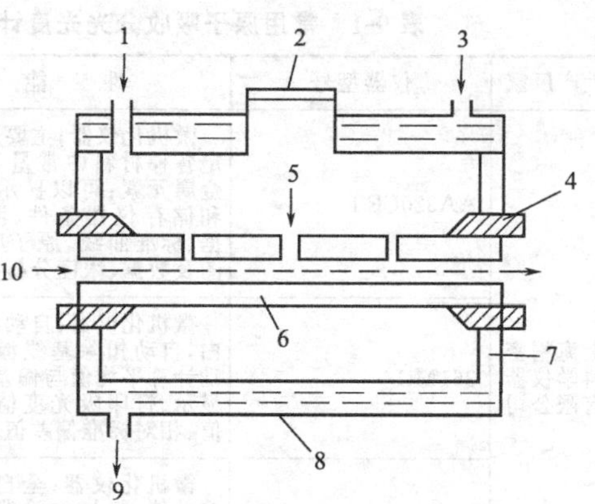

图 9-9 石墨炉原子化器

1—保护气入口；2—进样窗；3—冷却水进口；4—电极；5—进样孔；6—石墨管；7—绝缘体；8—金属夹套；9—冷却水出口；10—光路

五、原子吸收检测系统

原子吸收检测系统是由光电转换器、放大器和显示器组成的。

1. 光电转换器

原子吸收法中常用的光电转换器为光电倍增管。它实际上是由一个阳极、一个表面涂有光敏材料的阴极、若干个打拿极（倍增极和若干个电阻组成的电子管，如图 9-10 所示）。

当单色器分出的光照射到外加负压的光电阴极 K 时，阴极上的光敏材料便会发出一次光电子，一次光电子碰按到第一打拿极上，就可释放出增加了许多倍的二次光电子。二次光电子再碰撞到第二打拿极上，又可释放出比二次光电子增加了许多倍的三次光电子。如此继续，当到达最后一个打拿极时放出的光电子可以增加至 10^6 倍以上。这些电子射向阳极时便可形成电流，使十分微弱的光信号转化为强大的电信号。

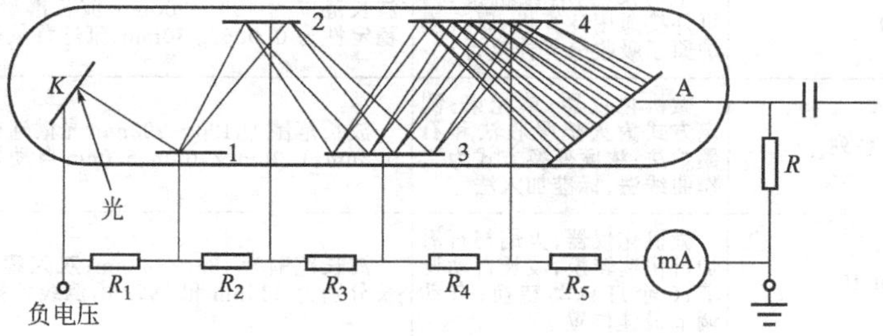

图 9-10 光电倍增管工作原理

K—光敏阴极；1～4—打拿极；A—阳极；R，R_1～R_5—电阻

光电倍增管在使用时应尽量避免非信号光照射和长时间无间隙使用，并尽量不用过高的电压，以确保光电管的良好工作特性。

2. 放大器与显示器

光源发出的特征光经原子化器和单色器后已经很弱了，虽然通过光电倍增管放大，但往往还不能满足测量要求，需要进一步放大才能在显示器上显示出来。原子吸收常使用同步解调放大器，它既有放大的作用，又能滤掉火焰发射以及光电倍增管暗电流产生的无用直流信号，从而有效地提高信噪比。

较先进的原子吸收显示器一般同时具有数字打印和显示、浓度直读、自动校准和微机处理数据的功能。

六、原子吸收分光光度计的型号及特点

原子吸收分光光度计型号繁多，不同型号仪器性能和应用范围不同。表 9-1 列出了当前常用原子吸收分光光度计的型号与性能，供参考。

表 9-1 常用原子吸收分光光度计的生产厂家、型号、性能与主要技术指标

生产厂家	仪器型号	性能	主要技术指标
上海精密科学仪器有限公司	AA320CRT	微机化仪器；主要用于测定各种材料中常量和痕量金属元素；可以显示、打印和储存仪器条件、测量数据、标准曲线、原子吸收谱图及数据、浓度分析报告	波长范围为 190～900nm；波长准确度为±5.0nm；波长重现性 0.2nm（单向）；光谱通带为 0.2nm、0.4nm、0.7nm、1.4nm、2.4nm、5.0nm 自动设定；基线稳定性为 0.004A/30min；背景校正能力＞30 倍
	361MC	微机化仪器；自动扣除空白，自动扣除基线漂移，自动计算平均值与偏差，自动显示、打印吸光度值、浓度值、相对标准偏差值等	波长范围为 190～900nm；波长准确度为±0.5nm；波长重现性 0.3nm；光谱通带为 0～2.0nm 连续可调；仪器分辨能力为能分辨 Mn279.5nm 和 Mn279.8nm 双谱线，波谷能量值＜40%峰高
	AA370MC	微机化仪器；全自动化，多功能；氘灯扣除背景，自动显示、打印吸光度值、浓度值、相对标准偏差值、标准曲线、原子吸收谱图及各种实验数据等	波长范围 190nm～900nm；波长准确度±0.05nm；波长重现性≤0.03nm；光谱通带为 0.1nm、0.2nm、0.4nm、0.7nm、1.4nm 自动设定；仪器分辨能力为能分辨 Mn279.5nm 和 Mn279.8nm 双谱线，波谷能量值＜40%峰高；基线漂移＜0.004A/30min
北京瑞利分析仪器公司	WFX-110 WFX-120 WFX-130	微机化仪器；具备火焰、石墨炉原子化器；具有自动换灯机构、自动扫描、自动寻峰、自动对光、自动采样、自动能平衡、氘灯自吸收双背景校正功能；自动控温石墨炉系统	波长范围为 190～900nm；波长准确度为±0.5nm；分辨率优于 0.3nm；基线稳定性为 0.005A/30min；氘灯背景校正能力为：当 1A 时≥30 倍；自吸效应背景校正能力为：当 1.8A 时≥30 倍
	WFX-1C	手动仪器；有计算机接口，可外接通用计算机；属火焰原子吸收分光光度计	波长范围为 190～900nm；波长准确度±0.5nm；基线稳定性为 0.006A/30min；分辨率优于 0.3nm；氘灯背景校正能力＞30 倍
	WFX-1D	手动仪器；有微机接口，可外接通用计算机；属石墨炉原子吸收分光光度计	波长范围为 190～900nm；波长准确度为±0.5nm；基线稳定性为 0.006A/30min；氘灯背景校正能力＞30 倍
日本岛津公司	AA6800 系列	微机化仪器；单光束；测定方式为火焰吸收法和石墨炉法；浓度变换方式为工作曲线法、标准加入法	波长范围为 190～900nm；光谱通带为 0.1nm、0.2nm、0.5nm、1.0nm、2.0nm、5.0nm 自动切换
美国PE公司	AAnalyst 100	微机化仪器；火焰与石墨炉可快速转换；波长自动调节；6 个灯自动转换；自动调节最佳位置	波长范围为 185～860nm；双闪耀波长光栅，双闪耀波长分别为 236nm 和 597nm，倒线色散率为 1.6nm/mm
	AAnalyst 300	微机化仪器；微机控制电机驱动转动灯架；具有 6 灯自动互换、自动调节最佳位置和自动调节波长的功能	波长范围为 185～860nm；双闪耀波长光栅，双闪耀波长分别为 236nm 和 597nm

任务 2 原子吸收分光光度计的安装

任务目标

能够进行空气、乙炔、氩气等气路系统和仪器主机的连接；

能够进行冷却水系统和仪器主机的连接；

能够进行灯的安装和拆卸；

能够进行火焰燃烧头的安装和拆卸；

能够进行雾化器的安装和拆卸；

能够进行排水系统的安装和拆卸；

能够合理选择安装场地；

知道高压钢瓶使用注意事项。

一、空气、乙炔、氩气等气路系统和仪器主机的连接

按照图 9-11 的指示进行安装。仪器背面右下右数第一个管路为乙炔气路、第三个为空气气路，右上右数第一个管路为氩气气路。

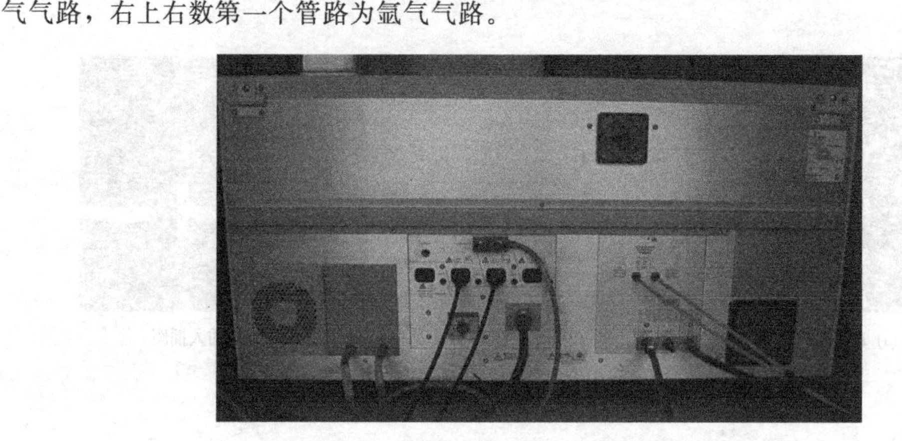

图 9-11　仪器主机背面图

二、冷却水系统和仪器主机的连接

按照图 9-12 的指示进行安装。

(a) 冷水循环机

(b) 冷却水出水与出水

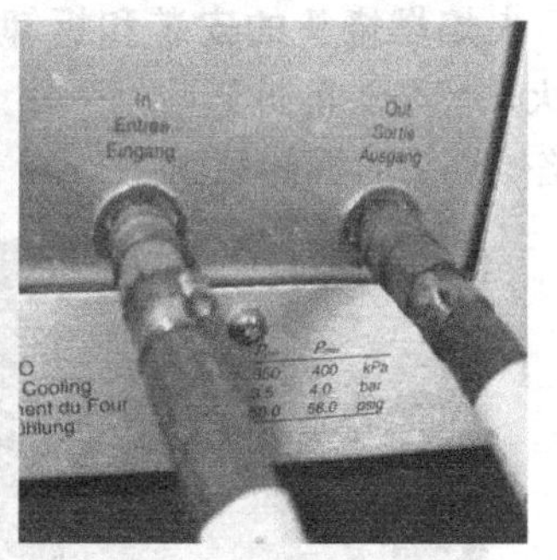

(c) 与仪器连接的进水与出水

图 9-12　冷却水系统和仪器主机的连接

三、灯的安装和拆卸

1. 空心阴极灯（HCL）的安装（注：开机前必须已有一只空心阴极灯在灯架上）

打开灯室，将空心阴极灯小心地滑进灯架，插头要全部滑进灯架上插座。最后关上灯室盖子，见图 9-13。

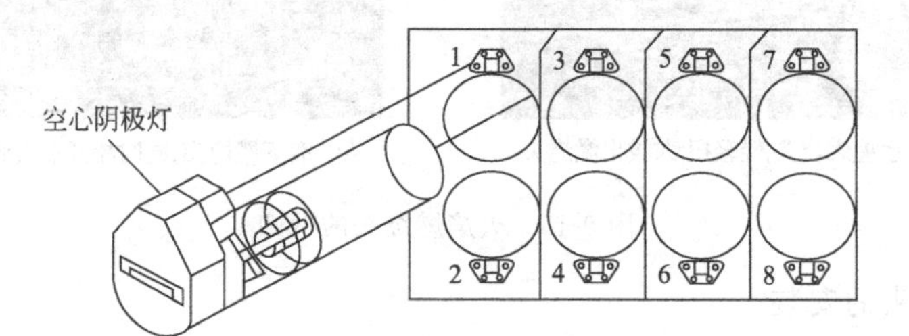

图 9-13　空心阴极灯（HCL）的安装

2. 无极放电灯（EDL）的安装（注：只能用 2 号灯架）

打开灯室，将灯驱动器滑进套筒，当套筒滑入时，压住锁住栓，到位后，锁住栓会伸出

套筒孔，将灯滑进灯架，直至撞上灯架内的终止点。将编码灯插头插入灯架上插座（灯架与插座需同号）。将灯连接器插入正确的 EDL 插座上（位于灯室左侧），见图 9-14。最后关上灯室盖子。

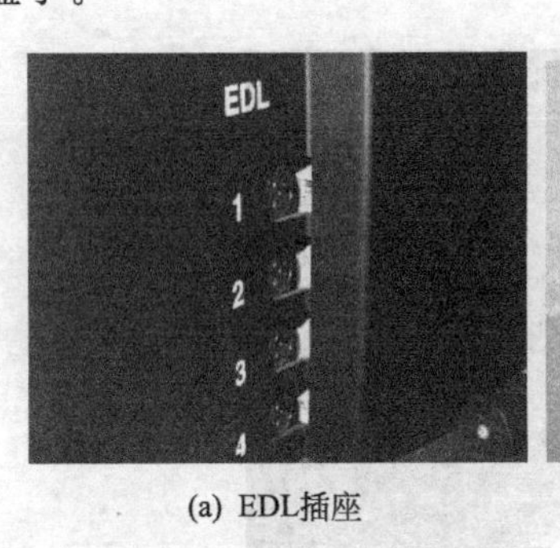

(a) EDL插座

(b) EDL插头

(c) 插头插入插座

图 9-14　安装插头

3. 灯的拆卸

在灯还亮着时，不可拔出插头并卸下灯。进入工作站操作界面，在 Lamps 上双击，显示 Align Lamps 窗口。确定要取下的灯已关掉，【ON】键必须不显绿色，如有必要，可在【ON】键上单击。关掉 AlignLamps 窗口。拔掉插头，取出灯。

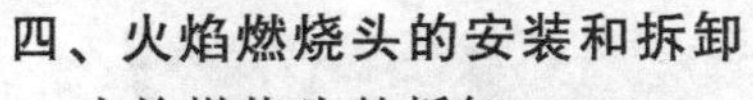

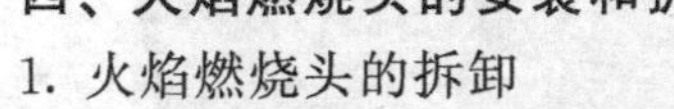

四、火焰燃烧头的安装和拆卸

1. 火焰燃烧头的拆卸

火焰燃烧头的拆卸见图 9-15。

(a) 点火阀手柄

(b) 将点火阀手柄向仪器内侧扳动

(c) 手握燃烧头,轻轻扭动,拔出燃烧头

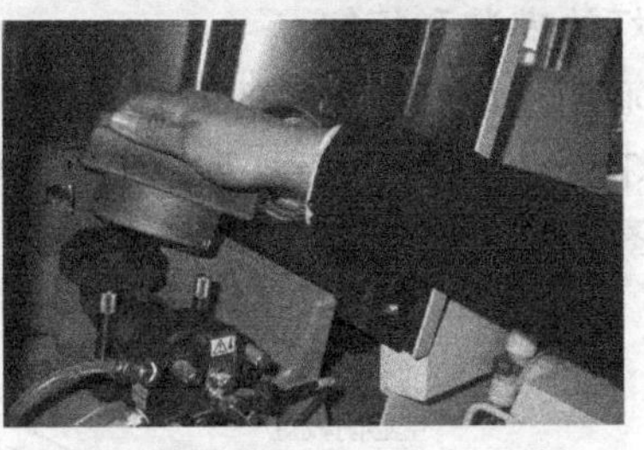

(d) 取下燃烧头,同时松开点火阀手柄

图 9-15　火焰燃烧头的拆卸

2. 火焰燃烧头的安装

将点火阀手柄向仪器内侧扳动，安装并轻轻扭动燃烧头，使燃烧头下落，调整好其位置，见图 9-16。

五、雾化器的拆卸

雾化器的拆卸见图 9-17。

图 9-16 火焰燃烧头的安装

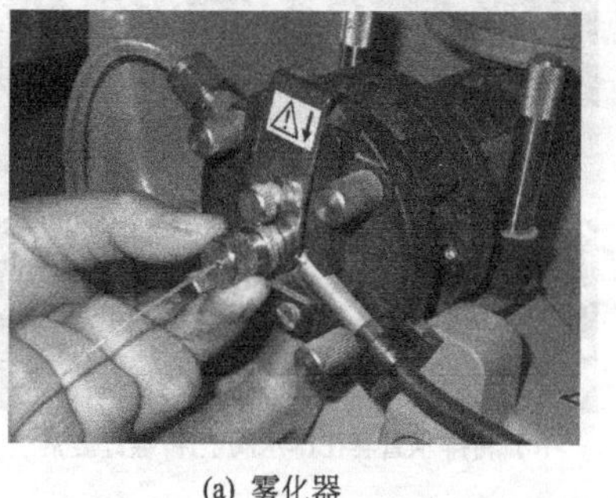

(a) 雾化器

(b) 雾化器的拆卸

图 9-17 雾化器的拆卸

六、排水系统的安装和拆卸

1. 排水管和废液筒的连接

首先将废液筒的盖子套在排水管上，然后将盖子向下移动，通过传感器装置，最后将盖子旋在废液筒口的螺扣上。具体操作见图 9-18。

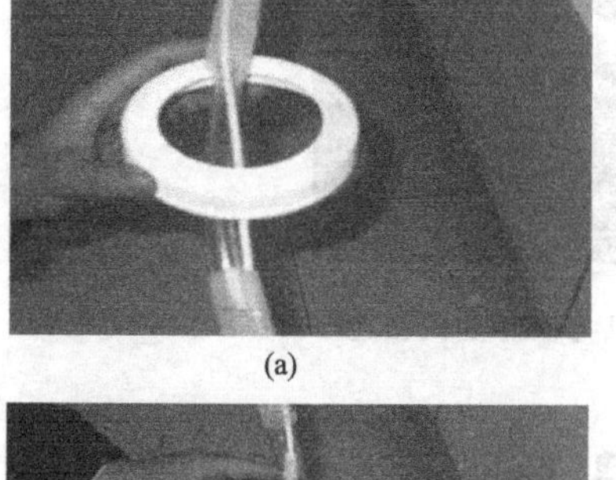

(a)

(b)

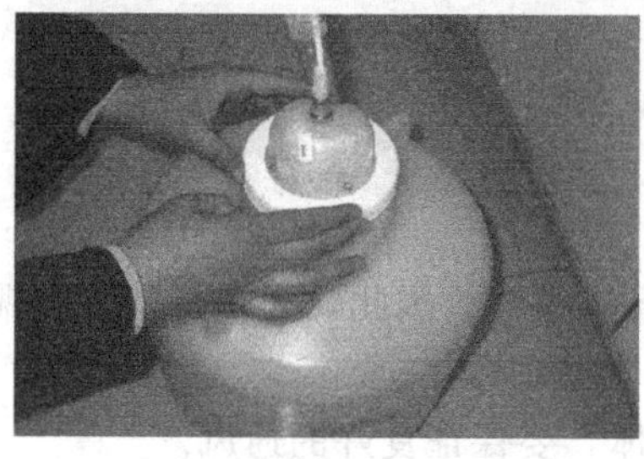

(c)

(d)

图 9-18 排水管和废液筒的连接

2. 排水管的拆卸和灌水

排水管的拆卸和灌水见图 9-19。

(a) 用扳子旋开排水管入口处的螺钉

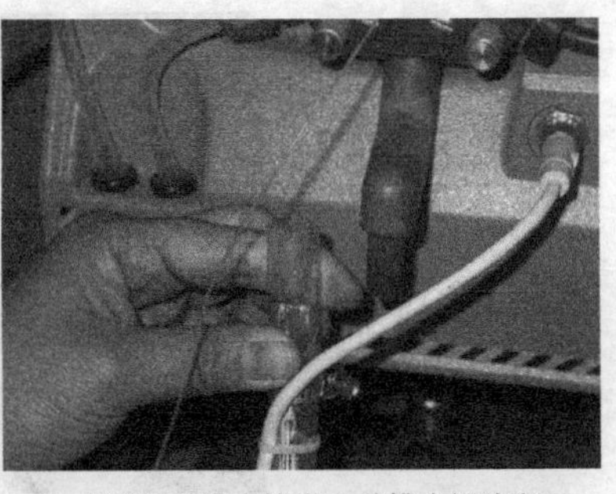

(b) 轻轻扭动排水管,将之从排水阀处取下

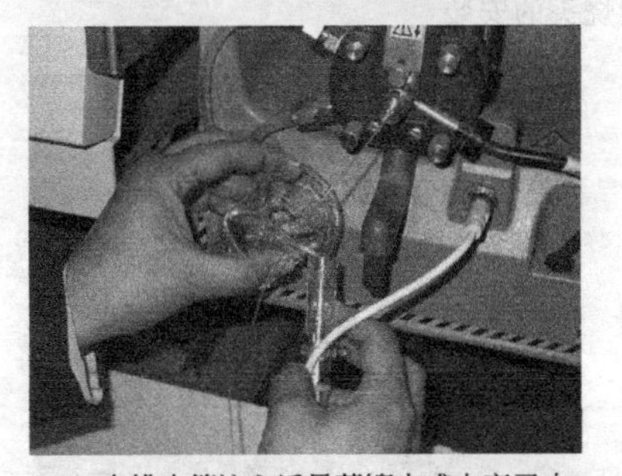

(c) 向排水管注入适量蒸馏水或去离子水

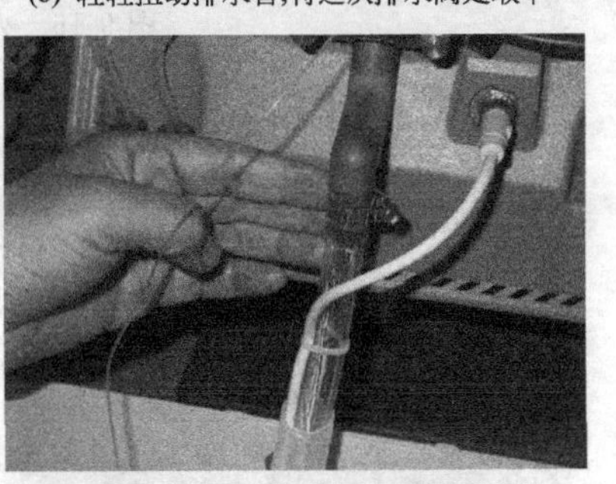

(d) 将排水管套在排水阀上,将螺钉旋紧

图 9-19 排水管的拆卸和灌水

3. 排水系统和仪器主机的连接

排水系统和仪器主机的连接见图 9-20。

图 9-20 将传感器接口与仪器主机相连

知识补充

一、安装场地的注意事项

在使用原子吸收分光光度计时，通常要使用高压气体，因此，必须要十分重视安装场地和高压气体的使用安全。

① 通风：原子吸收分光光度计使用可燃性气体，要保证良好的通风。

② 用火：当测定可燃性样品时，必须注意用火安全。准备一个灭火器，以防万一。

③ 排气罩：原子吸收分光光度计的上方必须准备一个通风罩，使燃烧器产生的燃烧气体能顺利排放。

④ 电源要求：务必连接到合适的电源上。

⑤ 供气管：任何时候使用仪器，均应检查供气橡皮管是否有裂隙或变质，不管什么原因引起裂隙或变质都应该立即更换新的供气橡皮管。

⑥ 排液管：每次使用仪器，均需检查排水管和废液筒并确认排水管不漏液。

二、使用灯的注意事项

① 不要去碰灯的窗口，因为汗水或其他沾污会降低辐射强度。

② 如果安装两个有同一元素的灯，例如一个单元素铜灯和一个有铜的多元素灯，进行铜测定时，系统会自行选择使用数值小的灯架，因此要将选用的灯放在数值小的灯架上（以上仅指 PE 公司的编码灯而已）。

③ 用无极放电灯时，将每个灯的插头插在与灯架同一个数值的插座上。用无极放电灯时，要使用正确的编码插头，并插在该灯架的插座上。

④ 如果用错编码插头或将编码插头插错位置将导致出错。

⑤ 一些空心阴极灯的电极含有有害金属或元素（As、Hg、Se 等），一些空心阴极灯的电极遇空气或水会燃烧。如果空心阴极灯破碎或已经超过使用寿命，那么这些灯应该分别放置在专用盒子里，而不能作为一般的垃圾处置。注意不要污染环境及对人体造成伤害，可以请专门人员来处理。

三、使用高压气体的注意事项

（1）安装气瓶

① 气瓶安装在室外通风处，不能让阳光直晒。

② 注意气瓶的温度不能高于 40℃，气瓶的 2m 之内不允许有火源。

③ 气瓶要放置牢固。液化气体的气瓶（乙炔、氧化亚氮等）需垂直放置，不允许倒下。

（2）乙炔

① 使用乙炔时，应使用乙炔专用的减压阀，不能直接让乙炔流入管道。乙炔与铜、银、汞及其合金会产生这些金属的乙炔化物，在振动等情况下会引起“分解爆炸”，因此要避免接触这些金属。

② 乙炔气瓶内有丙酮等溶剂。如果初级压力低于 0.5MPa，就应该换新瓶，避免溶剂流出。

（3）空气　供应干燥空气，如果使用含湿气的空气，水汽有可能附着在气体控制器的内部，影响正常操作，最好在空气压缩机或空气钢瓶出口的管路中装一个除湿的气水分离器。

（4）气体使用之后，必须关掉主阀和减压阀。

（5）定期检查压力表，使之保持正常。

任务3　原子吸收分光光度计的调试

任务目标

能独立进行火焰燃烧头位置的调节；

能独立进行雾化器流量的调节；

能独立进行进样针的修整；

能独立进行石墨炉位置的优化；

能独立进行进样针在石墨管中位置的调节。

一、火焰燃烧头位置的调节

光束通过燃烧头中间离燃烧头 0.8cm 高，可适合大部分元素，其中 Cr 为 1.0～1.2cm

高，见图 9-21。

① 双击 Flame 图标进入 Flame Control 对话框。

② 双击 Align Burner，在出现的对话框中选择“I want to manually align the burner”，如图 9-22 所示。

③ 单击下一步，在出现的“Align Burner Wizard”对话框中单击【up】或【down】，仪器将向上或向下移动燃烧头，直至找到最佳上下位置。

图 9-21 火焰燃烧头位置

④ 单击下一步，在出现的“Align Burner Wizard”对话框单击【in】或【out】，仪器将向前或向后移动燃烧头，直至找到最佳前后位置。

⑤ 单击完成。完成火焰燃烧头位置的调节。

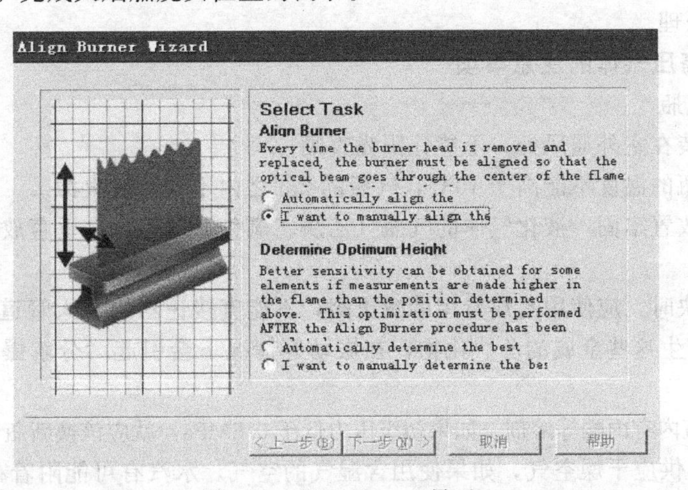

图 9-22 Align Burner 界面

二、雾化器流量的调节

① 安装一个铜灯，在“灯”窗口中单击【设置】按钮，灯将被点亮并设定波长和狭缝。

② 在 Tools 菜单的【Continuous Graphics】上单击，进入“连续图”窗口（见图 9-23）。

③ 在“Flame”窗口中单击【On/Off】图标，点火。吸喷空白溶液，待信号稳定后，在“Continuous Graphics”窗口【Auto Zero】上单击。

④ 吸入 4mg/kgCu 标准溶液，顺时针转动锁定螺母，待其松开后，逆时针转动调节螺母，同时密切观察屏幕上吸光度的变化。当吸光度接近于零，并看到放在样品溶液中的毛细管开始冒泡时，立即停止逆时针旋转。此时改为顺时针转动调节螺母，吸光度信号将逐渐升高，当找到最大吸光度时，不再转动调节螺母，同时逆时针转动锁定螺母，直至将调节螺母锁紧。雾化器流量调节工作完成（见图 9-24）。

三、进样针的修整

用刀片瞬时切下进样针废弃的部分，进样针约 45°角，斜口朝外，长约 0.8cm，见图 9-25。

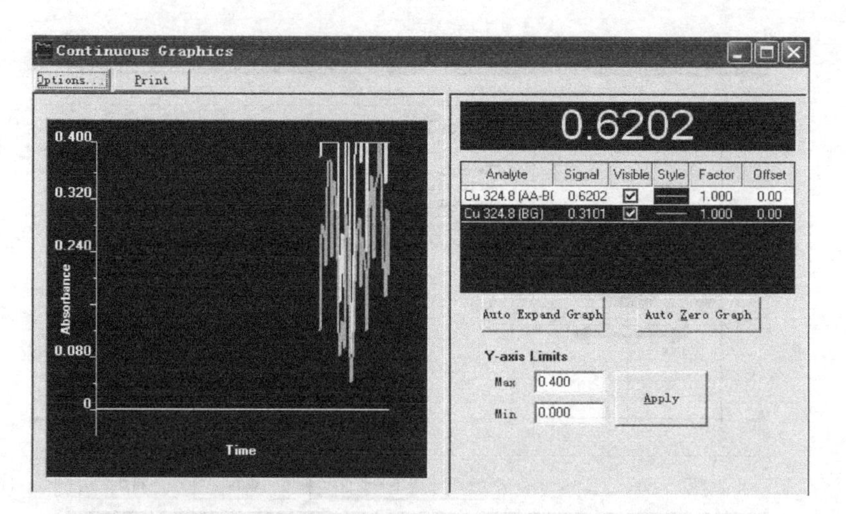

图 9-23 “连续图”窗口

图 9-24 雾化器流量调节

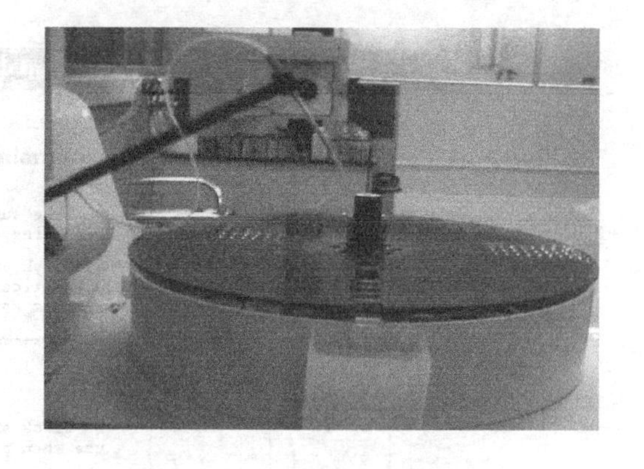

图 9-25 进样针的修整

四、石墨炉位置的优化

① 单击【Furnace】图标，进入石墨炉对话框（见图 9-26）。

② 单击调节【Align Furnace】按钮。在“Align Furnace/Quartz Cell Wizard”对话框中选择“Automatically align the device”，单击【下一步】(见图 9-27)。

③ 单击【Adjust】，开始调节石墨炉的位置（见图 9-28）。

④ 单击【完成】，完成石墨炉位置优化。

五、进样针在石墨管位置的调节

① 单击【Furnace】图标，进入石墨炉对话框。单击【align tip】，在出现的对话框中选择“Align the autosampler tip in the graphite tube”，单击【Next】，自动进样针悬浮在石墨管取样孔的上方（见图 9-29）。

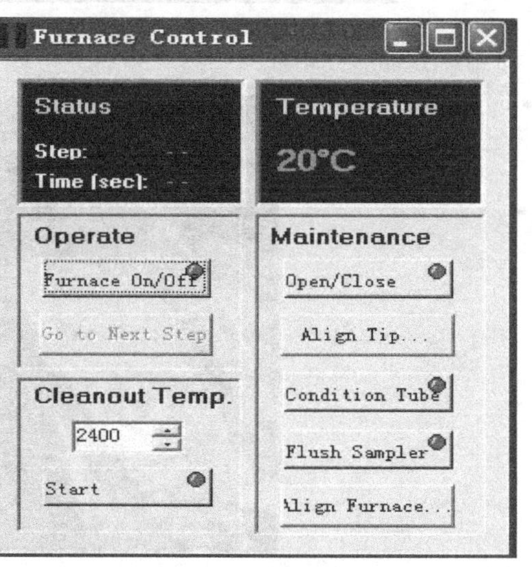

图 9-26 石墨炉对话框

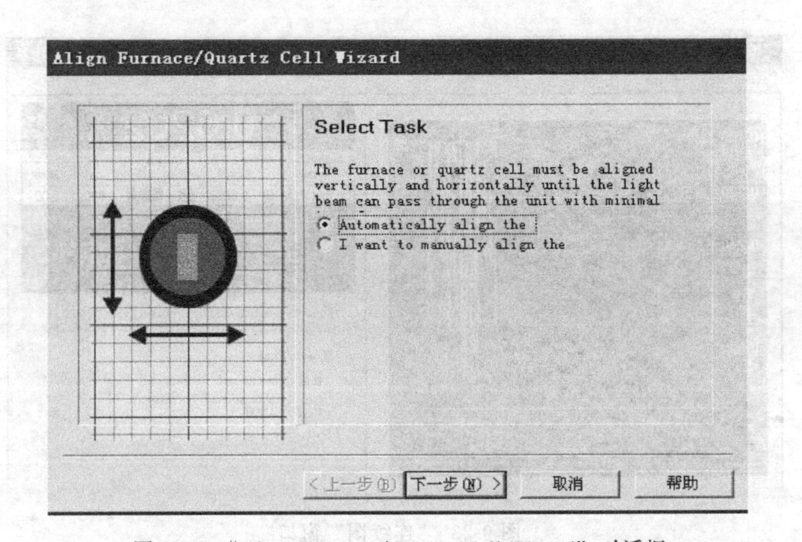

图 9-27 “Align Furnace/Quartz Cell Wizard”对话框

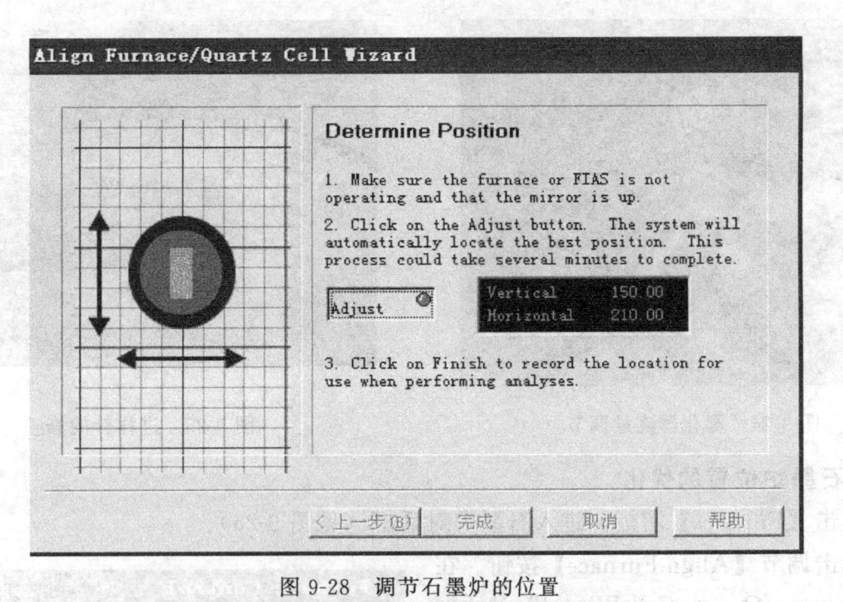

图 9-28 调节石墨炉的位置

图 9-29 进样针悬浮状态

② 用石墨炉自动进样器正前方的黑色旋钮调节自动进样针的左右位置，用石墨炉自动进样器右侧的黑色旋钮调节自动进样针的前后位置，用石墨炉自动进样器左上侧的白色大旋钮调节自动进样针在自动进样器中的深度，见图 9-30。

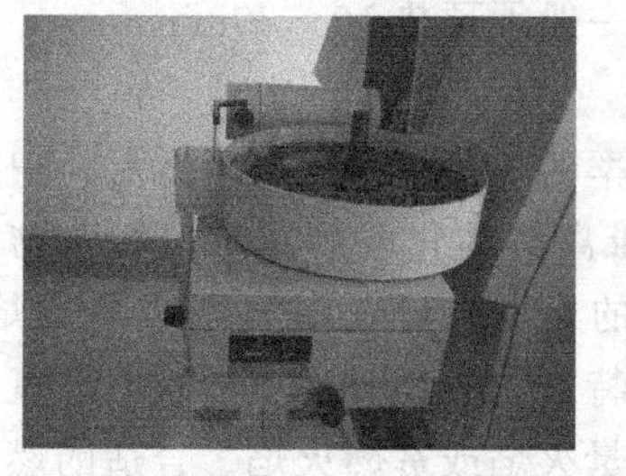
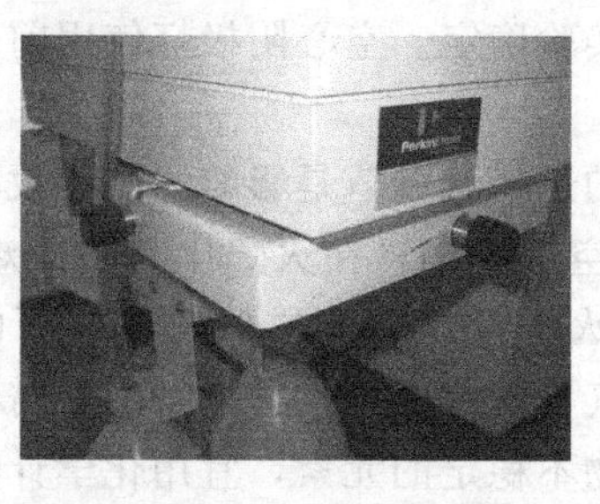
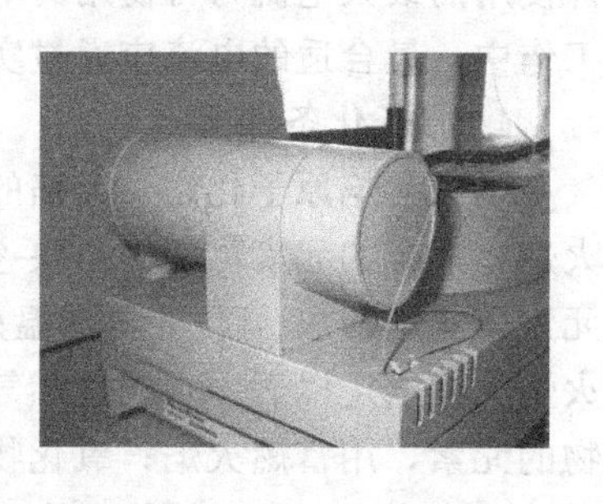

图 9-30 进样针的调节

③ 进样针进入石墨管的深度约 7/10 等份（通过固定在石墨炉右边的观察镜检查，将石墨管直径分为 10 等份）（见图 9-31）。

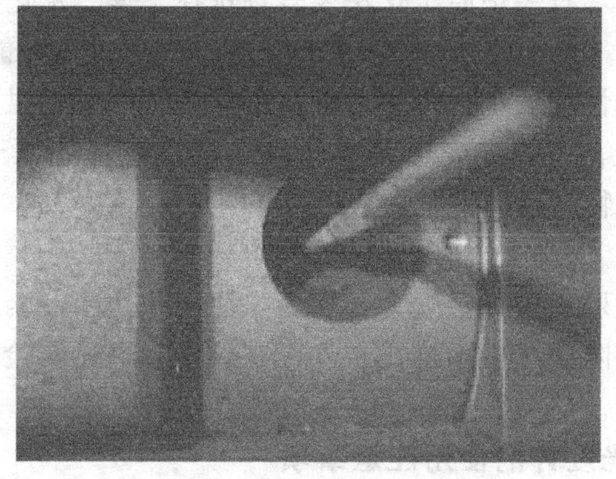

图 9-31 进样针在石墨管中的深度

④ 单击【Finish】，完成进样针在石墨管位置调节。

知识补充

一、测量条件的选择

1. 分析线

通常选择元素的共振线作为分析线。在分析被测元素浓度较高试样时，可选用灵敏度较低的非共振线作为分析线。

2. 狭缝宽度

狭缝宽度影响光谱通带与检测器接收辐射的能量。狭缝宽度的选择要能使吸收线与邻近干扰线分开。当有干扰线进入光谱通带内时，吸光度值将立即减小。不引起吸光度减小的最大狭缝宽度为应选择的合适的狭缝宽。原子吸收分析中，谱线重叠的概率较小。因此，可以使用较宽的狭缝，以增加光强与降低检出限。在实验中，也要考虑被测元素谱线复杂程度，碱金属、碱土金属谱线简单，可选择较大的狭缝宽度，过渡元素与稀土元素等谱线比较复杂，要选择较小的狭缝宽度。

3. 灯电流

空心阴极灯的发射特性取决于工作电流。灯电流过小，放电不稳定，光输出的强度小；

灯电流过大，发射谱线变宽，导致灵敏度下降，灯寿命缩短。选择灯电流时，应在保持稳定和有合适的光强输出的情况下，尽量选用较低的工作电流。一般商品的空极阴极灯都标有允许使用的最大电流与可使用的电流范围，通常选用最大电流的 1/2～2/3 为工作电流。实际工作中，最合适的电流应通过实验确定。空心阴极灯使用前一般须预热 10～30min。

4. 原子化条件

（1）火焰原子化法　火焰的选择与调节是影响原子化效率的重要因素。对于低温、中温火焰，适合的元素可使用乙炔-空气火焰；在火焰中易生成难离解的化合物及难溶氧化物的元素，宜用乙炔-氧化亚氮高温火焰；分析线在 220nm 以下的元素，可选用氢气-空气火焰。火焰类型选定以后，须调节燃气与助燃气比例，以得到所需特点的火焰。易生成难离解氧化物的元素，用富燃火焰；氧化物不稳定的元素，宜用化学计量火焰或贫燃火焰。合适的燃助比应通过实验确定。燃烧器高度是控制光源光束通过火焰区域的。由于在火焰区内，自由原子的空间分布不均匀，随火焰条件而变化，因此必须调节燃烧器的高度，使测量光束从自由原子浓度大的区域内通过，可以得到较高的灵敏度。

（2）石墨炉原子化法　石墨炉原子化法要合理选择干燥、灰化、原子化及净化等阶段的温度和时间。干燥一般在 105～125℃的条件下进行。灰化时，在能除去试样中基体与其他组分而被测元素不损失的情况下，选择尽可能高的温度。原子化温度的选择应该能达到原子吸收最大吸光度值的最低温度。净化或清除阶段，温度应高于原子化温度，时间仅为 3～5s，以便消除试样的残留物产生的记忆效应。

5. 进样量

进样量过小，信号太弱；进样量过大，在火焰原子化法中，会对火焰产生冷却效应，在石墨炉原子化法中，会使除残产生困难。在实际工作中，通过实验测定吸光度值与进样量的变化，选择合适的进样量。

二、原子吸收分光光度计的使用注意事项

① 空心阴极灯预热 20～30min，根据阴极辉光颜色判断灯工作是否正常。长期不用要每隔 2～3 个月在工作电流下点燃 1h，元素灯要轻拿轻放，冷却后才能移动。保持石英窗口洁净，测量中灯室盖不能打开。光电倍增管使用时，为保证良好的工作特性，尽量不用过强的光照射，不使用太高的增益，否则会造成“疲劳”乃至失效。

② 检查雾室的废液是否畅通无阻，如果有水封，一定要设法排除后再进行点火。

③ 采用石墨炉原子吸收光谱法测定时主要注意冷却水的使用，首先接通冷却水源，待冷却水正常流通后方可开始执行下一步的操作。

④ 当发现空心阴极灯的石英窗口有污染时，应用脱脂棉蘸无水乙醇擦拭干净。

⑤ 当燃烧器的缝口存积盐类时，火焰可能会出现分叉，这时应当熄灭火焰，用滤纸插入缝口擦拭，或用刀片插入缝口轻轻刮除积盐，或用水冲洗。

⑥ 当雾化器的金属毛细管被堵塞时，可用软而细的金属丝疏通，或用洗耳球从出样口吹出堵塞物。

任务 4　利用原子吸收分光光度计测定待测样品

任务目标

会使用原子吸收分光光度计火焰法操作界面；

会使用原子吸收分光光度计石墨炉法操作界面。

一、火焰原子化法测定样品

1. 开机

① 开空气压缩机。

② 打开乙炔气钢瓶阀门（见图 9-32）。

③ 待空气压缩机停止工作后，打开光谱仪主机开关，仪器自检（见图 9-33）。

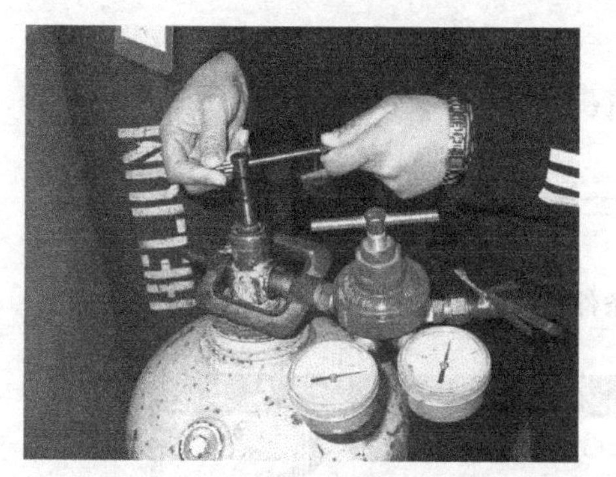

图 9-32　打开乙炔气钢瓶阀门

图 9-33　打开主机开关

④ 自检完成，听到两声清晰的“突”、“突”声后，双击【WinLab32 for AA】图标或【Start-Programme-PerkinElmer　WinLab32 for AA】，进入原子吸收操作界面，仪器进行联机（见图 9-34）。

2. 建立方法

① 单击【File-New-Method】，出现开始条件对话框，在【Element】图标内选择或输入待测元素，选择“Recommended Values”，单击【OK】（见图 9-35）。

② 出现光谱仪对话框。在定义元素界面中光谱仪参数一般选择推荐值。信号类型选择“AA”，信号测量方式选择“Time Average”。在设置界面中设定读数时间一般为 3～5s，延迟时间一般为 0，重复测定次数根据需要进行设定，灯电流选择推荐值。

③ 进入取样器对话框。在火焰界面中设定燃气、助燃气的类型和各自的流量。一般燃气为乙炔，流量为 2L/min，助燃气为空气，流量为 17L/min。

④ 进入标准对话框。在方程式与单位界面中设定方程式的类型、有效数字位数及单位。火焰法选择过零点的直线，最大小数位为 3 位，有效数字为 4 位，单位为 mg/L（见图 9-36）。

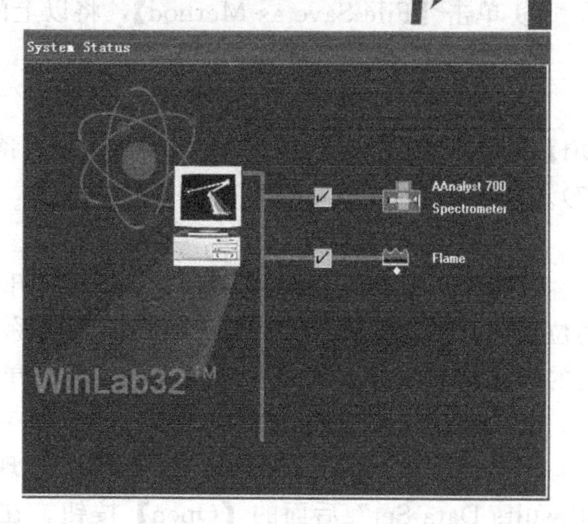

图 9-34　原子吸收操作界面

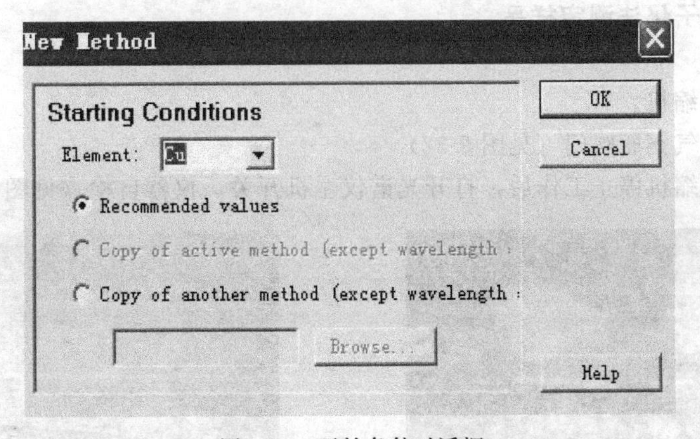

图 9-35 开始条件对话框

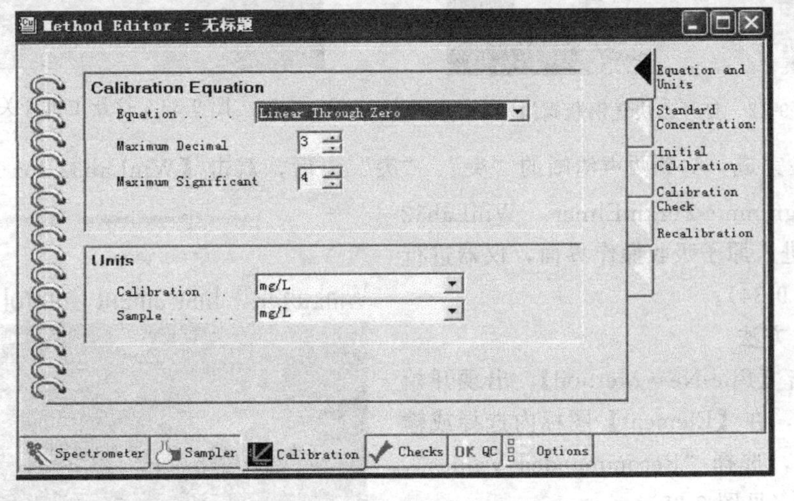

图 9-36 方程式与单位界面

在标样浓度界面中，设定校准空白和校准系列的浓度和名称。

⑤ 进入检查、质控和选项对话框。检查、质控对话框一般不用，选项可用仪器的默认项。

⑥ 单击【File-Save as-Method】，将以上的方法保存。输入方法的名称，单击【OK】。

3. 点灯

单击工具栏中的【Lamps】按钮，出现“Lamp Set up”对话框。单击所用灯的【On/Off】按钮，灯进行预热，一般需要15min。预热后单击【Set up】按钮，将灯点燃（见图9-37）。

4. 样品信息表的建立

单击“File-New-Sample Info File”，打开样品信息编辑对话框。在“A/C”处设定样品的位置，在“Sample ID”处设定样品的名称。单击“File-Saveas-Sample Info File”，将以上的样品信息保存。输入样品信息的名称，单击【保存】（见图9-38）。

5. 结果信息表的建立

单击工具栏中的【Manual】按钮，出现“Manual Analysis Control”对话框。单击“Results Data Set”后面的【Open】按钮，在出现的对话框中输入结果信息的名称，单击【OK】（见图9-39）。

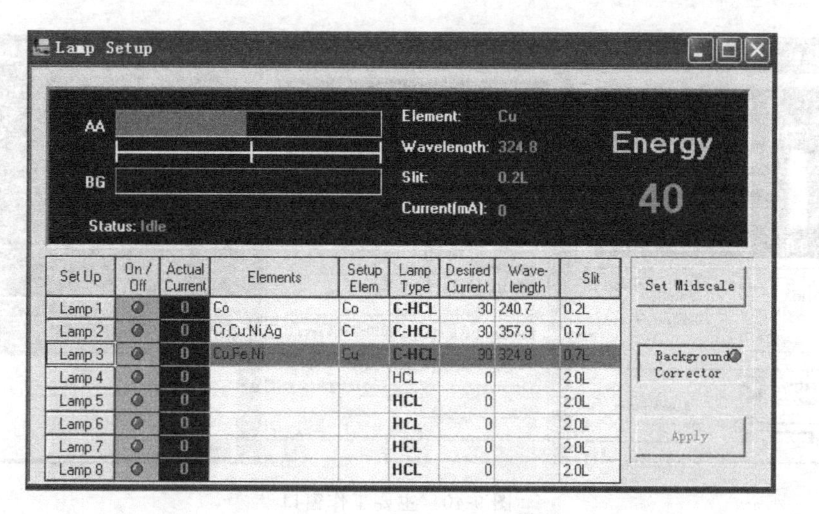

图 9-37　“Lamp Setup”对话框

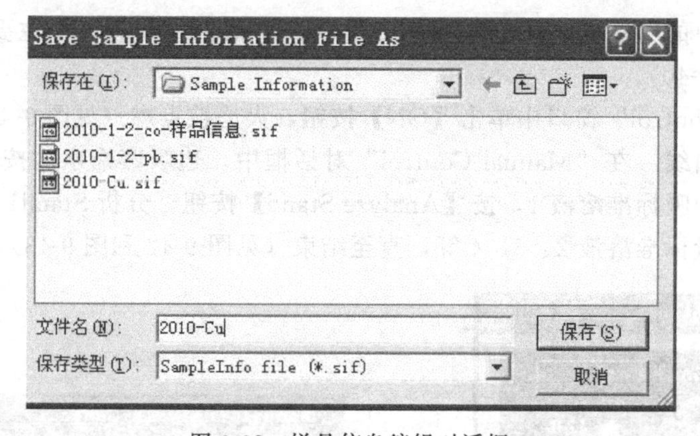

图 9-38　样品信息编辑对话框

图 9-39　“Manual Analysis Control”对话框

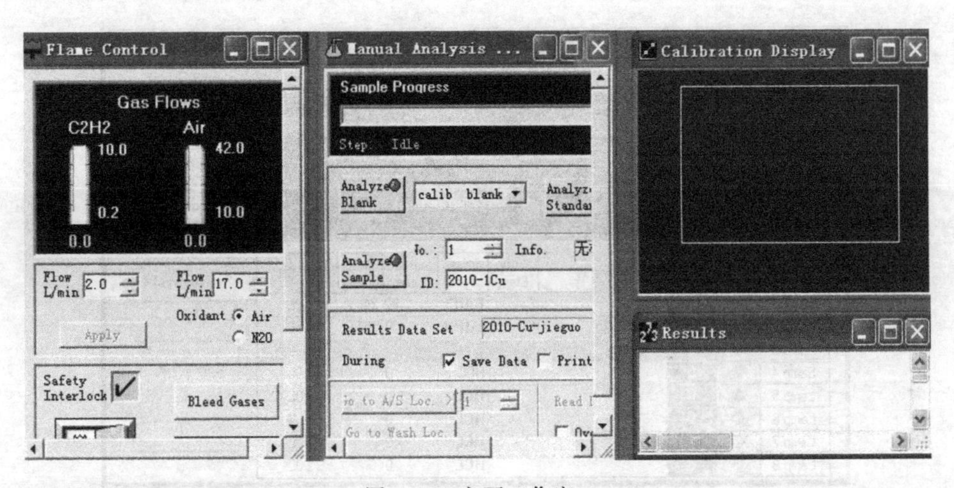

图 9-40 主要工作窗口

6. 测定

单击工具栏中的【Work Space】按钮，出现一对话框，共有 4 个主要工作窗口，调节一下大小（见图 9-40）。

在“Flame Control”窗口中单击【ON】按钮，火焰被点燃（见图 9-41）。

（1）做工作曲线 在“Manual Control”对话框中，边吸蒸馏水边按【Analyze Blank】按钮，分析空白。吸标准溶液 1，按【Analyze Stand】按钮，分析 Stand1。用蒸馏水洗一下毛细管，依次测量标准溶液 2、3、4 等，直至结束（见图 9-42 和图 9-43）。

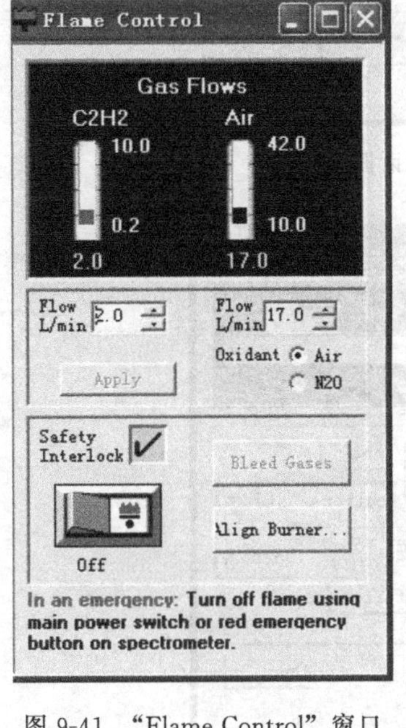

图 9-41 “Flame Control”窗口

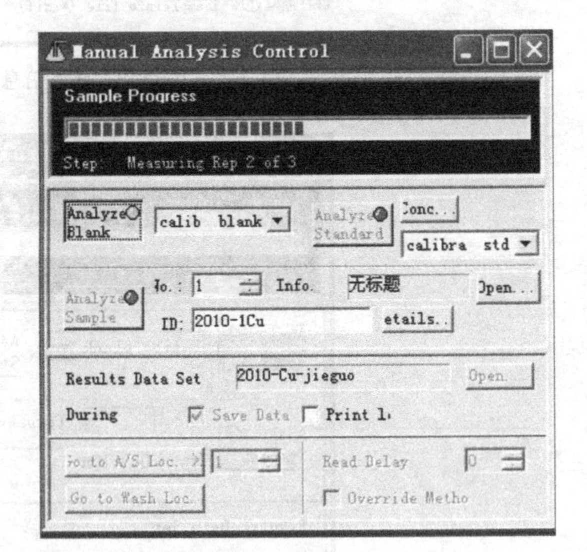

图 9-42 “Manual Analysis Control”对话框（一）

（2）样品测定 边吸样品溶液，边按【Analyze Sample】按钮，分析样品。待按钮上的绿的显示灯熄灭，该样品分析完毕（见图 9-44）。

7. 生成报告

单击“Start-Programme-Perkin Elmer Winlab 32 for AA-Data Manager”，在出现的

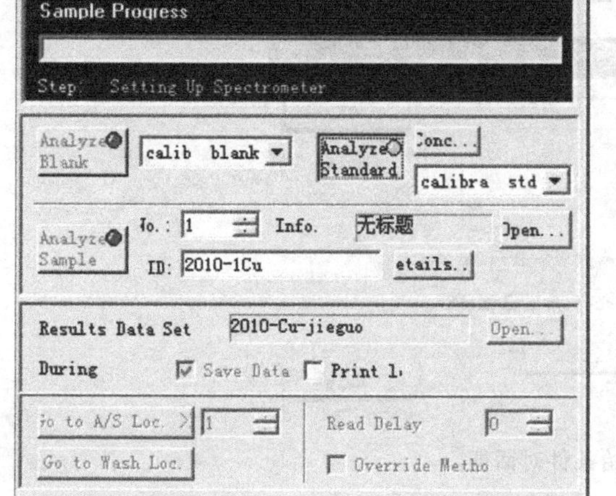

图 9-43　“Manual Analysis Control”对话框（二）

图 9-44　“Manual Analysis Control”对话框（三）

“Data Manager”对话框中选择所要打印的数据，单击“Data Manager”对话框中的【Report】，出现“Data Reporting”对话框，单击【Preview】，则生成报告预览窗口，单击打印图标，进行打印。

8. 熄火与关机

① 在样品测定完成后，让火焰空烧同时吸收蒸馏水 10～15min。

② 单击火焰控制窗口中【Off】按钮，熄灭火焰。

③ 关乙炔钢瓶。

④ 在“Lamps Control”对话框中，单击元素灯上的【On/Off】按钮，关灯。

⑤ 单工具栏中的【Windows】按钮，单击“Close All Windows”，关闭所有打开的窗口。

⑥ 单击【File-Exit】，离开 Winlab 32AA 应用软件界面。

⑦ 关主机电源。

⑧ 关空气压缩机。

二、利用石墨炉原子化法测定样品

1. 开机

① 开空气压缩机。

② 打开氩气钢瓶阀门。

③ 开冷水循环机。

④ 待空气压缩机停止工作后，打开光谱仪主机开关，仪器自检。

⑤ 自检完成，听到两声清晰的“突”、“突”声后，双击“WinLab32 for AA”图标或进入“Start-Programme-PerkinElmer Winlab32 for AA”，进入原子吸收操作界面。

⑥ 转换到石墨炉。依次单击“File”→“Change Technique”→“Furnace”。在“WinKab 32”对话框中出现“The system is about to move the atomizer”，单击【OK】。再出现“The technique will now be changed”，单击【OK】，则火焰和石墨炉进行切换，切换完毕后，仪器进行联机。

2. 建立方法

① 单击“File-New-Method”，出现开始条件对话框，在【Element】图标内选择或输入被测元素。选择“Recommended Values”，单击【OK】(见图 9-45)。

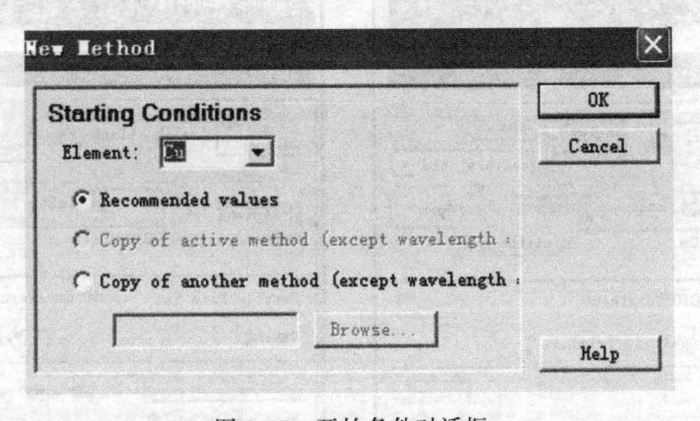

图 9-45 开始条件对话框

② 出现光谱仪对话框。在定义元素界面中光谱仪参数一般选择推荐值。信号类型选择“AABG”，信号测量方式选择“Peak Area”。在设置界面中设定读数时间、延迟时间、样品重复测定次数。灯电流选择推荐值。

③ 进入取样器对话框。在石墨炉程序界面中设定石墨炉升温程序，进样温度一般为20℃。在自动进样器界面中设定试样体积（20μL），稀释液体积、位置，基体改进剂体积、位置等。

④ 进入标准对话框。在方程式与单位界面中，设定方程式的类型、有效数字位数及单位。石墨炉法选择过零点的直线，最大小数位为3位，有效数字为4位，单位为μg/L。

在标样浓度界面中，单击“Calculate standard volumes”，出现“Calculate standard volumes”对话框，在其中设定校准空白和试剂空白在自动进样器中的位置，校准储备液的浓度以及在自动进样器中的位置、标准系列的浓度，设定完毕单击【OK】，则仪器进行在线稀释，稀释好后的标准系列出现在标样浓度界面中（见图 9-46～图 9-48）。

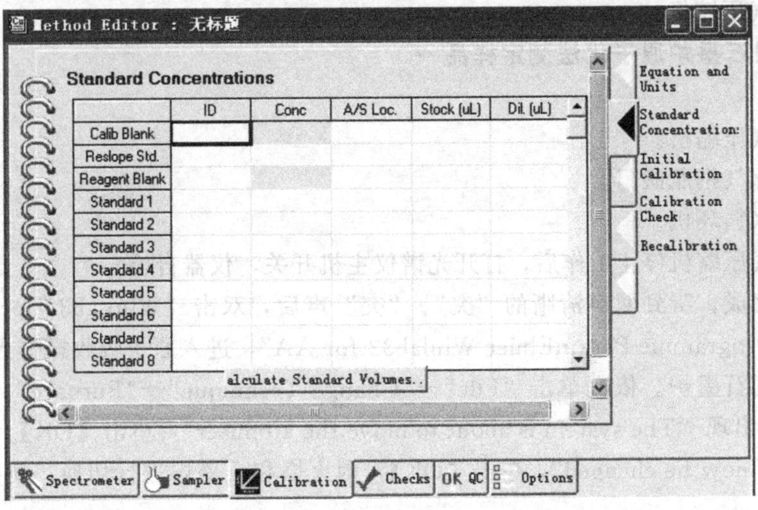

图 9-46 标样浓度界面（初始值）

⑤ 进入检查和质控对话框。

⑥ 进入选项对话框（检查质控和选项对话框一般不用）。

⑦ 单击“File-Save as-Method”，将以上方法保存。输入方法的名称，单击【OK】。

3. 点灯

单击工具栏中的“Lamps”按钮，出现“Lamp Setup”对话框。按火焰法进行灯的预热与点灯（见图 9-49）。

4. 样品信息表的建立

单击“File-New-Sample Info File”，打开样品信息编辑对话框。在“A/S”处设定样品的位置，在“Sample ID”处设定样品的名称。单击“File-Save as-Sample Info File”，将以上的样品信息保存。输入样品信息的名称，单击【OK】（见图 9-50 和图 9-51）。

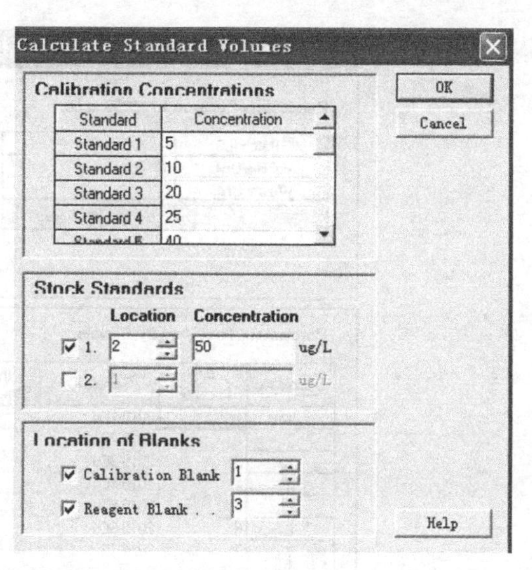

图 9-47 “Calculate Standard Volumes”对话框

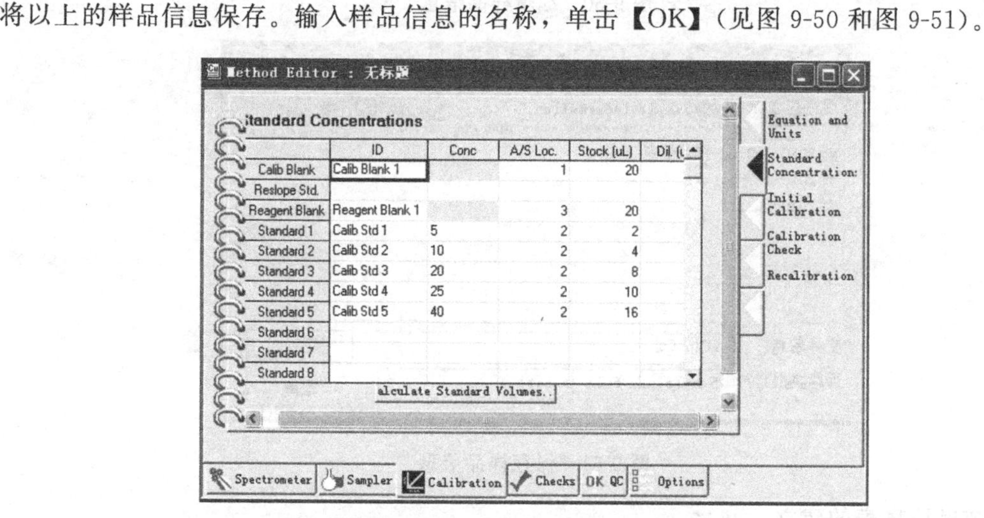

图 9-48 标样浓度界面（结果值）

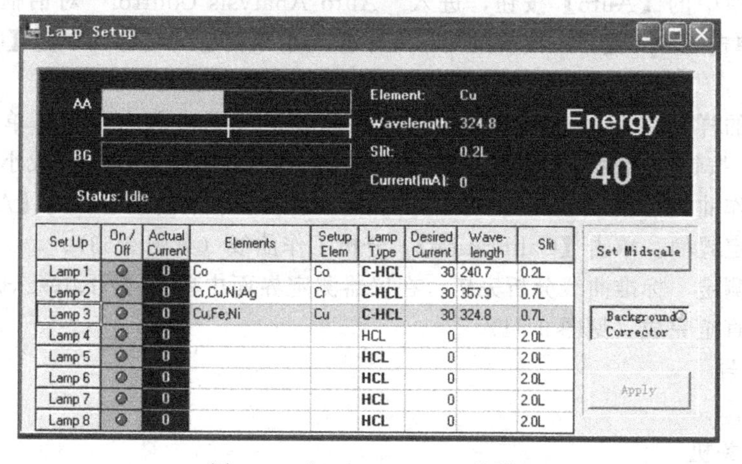

图 9-49 “Lamp Setup”对话框

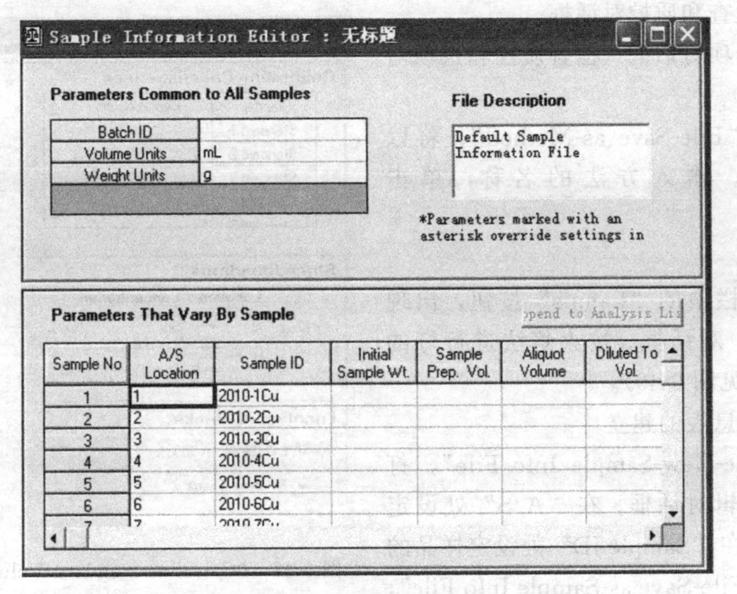

图 9-50 编辑样品信息

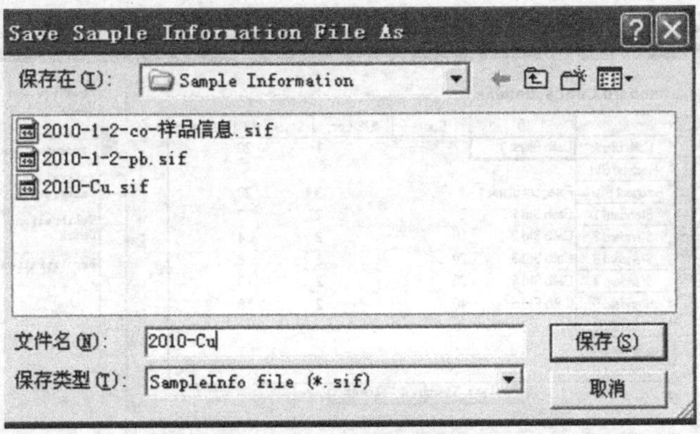

Save Sample Information File As

保存在(I): Sample Information

2010-1-2-co-样品信息.sif

2010-1-2-pb.sif

2010-Cu.sif

文件名(N): 2010-Cu 保存(S)

保存类型(T): SampleInfo file (*.sif) 取消

图 9-51 保存样品信息

5. 结果信息表的建立

单击工具栏中的【Auto】按钮，进入“Auto Analysis Control”对话框。在“Results Data Set”处单击【Open】，在出现的对话框中输入结果信息的名称，单击【OK】。

6. 测定

将欲测定的样品溶液和标准溶液系列放在自动进样器的各自位置。单击工具栏中的【Work Space】按钮，出现一对话框，共有4个主要工作窗口，调节一下大小（见图 9-52）。

（1）做工作曲线　在“Automated Analysis”对话框中单击最下方的【Analyze】按钮，进入到仪器测定界面。单击【Calibration】，分析工作曲线（见图 9-53）。

（2）样品测定　标准曲线分析完毕，在仪器测定界面中单击【Analyze Samples】，则自动分析样品，直至完成（见图 9-54）。

7. 生成报告

同火焰法。

8. 熄火与关机

① 关氩气钢瓶。

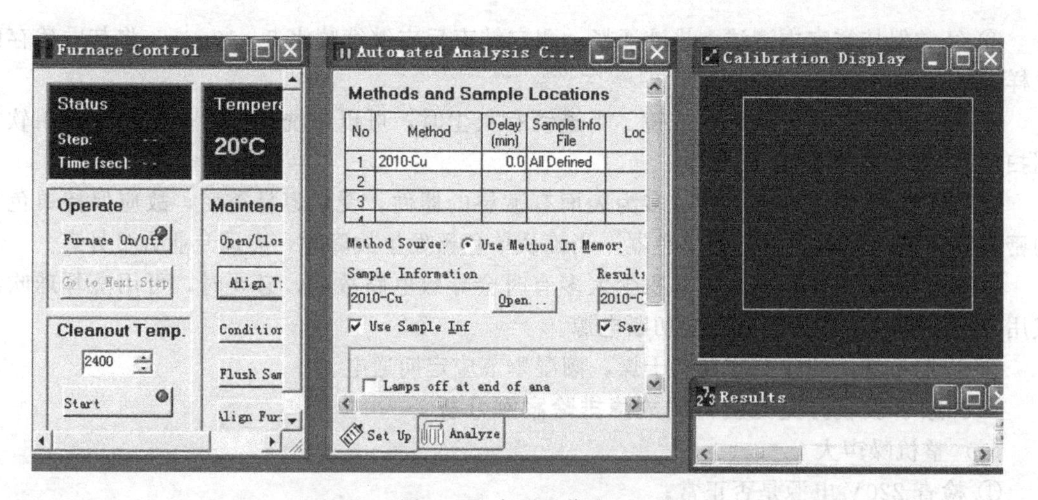

图 9-52 主要工作窗口

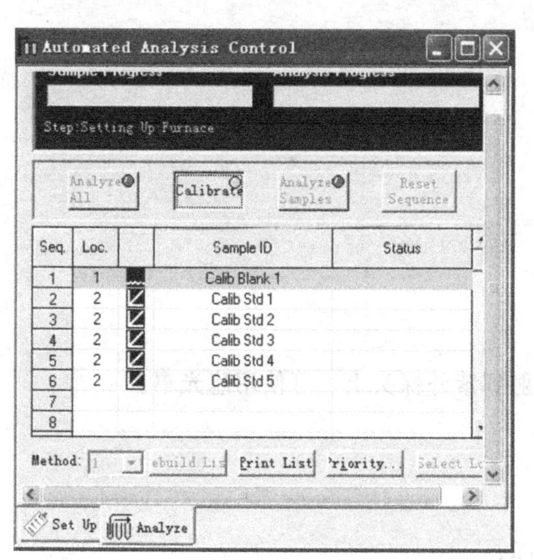

图 9-53 “Automated Analysis Control”对话框（初始值）

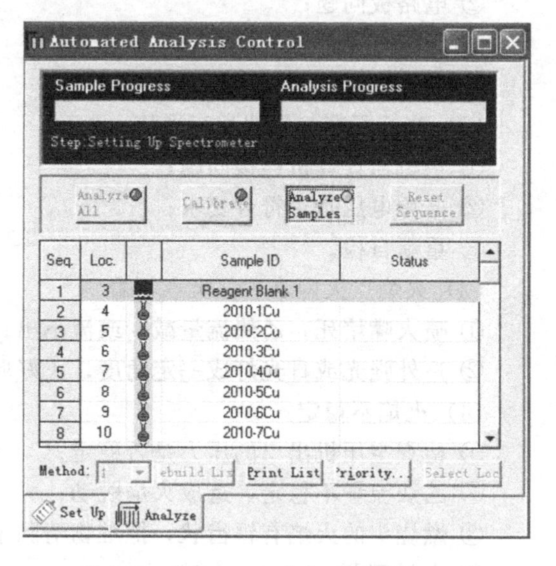

图 9-54 “Automated Analysis Control”对话框（结果值）

② 在“Lamps Control”窗口中单击元素灯上的【On/Off】按钮，关灯。

③ 单击工具栏中的【Windows】按钮，单击【Close All Windows】，关闭所有打开的窗口。

④ 单击“File-Exit”，离开 WinLab 32AA 应用软件界面。

⑤ 关主机电源。

⑥ 关空气压缩机。

⑦ 关冷水循环机。

知识补充

一、原子吸收分光光度计的维护与保养

① 在空气压缩机的送气管道上，应安装气水分离器，经常排放气水分离器中集存的冷凝水。冷凝水进入仪器管道会引起喷雾不稳定，进入雾化器会直接影响测定结果。

② 经常保持雾室内清洁、排液通畅。测定结束后应继续喷水 5～10min，将其中残存的试样溶液冲洗出去。

③ 不要用手触摸外光路的透镜。当透镜有灰尘时，可以用洗耳球吹去，也可以用软毛刷扫净，必要时可用镜头纸擦净。

④ 单色器内的光栅和反射镜多为表面有镀层的器件，受潮容易霉变，故应保持单色器的密封和干燥。不要轻易打开单色器，当确认单色器发生故障时，应请专业人员处理。

⑤ 长期使用的仪器，因内部积尘太多有时会导致电路故障，必要时，可用洗耳球吹净或用毛刷刷净。处理积尘时务必切断电源。

⑥ 长期不使用的仪器应保持干燥，潮湿季节应定期通电。

二、原子吸收分光光度计的故障排除案例分析

(1) 整机噪声大

① 检查 220V 电源是否正常；

② 电路板问题；

③ 周围有无磁场干扰；

④ 检查光源。

(2) 波长不准，且波长有平移

① 主机与计算机连接问题；

② 电源电压是否符合要求；

③ 重新自检。

(3) 火焰点火困难，甚至点不着

① 喷火嘴堵死，乙炔流量减少或流不出；

② 户外强光或日光灯成一定角度，正好照射到紫外探头上，可使用遮光罩。

(4) 火焰不稳定

① 检查空压机出口的压力是否稳定；

② 乙炔流量不稳定，造成火焰跳动；

③ 燃烧头的火焰有锯齿状，把脏物清除干净；

④ 水封问题；

⑤ 排风扇风太大。

(5) 火焰测试时数据偏高

① 检查整机噪声是否太大；

② 波长是否准确，若不准则应重新自检；

③ 扣背景是否有问题，氘灯光斑是否与空心阴极灯的光斑重合；

④ 光谱带宽选择是否合适。

(6) 漂移大

① 检查电源电压是否波动；

② 火焰气体流量是否稳定；

③ 环境温度是否太高或太低；

④ 元素灯和氘灯是否到期，是否稳定。

(7) 火焰法测量时吸光度偏低

① 光斑是否在燃烧缝正上方；

② 火焰高度是否合适；

③ 乙炔流量大小是否合适；
④ 雾化器是否在最佳状态、是否受堵。
(8) 能量指示“不足”，负高压超上限
① 灯没有点亮；
② 灯位上的元素灯没装或装错；
③ 灯座接触不良；
④ 元素灯老化；
⑤ 光路有物挡光；
⑥ 波长偏差大；
⑦ 前置放大器电路出现故障；
⑧ 灯位不准，入射光斑偏离；
⑨ 物镜、透镜等光学元件沾污。
(9) 火焰测量时吸光度重复性差
① 火焰是否稳定；
② 检查扣背景是否有问题，先查氘灯的光斑是否与空心阴极灯的光斑重合；
③ 雾化器是否正常；
④ 测试时周围有无强电磁场干扰。
(10) 开机时显示器不亮
① 总电源保险丝断路；
② 电源不正常。
(11) 空心阴极灯不亮或工作不正常
① 检查灯电源；
② 换灯进行试验，换下来的灯是否灯脚有污物。
(12) 基线稳定性差，噪声明显变大
① 波长没有调准；
② 灯没有调到光强最佳位置；
③ 光路没对准火焰；
④ 气路进水；
⑤ 灯质量变差；
⑥ 电子线路接触不良；
⑦ 外接电源电压不稳；
⑧ 有外来干扰；
⑨ 乙炔气不纯。
(13) 灵敏度低
① 检查提吸速度，应为4～6mL/min；喷雾器毛细管堵塞；
② 撞击球位置不佳；
③ 燃烧位置不正确；
④ 波长值没有对准；
⑤ 狭缝过大；
⑥ 灯电流过大；
⑦ 试液浓度配制错误；

⑧ 乙炔不纯；

⑨ 空气与乙炔气比例有错；

⑩ 有漏气现象。

(14) 燃烧器回火

① 没有遵守先开助燃气后开燃气然后点火的点火顺序；

② 废液排放管的“水封”安装不当。

(15) 读数漂移或重现性差

① 燃烧器预热时间不够；

② 燃烧器缝隙或雾化器毛细管有堵塞；

③ 雾化器的毛细管有漏洞；

④ 雾化器的毛细管有污染物；

⑤ 废液排放口不畅通或浸在废液中，导致燃烧室内积水；

⑥ 气体工作压力有变化；

⑦ 被测试温度有变化。

项目9 原子吸收分光光度计使用与维护——任务实施记录单 见《学生实践技能训练工作手册》。

项目9 原子吸收分光光度计使用与维护——操作技能考核表 见《学生实践技能训练工作手册》。

项目9 原子吸收分光光度计使用与维护——知识测试题 见《学生实践技能训练工作手册》。

【阅读材料一】

原子吸收英文操作界面说明

英　文	中　文　说　明
Spectrometer	光谱仪：选择分析物并定义光谱仪参数
Define Element	定义元素：在此页中定义要测定的元素光谱参数以及信号测量参数
Method	方法描述：帮助你记忆如何使用此方法的文字
Element	元素：试样中的待测元素
Wavelength(nm)	波长：用来进行测量的谱线
Slit Width(nm)	在设置期间进行测量时所使用的狭缝宽度和高度
Signal	信号：这部分的条目用于指定信号的测量方式
Type	类型：此仪器能够测量未校正的原子吸收信号、经过背景校正的原子吸收信号或火焰发射信号
Measurement	测量：此仪器能够测量时间的平均信号、峰面值或峰高度
Smoothing(points)	平滑(点)：当测量峰高度信号时，用户可能希望在测量峰高之前对信号进行平滑处理，以去掉噪声
Settings	设置：在此页中指定读数时间和延迟时间，重复测定次数以及灯电流
Read Parameters	读数参数
Time(sec)	时间(s)

续表

英 文	中 文 说 明
Delay Time(sec)	延迟时间(s)
BOC Time(sec)	BOC 时间(s)
Replicates	重复测定
Same for All Sampl.	试样相同
Vary by Sampl.	随试样而变
Lamp Current	灯电流
Use value entered in Lamp Setup wi.	使用灯“设置窗口”中输入的值
Use current (mA)	使用电流(mA)
Sampler	取样器:定义当前使用的取样设备(如自动取样器和原子化源)的参数
Furnace Program	炉程序:在此页中将石墨管温度和内部气体流量定义为时间的函数
Step	步骤:使用的炉温度的步骤顺序
Temp(℃)	温度:该步骤坡升阶段的目标温度
Ramp Time	坡升时间:上一步骤最终温度与当前步骤的编程温度之间应经过的时间
Hold Time	维持时间:在进行到下一步骤之前最终温度应维持的时间
Internal Flow	内部流量:在上步骤期间,应流经管路的内部气体量
Gas Type	气体类型:选择在步骤期间,应流经管路内部的气体种类
Read	读数步骤:光谱仪记录分析数据的炉程序步骤
Default Program.	默认程序:单击将炉程序还原为当前元素所对应的厂家所推荐的条件
Injection Temperature	注入温度(℃):自动取样器注入试样时石墨管的温度
Extra Furnace Cleanout	额外炉清洗步骤:决定在某些情形下是否应执行额外的炉清洗步骤
Auto-sampler	自动取样器:在此页中定义试样、稀释液及基体改性剂溶液的体积及位置
Furnace Auto-sampler	炉自动取样器
Sample	试样
Volume(μL)	体积
Diluent Volume	稀释液体积
Diluent Location	稀释液位置
Matrix Modifiers	基体改性剂
#1 Volume(μL)	#1 体积
Location	位置
Add to calibration blank and sta.	添加到校准空白和标样
Add to reagent blank and sam.	添加到试剂空白和试样
Sequence	序列:定义自动取样器取样操作与炉程序步骤之间的关系
Auto-sampler and Furnace Sequence	自动取样器和炉序列
Step	步骤:在安排取样操作和炉程序步骤的序列中每一步骤的标识符
Actions and parameters	操作和参数

续表

英 文	中 文 说 明
Change sequence	更改序列
Simple	简单
Custom	自定义
Pipet speed	取样速度
Dispensing	分配
Calibration	校准
Equation and Units	方程式和单位
Calibration Equation	标准方程式
Maximum Decimal	最大小数位数
Maximum Significant	最大有效位数
Additions	加入法
Units	单位
Calibration	校准
Sample	试样
Standard Concentration	标样浓度
Calib Blank	标样空白
Reslope Std.	重置斜率
Standard 1	标样 1
ID.	标识
Conc.	浓度
A/S Loc.	自动取样器位置
Stock	储备标样体积
Dil. (μL)	稀释液体积
Initial Calibration	初始校准曲线
When opening this method manually	当手工打开此方法时
Load the calibration curve set select	装载以下所选的标准曲线组
When using this method in a multi-method sequence	当在多方法序列中使用此方法时
Start by constructing new calibration sequence	通过建立新的标准曲线来开始
Start using the stored calibration curve set	使用以下所选的已存的校准曲线来开始
Check Recalibration	相关系数
Minimum Correlation	最小相关系数
Repeat	重复
Times and continue	次数，如果正常则继续
If still	如果仍不正常
Checks	检查
QC.	质控
Option	选项
lamps	灯设置
Set Up	设置：单击下面的一个灯按钮将相应的灯打开，并使其成为活动状态以便进行设置

续表

英 文	中 文 说 明
On/Off	开/关
Actual Current	实际电流：显示每盏灯的实际电流
Elements	元素：每盏灯中的元素列表。对于有编码的灯，这些元素由软件自动输入。但是，对于无编码的灯则必须由分析人员手动输入
Lamp Type	灯类型：指出灯是否有编码以及灯的类型，即空心阴极灯或无极放电灯
Desired Current	需要的电流：灯打开时将应用的电流
Wavelength	波长：设置期间用来进行测量的谱线
Slit	狭缝：设置期间用来进行测量的狭缝宽度和高度
Set Mid scale	设置中间刻度：单击将检测器参数设置为对活动灯而言最佳的值，并将其恢复到中间刻度
Background Corrector	背景校正器：单击以打开氘灯背景校正器
Auto.	自动分析控制
Methods and Sample Locations	方法和试样位置
No.	编号：用于分析试样的方法序列号
Delay (min)	延迟(min)：系统在方法设置后为达到平衡在分析标样和试样前将等待的时间
Sample Info. File	试样信息文件：如何使用试样信息文件，确定要分析的试样
Locations	位置：包含要分析试样的自动取样器位置
Sample Nos.	试样编号：试样信息文件中定义要分析的试样的编号
Method Source	方法来源：指定开始分析试样时方法所在的位置
Use Method In Memory	使用内存中的方法
Open Methods in Li.	打开列表中的方法
Sample Information	试样信息文件
Results Data Set	结果数据组名称
Use Sample In.	使用试样信息
Analyze	分析
Analyze All	全部分析：先分析空白和标样以建立校准曲线，然后再分析所有试样
Calibrate	校准
Analyze Samples	分析试样
Seq.	序列：分析空白样、标样和试样的顺序
Loc.	位置
Sample ID.	试样识别码
Status	状态
Rebuild List	重建列表
Print List	打印列表
Select Loc.	选择试样位置
Reproc.	数据再处理

续表

英 文	中 文 说 明
Sample Type	试样类型
Omit Replicates	忽略重复测定:再处理时不应包括重复测定
Data Time	日期和时间
Initial Sample Wt.	试样初始重量
Initial Sample Vol.	试样初始体积
Sample Units	试样单位
Weight Units	重量单位
Sample prep. Vol.	制备试样体积
Aliquot Volume	稀释前体积
Diluted To Vol.	稀释后体积
Volume Units	体积单位
Furnace	炉控制
Operate	操作
Furnace on/off	启动/关闭炉
Cleanout	清理
Maintenance	维护
Align Tip	校准提示
Condition Tube	条件管
Flush Sampler	冲洗取样器
Align Furnace	校准炉

【阅读材料二】

原子吸收分光光度计火焰的基本特性

一、火焰的燃烧特性

着火极限、着火温度和燃烧速度是火焰的燃烧特性，称为火焰三要素。只有燃气在混合气体中的百分含量处于某一范围内，燃烧才能开始，并扩展到个混合气体中，形成火焰。此燃气含量的上下限称为着火极限。在着火极限内，燃烧能够自发地扩展到整个混合气体的最低温度，称为着火温度。可燃混合气体的某一点，其温度一旦达到着火温度就开始燃烧，由于热传导作用，燃烧反应的混合气的这一点将传播到邻近气层，若初始反应产生的热量除了补偿由于热传导和辐射造成的损失外，还能将邻近气层的温度提高到它的着火温度，则燃烧反应将持续下去，并以恒定的速度传播到整个可燃混合气，形成火焰。此传播速度就是该火焰的燃烧速度。火焰的三要素取决于可燃混合气体的性质和组成、初始压力和温度、燃烧器皿的结构和器壁的性质等众多因素。

在实际使用中，火焰的燃烧速度是三要素中最重要的因素，它直接影响着火焰的安全使用和稳定的燃烧。火焰的燃烧速度与气体成分、最初温度、湿度和气流速度有关。要使火焰稳定而安全地燃烧，应使燃烧速度等于或小于气流速度在火焰前沿上的垂直分量。

气流速度取决于供气压力、燃烧器的结构和形状。对于常用缝式燃烧器，在给足的供气压力下，气流速度则取决于燃烧器的开口面积，缝宽而长，则气流速度小，反之则大。

二、火焰温度

火焰温度是火焰的主要特征之一，它对火焰中化合物的形成和离解以及待测元素原子化都起着重要作用。在火焰中，一方面，可燃混合气燃烧反应产生大量热能；另一方面，由于火焰中化合物的解离，以及为了将火焰中存在的平衡混合物提高到火焰温度要求消耗热量，还有火焰气体燃烧时产生的体积膨胀，也要消耗部分能量，这两方面的热能平衡决定了火焰温度。当火焰处于热平衡状态时，温度就可以用来表征火焰的真实能量。由于上述原因，在常压下，化学火焰的最高温度仅为3000℃左右。

当吸喷试液进入火焰时，火焰要消耗大量的热量来蒸发、分解试液溶剂，以及将分解产物提高到火焰温度，从而导致火焰温度的下降。如果溶剂是水，对于低温火焰，由于火焰分解水量小，这种降温效应不明显，但对于高温火焰来说，由于分解水量大，这种降温效应则十分显著。有机溶剂在火焰中能燃烧并释放出大量热能，将它们引入低温火焰，将有助于提高火焰温度。但对于高温火焰，有机溶剂不能明显地提高火焰温度，仍以降温效应为主，所以为了保证火焰原子化的效果，在实际工作中应注意选择合适的样品溶剂和进液量的多少。

原子吸收光谱法所用的火焰一般都是在大气中直接燃烧的。从外界扩散至火焰中的气体发生解离也会影响到火焰温度。所有反应都是强烈的吸热反应，解离时要消耗燃烧反应所产生的热量，降低火焰温度。对于原子吸收光谱分析而言，只有基态原子对原子吸收分析才是有效的。这就要求火焰必须具有足够的温度，以保证试样充分蒸发和待测元素化合物解离为自由原子。从这个意义上来说，火焰温度应该越高越好，但是火焰温度提高后，火焰发射强度增大，多普勒效应增强，吸收线变宽、气体膨胀因素增大，从而使自由原子浓度降低，导致测定的灵敏度降低。此外，对于那些电离电位较低的元素，如Na、K、Rb和Cs，火焰温度高导致它们在火焰中产生严重电离，基态原子浓度降低。因此，在实际工作中，应根据试样性质和被测元素的物理特性来完成温度选择。

三、火焰组成

火焰的组成决定了火焰的氧化还原特性，并直接影响到待测元素化合物的分解及难解离化合物的形成，进而影响到原子化效率和自由原子火焰区中的有效寿命。影响火焰组成的因素较多，如火焰的类型、同类火焰的燃助比、火焰的燃烧环境等。对于同一类型火焰，根据燃助比的变化可分为富燃焰、化学计量焰和贫燃焰。所谓化学计量焰，是指燃助比例完全符合该燃气与助燃气的燃烧反应系数比。这种火焰温度最高，但火焰本身不具有氧化还原特性。富燃焰是指燃气大于化学计量焰的燃助比中燃气的火焰，这种火焰温度虽然略低于化学计量焰，但它由于燃气增加使得火焰中碳原子的浓度增高，使火焰中具有一定的还原性，有利于基态原子的产生。贫燃焰是指燃气小于化学计量焰燃助比中燃气的火焰，这种火焰温度较低，并具有明显的氧化性，此种火焰多用于碱金属等易电离元素的测定。

在原子吸收光谱分析中，使用较多的是富燃焰，经研究表明，在空气-乙炔火焰中，当乙炔含量增加时，碳原子浓度增加，整个火焰还原性增强。当碳和氧的光原子比C/O=1时，火焰组成和性质发生突变，H_2O、CO_2、O_2 等气体分子从火焰中完全消失，火焰发亮，若再进一步增加乙炔量，固体碳粒浓度增加，火焰更亮，但还原性保持不变而火焰温度下降。

使用有机溶剂喷入火焰，可以改变火焰的组成和特性。对于氢火焰，有机溶剂的引入只影响火焰温度，原因是氢火焰燃烧产物是水，而水火是不相容的。不过，若将有机溶剂引入烃火焰，它不仅可作为附加热源，提高火焰温度，而且更重要的是改变了火焰的组成和反应特性。根据有机溶剂内C/O比的不同，可将溶剂分为3类，C/O比大于1的是还原性溶剂，这类溶剂如C_6H_6、C_2H_5OH等，它们可以提高火焰的C/O比；C/O比等于1的是中性溶剂，如CH_3OH，它的引入不会改变火焰中的C/O比；C/O比小于1的是氧化性溶剂，如HCOOH、H_2O等，它们引入将降低火焰的C/O比。

四、火焰的透射性能

火焰的类型不同，其对不同波长的吸收能力不同，火焰本身的发射特性也不同，烃火焰在短波区具有较大的吸收，而氢火焰吸收较小，所以，对那些共振线位于短波区的元素，如As、Se、Pb、Zn、Cd等，最好采用空气-氢火焰，以减少火焰吸收的影响。空气-乙炔火焰在整个可见光区都有不同的发射信号，这些发射信号多来自火焰中激发分子的辐射谱带。氧化亚氮-空气有N分子谱带，这些发射信号使得火焰的噪声增加，测量准确性下降。

五、几种常见的化学火焰

用于原子吸收光谱分析的气体混合物有空气-氢气、氩气-氢气、空气-丙烷、空气-乙炔和氧化亚氮-乙炔等。采用氢气作燃气的火焰温度不太高（约2000℃），但这种氢火焰具有相当低的发射背景和吸收背景，适用于共振线位于紫外区域的元素（如As、Se等）分析。空气-丙烷火焰温度更低（约1900℃），干扰效应大，仅适用于那些易于挥发和解离的元素，如碱金属和Cd、Cu、Pb等。实际应用最多的火焰是后两种火焰，目前为原子吸收分析所通用。

1. 空气-乙炔火焰

使用空气-乙炔火焰的原子吸收光谱分析可以分析约35种元素，这种火焰的温度约为2300℃，空气-乙炔火焰燃烧稳定，重现性好，噪声低，燃烧速度不太快，有158cm/s，但火焰温度较高，最高温度可达2500℃，对大多数元素都有足够的灵敏度，调节空气、乙炔的流量比可以改变这种火焰的燃助比，使其具有不同的氧化-还原特性，这有利于不同性质的元素分析。空气-乙炔火焰使用较安全，操作较简单。这种火焰的不足之处是火焰对波长小于230nm的辐射有明显的吸收，特别是发亮的富燃焰。由于存在未燃烧的碳粒，使火焰发射和自吸收增强，噪声增大，这种火焰的另一种不足之处是温度还不够高，对于易形成难熔氧化物的元素以及稀土元素等，这种火焰原子化效率较低。

2. 氧化亚氮-乙炔火焰

也就是俗称的笑气-乙炔火焰，这种火焰的温度可达2900℃，接近氧气-乙炔火焰（约3000℃）。可以用来测定那些形成难熔氧化物的元素。这种火焰的燃烧速度为160cm/s，接近空气-乙炔火焰。使用这种火焰大大地扩展了火焰原子吸收光谱分析的应用范围，可测定70多种元素。

氧化亚氮-乙炔火焰具有强烈的还原性，所以能减少甚至消除某些元素测定时的化学干扰。例如，采用空气-乙炔火焰测定Ca时，磷酸盐存在时产生干扰。但采用氧化亚氮-乙炔火焰测定，上述干扰全部消失，100倍以上的干扰离子不影响测定。氧化亚氮-乙炔火焰的原子化效率对燃气与助燃气流量的变化极为敏感，因此在实际工作中，应严格控制燃助比和燃烧器高度，否则，很难获得理想的分析效果。这种火焰不能直接点燃，必须先点燃普通的空气-乙炔火焰，待火焰稳定燃烧后，把火焰调节到稍富燃状态，然后迅速将空气切换成氧化亚氮。熄灭火焰时，也应先将氧化亚氮切换成空气，然后再切断乙炔供气，熄灭火焰，这一过渡过程必须严格遵守，否则该火焰极易回火爆炸。氧化亚氮-乙炔火焰在某些波段内具有强烈的自发射，使信噪比降低，该火焰的高温使许多被测元素产生电离现象，引起电离干扰。

模块四

色谱分析仪器的使用与维护

学习内容

气相色谱仪、液相色谱仪、离子色谱仪的结构组成及其作用；各种分析仪器工作原理；各种分析仪器的安装、调试；各仪器的操作流程、注意事项及日常维护与保养等。

项目10　气相色谱仪的使用与维护

预期学习目标

◆ 熟悉气相色谱仪实验室环境要求与管理规范；

◆ 熟悉气相色谱仪的各组成部分及作用、安装、调试等；

◆ 理解气相色谱仪的分析原理及各种检测器使用范围；

◆ 掌握气相色谱仪的操作流程、分离操作条件的选择及注意事项；

◆ 能够对气相色谱仪出现的故障进行排除及进行日常维护；

◆ 能够按照说明书制定出不同型号气相色谱仪的操作规程；

◆ 能够熟练操作工作软件；

◆ 能够运用所学理论知识，对实际样品分析设计出合理的方案，并正确使用气相色谱仪完成分析任务；

◆ 具有较好的逻辑性、合理性的科学思维方法能力；

◆ 具备较强的自我防护和应急事故处理能力。

具体工作任务

① 气相色谱仪的结构认知；

② 气相色谱仪安装和气路系统连接及检漏；

③ 气相色谱仪进样口及色谱柱的安装；

④ 气相色谱载气流量的测定和校正；

⑤ 气相色谱仪控制面板的操作；

⑥ 气相色谱仪 ECD 检测器操作；

⑦ 气相色谱仪 FID 检测器操作；

⑧ 气相色谱仪 FPD 检测器操作。

任务1　气相色谱仪的结构认知

任务目标

认识 9790 型气相色谱仪各部分结构；

根据气相色谱法的工作原理，理解气相色谱仪各部分结构作用；

知道常用气相色谱仪的型号及特点。

气相色谱仪和其他分析仪器一样，是用来测定物质的化学组分和物质物理特性的。气相色谱仪对有机化合物具有高效的分离能力，主要用于对容易转化为气态而不分解的液态有机化合物以及气态样品的分析。对于高沸点化合物、难挥发的及热不稳定的化合物、离子型化合物的分离却无能为力，必须采用联用仪器。气相色谱仪广泛应用于石油、化工、有机合成、造纸、电力、冶炼、医药、农药残留、土壤、环境监测、劳动保护、商品检验、食品卫生、公安侦破，以及空白分析超纯物质研究等各部门。气相色谱仪器已成为各个化学分析实验室中不可缺少的分析设备之一。

一、9790 型气相色谱仪主要技术指标

1. 综合参数

① 外形尺寸：555mm×490mm×480mm。

② 柱箱尺寸：260mm×250mm×150mm。

③ 色谱柱安装间隔尺寸：152.4mm（6in 标准接口）。

④ 色谱柱：填充柱外径 3～5mm（金属柱或玻璃柱）。

⑤ 仪器质量：45kg。

2. 温度控制

① 柱箱温度控制：室温加 8～350℃（以 1℃增量任设），设定参数上限可达 399℃有效，可允用户使用但不保证技术指标。

② 温度波动：不大于±0.1℃（环境温度变化 10℃或电源电压变化 10%）。

③ 温度梯度：±1%（温度范围 100～350℃）。

④ 程序阶数：5 阶。

⑤ 升温速率：0.1～30℃/min（以 0.1℃增量任设）。

⑥ 降温速率：柱箱温度从 200℃降至 100℃时间不大于 3min。

⑦ 时间设定：9999.9min。

3. 应用环境

① 环境温度：5～35℃。

② 相对湿度：不大于 85%。

③ 供电电压：220V±22V。

④ 供电频率：50Hz±0.5Hz。

⑤ 最大消耗功率：2500W。

⑥ 室内无腐蚀性气体，工作台不得有强烈的机械振动，周围不应有强烈的电磁场干扰，室内温度无剧烈变化，空气无大的对流存在。

二、GC-9790 型气相色谱仪的外形结构

GC-9790 型气相色谱仪的外形结构见图 10-1。

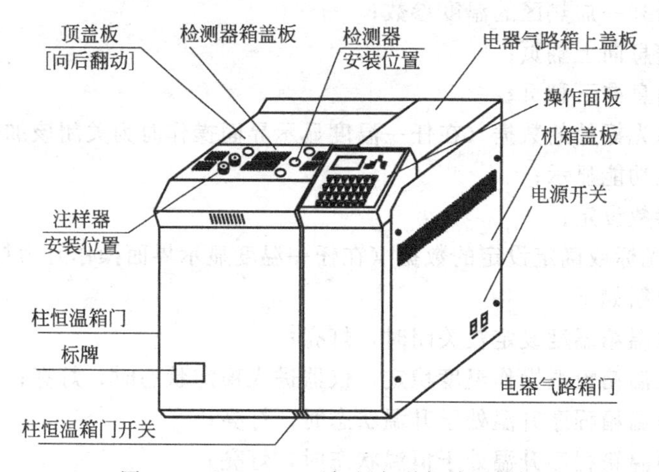

图 10-1 GC-9790 型气相色谱仪外形结构

三、GC-9790 型气相色谱仪操作键盘及其作用

仪器操作盘是薄膜轻触键式，两位数码显示，控制面板见图 10-2。

仪器键盘设在气路箱的顶部，为便于使用者进行操作及观察仪器显示状态，面板计为倾斜 60°的夹角，面板上键位布置见图 10-2。

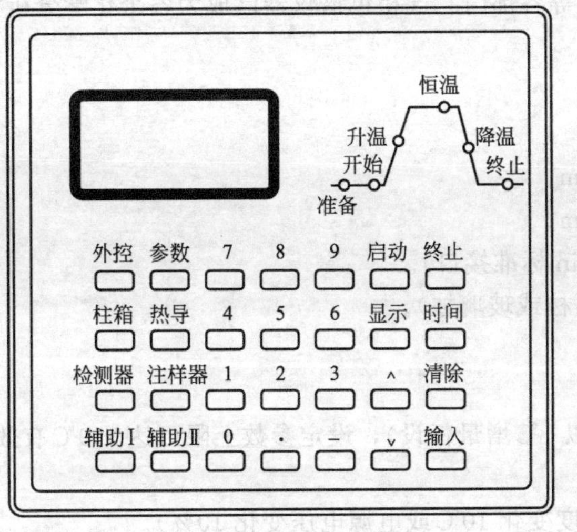

图 10-2　9790 型气相色谱仪控制面板

面板上部设有液晶屏幕显示器，功能是显示仪器的各项信息，旁边的指示灯显示柱恒温箱的工作状态。面板中共有 28 个操作键位和 6 个发光指示灯。按其键位功能大致可分为 4 个区域，分别是：信息显示器区域、柱箱升温状态指示区域、功能键位设定区域、数字键位设定区域。

功能键介绍如下。

【外控】：外部事件扩展功能控制（时间控制程序）（两路）；

【参数】：各检测器参数设定（包括检测器量程、极性选择等）；

【柱箱】：柱箱温度设定（包括程序升温参数）；

【热导】：热导检测器恒温箱温度设定；

【检测器】：检测器恒温箱温度设定；

【注样器】：注样器恒温箱温度设定；

【辅助Ⅰ】：辅助Ⅰ恒温箱温度设定；

【辅助Ⅱ】：辅助Ⅱ恒温箱温度设定；

【0～9】：数字键；

【·】：小数点键；

【启动】：启动程序升温（在柱箱温度显示界面进行操作）；

【终止】：终止程序升温（在柱箱温度显示界面进行操作）；

【显示】：显示某一加热区的温度参数；

【∧】：显示信息向上翻页；

【∨】：显示信息向下翻页；

【清除】：清除光标处的数据（在任一温度显示界面操作时为关闭该加热区）；

【时间】：秒表功能显示；

【—】：系统参数设定；

【输入】移动光标或确定设定的数据（在任一温度显示界面操作时为打开该加热区）。

指示灯功能介绍如下。

【终止】：柱恒温箱温度设定被关闭时，灯亮；

【准备】：柱恒温箱恒温操作温度稳定，仪器进入稳定状态时，灯亮；

【升温】：柱恒温箱程序升温处于升温状态时，灯亮；

【恒温】：柱恒温箱程序升温处于恒温状态时，灯亮；

【降温】：柱恒温箱程序升温处于降温状态时，灯亮。

四、气路控制面板

气路控制面板见图 10-3。

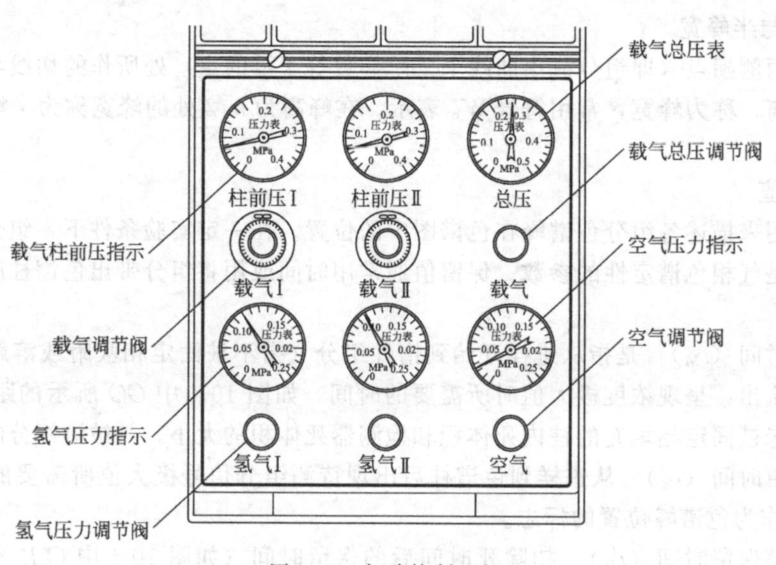

图 10-3 气路控制面板

知识补充

一、气相色谱分析有关术语

1. 色谱图

色谱图是指色谱柱流出物通过检测器系统时所产生的响应信号对时间或流动相流出体积的曲线图。

2. 色谱流出曲线

色谱流出曲线是指色谱图中随时间或载气流出体积变化的响应信号曲线，也就是以组分流出色谱柱的时间（t）或载气流出体积（V）为横坐标，以检测器对各组分的电信号响应值（mV）为纵坐标的一条曲线，如图 10-4 所示。

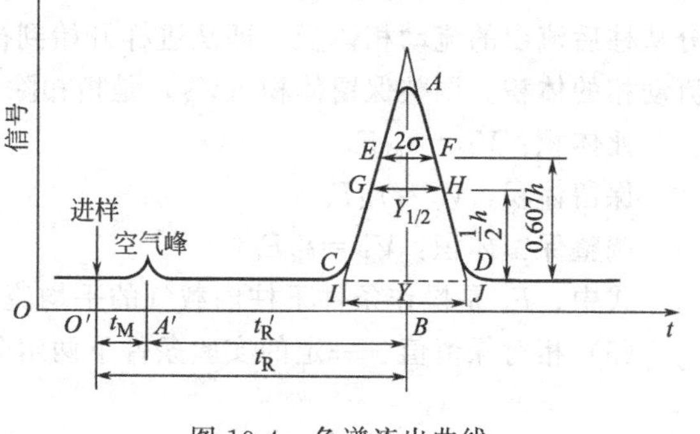

图 10-4 色谱流出曲线

3. 基线

在实验条件下，只有纯流动相（没有样品组分）经过检测器的信号——时间曲线称为基线，通常为一条直线。操作条件不稳定或检测器及其附件的工作状态的变化，使基线朝一定方向缓慢变化，称为基线漂移。各种偶发因素使基线起伏不定的现象称为噪声。

4. 色谱峰

当有组分进入检测器时，色谱流出曲线就会偏离基线，高出基线的凸起部分的流出曲线称为色谱峰。

5. 峰高和峰面积

峰高是指峰顶到基线的距离，以 h 表示。峰面积（A）是指每个组分的流出曲线与基线间所包围的面积。峰高或峰面积的大小和每个组分在样品中的含量相关，因此色谱峰的峰高或峰面积是气相色谱进行定量分析的主要依据。

6. 峰宽与半峰宽

色谱峰两侧拐点（即组分流出曲线上二阶导数等于零的点）处所作的切线与峰底相交两点之间的距离，称为峰宽，常用符号 W_b 表示。在峰高为 $h/2$ 处的峰宽称为半峰宽，常用符号 $W_{1/2}$ 表示。

7. 保留值

保留值用来描述各组分色谱峰在色谱图中的位置。在一定实验条件下，组分的保留值具有特征性，是气相色谱定性的参数。保留值通常用时间或用将组分带出色谱柱所需载气的体积来表示。

（1）死时间（t_M） 是指从进样开始到惰性组分（指不被固定相吸附或溶解的空气或甲烷）从柱中流出，呈现浓度极大值时所需要的时间，如图 10-4 中 OO' 所示的距离。t_M 反映了色谱柱中未被固定相填充的柱内死体积和检测器死体积的大小，与被测组分的性质无关。

（2）保留时间（t_R） 从进样到色谱柱后出现待测组分信号极大值所需要的时间，以 t_R 表示。t_R 可作为色谱峰位置的标志。

（3）调整保留时间（t'_R） 扣除死时间后的保留时间（如图 10-4 中 $O'B$ 所示的距离），以 t'_R 表示：

$$t'_R = t_R - t_M$$

t'_R 反映了被分析的组分与色谱柱中固定相发生相互作用，而在色谱柱中滞留的时间，它更确切地表达了被分析组分的保留特性，是气相色谱定性分析的基本参数。

（4）死体积（V_M）、保留体积（V_R）和调整保留体积（V'_R） 保留时间受载气流速的影响，为了消除这一影响，保留值也可以用从进样开始到出现峰（空气或甲烷峰、组分峰）极大值所流过的载气体积来表示，即用保留时间乘以载气平均流速。

死体积（V_M）是指色谱柱内除了填充物固定相所占的空隙体积，即不被固定液溶解（如空气）的组分从进样到柱后出现浓度最大值所需要载气的体积。保留体积（V_R）是指组分从柱后流出的流动相体积，即从进样开始到被测组分在柱后出现浓度最大值点时所通过的流动相的体积。调整保留体积（V'_R）是指扣除死体积后的组分保留体积。

死体积：$V_M = t_M F_c$

保留体积：$V_R = t_R F_c$

调整保留体积：$V'_R = t'_R F_c$

式中，F_c 是操作条件下柱内载气的平均流速。

（5）相对保留值 一定的实验条件下两组分的调整保留时间之比，是一个无量纲量：

$$\gamma_{2,1} = \frac{t'_{R_2}}{t'_{R_1}}$$

$\gamma_{2,1}$ 仅与柱温及固定相性质有关，而与其他操作条件如柱长、柱内填充情况及载气的流速等无关。

（6）选择性因子（α） 指相邻两组分调整保留值之比，以 α 表示：

$$\alpha = \frac{t'_{R_1}}{t'_{R_2}} = \frac{V'_{R_1}}{V'_{R_2}}$$

α 数值的大小反映了色谱柱对难分离物质对的分离选择性，α 值越大，相邻两组分色谱峰相距越远，色谱柱的分离选择性越高。当 α 接近于 1 或等于 1 时，说明相邻两组分色谱峰重叠未能分开。

二、气相色谱仪的类型及原理

常见的气相色谱仪有单柱单气路和双柱双气路两种类型。

1. 单柱单气路工作原理

单柱单气路结构见图 10-5。

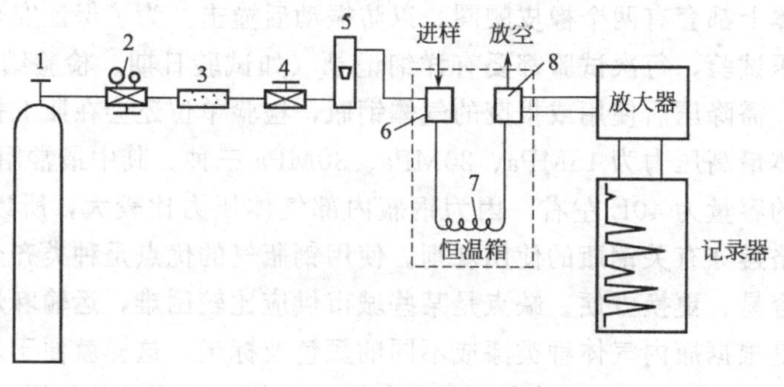

图 10-5　单柱单气路结构

1—载气钢瓶；2—减压阀；3—净化器；4—气流调节阀；5—转子流量计；6—气化室；7—色谱柱；8—检测器

由高压气瓶供给的载气经减压阀减压，净化器净化、干燥后，再经稳压阀控制流量，使其成为压力稳定的气流，气流的压力和流量由气体压力表和转了流量计显示出来。气化室将样品气化，样品气体由载气载入色谱柱，样品中各被测组分在色谱柱中流动相和固定相间分配的差异实现了相互分离，以不同的时间离开色谱柱。被分离的组分分别进入检测器被检测，检测器输出各组分的色谱信号经过放大器和数据处理系统的处理，获得的色谱分析结果，并被显示、储存或打印。这种气路结构简单，操作方便。国产 102G 型、HP4890 型等气相色谱仪均属于这种类型。

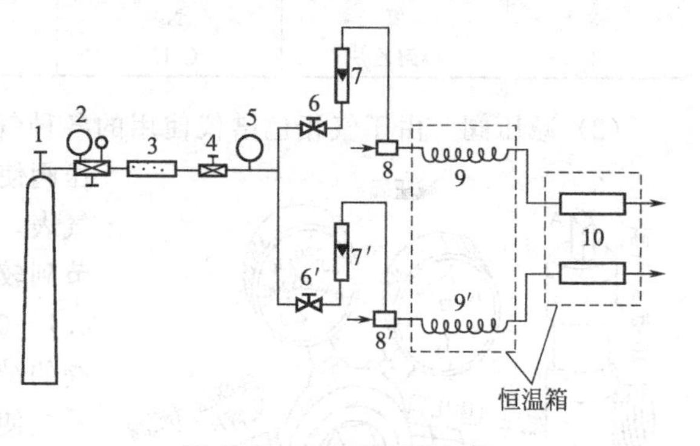

图 10-6　双柱双气路结构

1—载气钢瓶；2—减压阀；3—净化器；4—稳压阀；5—压力表；6，6′—针形阀；7，7′—转子流量计；8，8′—进样气化室；9，9′—色谱柱；10—检测器

2. 双柱双气路工作原理

双柱双气路是将经过稳压阀后的载气分成两路进入各自的色谱柱和检测器，其中一路作分析用，另一路作补偿用，见图 10-6。这种结构可以补偿气流不稳或固定液流失对检测器产生的影响，提高了仪器工作的稳定性，因而特别适用于程序升温和痕量分析。新型双气路仪器的两个色谱柱可以装性质不同的固定相，供选择进样，具有两台气相色谱仪的功能。上海科创 GC900A、PEAutoSystemXL 型气相色谱仪均属于此种类型。

三、气相色谱仪的基本结构

气相色谱仪的型号种类繁多，但基本结构是一致的，主要由六大部分组成。

（一）气相色谱仪载气系统

气相色谱仪中的气路是一个载气连续运行的密闭管路系统。整个气路系统要求载气纯净、密闭性好、流速稳定及流速测量准确。气相色谱的载气是载送样品进行分离的惰性气体，是气相色谱的流动相。常用的载气为氮气、氢气、氦气、氩气。

1. 气体钢瓶和减压阀

载气一般可由高压气体钢瓶或气体发生器来提供。实验室一般使用气体钢瓶较好，因为气体厂生产的气体既能保证质量，成本也不高。

（1）气体钢瓶　气体钢瓶是高压容器，采用无缝钢管制成圆柱形容器，底部再装上钢质平底的座，使气体钢瓶可以竖放。气瓶顶部装有开关阀，瓶阀上装有防护装置（钢瓶帽）。每个气体钢瓶筒体上都套有两个橡皮腰圈，以防振动后撞击。为了保证安全，各类气体钢瓶都必须定期作抗压试验，每次试验都要有详细记录（如试验日期、检验结论等），并载入气瓶档案。经检验，需降压后使用或报废的气体钢瓶，检验单位还会在瓶上打上钢印说明。一般钢瓶储存的气体最高压力为15MPa、20MPa、30MPa三种。其中最常用的为15MPa的气体钢瓶，钢瓶气的容量为40L左右。因为钢瓶内部气体压力比较大，所以使用时一定要注意安全，必须严格遵守有关钢瓶的使用规则。使用钢瓶气的优点是种类齐全、压力稳定、气体纯度高、安装容易、更换方便。缺点是某些城市供应比较困难，运输麻烦且价格比较高。

气瓶的颜色是根据瓶内气体种类漆成不同的颜色及标记，这样就便于从颜色上识别瓶中所装的气体（见表10-1），同时还能起到保护气瓶、防锈、防腐蚀的作用。

表 10-1　气瓶颜色标记

序号	介质名称	化学式	瓶色	字样	字色
1	氢	H_2	淡绿	氢	大红
2	氧	O_2	淡蓝	氧	黑
3	氮	N_2	黑	氮	淡黄
4	溶解乙炔	C_2H_2	白	乙炔，不可近火	大红

（2）减压阀　由于气相色谱仪使用的各种气体压力为0.2～0.4MPa，因此需要通过减压阀使钢瓶气源的输出压力下降。减压阀俗称氧气表，装在高压气瓶的出口，用来将高压气体调节到较小的压力（通常将10～15MPa压力减小到0.1～0.5MPa）。高压气瓶阀（又称总阀）与减压阀的结构如图10-7所示。

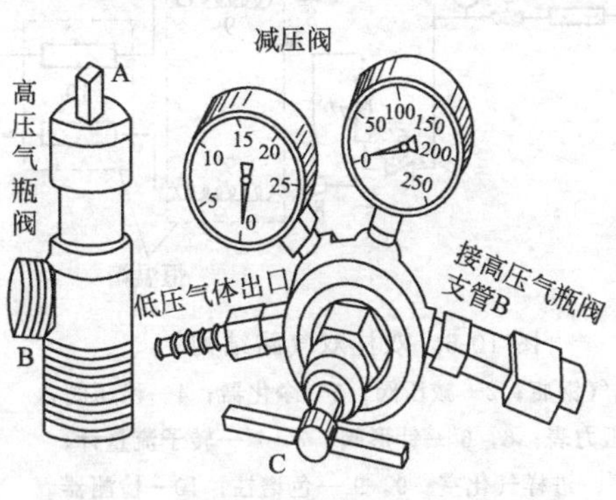

图 10-7　高压气瓶阀和减压阀的结构

使用时将减压阀用螺旋套帽装在高压气瓶总阀的支管B上，用活络扳手打开钢瓶总阀A（逆时针方向转动），此时高压气体进入减压阀的高压室，其压力表（量程0～25MPa）指示出气体钢瓶内压力。沿顺时针方向缓慢转动减压阀中T形阀杆C，使气体进入减压阀低压室，其压力表（量程0～2.5MPa）指示输出气体管线中的低工作压力。当低压室的压力大于最大工作压力（2.5MPa）的1.1～1.5倍时，减压阀安全装置就全部打开放气，确保安全。不用气时应先关闭气体钢瓶总阀，待压力表指针指向零点后，再将减压阀T形阀杆C沿逆时针方向转动旋松关闭（避免减压阀中的弹簧长时间压缩失灵）。

实验室常用减压阀有氢、氧、乙炔气3种。每种减压阀只能用于规定的气体物质，如氢气钢瓶选氢气减压阀，氮气、空气钢瓶选氧气减压阀，乙炔钢瓶选乙炔减压阀等，绝不能混用。导管、压力计也必须专用，千万不可忽视。安装时应先检查螺纹是否符合，然后用手拧满全部螺纹后再用扳手拧紧。打开钢瓶总阀之前应检查减压阀是否已经关好（T形阀杆是否松开），否则容易损坏减压阀。

2. 空气压缩机

空气是使用FID检测器时的助燃气，空气可由空气钢瓶和空气压缩机来提供。空气压缩机的种类很多，仪器分析实验室多采用无油空气压缩机，因其工作时噪声小，排出的气体无油，适合作为现代仪器的气源。

3. 净化管

气体钢瓶供给的气体经减压阀后，必须经净化管净化处理，以除去水分、氧气等有机物和机械杂质等。净化管通常为内径50mm，长200～250mm的金属管，如图10-8所示。

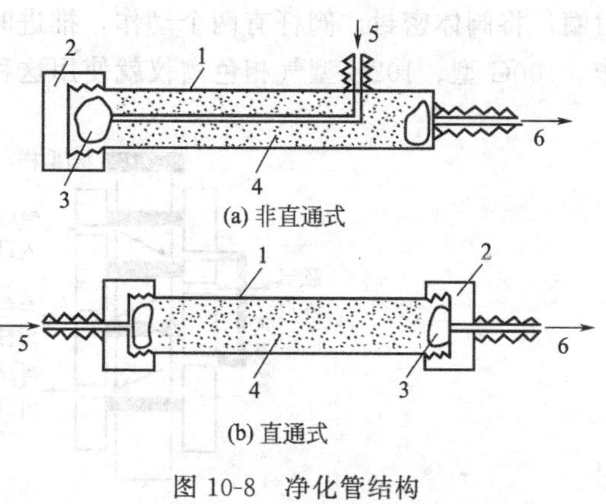

图10-8 净化管结构

1—干燥管；2—螺母；3—玻璃毛；4—干燥剂；5—载气入口；6—载气出口

4. 稳压阀

由于气相色谱分析中所用气体流量较小（一般在100mL/min以下），因此单靠减压阀来控制气体流速是比较困难的。通常在减压阀输出气体的管线中还要串联稳压阀，用以稳定载气（或燃气）的压力，常用的是波纹管双腔式稳压阀。

5. 针形阀

针形阀可以用来调节载气流量，也可以用来控制燃气和空气的流量。由于针形阀结构简单，当进口压力发生变化时，处于同一位置的阀针，其出口的流量也发生变化，因此用针形阀不能精确地调节流量。针形阀常安装于空气的气路中，用以调节空气的流量。

6. 稳流阀

当用程序升温进行色谱分析时，由于色谱柱柱温不断升高引起色谱柱阻力不断增加，也会使载气流量发生变化。为了在气体阻力发生变化时也能维持载气流速的稳定，需要使用稳流阀来自动控制载气的稳定流速。

（二）气相色谱仪的进样系统

气相色谱仪的进样系统包括进样器和气化室。其作用是将样品定量引入色谱系统，并使样品有效地气化，然后用载气将样品快速“扫入”色谱柱。

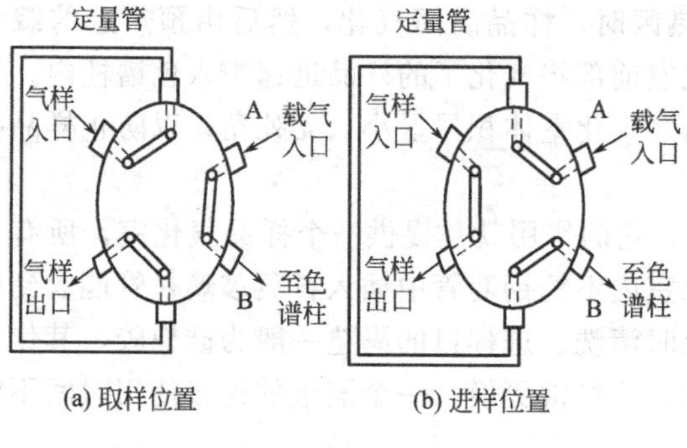

图10-9 平面六通阀取样和进样位置

1. 进样器

（1）气体样品进样器 气体样品可以用平面六通阀（又称旋转六通阀，见图10-9）进样。取样时，气体进入定量管，而载气直接由图10-9中的A到B。进样时，将阀旋转60°，此时载气由A进入，通过定量管，将管中气体样品带入色谱柱中。定量管有0.5mL、1mL、3mL、5mL等规格，实际工作时，可以根据需要选择合适体积的定量管。这类定量管阀是目前气体定量阀中比较理想的阀件，使用温度较高、寿命长、耐腐蚀、死体积小、气密性好，可以在低压下使用。SP-2304型、SP-2305型气相色谱仪使用这种平面六通阀。

另一种六通阀是拉杆式的，主要由阀体和阀杆两部分组成（图10-10）。阀体为一圆柱筒，筒上有6个孔，阀杆是一根金属棒，上有4道间隔不同的半圆槽并有相应的耐油橡胶密封圈，将阀体密封。阀杆有两个动作，推进时完成取样操作，拉出（6cm）时就完成进样操作。100G 型、102G 型气相色谱仪就使用这种拉杆六通阀。

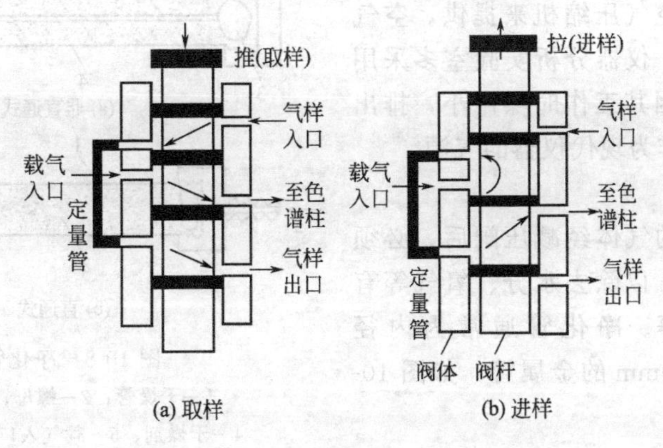

图 10-10 拉杆六通阀取样和进样位置

当然，常压气体样品也可以用 0.25～5mL 注射器直接量取进样。这种方法虽然简单、灵活，但是误差大、重现性差。

（2）液体样品进样器 液体样品可以采用微量注射器直接进样（图 10-11）。常用的微量注射器有 1μL、5μL、10μL、50μL、100μL 等规格。实际工作中可根据需要选择合适规格的微量注射器。

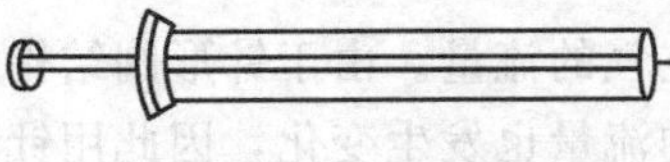

图 10-11 微量注射器

（3）固体样品进样器 固体样品通常用溶剂溶解后，用微量注射器进样，方法同液体试样。对高分子化合物进行裂解色谱分析时，通常先将少量高聚物放入专用的裂解炉中，经过电加热，高聚物分解、气化，然后再由载气将分解的产物带入色谱仪进行分析。除上述几种常用的进样器外，现在许多高档的气相色谱仪还配置了自动进样器，它使得气相色谱分析实现了完全的自动化，其具体结构可参阅相关著作。

2. 气化室

气化室的作用是将液体样品瞬间气化为蒸气。它实际上是一个加热器，通常采用金属块作加热体。当用注射器针头直接将样品注入热区时，样品瞬间气化，然后由预热过的载气（载气先经过沿加热的气化载气管路），在气化室前部将气化了的样品迅速带入色谱柱内。气相色谱分析要求气化室热容量大、温度足够高、气化室体积尽量小，无死角，以防止样品扩散，尽量减小样品死体积，提高柱效。

图 10-12 所示为一种常用的填充柱进样口，它的作用就是提供一个样品气化室，所有气化的样品都被载气带入色谱柱进行分离。气化室内不锈钢套管中插入石英玻璃衬管能起到色谱柱的作用。实际工作中应保持衬管干净，及时清洗。进样口的隔垫一般为硅橡胶，其作用是防止漏气。硅橡胶在使用多次后会失去作用，应经常更换。一个隔垫的连续使用时间不能超过一周。

由于硅橡胶中不可避免地含有一些残留溶剂或低分子齐聚物，且硅橡胶在气化室高温的影响下还会发生部分降解，这些残留溶剂和降解产物进入色谱柱，就可能出现“怪峰”（即不是样品本身的峰），影响分析。隔垫吹扫装置就可以消除这一现象。

使用毛细管柱时，由于注入分流进样器气化后，只有一小部分样品进入毛细管柱，而大部分样品都随载气由分流气体出口放空。在分流进样时，进入毛细管柱内的载气流量与放空的载气流量的比为 1∶(10～100)。

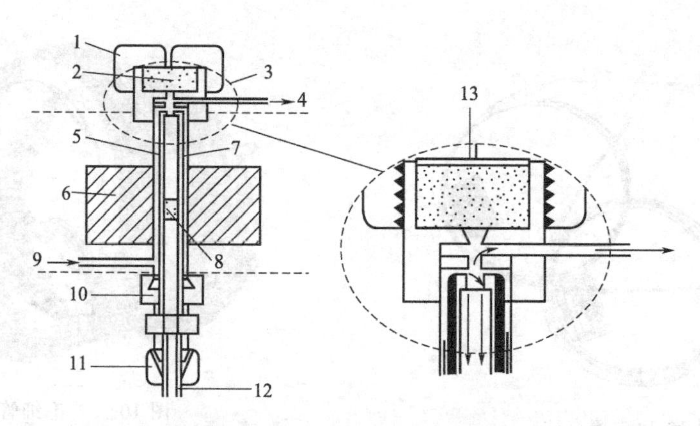

图 10-12　填充柱进样口结构

1—固定隔垫的螺母；2—隔垫；3—隔垫吹扫装置；4—隔垫吹扫气出口；
5—气化室；6—加热块；7—玻璃衬管；8—石英玻璃毛；9—载气入口；
10—柱连接件固定螺母；11—色谱柱固定螺母；12—色谱柱；13—隔垫吹扫装置3的放大图

除分流进样外，还有冷柱上进样、程序升温气化进样、大体积进样、顶空进样等进样方式，具体内容可参阅相关著作。

正确选择液体样品的气化温度十分重要，尤其是对于高沸点和易分解的样品，要求在气化温度下，样品能瞬间气化而不分解。一般仪器的最高气化温度为350～420℃，有的可达450℃。大部分气相谱仪应用的气化温度在400℃以下，高档仪器的气化室有程序升温功能。

（三）分离系统

分离系统主要由柱箱和色谱柱组成，其中色谱柱是核心，它的主要作用是将多组分样品分离为单一组分的样品。

1. 柱箱

在分离系统中，柱箱其实相当于一个精密的恒温箱（图 10-13）。柱箱的基本参数有两个：一个是柱箱的尺寸，另一个是柱箱的控温参数。柱箱的尺寸主要关系到是否能安装多根色谱柱，以及操作是否方便。目前商品气相色谱仪柱箱带有多阶程序升温设计，能满足色谱优化分离的需要。部分气相色谱仪带有低温功能，低温一般用液氮或液态 CO_2 来实现，主要用于冷柱上进样。

图 10-13　柱箱

2. 色谱柱的类型

色谱柱一般可分为填充柱和毛细管柱。

（1）填充柱　填充柱是指在柱内均匀、紧密填充固定相颗粒的色谱柱。柱长一般为1～5m，内径一般为2～4mm。填充柱的柱材料多为不锈钢和玻璃，其形状有U形和螺旋形，使用U形柱时柱效较高（见图 10-14）。

（2）毛细管柱　毛细管柱又称空心柱。它比填充柱的分离效率高，可解决复杂的、填充柱难以解决的分析问题。常用的毛细管柱为涂壁空心柱（WCOT），其内壁直接涂渍固定液，柱材料大多用熔融石英，即所谓的弹性石英柱。柱长一般为25～100m，内径一般为0.1～0.5mm（见图 10-15）。表 10-2 列出了常用色谱柱的特点及用途。

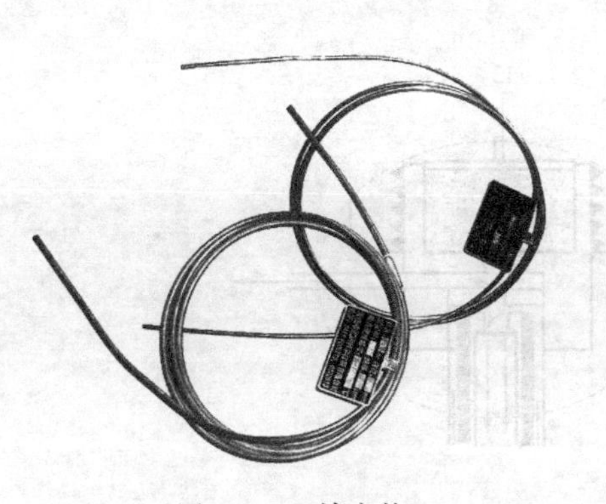

图 10-14 填充柱

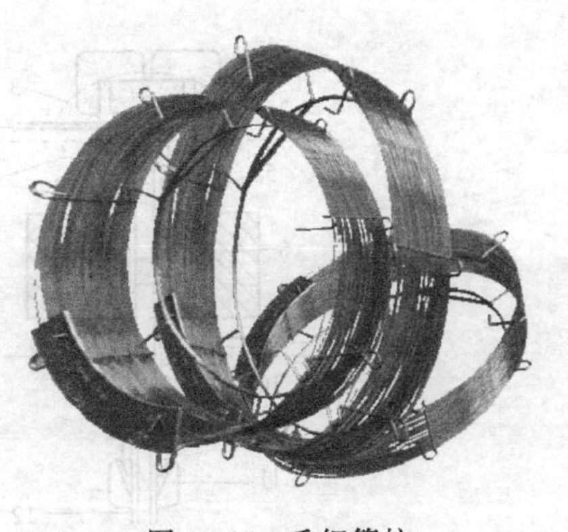

图 10-15 毛细管柱

表 10-2 常用色谱柱的特点及用途

参数		柱长/m	内径/mm	柱效/(N/m)	进样量/ng	液膜厚度/μm	相对压力	主要用途
填充柱	经典	1～5	2～4	500～1000	10～10^6	10	高	分析样品
	微型		≤1					分析样品
	制备		>4					制备纯化合物
WCOT	微径柱	1～10	≤0.1	4000～8000	10～1000	0.1～1	低	快速 GC
	常规柱	10～60	0.2～0.32	3000～5000				常规分析
	大口径柱	10～50	0.53～0.75	1000～2000				定量分析

（四）检测系统

气相色谱检测器的作用是将经色谱柱分离后顺序流出的化学组分的信息转变为便于记录的电信号，然后对被分离物质的组成和含量进行鉴定和测量。

目前气相色谱检测器已有几十种，其中最常用的是热导检测器（TCD）、氢火焰离子化检测器（FID）。普及型的仪器大都配有这两种检测器。此外，电子捕获检测器（ECD）、氮磷检测器（NPD）及火焰光度检测器（FPD）等也用得比较多。表 10-3 列出了几种常用检测器的特点和技术指标（以商品检得最好性能为例）

表 10-3 常用气相色谱仪检测器的特点和技术指标

检测器	类型	最高操作温度/℃	最低检测限	线性范围	主要用途
火焰离子化检测器(FID)	质量型，准通用型	450	丙烷：<5pg/s 碳	10^7(±10%)	各种有机化合物的分析，对碳氢化合物的灵敏度
热导检测器(TCD)	浓度型，通用型	400	丙烷：<400pg/mL； 壬烷：20000mV·mL/mg	10^5(±5%)	适用于各种无机气体和有机物的分析，多用于永久气体的分析
电子俘获检测器(ECD)	浓度型，选择型	400	六氟苯：<0.04pg/s	$>10^4$	适合分析含电负性元素或基团的有机化合物，多用于分析含卤素化合物
微型 ECD	质量型，选择型	400	六氟苯：<0.008pg/s	$>5\times10^4$	适合分析含电负性元素或基团的有机化合物，多用于分析含卤素化合物
氮磷检测器(NPD)	质量型，选择型	400	用偶氮苯和马拉硫磷的混合物测定：<0.4pg/s 氮；<0.2pg/s 磷	$>10^5$	适合于含氮和含磷化合物的分析
火焰光度检测器(FPD)	浓度型，选择型	250	用十二烷硫醇和三丁基膦酸酯混合物测定：<20pg/s 硫；<0.9pg/s 磷	硫：$>10^5$ 磷：$>10^4$	适合于含硫、含磷和含氮化合物的分析
脉冲 FPD(PFPD)	浓度型，选择型	400	对硫磷：<0.1pg/s 磷； 对硫磷：<1pg/s 硫； 硝基苯：<10pg/s 氮	磷：10^5 硫：10^3 氮：10^2	适合于含硫、含磷和含氮化合物的分析

（五）温度控制系统

温度控制系统是气相色谱仪的重要组成部分。温度影响色谱柱的选择和分离效率，影响检测器的灵敏度和稳定性。所以色谱柱、检测器、气化室都要进行温度控制。三者最好分别恒温，但是不少气相色谱仪的色谱柱、检测器置于同一恒温室中，效果也很好。气化室的温度控制是为了使液体或固体样品迅速完全气化，气化室的温度要高于样品的沸点，但温度不能过高，否则会使样品组分分解。

1. 柱箱

为了适应在不同温度下使用色谱柱的要求，通常把色谱柱放在一个恒温箱中，以提供可以改变的、均匀的恒定温度。恒温箱使用温度为室温～450℃，要求箱内上下温度差在3℃以内，控制点的控温精度在±(0.1～0.5)℃。

当分析沸点范围很宽的混合物时，用等温的方法很难完成分离的任务，此时就要采用程序升温的方法来完成分析任务。所谓程序升温就是指在一个分析周期里，色谱柱的温度连续地随分析时间的增加从低温升到高温，升温速率可为1～30℃/min。这样可改善宽沸程样品的分离度并缩短分析时间。

2. 检测器和气化室

在现代气相色谱仪中，检测器和气化室也有自己独立的恒温调节装置，其温度控制及测量和色谱柱恒温箱类似。

3. 温度控制系统的维护

一般来说，温度控制系统只需每月一次或按生产者规定的校准方法进行检查，就足以保证其工作性能。校准检查的方法可参考相关仪器的说明书。实际使用过程中，为防止温度控制系统受到损害，应严格按照仪器的说明书操作，不能随意乱动。

（六）数据处理系统

数据处理系统最基本的功能是将检测器输出的模拟信号随时间的变化曲线（即色谱图）画出来。最简单的数据处理装置是记录仪，现已被淘汰。目前使用较多的是色谱数据处理机和色谱工作站。

1. 色谱数据处理机

色谱数据处理机可以将积分仪得到的数据进行存储、变换，采用多种定量分析方法进行色谱定量分析，并将色谱分析结果（包括色谱峰的保留时间、峰面积、峰高、色谱图、定量分析结果等）同时打印在记录纸上。此外，色谱数据处理机还能以文件号的方式存储不同分析方法的操作参数，使用这一方法只需要调出文件号，不必一个参数一个参数再去设定。

2. 色谱工作站

色谱工作站是由一台微型计算机来实时控制色谱仪器，并进行数据采集和处理的一个系统。它是由硬件和软件两个部分组成的。硬件是一台微型计算机，不同厂家的色谱工作站对微型计算机的配置要求也有所不同。一般色谱工作站都要求配有：586或更高的处理器，内存不小于32MB，10GB以上的硬盘，显示器，主板上至少有两个空闲扩展槽，打印机一台，鼠标器一个，标准键盘一个，以及色谱数据采集卡和色谱仪器控制卡；软件主要包括色谱仪实时控制程序、峰识别和峰面积积分程序、定量计算程序、报告打印程序等。

GC9790型气相色谱仪色谱工作站采用的是N2000，详见“项目11 高效液相色谱仪的使用与维护”中“任务6 N2000色谱工作站的使用”。

四、常用气相色谱仪的型号及特点

表10-4列出了目前实验室及企业实验室常用的气相色谱仪的生产厂家、型号、性能与

主要技术指标，以供参考。

表 10-4 常用气相色谱仪生产厂家、型号、性能与主要技术指标

生产厂家	仪器型号	性能与主要技术指标
上海精密科学仪器有限公司	GC122	微机化仪器，具有双 FID 检测器、双填充柱、双进样器、双气路系统；具有断电保护、温度极限、温度扫描、快速自动降温等功能。对于柱箱，控温范围为室温＋15～400℃（增量 1℃）；控温精度优于 0.1℃（100℃时）；5 阶程序升温 0.1～40℃/min（增量 0.1℃/min）；恒温时间为 0～655min（增量 1min）；对于 FID 检测器，噪声≤5×10^{-14}A；漂移≤6×10^{-13}A/h
	GC112	微机化仪器，可进行填充分析和毛细管柱分析，具有多种进样系统；填充柱有柱上进样、瞬时气化进样、气体进样；毛细管柱有分流进样、不分流进样、大口径柱直接进样。具有柱箱自动降温（即后开门）功能，实现快速冷却。可对柱箱、检测器、进样器进行温控。温控范围为室温＋15～400℃（增量 1℃）；程序升温数为 5 阶，速率为 0.1～40℃/min（增量 0.1℃/min）；恒温时间为 0～655min（增量 1min）；对于 FID 检测器，噪声≤1×10^{-13}A
	1102	微机化仪器，可配多种进样系统，如填充柱有柱上进样、瞬时气化进样、气体进样；毛细管柱有分流进样、分流/不分流进样、冷柱上进样。温控范围为：室温＋30～320℃，程序升温数为 3 阶，进样器温度为室温＋30～350℃；对于 FID 检测器，噪声≤1×10^{-13}A；对于 TCD 检测器，噪声≤20μV
北京北分瑞利仪器（集团）有限责任公司	SP-3400	微机控制，具有全键盘操作，故障自诊断功能，TCD 热丝断气保护，超温保护功能，柱箱为程序升温，4 阶升温速率可在 0.1～50℃/min；温度控制：柱恒温箱为室温＋15～420℃。注样器为室温～420℃；检测器为室温～420℃；辅助箱为室温～420℃；检测器种类有 TCD、FID、ECD、FPD、TSD
	SP-3800	全汉语操作，直观方便；柱箱为程序升温，4 阶，升温速率可在 0.1～50℃/min；温度控制：柱恒温箱为室温＋15～420℃；气化室为室温～420℃；检测器为室温～420℃；辅助箱为室温～420℃；检测器种类有 TCD、FID、ECD、FPD、TSD
	SP-3420	柱箱为程序升温，4 阶，升温速率可在 0.1～50℃/min，柱恒温箱温度控制为室温＋15～350℃，注样器为室温～400℃；检测器为室温～400℃；辅助箱为室温～400℃
	SP-2000	微机控制，全键盘操作，柱箱为程序升温，5 阶，可同时控制两个检测器的程序升温；双辅助箱控温，恒温箱为室温＋15～350℃；气化室为室温～420℃；检测器为室温～420℃
	SQ-203	微机化仪器；键盘输入工作参数，人机对话编制程序，用于常量和痕量分析；检测器种类有 TCD、FID、FPD、ECD
	SQ-206	柱箱为程序升温，可外配单阶程序升温部件；柱恒箱控制为室温＋20～300℃；注样器为室温～350℃；检测器为室温～350℃，检测器种类有 TCD、FID
	SQ-901	仪器主要用于微量 CO、CO_2 和 H_2、O_2、CH_4、C_2H_2、C_2H_4、C_2H_6 等气体的分析；分析周期≤10min（指最长保留时间）
	ST-04	仪器主要用于分析液体、气体、液化气样中的微量水分；柱恒温箱的温度范围为 50～199℃，可调精度为 1℃，控温精度为±0.3℃，气化箱温度为 50～350℃，可调精度为 1℃，对于 TCD 检测器，噪声≤5μV，漂移≤50μV/30min
大连依利科科学仪器有限公司	GC-101	微机化仪器；启动时间＜2h；柱室温度控制精度＜±0.3℃；对于 TCD 检测器，基线稳定性：漂移＜±0.05mV/0.5h；噪声＜±0.3mV；检测器种类有 TCD、FID；TCD 灵敏度＞2000mV，TCD 线性范围＞10^4；FID 线性范围为 1×10^6；控温方式为三路智能温控仪设定、显示控制温度，安全模式为超温可自动整机断电
上海海欣色谱仪器有限公司	GC-92	微机化仪器；柱箱温度范围为室温＋8～399℃（增量 1℃），控温精度为±0.1℃；程序升温最大阶数为 5 阶；升温速率为 0～40℃/min（增量 0.1℃/min）；进样系统温度范围为室温＋10～399℃（增量 1℃）；检测器温度范围为室温＋10～399℃（增量 1℃）；TCD 控温精度为±0.01℃
	GC-95	微机化仪器；柱箱温度范围为室温＋10～399℃（增量 1℃），控温精度为±0.1℃；过热保护可由键盘设定保护值。程序升温最大阶数为 5 阶；升温速率为 0～40℃/min（增量 0.1℃/min）；进样系统温度范围为室温＋10～399℃（增量 1℃）；控温精度为±0.1℃；可选择填充柱上进样
	GC-96	微机化仪器；柱箱、进样器、检测器三路独立恒温，控制温度范围为室温＋10～399℃（增量 1℃），控温精度为±0.1℃；过热保护可由键盘设定保护值。对于火焰离子化检测器（FID），噪声≤5×10^{-13}A，漂移≤5×10^{-12}A/30min；对于 TCD 检测器，噪声≤30μV，漂移≤100μV/30min

续表

生产厂家	仪器型号	性能与主要技术指标
北京东西电子技术研究所	GC-4000	微机化仪器；根据使用性能不同分为10多种型号，具有多阶程序升温功能，适宜于气体样品和沸点低于400℃的液体和固体的微量和常量分析；可选配TCD、FID、FPD、ECD检测器中任一种或多种，并联双气路，有两种气化室供选配，可加配毛细管装置和六通阀进样装置
浙江温岭福立分析仪器公司	GC-9790	仪器采用微机控制，键盘式操作，液晶屏幕显示。柱箱温度范围为室温+8～350℃（增量1℃）；控温精度为±0.1℃；程序升温最大阶数为5阶；升温速率为0.1～30℃/min（增量0.1℃/min）；降温速度：柱箱温度从200℃降至100℃时间不大于3min。TCD控温精度不大于±0.1℃；火焰离子化检测器（FID）噪声≤2×10^{-13}A（不大于0.02mV）；漂移≤4×10^{-13}A/h
上海科创色谱仪器公司	GC-900A	微机化仪器；柱箱温度范围为室温+6～400℃；进样系统温度范围为室温+10～400℃；TCD温度范围为室温+20～300℃；FID温度范围为室温+10～400℃；柱箱温控精度为±0.1℃；温度显示精度为0.1℃；柱箱程升速率为0～40℃/min（调节增量0.1℃/min）；柱箱降温速度：从300℃降至100℃时间不大于8min；对于TCD检测器，漂移30μV/15min，噪声15μV；对于FID检测器，漂移≤1×10^{-13}A/15min，噪声5×10^{-14}A
Agilent Technologies安捷伦公司	HP-5890-Ⅱ HP-4890 HP-4890D HP-6890	柱温可达到450℃，有体积为2.5μm单丝热导检测器；单通道简易型（保持HP-5890的性能）；双通道简易型（保持HP-5890的性能）；HP-6890是最新一代的产品
Pertin-ElmerCorp	8600 8700 Auto System XL	单通道气路；双通道气路，温度可达420℃；柱温可达500℃，有仪器自检功能、结构紧凑，可与离子阱质谱配用

任务2 气相色谱仪的安装和气路系统连接及检漏

任务目标

熟悉气相色谱仪的安装条件；

能够准确连接气相色谱仪的工作台外电源线路、检测器信号连接线等；

能独立准确地进行外气路的连接；

能独立熟练地进行管路的检漏；

能正确操作气体钢瓶，熟悉对气体的要求；

具备气相色谱仪气路系统日常维护与保养的能力。

一、实验室安装前的准备

仪器应安装在专用的色谱仪器分析实验室内，以便于将仪器与气源分开管理。仪器应安装在牢固无振动的水泥或木质工作台上，工作台的台面上应留有足够的空间，以便利于放置记录仪、积分仪等外围设备，工作台的背后应留有一定的间隙，以便于仪器维护保养。电源应有足够的功率。仪器应远离火种，室内不得有强腐蚀性气体，应避免室内温度剧烈波动和空气的过分流动。工作台的设置请参照图10-16。

二、安装

从备件箱中取出电源导线，按图10-17进行连接，做好通电准备。通电前还要预先检查仪器电源输入端电源插头相、中线间有无短路现象，电源保险丝座是否松动，并检查电源插座的相位、电压值、功率是否满足仪器使用要求，接地线是否良好。仪器电源开关位置见图10-18，仪器在工作台上安装请参照图10-19。

仪器信号输出分TCD、FID两路，输出信号可以接入记录仪、积分仪、色谱工作站等

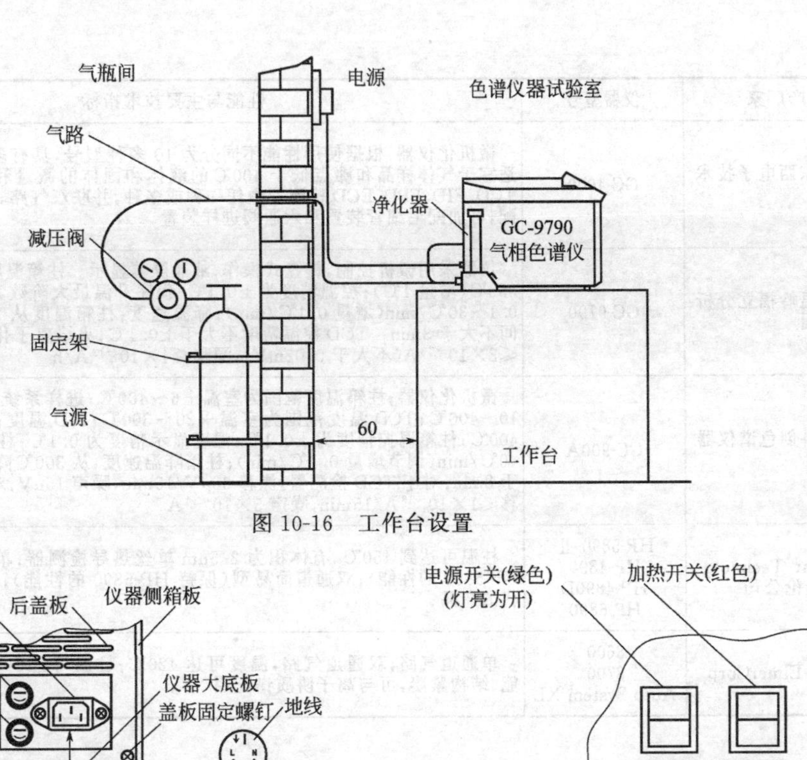

图 10-16 工作台设置

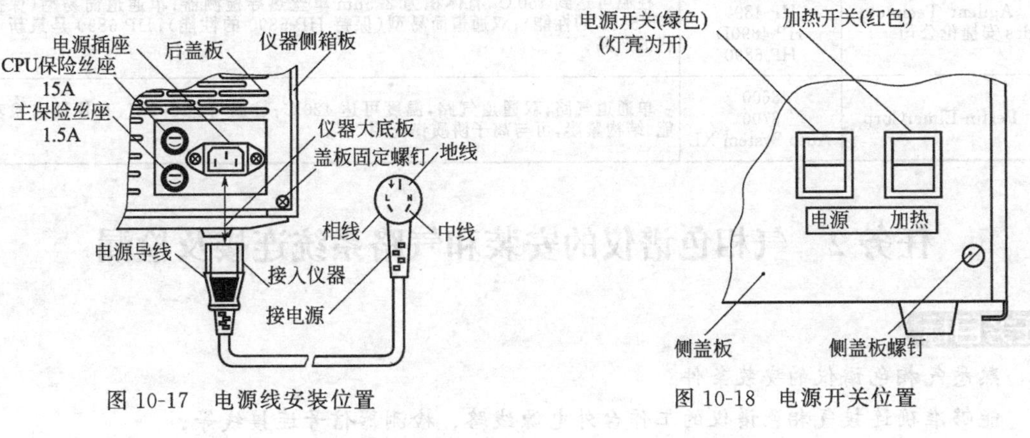

图 10-17 电源线安装位置

图 10-18 电源开关位置

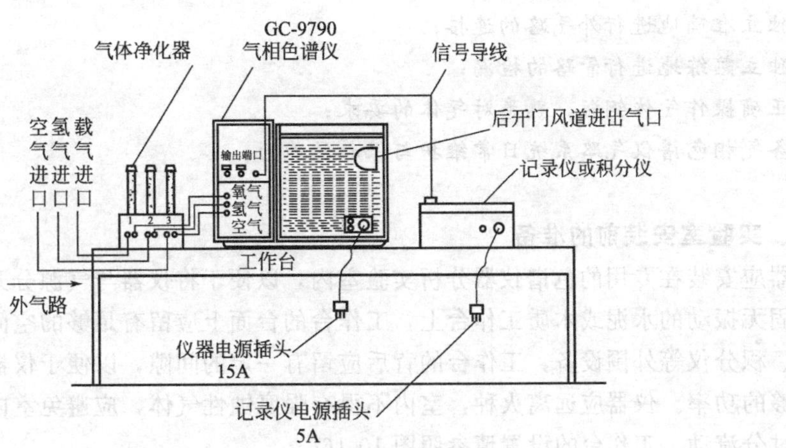

图 10-19 工作台外线路、气路连接

记录装置。其接线方式见图 10-20。记录装置用户可以根据应用情况合理选择。检测器的数量一般根据仪器配置情况而设定，但安装位置一般情况下保持不变。基型仪器信号输出只有 FID 一路。仪器检测器箱装配及线路、气路管线布置见图 10-21。

三、气路连接

① 仪器所有气源均通过 $\phi 3$mm 的管路与仪器气路箱的气体入口处相连接。气路箱入口

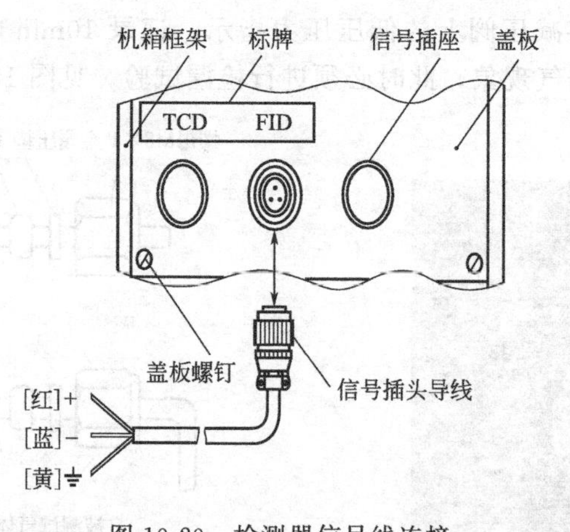

图 10-20 检测器信号线连接

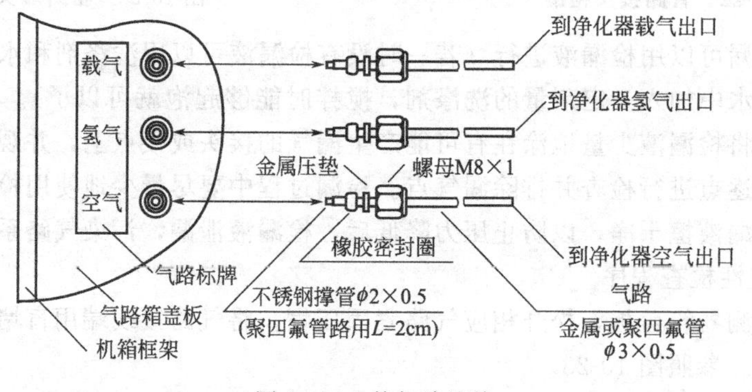

图 10-21 外气路连接

处标有所通入具体气体的标志，其接头用 M8×1 的螺母连接。

② 操作 TCD、ECD 检测器只需准备载气管路，操作其他的检测器还需准备氢气和空气的管路。连接方法见图 10-21。

仪器与气源相连接时，最好采用紫铜管或不锈钢管，为防止管路上油雾或其他化学残留物污染仪器气路系统，所使用的管路必须按下列程序严格清洗之后，方可接入仪器。

清洗方法：

① 用亚甲氯化物或丙酮清洁溶剂，冲洗管路内壁。除去残油，每米管路约用 150mL 溶剂，除油后用无水乙醇脱附干净。

② 清洗后将管路卷绕，放入烘箱中升温到 300℃，同时通入氮气 30mL/min，连续吹洗 1h，待管路温度降低后，封好端头，装入专用袋中以防再次污染。

其他的管路如尼龙管也可以使用，但这类管路不容易清洗干净，且易产生挥发物质，影响仪器的稳定性能，而且易老化容易出现漏气现象，当使用氢气时，发生漏气现象是十分危险的，所以这一类的管路在使用中要注意经常检查、维护，以防止泄漏事故的发生。

四、系统的检漏

仪器系统检漏一般分两步进行。通气后首先要检查气源出口至净化器入口处气路部分(减压阀及接头包括气路引线部分)。第二步检查仪器气路系统至净化器出口，仪器气路系统的密封性能。

1. 钢瓶至净化器入口处的检漏程序

气源接通后，由减压阀给定压力 0.5MPa，关闭净化器面板上相对应的关闭阀。

关闭减压阀，并观察减压阀上的低压压力指示，记录 10min 的压力变化值。若压力明显下降，则说明系统有漏气现象，此时必须进行检漏试验，见图 10-22。

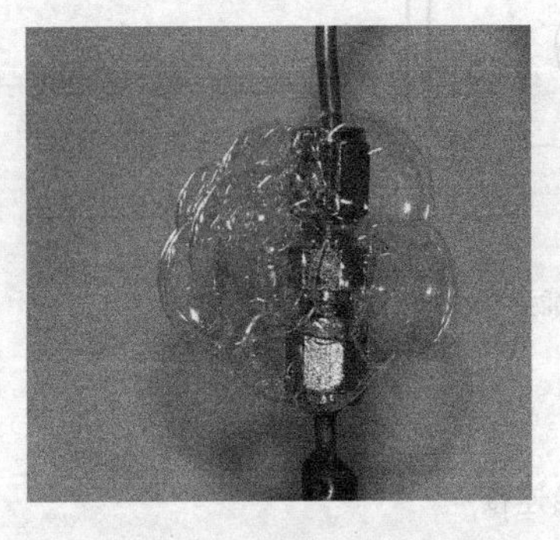

图 10-22 管路接头检漏

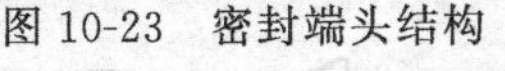

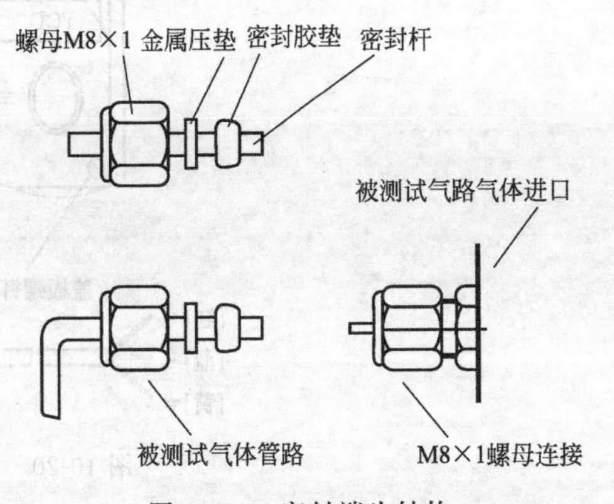

图 10-23 密封端头结构

气路系统检漏可以用检漏液进行（若一时没有检漏液可以用洗涤剂和水溶液代替，配制的方法是：在温水中加入一定剂量的洗涤剂，搅拌时能够起泡就可以了）。在系统保持一定压力的状态下，将检漏液少量地涂在有可能产生漏气的接头或接点上，并观察此点有无鼓泡现象。按此方法逐点进行检查并排除漏气点。检漏过程中要尽量少地使用检漏液，而且检漏后，应及时将检漏液擦干净，以防止压力降低后，检漏液泄漏，污染气路系统。

2. 系统气密性检查程序

打开仪器检测器箱盖板，松开相应气路紧固压帽，将气路接线端用盲堵头封闭，并保证出气口的气密性。参照图 10-23。

打开气路箱侧板。打开相应净化器的关闭阀，让系统充氮气到 0.35MPa，关闭关闭阀；气体平衡 2min 后，观察气路箱内相应压力表的压力变化，10min 后压力若有显著变化，则说明系统漏气，需要进行检漏试验。其检漏方法同上。（检漏过程中一定要尽量少地使用检漏液，检漏后必须及时清除检漏液以防污染气路系统。）

注意：仪器出厂前系统气密性经过严格试验，仪器启动前此项不是必做项目。只有确认系统有故障，或更换气路部件方可进行此试验。

五、通电前的检查

仪器未装入色谱柱以前可以开机练习面板的各项操作。但不能通入任何气体，特别是氢气，以免发生危险。

① 检查电源接线是否正确；

② 检查气路连接是否完整，并检查气体种类是否与要求相符；

③ 检查钢瓶是否固定，减压阀的压力范围是否符合要求；

④ 检查并熟悉仪器整体结构、键盘设定方法、各项控制开关、气路系统，并参照说明书熟悉每个气体流量调节阀的作用及调节方法。

知识补充

一、气相色谱常用气体纯度要求

气相色谱分析中气体分为载气与辅助气体两类，最常用的载气是氦气、氢气，其次是氮气和氩气。由于载气要携带样品进入色谱柱进行分离，然后进入检测器对各组分进行分析，载气中的污染物对色谱柱寿命、分析物检测等方面都有很大影响。因此，这些气体的纯度对于保证分析质量、防止色谱硬件性能下降至关重要。辅助气体包括燃料气、氧化气体、冷却气、检测器气体和气压动力用气体等。辅助气体的纯度取决于其使用目的和是否与样品接触，冷却气（二氧化碳）和气压动力用气体（空气或氮气）一般不与样品或者检测器接触，所以不一定需要非常高的纯度。表 10-5 列出了气相色谱分析中载气与辅助气体的具体要求，注意气体纯度的要求取决于所用检测器的类型，对于特殊检测器所需专用气体类型，请查阅相关手册资料。

表 10-5 气相色谱中载气与辅助气体的要求

气体类型	功能	是否与样品接触	纯度要求			
空气	气压动力	否	≤99.998%			
氮气	气压动力	否	≤99.998%			
			检测限的要求			
			痕量 0～10^{-6}	10^{-6}～10^{-3}	0.1%～1%	1%～100%
氢气	载气或检测器燃料气	是	99.9999%	99.9995%	99.9995%	99.999%
氢气、氦气	检测器燃料气	是	99.9999%	99.9995%	99.9995%	99.999%
甲烷、氩气或氮气	ECD 用载气或尾吹气	是	99.9999%	99.9999%	99.9999%	
空气	检测器用氧化气	否	99.9995%	99.9995%	99.9995%	99.999%
氮气、氦气或氩气	载气或尾吹气	是	99.9999%	99.9995%	99.9995%	99.999%

注：≤99.998%，低纯度，专用或工业气体；99.999%，高纯级；99.9995%，超纯级；99.9999%，研究级。

二、高压气瓶安全使用规则

① 高压气瓶应放置于阴凉、干燥、远离热源、远离明火的地方，严禁暴晒，避免与强酸、强碱接触，防止水浸、温差过大，防止被油脂或其他有机化合物沾污。

② 高压气瓶直立放置时，应用支架、套环或铁丝固定，以防摔倒；水平放置时，必须垫稳，防止滚动。

③ 不要移动装有减压阀的钢瓶，钢瓶运输时要取下减压阀并装好安全帽，以保护气瓶输出接嘴不受碰撞或冲击。套上安全帽还可以防止灰尘或油脂沾到瓶阀上。

④ 高压器气瓶和减压阀螺母一定要匹配，否则可能导致严重事故。

⑤ 开启高压气瓶时，必须选用合适的减压表，拧紧丝扣，不得漏气。

⑥ 安装减压阀时应先将螺纹凹槽擦净，然后用手旋紧螺母，确认入扣后再用扳手扳紧。

⑦ 安装减压阀时应小心保护好表舌头，所用工具忌油。

⑧ 各种气瓶使用到最后的剩余压力不得低于 0.05MPa，以防止充气或再使用时发生危险。

⑨ 高压气瓶应定期进行试压检验，一般钢瓶 3 年检一次，到期未经检验或被锈蚀破损严重的、漏气的一律不得使用。

⑩ 使用钢瓶时装上减压阀以后，必须严格进行检漏测试。

三、气路中净化装置常用的净化物质及活化方法

1. 活性炭

购进的产品使用前，要筛去微小的颗粒，用苯浸泡几次以除去其中的硫黄、焦油等物质，然后在 380℃下通入过热蒸汽，吹至乳白色消失为止，保存在磨口瓶内。使用前，在 160℃下烘烤 2h 即可使用。

2. 硅胶

购进的产品使用前，要筛去微小的颗粒，用6mol/L盐酸浸泡1～2h，然后用蒸馏水浸泡至无氯离子（用$AgNO_3$检查），放入烘箱烘烤6～8h后保存待用。使用前在200℃下通气活化2h。

3. 分子筛

筛去微小的颗粒，在350～580℃烘烤3～4h。最高活化温度不要超过600℃。

4. 105催化剂

105催化剂是一种含钯脱氧催化剂。活化方法是将催化剂放入脱氧管中，在360℃温度下脱水2h，冷却至室温，将欲钝化的氢气通入催化剂，还原活化1h，含氧1%的氢气一次通过催化剂后，含氧量可降至低于0.2×10^{-6}。

5. 活性铜催化剂

该催化剂为条状，呈棕色。使用前通氢在300～400℃温度下活化，它可在300～400℃有效地除去氮气中的氧，使含氧量降低到10×10^{-6}以下。催化剂颜色变黑，说明需要再生活化。

6. 银X型分子筛

201、202银X型分子筛是一种多用途的催化剂，其除氧性能尤为突出，201催化剂不仅可脱除氢气中的微量氧，亦可在常温下脱除氮气及稀有气体中的微量氧。使用前需要加热活化（100～160℃），用氢气缓慢吹洗，使银X型分子筛还原为金属态后即可使用。失效后可通入氢气还原，还原10余次后，需要将催化剂升温活化除去水分。

四、气相色谱仪在安装时对环境的要求

① 环境温度应在5～35℃，相对湿度<85%。

② 室内应无腐蚀性气体，离仪器及气瓶3m以内不得有电炉和火种。

③ 室内不应有足以影响放大器和记录仪（或色谱工作站）正常工作的强磁场和放射源。

④ 电网电源应为220V（进口仪器必须根据说明书的要求提供合适的电压），电源电压的变化应在5～10V范围内，电网电压的瞬间波动不得超过5V。电频率的变化不得超过50Hz的1倍（进口仪器必须根据说明书的要求提供合适的电频率）。采用稳压器时，其功率必须大于使用功率的1.5倍。

⑤ 仪器应平放在稳定可靠的工作台上，周围不得有强振动源及放射源，工作台应有1m以上的空间位置。

⑥ 有的气相色谱仪要求有良好的接地，接地电阻必须满足说明书的要求（美国规定绿色是地线，黑色是火线，白色是零线；英国规定绿/黄色是地线，褐色是火线，蓝色是零线）。

⑦ 气源采用气瓶时，气瓶不宜放在室内，放在室外则必须防太阳直射和雨淋。

五、气路系统的日常维护

1. 气体管路的清洗

清洗气路连接金属管时，应首先将该管的两端接头拆下，再将该段管线从色谱仪中取出，这时应先把管外壁灰尘擦洗干净，以免清洗完管内壁后再产生污染。清洗管内壁时应先用无水乙醇进行疏通处理，这可除去管路内大部分颗粒状堵塞物以及易被乙醇溶解的有机物和水分。在此疏通步骤中，如发现管路不通，可用洗耳球加压吹洗，加压后仍无效可考虑用细钢丝捅针疏通管路。如此法还不能使管线畅通，可使用酒精灯加热管路使堵塞物在高温下炭化而达到疏通的目的。

用无水乙醇清洗完气体管路后，应考虑管路内壁是否有不易被乙醇溶解的污染物。如没有，可加热该管线并用干燥气体对其进行吹扫，将管线装回原气路待用。如果由分析样品过程判定气路内壁可能还有其他不易被乙醇溶解的污染物，可针对具体物质溶解特性选择其他清洗液。选择清洗液的顺序应先使用高沸点溶剂，而后再使用低沸点溶剂浸泡和清洗。可供选择的清洗液有萘烷、*N*,*N*-二甲基酰胺、甲醇、蒸馏水、丙酮、乙醚、氟利昂、石油醚、乙醇等。

2. 阀的维护

稳压阀、针型阀及稳流阀的调节须缓慢进行。稳压阀不工作时，必须放松调节手柄（顺时针转动）；针型阀不工作时，应将阀门处于“开”的状态（逆时针转动）。对于稳流阀，当气路通气时，必须先打开稳流阀的阀针，流量的调节应从大流量调到所需要的流量；稳压阀、针型阀及稳流阀均不可作开关使用；各种阀的进、出气口不能接反。

任务3 气相色谱仪进样口及色谱柱的安装

任务目标

能够独立熟练地进行进样器的拆卸及安装；
能够独立熟练地进行色谱柱的安装；
能够独立熟练地进行检测器尾吹气的安装；
能够较熟练地完成色谱柱的老化等工作；
具备气相色谱仪进样系统及色谱柱日常维护与保养的能力。

一、注样器的拆卸、安装

注样器在使用中，除消耗品进样垫需要经常更换以外（经多次注样以后针孔扩大产生漏气现象时应及时更换），一般不用拆卸或维护。其注样器结构见图10-24。当注样器出现非正常现象，或需清洗玻璃衬管及其他零部件，必须拆卸注样器时，其操作顺序如下。

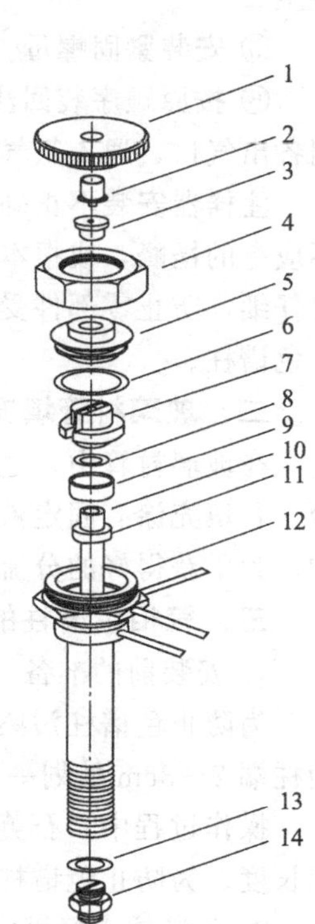

图10-24 注样器结构

1—注样器散热帽；2—注样导向器；3—硅胶隔垫；4—螺母；5—密封压板；6—密封圈；7—隔垫清洗器体；8—垫圈；9—护套；10—玻璃衬管；11—石墨压环；12—注样器体；13—钢垫圈；14—柱接头

1. 拆卸

① 旋松并取下注样器散热帽1，用镊子取出注样导向器2、硅胶隔垫3；

② 用扳手取下螺母4，拉出密封压板5，检查密封圈6的外观质量，若发现已破损，应及时更换，以免产生注样器漏气；

③ 用镊子取出隔垫清洗器体7；

④ 用扳手旋松并取下柱接头14；

⑤ 用小螺丝刀沿注样器体12的底孔向上轻轻推动玻璃衬管10，并取出玻璃衬管（包括垫圈8、护套9、石墨压环11）。

2. 安装

① 更换铜垫圈13，安装柱接头14，并拧紧，以免漏气。

② 检查玻璃衬管的外观质量，若有裂纹，应及时更换。更换时，将石墨压环、护套、垫圈按原顺序套入玻璃衬管上，与玻璃衬管一起装入注样器体。参照图10-25，沿箭头方向压到底，使玻璃衬管与柱接头相接触。以保证注样器分流点正常工作。

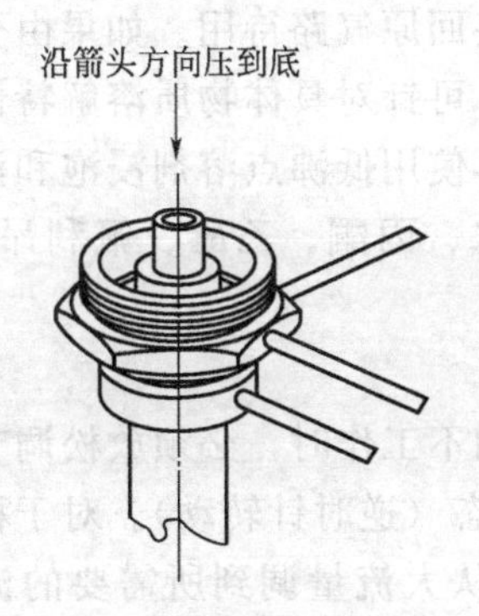

图 10-25 玻璃衬管安装

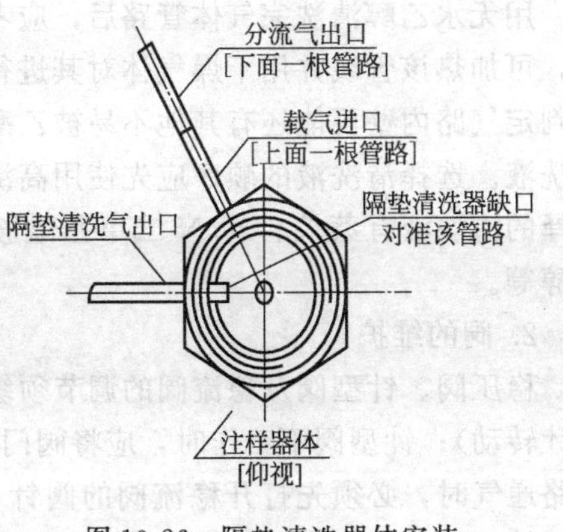

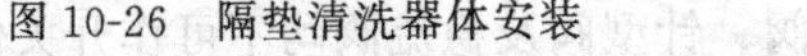

图 10-26 隔垫清洗器体安装

③ 安装隔垫清洗器体，参照图 10-26 将隔垫清洗器体有横槽的一面向上，隔垫清洗器体有立槽的一侧对准隔垫清洗气出口的管路端头。隔垫清洗器体安装反了将会失去隔垫清洗的作用。

④ 安装密封压板。安装以前要检查密封圈的质量，以免注样器装配以后有漏气现象产生。

⑤ 安装紧固螺母。

⑥ 按原顺序装回注样硅胶隔垫、导向器、旋紧注样器散热帽。注样器安装以后，应封闭各出气口，通入氮气进行检漏试验，只有确定系统无漏气现象后，方可投入使用。

注样器安装不正确或装配过程中造成零部件污染，可能会出现仪器稳定性能下降，出现不应有的怪峰，或根本不能正常工作。为防止以上现象的产生，注样器的拆装过程中，一定要仔细，防止零部件受到污染。装配后，要在通入氮气并升温烘烤注样器数小时后，方可接入色谱柱。

二、玻璃衬管填充

在玻璃衬管中，适当地填入石英棉或 20～40 目的玻璃珠，可使载气和样品蒸气充分混合。若填充涂有固定液的单体，除具有以上的作用外，还可作为预处理柱使用。分析过程中，为了获得好的分流重现性，这种预处理是十分有效的方法。

三、气相色谱柱的安装

1. 安装前的准备

为防止色谱柱污染，生产厂家在运输过程中一般均将柱子密封。在安装前，用玻璃刀在距柱端 2～3cm 处划一下，然后折断密封头。此方法断头平整且光滑。

操作过程中，石英毛细管色谱柱应悬挂安装在柱箱内部的固定支架上，柱端要留出合适的长度。为防止色谱柱从弓架上松开，可将端头在弓架上穿绕几圈。

2. 色谱柱支撑固定

色谱柱应安装在固定支架上，以免色谱柱在柱箱内受碰撞、挤压而折断。固定之前要注意柱端头能否插入注样器和检测器，并符合插入深度尺寸，按规定连接色谱柱。

3. 色谱柱检漏

毛细管柱漏气比较简单的检漏方法是，在检测器、注样器的柱接头连接处，用甲烷或丙烷气流吹洗，然后观察检测器的响应。也可以在柱接头连接处涂异丙醇液体，然后观察有无气泡产生。

4. 色谱柱的安装

色谱柱的安装见图 10-27。

(1) 接注样器

① 按顺序在柱端头上套入压垫 3、护套 2、石墨压环 1；

② 测量柱端头插入深度 25mm，插入注样器；

③ 安装开口螺母，从柱子侧面沿开口槽套入，并拧紧至不漏气；

④ 通入载气，从到检测器的柱接头测量载气流量。

(2) 接检测器

① 按顺序在柱端头上套入压垫 3、护套 2、石墨压环 1；

② 测量柱端头插入深度 85mm，插入检测器；

③ 安装开口螺母，从柱子侧面沿开口槽套入，并用手拧紧至不漏气。

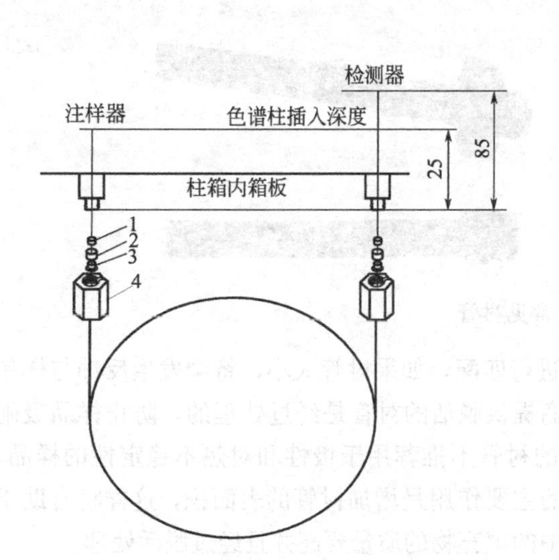

图 10-27 色谱柱的安装（色谱柱插入深度指从柱端头到石墨压环密封处的高度）
1—石墨压环；2—护套；3—压垫；4—柱

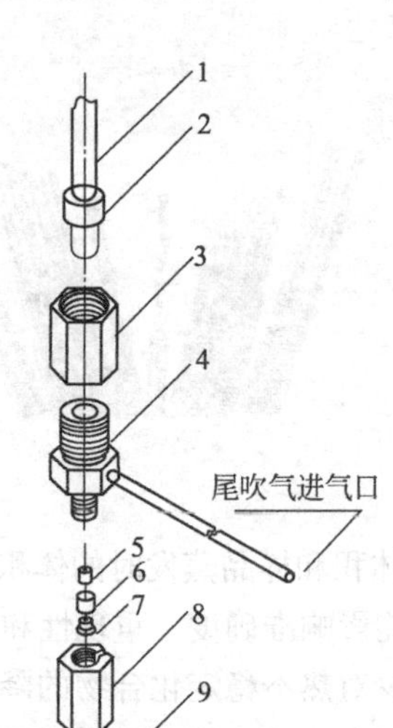

图 10-28 尾吹气安装结构
1—玻璃衬管；2，5—石墨压环；3—双向螺母；4—尾吹气组件；6—护套；7—压垫；8—开螺母；9—毛细管柱

四、检测器尾吹气的安装

检测器尾吹气由毛细管注样器气路系统提供，气路连接方式请参照毛细管注样器气路流程。毛细管色谱柱其内径只有 0.1～0.5mm，载气流量只有 0.2～2mL/min。因为载气流量太小，所以不能够满足检测器灵敏度的要求。为此，在检测器的进口必须提供一路补充气进行尾吹处理，以满足检测器的需要。

尾吹气安装方法（图 10-28）如下：

① 将石墨压环 2 套入检测器玻璃衬管 1；

② 将双向螺母 3 细牙螺纹一端反时针旋入尾吹气组件 4 上（出厂时已配置安装毛细管的器件，其尾吹气组件已安装在柱箱内检测器Ⅱ上）；

③ 将玻璃衬管沿检测器底座孔向上插，底部插入双向螺母粗牙螺纹一端至尾吹气组件上孔内（注意不要插得太紧），然后连同尾吹气组件一起向上推，并旋紧双向螺母至密封。

序号 5～9 为毛细管连接套件，其顺序是：石墨压环 5、护套 6、压垫 7、开螺母 8、毛细管柱 9。

知识补充

一、进样系统的日常维护

1. 玻璃衬管

衬管是进样口系统的中心部件，样品在其中气化并进入色谱系统，衬管的选择主要取决于具体应用，另外衬管体积、活性和填充物也是需要重点考虑的因素。很多仪器厂商提供了分流进样、不分流进样、通用分流/不分流进样、直接进样、聚焦衬管等多种满足不同应用要求的衬管类型供选择，注意使用时严格区分与标识，避免使用不分流衬管进行不同分流比实验等问题。图 10-29 为常见衬管。

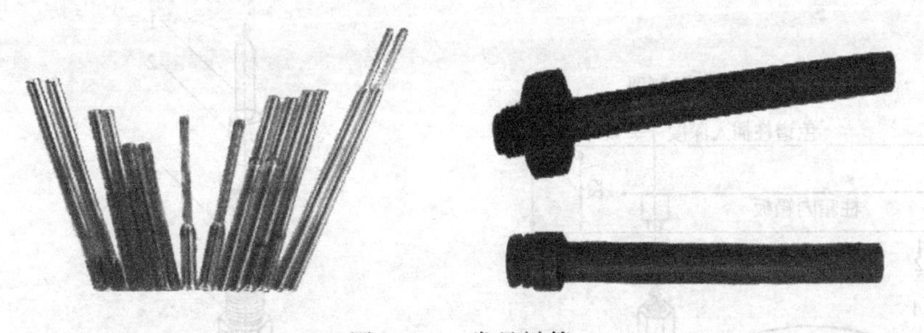

图 10-29 常见衬管

衬管的体积和样品蒸发时的体积需要很好地进行匹配，如果衬管太小，将会发生反冲与样品损失，很可能影响准确度、重现性和灵敏度。厂商提供脱活的衬管是经过处理的，防止样品吸附并尽可能减少对热不稳定化合物的降解；未脱活的衬管不推荐用于极性和对热不稳定性的样品，或者用户自己在使用之前进行脱活处理。填充物的主要作用是增加衬管的表面积，这样将有助于气化和不挥发性样品的保留，获得最佳性能，其中的填充物的质量要高并且经过脱活处理。

衬管应当定期更换，避免峰形变差、溶质歧视、重现性降低、样品分解和怪峰现象，衬管更换的频率取决于样品的干净程度，当色谱性能异常时（如峰形改变、峰歧视、重复性差、样品裂解等问题）需要更换。

（1）衬管的维护与检修 警告：试样气化室温度降低至 50℃以下后才可以进行气化室的维护与维修；为了防止烧焦螺钉部分，在试样气化室处于高温时，不要拧动螺钉、螺母。

进行玻璃衬管的检修与维护的时期主要是：在一系列分析之前，保留时间、面积的重现性变差时，检测出怪峰时。

主要的检修点包括：玻璃衬管的形状（形状异常时，无法进行正确的分析）；玻璃衬管的破损（产生重现性差的主要原因）；玻璃衬管内的石英棉（石英棉装填不当是产生重现性差的原因）；玻璃衬管的内壁污染，或者附着进样垫残渣（重现性差和产生怪峰的原因）。

（2）衬管的清洗 由于石墨环上附着的有机溶剂是产生怪峰的原因，因此玻璃衬管用溶剂清洗之前一定要将石墨压环卸下。清洗的基本步骤如图 10-30～图 10-32 所示。

① 去除石英棉上附着的进样垫残渣：将石英棉用细棒捅出，装入新的石英棉。

② 清除附着在玻璃衬管内壁上的污垢：除去石英棉之后，用蘸溶剂（丙酮等）的纱布等擦洗内壁。

③ 玻璃衬管内壁污染严重时，可以将衬管污染严重部分浸于溶剂（丙酮等）中放置数小时，然后用蘸溶剂的纱布擦洗内壁。

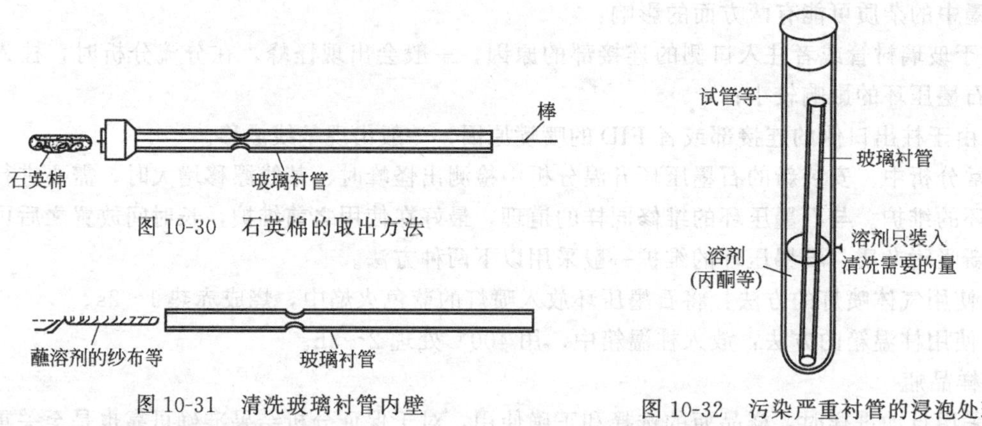

图 10-30　石英棉的取出方法

图 10-31　清洗玻璃衬管内壁

图 10-32　污染严重衬管的浸泡处理

2. 进样垫的维护

进样口隔垫是用于样品引入的重要元件之一。所有色谱柱均必须有足够的载气柱头压才可确保气流流经色谱柱。隔垫的作用是保持色谱系统处于密封状态，并防止空气进入进样口。针对进样口类型和分析的需求，隔垫具有多种不同尺寸，并由不同类型的材料制成。如图 10-33 所示。

在进行高灵敏度分析时，会因来自硅橡胶进样垫的杂质引入的怪峰检测出来，产生这样的情况时，需要进行进样垫的维护。

日常实验时建议在以下情况进行维护：注入次数大致在 100 次时，进行定期更换；保留时间和面积的重现性变差时；检测出怪峰时。

进样垫维护时首先要检查是否漏气（漏气是产生重现性差原因），进样垫是否污染（产生怪峰的原因）。

进样垫的清洗尽量在即将试验之前进行，因为放置太久可能会重新附着杂质。基本步骤如下：

① 将进样垫浸于己烷中，放置 10～15h。注意进样垫在己烷中会膨胀近 2 倍，需要准备大的带盖的容器；

② 进样垫取出放置于干净的容器内，为了避免操作时吸收己烷膨胀的进样垫损坏，操作时要非常小心；

③ 在干净大气中自然干燥后，在 130～150℃的柱温箱中热烘 2h。

④ 装入仪器。

3. 石墨压环的维护

在气相色谱中，石墨压环（见图 10-34）主要是在进样口和检测器喷嘴部分，石墨压环的主要故障是漏气和杂质。由于石墨减少导致的漏气是重现性差的原因。

图 10-33　隔垫

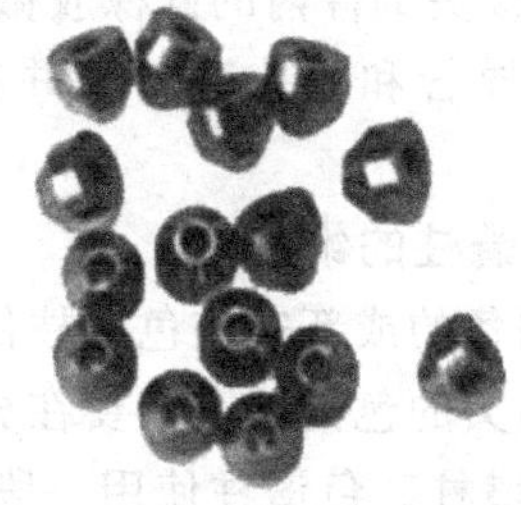

图 10-34　石墨压环

石墨中的杂质可能有两方面的影响：

① 于玻璃衬管或者柱入口侧的连接部的原因，一般会出现怪峰，在分流分析时，柱入口侧的石墨压环的影响较小；

② 由于柱出口侧的连接部或者 FID 的喷嘴原因，一般出现基线漂移。

日常分析中，安装新的石墨压环升温分析中检测出怪峰时、基线漂移增大时，需要进行石墨压环的维护。与石墨压环的维修同样的道理，最好在使用之前维护，长时间放置之后可能会重新吸附杂质。石墨压环的维护一般采用以下两种方法。

① 使用气体喷灯的方法：将石墨压环放入喷灯的蓝色火焰中，烧成赤热 1～2s。

② 使用柱温箱的方法：放入柱温箱中，用 400℃处理 2～3h。

4. 样品瓶

当采用自动进样时，样品瓶的选择和正确使用，对于保证分析结果准确可靠也是至关重要的，很多厂商提供的自动进样器的样品瓶可以通用，但是也有特殊的情况需要注意。向样品瓶中加样时要注意，如果需要通过重复进样测试大量的样品，将样品分装在几个瓶中获得的结果会更加可靠。当样品瓶中样品体积很小时，由前面进样或者溶剂清洗造成的干扰对样品的影响更大一些，样品瓶中液面上方一定要留有适当的空间，避免抽取样品时形成真空，影响进样重现性。

5. 注射器的维护

微量注射器使用前要先用丙酮等溶剂洗净，使用后立即清洗处理（一般常用下述溶液依次清洗：5%NaOH 水溶液、蒸馏水、丙酮、氯仿，最后用真空泵抽干），以免芯子被样品中高沸点物质沾污而阻塞；切忌用重碱性溶液洗涤，以免玻璃受腐蚀失重和不锈钢零件受腐蚀而漏水漏气；对于注射器针尖为固定式者，不宜吸取有较粗悬浮物质的溶液；一旦针尖堵塞，可用 0.1mm 不锈钢丝串通；高沸点样品在注射器内部分冷凝时，不得强行多次来回抽动拉杆，以免发生卡住或磨损而造成损坏；如发现注射器内有不锈钢氧化物（发黑现象）影响正常使用时，可在不锈钢芯子上蘸少量肥皂水塞入注射器内，来回抽拉几次即可去掉，然后做洗清即可；注射器的针尖不宜在高温下工作，更不能用火直接烧，以免针尖退火而失去穿戳能力。

6. 六通阀的维护

在使用六通阀时应绝对避免带有小颗粒固体杂质的气体进入六通阀，否则，在拉动阀杆或转动阀盖时，固体颗粒会擦伤阀体，造成漏气；六通阀使用时间长了，应该按照结构装卸要求卸下进行清洗。

7. 气化室进样口的维护

由于仪器的长期使用，硅橡胶微粒可能会积聚造成进样口管道阻塞，或气源净化不够，使进样口沾污，此时应对进样口清洗。其方法是首先从进样口处拆下色谱柱，旋下散热片，清除导管和接头部件内的硅橡胶微粒（注意：接头部件千万不能碰弯），接着用丙酮和蒸馏水依次清洗导管和接头部件，并吹干。然后按拆卸的相反程序安装好，最后进行气密性检查。

二、色谱柱的维护

① 新制备的或新安装色谱柱使用前必须进行老化。

② 新购买的色谱柱一定要在分析样品前先测试柱性能是否合格，如不合格可以退货或更换新的色谱柱。色谱柱使用一段时间后，柱性能可能会发生变化，当分析结果有问题时，应该使用测试样测试色谱柱，并将结果与前一次测试结果相比较。这有助于确定问题是否出

在色谱柱上，以便于采取相应的措施排除故障。每次测试结果都应保存起来作为色谱柱寿命的记录。

③ 色谱柱暂时不用时，应将其从仪器上卸下，在柱两端套上不锈钢螺母（或者用一块硅橡胶堵上），并放在相应的柱包装盒中，以免柱头被污染。

④ 每次关机前都应将柱箱温度降到50℃以下，然后再关电源和载气。若温度过高时切断载气，则空气（氧气）扩散进入柱管会造成固定液氧化和降解。仪器有过温保护功能时，每次新安装了色谱柱都要重新设定保护温度（超过此温度时，仪器会自动停止加热），以确保柱箱温度不超过色谱柱的最高使用温度，进而对色谱柱造成一定的损伤（如固定液的流失或者固定相颗粒的脱落），降低色谱柱的使用寿命。

⑤ 对于毛细管柱，如果使用一段时间后柱效有大幅度的降低，往往表明固定液流失太多，有时也可能只是由于一些高沸点的极性化合物的吸附而使色谱柱丧失分离能力，这时可以在高温下老化，用载气将污染物冲洗出来。若柱性能仍不能恢复，就得从仪器上卸下柱子，将柱头截去10cm或更长，去除掉最容易被污染的柱头后再安装测试，往往能恢复柱性能。

色谱柱的切割方法：当处理、切割或安装玻璃或石英毛细管柱时，应戴安全眼镜以防微粒飞入眼睛。注意：应小心处理这些柱以防被其刺伤。

① 把毛细管柱螺母和垫圈安装于柱上。

② 使用玻璃刻痕工具刻划柱。刻痕部位必须平直，确保裂口整齐。

③ 用柱切割器的划痕部位的对面折断柱。用放大镜观察末端，确保没有毛边或呈锯齿状。

④ 用带有异丙醇的棉纸擦毛细管柱壁，去掉指纹和粉末。

如果还是不起作用，可再反复注射溶剂进行清洗，常用的溶剂依次为丙酮、甲苯、乙醇、氯仿和二氯甲烷。每次可进样5～10μL，这一办法常能奏效。如果色谱柱性能还不好，就只有卸下柱子，用二氯甲烷或氯仿冲洗（对固定液关联的色谱柱而言），溶剂用量依柱子的污染程度而定，一般为20mL左右。如果这一办法仍不起作用，说明该色谱柱只能报废了。

三、色谱柱的老化

新装填好的柱不能马上用于测定，需要先进行老化处理。色谱柱老化的目的有两个，一是彻底除去固定相中残存的溶剂和某些易挥发性杂质；二是促使固定液更均匀、更牢固地涂布在载体表面上。

老化的方法是：将色谱柱接入色谱仪气路中，将色谱柱的出气口（接真空泵的一端）直接通大气，不要接检测器，以免柱中逸出的挥发物污染检测器。开启载气，在稍高于操作柱温下（老化温度可选择为实际操作温度以上30℃），以较低流速连续通入载气一段时间（老化时间因载体和固定液的种类及质量而异，2～72h不等）。然后将色谱柱出口端接至检测器上，开启记录仪，继续老化。待基线平直、稳定、无干扰峰时，说明柱的老化工作已完成，可以进样分析。

任务4　气相色谱载气流量的测定和校正

任务目标

能够独立熟练地进行气相色谱仪的载气流量的测定；

能够熟练地进行载气流量的校正；

具备对转子流量计和皂膜流量计的维护与保养的能力。

一、载气流量的测量

① 在皂膜流量计内装入适量皂液，使液面恰好于支管口的中线处，见图 10-35。

② 用胶管将其与载气出口相连，见图 10-36。

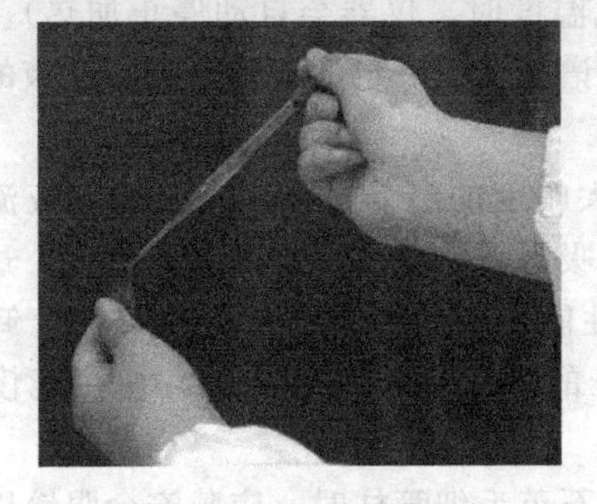

图 10-35 装入适量皂液

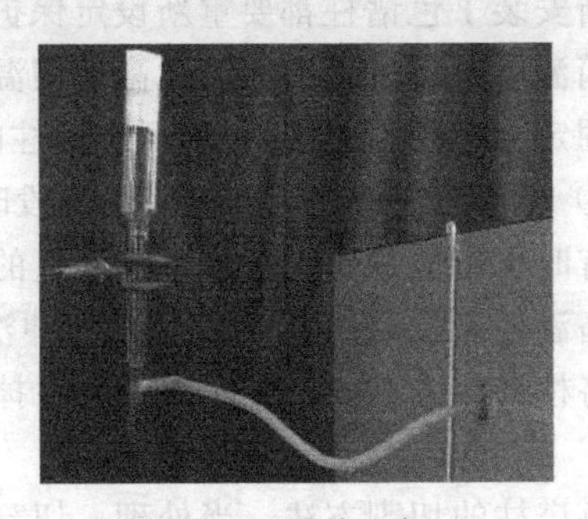

图 10-36 连接出气口

③ 开启载气，调节载气压力至 0.294MPa，调节转子高度，等待 0.5～1min，轻轻捏一下胶头，使皂液上升封住支管，就会产生一个皂膜，见图 10-37。

④ 用秒表记下皂膜通过一定体积所需的时间，换算成以 mL/min 为单位的载气体积流速，见图 10-38。

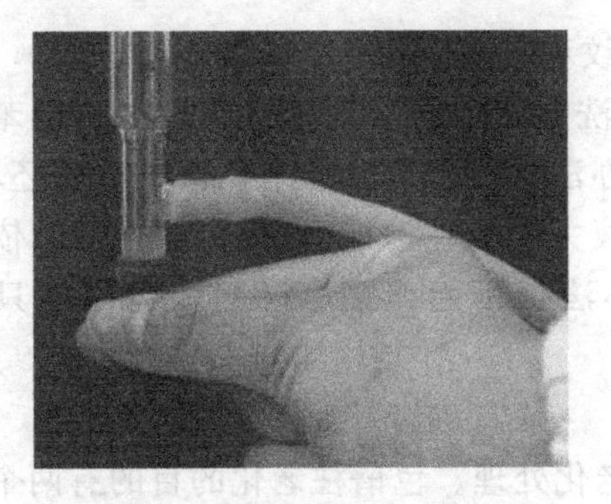

图 10-37 产生皂膜

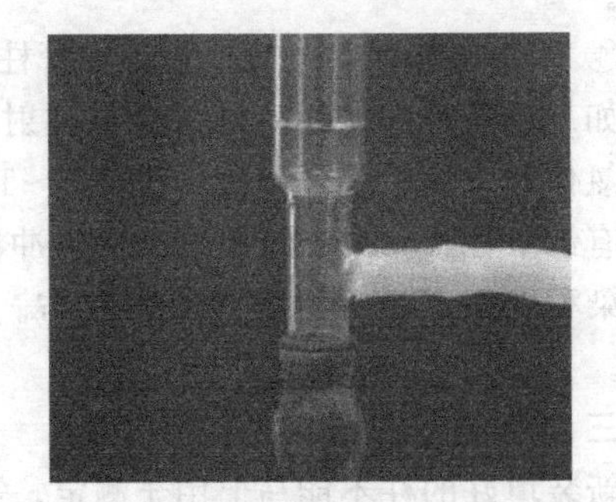

图 10-38 记录时间

用上述方法分别测量转子高度（或稳流阀刻度一流量点上）为 0、5、10、15、20、25、30 格时的体积流速 F_0，同时记录载气种类、色谱柱温、室温、大气压力等参数，计算出相应的 F'_C，绘制标准曲线。

热导检测器载气流速一般是 30～150mL/min，氢焰检测器 H_2 为 30～50mL/min，N_2：H_2＝1～2，N_2：空气＝1：(5～10)。

二、载气流速的校正

1. 对饱和水蒸气压的校正

F_{CO}是在柱子出口处，于当时的室温和大气压力下测得的，干燥的载气通过皂液时就被水蒸气饱和。所以，必须扣除饱和水蒸气压的影响，才能得到实际体积流速，以 F_{CO}表示：

$$F_{CO}=F'_{CO}-\frac{p_0-p_w}{p_0}$$

式中 p_0——色谱柱出口压力，即当时的大气压，Pa；

p_w——测量时室温下的饱和水蒸气压，Pa。

2. 温度的校正

实际体积流速 F_{CO} 是在室温下测得的。而柱温往往又高于室温，因此要作温度校正。

$$F_C = F_{CO}\frac{T_C}{T_0}$$

式中　F_C——已校正到柱温时的载气体积流速；

T_C——柱温，K；

T_0——室温，K。

3. 柱内压力的校正

载气通过色谱柱会产生压力降，即柱子内不同位置的压力是不同的，故载气的流速也不，一般只能用载气在柱内的平均流速作为计算的依据。

$$\overline{F}_C = \frac{3}{2}\left[\frac{(p_i/p_j)^2-1}{(p_i/p_j)^3-1}\right]F_0$$

式中　$\overline{F}_C$——柱内载气的平均体积流；

p_i 及 p_j——分别为柱前压及柱后压。

由上三式得：

$$\overline{F}_C = \frac{3}{2}\times\frac{p_0-p_w}{p_0}\times\frac{T_C}{T_0}\times\frac{(p_i/p_j)^2-1}{(p_i/p_j)^3-1}$$

在一般色谱分析工作中，用皂膜流量计测出体积流速，只有必要时才进行上述一系列校正。

知识补充

一、流速测量装置

载气流速是气相色谱分析的一个重要操作条件。常用的流速测量装置有转子流量计、稳流阀、皂膜流量计和压力表等。

1. 转子流量计

转子流量计是气相色谱分析中最常用的流量测量装置。它是由一个内径上口大、下口小的锥形管和一个能在管内自由旋转的转子组成的，其结构如图 10-39 所示。当气体通过转子流量计时，转子便上浮转动，转子与管内壁间的环形孔隙就增大，转子一直上浮到环形孔隙所造成的转子顶部和底部间的压力差与转子的重力平衡为止。根据转子的位置就可以确定气体的流量。

2. 稳流阀

稳流阀为机械刻度式，由上游各自的稳压阀提供稳定的输入气压，稳流阀输出流量可以从相应刻度流量表上查得，即稳流阀旋钮上的每一刻度与所代表的流量成非线性关系。

3. 皂膜流量计

皂膜流量计由一根带有气体进口的量气管和橡皮滴头组成，如图 10-40 所示。使用时先向滴头中注入肥皂水，挤动滴头使皂膜进入量气管。当气体从底部进入流量计时，就顶着皂膜沿管壁向上移动。用秒表测量皂膜移动一定体积所需的时间，即可计算出气体的流量。用以测量转子流量计或稳流阀上不同刻度时的实际气体流量，即可绘制出转子流量计或稳流阀刻度表示的校正曲线。

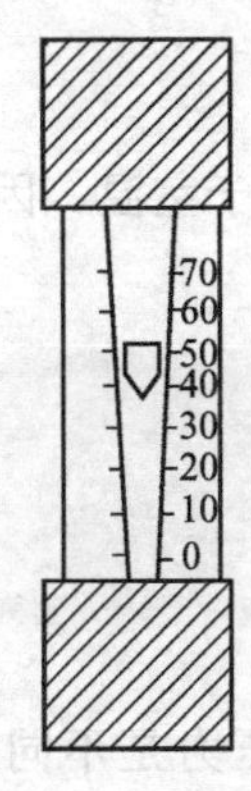

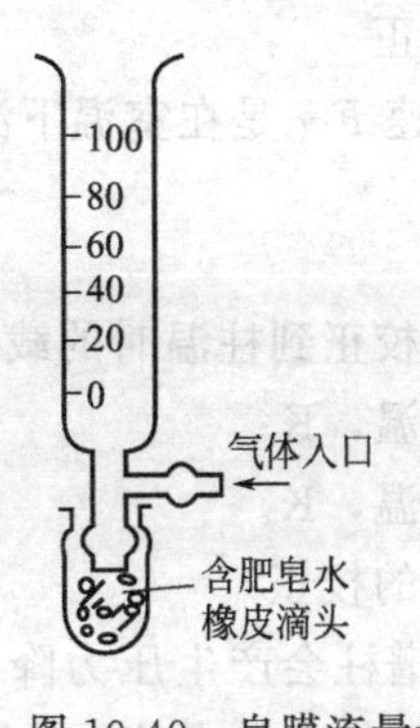

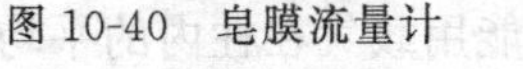

图 10-39 转子流量计　　图 10-40 皂膜流量计

4. 压力表

气相色谱仪在转子流量计之后气化器之前装有压力为 0～0.589MPa 的弹簧压力表，用来指示色谱柱前的载气压力。

二、转子流量计和皂膜流量计的维护

使用转子流量计时应注意气源的清洁，若由于对载气中微量水分干燥净化不够，在玻璃管壁吸附一层水雾造成转子跳动，或由于灰尘落入管中将转子卡住等现象时，应对转子流量计进行清洗。方法是：旋松上下两只大螺钉，小心地取出两边的小弹簧（防止转子吹入管道内）及转子，用乙醚或酒精冲洗锥形管（也可将棉花浸透洗液后塞入管内捅洗）及转子，用电热吹风机把锥形管吹干，重新安装好。安装时应注意转子和锥形管不能放倒，同时要注意锥形管应垂直放置，以免转子和管壁产生不必要的摩擦。

使用皂膜流量计时要注意保持流量计的清洁、湿润，要用澄清的皂水或其他能起泡的液体（如烷基苯磺酸钠等），使用完毕应洗净、晾干（或吹干）放置。

任务 5　气相色谱仪控制面板的操作

任务目标

能独立准确地进行加热区过温保护设定；
能独立准确地进行柱箱恒温及程序升温的设定；
能独立准确地进行注样器、检测器温度设定；
能独立准确地对参数、外控功能等进行设定；
能根据气相色谱仪的各部分结构，理解仪器使用中各部分条件的选择。

一、仪器开机自检

仪器接通电源后计算机首先进入仪器自检程序，其状态显示为指示灯全部打开，屏幕显示如图 10-41 所示，直到屏幕出现“OK”字样后表示仪器自检通过，可以进入正常操作程序，并且显示器自动切换到屏幕显示状态，如图 10-42 所示。等待用户输入操作信息，此时若不进行任何信息输入，仪器保持此状态 15s 后，将执行上一次关机前所设定的储存参数。

二、加热区过温保护设定

加热区过温保护温度，仪器设定初始值为 400℃。当仪器某一加热区温度参数设置不当、或由于各种原因产生仪器温度失控，温度达到保护温度时，仪器将自动关闭全部加热电

Test system・・・ Startime・・・ ・・・・・・OK!

图 10-41 仪器自检显示界面

CHROMATOGRAPH GC-9790 ZJ・Wenling Fenxiyiqchang

图 10-42 屏幕信息

源，蜂鸣器报警，并显示错误信息。此状态一直保持到关闭仪器总电源为止。

报警以后不要立即打开仪器总电源，而要查找过温加热区域，并待温度降低以后再次启动仪器，检查过温的原因，重新输入温度设定与极限温度参数。若二次开机后仪器仍处于报警状态，则说明仪器电路部分有故障，应进行修理。

在仪器工作过程中能够合理地使用过温保护，当温度一旦失控时，可对仪器和外围设备进行有效的保护，以免承受不必要的损失。一般情况下，过温保护温度设定值应高于使用温度值 30～50℃。柱箱过温保护温度设定，其最高值不能高于色谱柱固定相的最高使用温度的 90%，以免过温后固定相流失，污染检测器系统。

注意：过温保护的设定一定要大于使用温度的 30～50℃，最高不能高于 400℃，若低于使用温度，仪器将处于保护状态，不能正常工作。

三、柱恒温箱恒温温度及过温保护设定

若需设定柱恒温箱温度为 150℃且连续开机（柱恒温箱温度设定范围是室温＋8～350℃，以 1℃增量任设），柱箱极限温度为 200℃，其操作顺序如下。

首先按下［柱箱］键。

显示：　　　　中文意义：（此显示参数为上一次储存参数）

Setup　COL Temp＝50.0 _ Maxim＝400.0	设置：　　柱箱 目标温度＝50.0 _ 温度极限＝400.0

按【输入】键选择光标到目标温度；

依次按下【1】＋【5】＋【0】＋【输入】键（单位：℃）。

按【输入】键选择光标到极限温度；

依次按下【2】＋【0】＋【0】＋【输入】键（单位：℃）。

显示：　　　　中文意义：

Setup　COL Temp＝150.0 _ Maxim＝200.0	设置：　　柱箱 目标温度＝150.0 温度极限＝200.0 _

查看柱箱温度状态：按下【柱箱】＋【显示】。

显示：　　　　中文意义：

COL：ON Set＝150℃ Actu＝150℃ Time＝10.2m ↓	柱箱：运行 目标温度＝150℃ 实测温度＝150℃ 运行时间＝10.2 ↓

在此状态按面板上的箭头键进行翻页显示。可方便地检查其他加热区的温度状态，也可采用同样的方法先按下需要观察的温度设定键，再按下显示键直接进入所要检查的页面。

四、柱恒温箱程序升温温度设定

程序升温设定范围：温度范围为室温＋8℃～350℃，升温从0.1～30℃，最大保留时间9999.9min。

若需按图10-43所示的时间程序设定柱恒温箱程序升温。其操作方法如下。

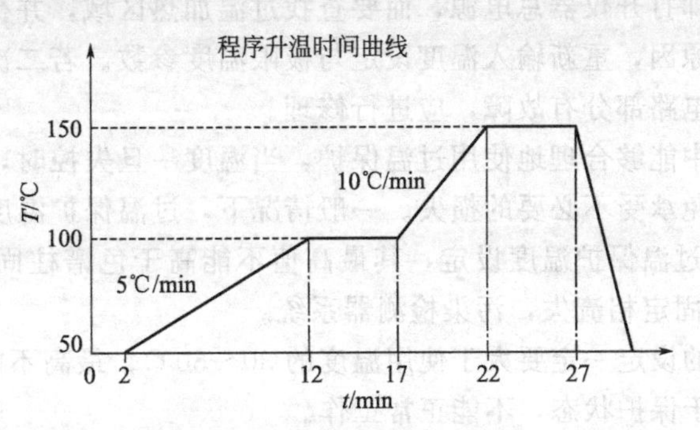

图10-43 程序升温时间程序

首先按下【柱箱】+【↓】键进入程序升温设定窗口。

显示：	中文意义：
Setup COL Step0： Temp＝150 Time＝1.0 _	设置： 柱箱 程序0阶： 目标温度＝150 保留时间＝1.0 _

【Temp＝150】为恒温时设定的温度。此参数与恒温设定窗口参数保持一致，若此处改为50℃，则柱箱恒温窗口温度设定也将更改为50℃，这是程序升温所需要的，当程序升温结束以后，温度将恢复到初始温度等待下次程序运行。

按【输入】键将光标移动到初始温度设定行，输【5】+【0】+【输入】（设定初始温度为50℃）更改保留时间，输入【2】+【输入】（设定初始温度恒温时间为2min）。

显示：	中文意义：
Setup COL Step0： Temp＝50 Time＝2.0 _	设置： 柱箱 程序0阶： 目标温度＝50 保留时间＝2.0 _

按下【↓】屏幕将切换到下一页。

显示：	中文意义：
Setup1： ↑ Rate＝0.0 Temp＝0.0 Time＝0.0 _ ↓	程序1阶： ↑ 升温速率＝0.0 目标温度＝0.0 保留时间＝0.0 _ ↓

按下【输入】键移动光标到升温速率一行输入【5】+【输入】（设定第一阶升温速率为

5℃/min)；

按下【1】+【0】+【0】+【输入】(设定第一阶目标温度为100℃)；

按下【5】+【输入】(设定第一阶温度保留时间为5min)；

第一阶温度设定结束，屏幕显示如下。

显示：	中文意义：
Setup1： ↑ Rate=5.0 Temp=100.0 Time=5.0 _ ↓	程序1阶： ↑ 升温速率=5.0 目标温度=100.0 保留时间=5.0 _ ↓

按下【↓】屏幕将切换到下一页设定第二阶参数。

按下【输入】键移动光标到升温速率一行输入【1】+【0】+【输入】(设定第二阶升温速率为10℃/min)；

按下【1】+【5】+【0】+【输入】(设定第二阶目标温度为150℃)；

按下【5】+【输入】(设定第二阶温度保留时间为5min)；

第二阶温度设定结束，屏幕显示如下。

显示：	中文意义：
Setup2： ↑ Rate=10.0 Temp=150.0 Time=5.0 _ ↓	程序2阶： ↑ 升温速率=10.0 目标温度=150.0 保留时间=5.0 _ ↓

程序设定过程中若发现某个参数输入有误，可按【↓】键将显示查找，并用【输入】键将光标调整到该行信息处，用【清除】键删除原有数据重新输入。

不需要用的阶应将全部参数设定为零。

程序升温设定后，待初始温度稳定，即可注入样品，立即按下【启动】键开始程序。同恒温操作方法一样，可以从显示屏上监视温度运行状态。

程序开始运行以后，若由于种种原因需要中止程序，只需按下【终止】键。

五、注样器恒温箱温度设定

若需设定注样器恒温箱温度为210℃(注样器恒温箱温度设定范围是室温+20～350℃，以1℃增量任设)，且设极限温度为300℃，其操作方法如下。

首先按下【注样器】键。

显示：	中文意义：(此显示参数为上一次储存参数)
Setup Inj Temp=50.0 _ Maxim=400 ↓	设置： 柱样器 目标温度=50.0 _ 温度极限=400 ↓

按【输入】键选择光标到目标温度；

依次按下【2】+【1】+【0】+【输入】键(单位:℃)。

按【输入】键选择光标到极限温度；

依次按下【3】+【0】+【0】+【输入】键(单位:℃)。

显示：	中文意义：
Setup Inj Temp=210.0 _ Maxim=300 ↓	设置： 柱样器 目标温度=210.0 _ 温度极限=300 ↓

查看注样器温度状态：按下【注样器】+【显示】。

显示：	中文意义：
Inj：ON Set=210℃ Actu=210℃ Time=10.2m ↓	注样器：开 目标温度=210℃ 实测温度=210℃ 运行时间=10.2m ↓

如果需要关闭该加热区温度，应在该温度区显示界面状态按下【清除】键，其屏幕上行显示为【OFF】，即该加热区被关闭。

打开该加热区温度，应在该温度区显示界面状态按下【输入】键，其屏幕上行显示为【ON】，即该加热区被打开，其余加热区的开关方法及操作顺序与此一致。

六、检测器恒温箱温度设定

若需设定检测器恒温箱温度为280℃（检测器恒温箱温度设定范围是室温+20～350℃，以1℃增量任设），且设极限温度为350℃，其操作方法如下。

首先按下【检测器】键。

显示：	中文意义：（此显示参数为上一次储存参数）
Setup Det Temp=50.0 _ Maxim=400 ↓	设置： 检测器 目标温度=50.0 _ 温度极限=400 ↓

按【输入】键选择光标到目标温度；

依次按下【2】+【8】+【0】+【输入】键（单位：℃）。

按【输入】键选择光标到极限温度；

依次按下【3】+【5】+【0】+【输入】键（单位：℃）。

显示：	中文意义：
Setup Det Temp=280.0 _ Maxim=350 ↓	设置： 检测器 目标温度=280.0 _ 温度极限=350 ↓

查看检测器温度状态：按下【检测器】+【显示】键。

显示：	中文意义：
Det：ON Set=280℃ Actu=280℃ Time=10.2m ↓	检测器：开 目标温度=280℃ 实测温度=280℃ 运行时间=10.2m ↓

其余加热区温度设定方法同上。

七、参数设定

按下【参数】+【↓】或【↑】翻页到相应的检测器。

若想改变检测器参数，按【输入】键将显示器光标移动到需要改变的数据处，按【清除】键清除原有参数，重新输入参数。参数范围是根据检测器而定，使用方法见相应检测器。

按下【参数】键。

显示：	中文意义：
Detecter TCD Polarity=1(+) _ Current=1 ↓	参数设置：热导 极性=1(+) 桥流=1 ↓

参数范围如下。极性：0(−)、1(+)；桥流：0～250mA。

按下【↓】显示下一页。

显示：	中文意义：
Detecter FID Polarity=1(+) _ Rang=1 ↓	参数设置：氢焰 极性=1(+) _ 量程=1 ↓

参数范围如下。极性：0(−)、1(+)；量程：1、10、100、1000。

按下【↓】显示下一页。

显示：	中文意义：
Detecter ECD Current=1 _ Rang=1 ↓	参数设置：电子捕获 电流=1 _ 量程=1 ↓

参数范围如下。电流：0、1、10；量程：0、1。

按下【↓】显示下一页。

显示：	中文意义：
Detecter FPD Rang=1 _ ↓	参数设置：火焰光度 量程=1 ↓

参数范围如下。量程：1、10、100、1000。

按下【↓】显示下一页。

显示：	中文意义：
Detecter NPD Rang=1 _ ↓	参数设置：氮磷检测 量程=1 ↓

参数范围如下。量程：1、10、100、1000。

八、外控功能设定

按下【外控】显示外控 1 的设置界面。

显示：	中文意义：
Event 1 Event=OFF ON1=0 OFF=0 ↓	外控 1： 外控=关 第一次开=0 第一次关=0 ↓

外控 1 可以设定 5 开 5 关按【↓】、【↑】可以进行全部设置。

设定时间程序时，二次按下【外控】键显示第二套时间程序，可以进行第二套时程序设定，方法和功能与外控 1 一致。

1. 秒表功能的使用

按下【时间】显示下一页。

显示：	中文意义：
Watch 00：00：00.0 60/T	秒表 00：00：00.0 60/停表时间 ↓

按下【输入】或【↑】开始走表；再按一次【输入】或【↓】停表。

运行停表后显示如下。

显示：	中文意义：
Watch 00：00：20.0 60/T 3.00	秒表 00：00：20.0 60/停表时间 60÷20=3 ↓

此功能将方便用户使用皂膜流量计测流量时换算每分钟流量，如 10mL 刻度流量从计时至停表为 20s，则每分钟流量为：60/20×10=3×10=30mL/min。

按下【清除】清除显示时间。

2. 运行记录的使用

按下【显示】+【7】可显示运行记录。

显示：	中文意义：
GC9790 V2.00 Date 1998/07/18 Coldstart00085 Runtime 0006192	GC9790 V2.00 日期：1998 年 07 月 18 日 冷启动：00085 运行时间：0006192

3. 显示自检结果

按下【显示】+【8】可显示运行记录。

显示：	中文意义：
XSYSTEM ALARM CODE=000000 SYSTEM OK!	X 系统报警 代码=000000 系统正常

4. 系统设置的使用

按下【一】键进入系统设置。

显示：

```
System  Setup
Sound
Volume=3
LCD Bright=3
Default Data=**
```

中文意义：

```
系统设置
报警音量=3
背景亮度=3
默认数据=**
```

报警音量设置范围为0～3，其中“0”为关闭报警音量，“3”为最大音量。

背景亮度设置范围为0～3，其中“0”为关闭背景亮度，“3”为最大亮度。

在“**”位置输入【9】+【9】+【输入】，仪器热启动，自检后显示初始化状态。

知识补充

在气相色谱分析中，我们总希望在较短的时间内，用较短的柱子达到满意的分析结果。为此，在进行分析时，需要选择适当的操作条件。

一、载气的选择

气相色谱最常用的载气是氢气、氮气、氩气、氦气。

选择何种气体作载气，首先要考虑使用何种检测器。使用热导池检测器时，选用氢和氦作载气，能提高灵敏度，氢载气还能延长热敏元件钨丝的寿命。氢火焰检测器宜用氮气作载气，也可用氢气；电子捕获检测器常用氮气（纯度大于99.99%）；火焰光度检测器常用氮气和氢气。

二、载气流速的选择

载气流速对柱效率和分析速度都产生影响。根据范氏方程，载气流速慢有利于传质，有利于组分的分离；但载气流速快，有利于加快分析速度，减少分子扩散。载气流量对柱效率的影响表现为流量过低或过高都会降低柱效率，只有选择最佳流量才可提高柱效率。对一般色谱柱，载气流量为20～100mL/min。有时为了缩短分析时间，可加大流量，但此时分离效果不好，色谱峰会有拖尾或重叠现象。在实际工作中要根据具体情况选择最佳流速。

三、柱温的选择

柱温是气相色谱的重要操作条件，柱温直接影响色谱柱的使用寿命、柱的选择性、柱效能和分析速度。柱温低有利于分配，有利组分的分离；但柱温过低，被测组分可能在柱中冷凝，或者传质阻力增加，使色谱峰扩张，甚至拖尾。柱温高，虽有利于传质，但分配系数变小，不利于分离。一般通过实验选择最佳柱温。

原则是：使物质既分离完全，又不使峰扩张、拖尾。柱温一般选各组分沸点平均温度或稍低些。表10-6列出了各类组分适宜的柱温和固定液配比，以供选择参考。

表10-6　各类组分适宜的柱温和固定液配比

样　　品	固定液配比/%	柱温/℃
气体、气态烃、低沸点化合物	15～25	室温或<50
100～200℃的混合物	10～15	100～150
200～300℃的混合物	5～10	150～200
300～400℃的混合物	<3	200～250

当被分析组分的沸点范围很宽时，用同一柱温往往造成低沸点组分分离不好，而高沸点组分峰形扁平，此时采用程序升温的办法就能使高沸点及低沸点组分都能获得满意结果。在选择柱温时还必须注意：柱温不能高于固定液最高使用温度，否则会造成固定液大量挥发流失；同时，柱温至少必须高于固定液的熔点，这样才能使固定液有效地发挥作用。

四、气化室温度的选择

合适的气化室温度既能保证样品迅速且完全气化，又不引起样品分解。一般气化室温度比柱温高30～70℃或比样品组分中最高沸点高30～50℃，就可以满足分析要求。温度是否合适，可通过实验来检查。检查方法是：重复进样时，若出峰数目变化，重现性差，则说明气化室温度过高；若峰形不规则，出现平头峰或宽峰则说明气化室温度太低；若峰形正常，峰数不变，峰形重现性好则说明气化室温度合适。

五、进样量与进样时间的影响

进样量与固定相总量及检测器灵敏度有关，对于内径4～6mm、长2m、固定液用量为15%～20%的色谱柱，液体进样量为0.1～10μL，气体样品为0.1～10mL。通常用热导池检测器时液样为1～5μL，氢火焰检测器小于1μL。

进样量过大会导致：分离度变小；保留值变化，难于定性；峰高、峰面积与进样量不成线性关系，不能定量。最大允许进样量可以通过实验确定：多次进样，逐渐加大进样量，如果发现半峰宽变宽或保留值改变时，这个量就是最大允许进样量。

进样时应当固定进针深度及位置，针头切勿碰着气化室内壁，进样时间应尽可能短，一般小于0.1s，从注射器接触气化室密封橡胶垫片算起，包括注射、拔针等动作都要快，而且平行测定中速度一致，对此项操作技术必须十分重视，要反复练习，达到熟练、准确的程度。

任务6 GC9790型气相色谱仪ECD检测器操作

任务目标

能独立正确地打开气源、仪器开关；
能独立准备地运用操作键盘进行电流、量程的设定；
能根据给出的操作条件进行载气流量设定和柱箱、进样口及检测器温度的设定；
学会手动进样技术；
在完成分析任务后，能够独立正确地进行关机操作；
学会利用N2000色谱工作站进行信息采集及样品的分析；
学会分析排除故障。

一、开机

① 开载气N_2（40～60mL/min），把整个气路系统中的空气全部吹出，充满N_2。

注意：如果第一次使用ECD，希望连续吹载气1～2天。

② 开气相色谱仪主机开关。

二、电流、量程的设定

1. 通过键盘操作进样电流设定

其操作步骤如下：

【参数】+【↓】+【↓】+【数字键】+【输入】

数字：0表示电流值为0.5nA；1表示电流值为1nA；10表示电流值为2nA。

2. 通过键盘操作进行量程设定

其中步骤如下：

【参数】+【↓】+【↓】+【数字键】+【输入】

数字：0和1二挡，0挡比1挡输出信号放大10倍。

三、接通记录仪，检查主机ECD板是否能准确地调零。

四、温度的设定

1. 设定ECD检测器和注样器温度

通过键盘操作进行检测器温度设定，设定步骤如下：

【检测器】+【数字键】+【输入】+【数字键】+【输入】

设定完毕后，按显示键回到ECD温度显示状态，通过键盘操作进行注样器温度设定。设定步骤如下：

【注样器】+【数字键】+【输入】+【数字键】+【输入】

设定完毕后按【显示键】回到注样器温度显示状态。

2. 设定柱炉温度

等ECD升到一定温度时，设定柱炉温度，通过键盘操作进行柱箱温度设定，设定步骤如下：

【柱箱】+【数字键】+【输入】+【数字键】+【输入】

设定完毕后，按【显示键】回到柱箱温度显示状态。

3. 等基线稳定后，改变量程10^1到10^0，了解信号电平的差异；从图10-44中读出对应的基本频率。

如果基本频率超过4kHz，改变设定到一个较低的值，如果小于500Hz，设定到一个较高的值。如有必要，用×.1的开关。

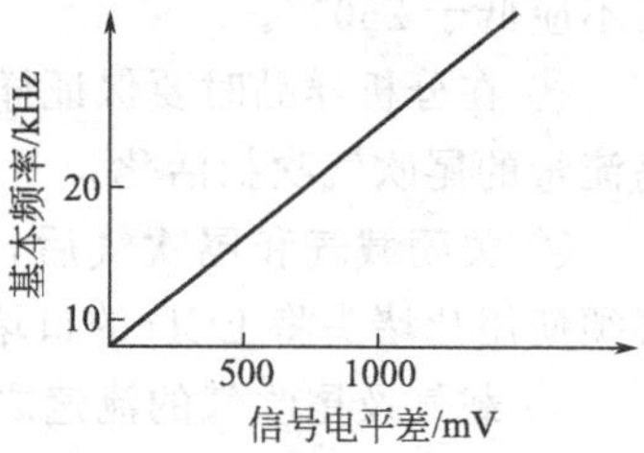

图10-44 信号电平差与基本频率关系图

五、进样分析

根据具体的分析样品，选择合适的进样量，严格按照进样技术进行进样操作。

六、停机操作

设定柱温为室温；断开加热开关，等ECD温度降至低100℃，断开电源开关；降低载气流速，如长期不用，可断开载气。

知识补充

一、ECD检测器工作原理

密封在ECD池内的放射源（^{63}Ni）产生的N射线使惰性气体（如N_2）电离，如果一个脉冲电压加到ECD的电极上，电子即被捕获，当电负性的分子进入ECD池内，分子吸收电子成为负离子。负离子比自由电子移动速度慢，需要较长时间达到阳极，它们很可能又重新与正离子结合。因此，ECD池内电子密度下降，以致每个脉冲捕获的电子数减少。当电子数减少时，为了保证ECD基流恒定，只有增加脉冲频率，促使单位时间内捕获电子的总数不变，脉冲数的变化正比于通过ECD的吸收电子的分子密度。

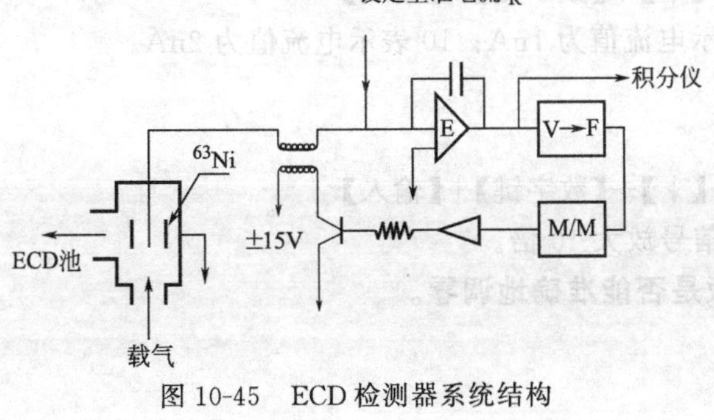

图 10-45 ECD 检测器系统结构

系统结构见图 10-45。

放大器（E）将 ECD 的平均脉冲电流与设定基准电流 IR 比较，输出一个电压至电压频率转换器（VFC），以确保两个电流相等。VFC 产生的脉冲电压经过调节，具有合适的高度和宽度，然后加到 ECD 池电极上。

电子捕获检测器具有选择性。响应的差别取决于化合物的种类，甚至同一种化合物的响应也可能由于分子结构的微小差别而有所不同。

二、ECD 检测器的气路系统要求

1. 载气选择

通常用氮气作载气，纯度必须在 99.99996%以上，低纯度的载气会使灵敏度和线性度变差。稀有气体如氦气（He）或氩气（Ar）可用作载气，必须加入 1%～5% 的甲烷（CH_4）作淬灭剂。

2. 流量选择

清洗气路流量为 40～80mL/min，载气流量依据分析条件选择适当值。

三、ECD 检测器的使用注意事项及日常维护

① 要保证载气的高度纯净；应该使用脱氧管和除水装置，并及时更换。

② 操作温度不应太低。操作温度为 250～350℃。无论色谱柱温度多么低，ECD 的温度均不应低于 250℃。

③ 在分析样品时要保证样品净化，尽量减少样品污染检测器，如果样品较“脏”，并用高流量的尾吹气吹扫活化。

④ 关闭载气和尾吹气后，用堵头封住 ECD 出口，避免空气进入。在不使用 ECD 时，必须使用死堵头将 ECD 的口堵死，防止被氧化。

⑤ 载气及尾吹气的流速之和一般为 60mL/min。

⑥ 如果 ECD 被污染，可以用高温处理，或者用氢气还原。

⑦ 日常关机后最好保留氮气尾吹。

⑧ 防止 ECD 过载。在色谱分析中可能因进样量大（或样品浓度大）出现过载。这时必须用溶剂将样品稀释至 ECD 的线性范围以内再测定。

⑨ 注意安全。ECD 中有放射源，为防止放射性危害，使用中应注意：a. 检测器出口应用金属或聚乙烯管通至室外，于避风、雨及非人行道处；b. 经培训并有处理放射性物质许可证者，方可拆卸 ECD，否则不得拆卸；c. 按要求至少每 6 个月要进行一次放射性泄漏检测。

四、ECD 检测器故障及维修

表 10-7 列出了电子捕获检测器故障分析和排除。

五、气相色谱定性分析

色谱定性分析就是确定各色谱峰所代表的化合物。目前，人们虽然已经建立了许多定性分析方法，如保留值定性法、化学反应定性法等。但总的来说，这些方法都不能令人满意。近年来出现的 GS-MS、GS-OS 等联用技术，既利用了色谱的高效分离能力，又利用了质谱、光谱的高鉴定能力，再加上计算机对数据的快速处理和检索，为未知化合物的定性分析打开了一片广阔的前景。

表 10-7 电子捕获检测器故障分析和排除

故障	可能的原因	故障排除
ECD噪声大	电极绝缘降低	清洗或更换
	ECD池污染	清洗
	电极与ECD极引线接触不良	拧紧接头或拆卸电极
	接地线不良	更换
	载气中含有氧气	使用高纯载气
ECD灵敏度低	放射源受污染	清洗或更换
	放射源受腐蚀	更换
	ECD板内绝缘子漏电	清洗或更换
	电极引极与ECD电源之间接触不良或与地短路	使其接触良好，消除短路
	放射源因过热，氚大部分逸出	更换
	放大器输入电缆绝缘性差	清洗或更换
	载气不纯	更换气体
出现反峰	放射源或电极被沾污	清洗
	脉冲发生器不正常	波形检查
	收集极接触不良或短路	使其接触良好，消除短路
	载气不纯	净化、更换
基线漂移大	检测器温度不稳	检查温度传感器和控制器
	放射源沾污	清洗
	进入检测器的杂质太多	老化吹洗
	电流设定过大	降低电流
线性范围窄	载气不纯，如含氧量太高	更换
	色谱柱中放出干扰物质过多	老化不能改善时更换
	负电性化合物注入过量	提高柱温老化
	由于放射源被污染基流太小	清洗
	放射源过热损伤	更换
零点失调	阴极引线绝缘性差或对地短路	更换引线，消除短路
	阳极引线绝缘不良或对地短路	
“样品瓶帽盖”干扰峰	样品瓶帽、密封垫的杂质，部分溶于样品中	密封垫用金属箔衬里或用聚乙烯瓶塞磨口玻璃瓶

各种物质在一定的色谱条件下均有确定不变的保留值，因此，保留值可作为一种定性指标（最常用）。这种方法简单，不需要其他仪器设备，但由于不同物质在相同的条件下，往往具有相近甚至完全相同保留值，因此有很大的局限性。其应用仅限于当未知物通过其他方法的考虑（如来源等）可能为某几种化合物时，或属于某种类时作最后确证；其可靠性不足以鉴定完全未知的化合物。

1. 利用保留值定性（纯物质对照定性）

利用保留值定性是最常用的也是最简单的方法。在相同条件下，如果标准物质的保留值与被测物中某色谱峰的保留值一致，可初步判断二者可能是同一物质。也可以在样品中加入一已知的标准物质，若某一峰明显增高，则可认为此峰代表该物质。利用保留值定性必须注意，利用保留值定性只适用于组分性质已有所了解，组成比较简单，且有标准物质的未知物。此外，在同一柱上，不同的物质常常会有相同的保留值，所以单柱定性是不可靠的，解决的办法是选择极性不同的两根或两根以上柱子再进行比较，若在两根极性不同的柱上，标准物质与被测组分的保留值相同，则可确定该被测组分的存在。

2. Kovats 保留指数

Kovats 保留指数是广泛采用的定性指标，在无纯的标准物质对照时，可利用文献中的保留指数定性。在与文献相同的条件下，测定被测物的保留指数，然后与文献值比较定性。该方法的误差小于1%。

保留指数仅与柱温和固定相性质有关，与色谱操作条件无关。不同的实验室测定的保留指数的重现性较好，精度可达±0.03个指数单位。所以，使用保留指数定性具有一定的可靠性。又由于很多色谱文献上都可以查到很多纯物质的保留指数，因此使用保留指数定性也是十分方便的。保留指数定性与用已知标准物直接对照定性相比，虽然避免了寻找已知标准物质的困难，但它也有一定的局限性，一些多官能团的化合物和结构比较复杂的天然产物是无法采用保留指数进行定性的，主要原因是这些化合物的保留指数文献上很少有报道。

3. 利用其他方法进行定性

利用化学方法配合进行未知组分定性。有些带官能团的化合物能与一些试剂发生化学反应从样品中除去，从比较处理前后两个样品的色谱图，就可以确认哪些组分属于某族化合物。

结合仪器进行定性。气相色谱是分离有机组分的理想仪器，但对复杂组分的定性鉴别却不是最佳。质谱、红外光谱等是鉴别未知物质的有效工具，所以色谱-质谱仪、色谱-红外光谱仪等联用进行分离和定性分析。

六、气相色谱定量分析

定量分析就是要确定样品中某一组分的准确含量。气相色谱定量分析与绝大部分的仪器定量分析一样，是一种相对定量方法，而不是绝对定量方法。色谱中常用的定量方法有归一化法、标准曲线法、内标法和标准加入法。这些定量方法各有优缺点和使用范围，因此实际工作中应根据分析的目的、要求以及样品的具体情况选择合适的定量方法。

1. 定量分析基本公式

气相色谱法是根据在一定条件下仪器检测器的响应值与被测组分的量成正比的关系来进行定量分析的。也就是说，在色谱分析中，在某些条件限定下，色谱峰的峰高或峰面积（检测器的响应值）与所测组分的数量（或浓度）成正比。因此，色谱定量分析的基本公式为：

$$w_i = f_i A_i \text{ 或 } c_i = f_i h_i$$

式中，w_i 为组分的质量；c_i 为组分的浓度；f_i 为组分的校正因子；A_i 为组分 i 的峰面积；h_i 为组分 i 的峰高。在色谱定量分析中，什么时候采用 A_i，什么时候采用 h_i，将视具体情况而定。一般来说，对浓度敏感型检测器，常用峰高定量；对质量敏感型检测器，常用峰面积定量。

2. 定量校正因子的测定

气相色谱定量分析的依据是基于待测组分的量与其峰面积成正比的关系。但是峰面积的大小不仅与组分的量有关，而且还与组分的性质及检测器性能有关。用同一检测器测定同一种组分，当实验条件一定时，组分量愈大，相应的峰面积就愈大。但同一检测器测定相同质量的不同组分时，却由于不同组分性质不同，检测器对不同物质的响应值不同，因而产生的峰面积也不同。因此不能直接应用峰面积计算组分含量。为此，引入“定量校正因子”来校正峰面积。定量校正因子分为绝对校正因子和相对校正因子。

(1) 绝对校正因子（f_i） 绝对校正因子是指单位峰面积或单位峰高所代表的组分的量，即：

$$f_i=m_i/A_i \quad 或 \quad f_{i(h)}=m_i/h_i$$

式中，m_i 为组分质量（或物质的量，或体积）；A_i 为峰面积；h_i 为峰高。峰高定量校正因子 $f_i(h)$ 受操作条件影响大，因而在用峰高定量时，一般不直接引用文献值，必须在实际操作条件下用标准纯物质测定。显然，要准确求出各组分的绝对校正因子，一方面要准确知道进入检测器的组分的量 m_i，另一方面要准确测量出峰面积或峰高，并要求严格控制色谱操作条件，这在实际工作中有一定困难。因此，实际测量中通常不采用绝对校正因子，而采用相对校正因子。

(2) 相对校正因子（f'_i） 相对校正因子是指组分 i 与另一标准物 s 的绝对校正因子之比，用 f'_i表示：

$$f'_i=\frac{f_i}{f_s}=\frac{m_iA_s}{m_sA_i} \quad 或 \quad f'_i=\frac{f_i}{f_s}=\frac{c_ih_s}{c_sh_i}$$

式中，f'_i为相对校正因子；f_i 为 i 物质的绝对校正因子；f_s 为基准物质的绝对校正因子；m_i 为 i 物质的质量；c_i 为 i 物质的浓度；A_i 为 i 物质的峰面积；h_i 为 i 物质的峰高；m_s 为基准物质的质量；c_s 为基准物质的浓度；A_s 为基准物质的峰面积；h_s 为基准物质的峰高。

根据物质量的表示方法不同，校正因子可分为以下几种。

① 相对质量校正因子 组分的量以质量表示时的相对校正因子，用 f'_m表示。这是最常用的校正因子。

$$f'_m=\frac{f_{i(m)}}{f_{s(m)}}=\frac{m_iA_s}{m_sA_i}$$

式中，下标 i、s 分别代表被测物和标准物。

② 相对摩尔校正因子 指组分的量以物质的量 n 表示时的相对校正因子，用 f'_M表示。

$$f'_M=\frac{f_{i(M)}}{f_{s(M)}}=f'_m\times\frac{M_s}{M_i}$$

式中，M_i、M_s 分别为被测物和标准物的摩尔质量。

3. 归一化法

当试样中所有组分均能流出色谱柱，并在检测器上都能产生信号时，可用归一化法计算组分含量。所谓归一化法就是以样品中被测组分经校正过的峰面积（或峰高）占样品中各组分经校正过的峰面积（或峰高）的总和的比例来表示样品中各组分含量的定量方法。

设试样中有 n 个组分，各组分的质量分别为 m_1，m_2，…，m_n，在一定条件下测得各组分峰面积分别为 A_1，A_2，…，A_n，各组分峰高分别为 h_1，h_2，…，h_n，则组分的质量分数 $W(i)$ 为：

$$W_{(i)}=\frac{m_i}{m}=\frac{m_i}{m_1+m_2+\cdots+m_n}=\frac{f'_iA_i}{f'_1A_1+f'_2A_2+\cdots f'_nA_n}=\frac{f'_iA_i}{\sum f'_iA_i}$$

$$W_{(i)}=\frac{m_i}{m}=\frac{m_i}{m_1+m_2+\cdots+m_n}=\frac{f'_{(h)i}h_i}{f'_{1(h)}h_1+f'_{2(h)}h_2+\cdots f'_{n(h)}h_n}=\frac{f'_{i(h)}h_i}{\sum f'_{i(h)}h_i}$$

式中，f'_i为 i 组分的相对质量校正因子，A_i 为组分 i 的峰面积。

当f'_i为摩尔校正因子或体积校正因子时，所得结果分别为i组分的摩尔分数或体积分数。

若试样中各组分的相对校正因子很接近（如同分异构体或同系物），则可以不用校正因子，直接用峰面积归一化法进行定量。这样，式子可简化为：

$$W_{(i)}=\frac{A_i}{\sum A_i}$$

采用积分仪或色谱工作站处理数据时，往往采用峰面积直接归一化定量，得出各组分的面积百分比，其结果的相对误差在10%左右；若是对校正因子比较接近的组分（如同系物）而言，直接峰面积归一化定量结果的误差却是很小的，在误差允许范围之内。

归一化法定量的优点是简便、精确，进样量的多少与测定结果无关，操作条件（如流速、柱温）的变化对定量结果的影响较小。归一化法定量的主要问题是校正因子的测定较为麻烦，虽然从文献中可以查到一些化合物的校正因子，但要得到准确的校正因子，还是需要用每一组分的基准物质直接测量。如果试样中的组分不能全部出峰，则绝对不能采用归一化法定量。

4. 标准曲线法

标准曲线法也称外标法或直接比较法，是一种简便、快速的定量方法。

与分光光度分析中的标准曲线法相似，首先用欲测组分的标准样品绘制标准曲线。具体方法是：用标准样品配制成不同浓度的标准系列，在与待测组分相同的色谱条件下，等体积准确进样，测量各峰的峰面积或峰高，用峰面积或峰高对样品浓度绘制标准曲线，此标准曲线应是通过原点的直线。若标准曲线不通过原点，则说明存在系统误差。标准曲线的斜率即为绝对校正因子。

在测定样品中的组分含量时，要用与绘制标准曲线完全相同的色谱条件作出色谱图，测量色谱峰面积或峰高，然后根据峰面积和峰高在标准曲线上直接查出注入色谱柱中样品组分的浓度。

当欲测组分含量变化不大，并已知这一组分的大概含量时，也可以不必绘制标准曲线，而用单点校正法，即直接比较法定量。具体方法是：先配制一个和待测组分含量相近的已知浓度的标准溶液，在相同的色谱条件下，分别将待测样品溶液和标准样品溶液等体积进样，作出色谱图，测量待测组分和标准样品的峰面积或峰高，然后由下式直接计算样品溶液中待测组分的含量：

$$w_i=\frac{w_s}{A_s}\times A_i$$

$$w_i=\frac{w_s}{h_s}\times h_i$$

式中，w_s为标准样品溶液质量分数；w_i为样品溶液中待测组分质量分数；$A_s(h_s)$为标准样品的峰面积（峰高）；A_i（H_i）为样品中组分的峰面积（峰高）。

显然，当方法存在系统误差时（即标准工作曲线不通过原点），单点校正法的误差比标准曲线法要大得多。标准曲线法的优点是：绘制好标准工作曲线后测定工作就变得相当简单，可直接从标准工作曲线上读出含量，因此特别适合于大量样品的分析。标准曲线法的缺点是：每次样品分析的色谱条件（检测器的响应性能、柱温、流动相流速及组成、进样量、柱效等）很难完全相同，因此容易出现较大误差。此外，标准工作曲线绘制时，一般使用欲测组分的标准样品（或已知准确含量的样品），而实际样品的组成却千差万别，因此必将给测量带来一定的误差。

5. 内标法

若试样中所有组分不能全部出峰，或只要求测定试样中某个或某几个组分的含量时，可以采用内标法定量。所谓内标法就是将一定量的标准物（称内标物 s）加入到一定量试样中，混合均匀后，在一定操作条件下注入色谱仪，出峰后分别测量组分 i 和内标物 s 的峰面积（或峰高），按下式计算组分 i 的含量。

$$w_i=\frac{m_i}{m_{试样}}=\frac{m_s\dfrac{f'_iA_i}{f'_sA_s}}{m_{试样}}=\frac{m_s}{m_{试样}}\times\frac{A_i}{A_s}\times\frac{f'_i}{f'_s}$$

式中，f'_i、f'_s分别为组分 i 和内标物 s 的质量校正因子；A_i、A_s 分别为组分 i 和内标物 s 的峰面积。也可以用峰高代替面积，则：

$$w_i=\frac{m_s f'_{i(h)}h_i}{m_{试样}f'_{s(h)}h_s}$$

式中，$f'_{i(h)}$、$f'_{s(h)}$ 分别为组分 i 和内标物 s 的峰高校正因子。

6. 标准加入法

标准加入法实质上是一种特殊的内标法，是在选择不到合适的内标物时，以欲测组分的纯物质为内标物，加入到待测样品中，然后在相同的色谱条件下，测定加入欲测组分纯物质前后欲测组分的峰面积（或峰高），从而计算欲测组分在样品中的含量的方法。

标准加入法具体做法如下：首先在一定的色谱条件下作出欲分析样品的色谱图，测定其中欲测组分 i 的峰面积 A_i（或峰高 h_i）；然后在该样品中准确加入定量欲测组分（i）的标样或纯物质（与样品相比，欲测组分的浓度增量为 ΔW_i），在完全相同的色谱条件下，作出已加入欲测组分（i）标样或纯物质后的样品的色谱图。测定这时欲测组分（i）的峰面积A'_i（或峰高 h'_i），此时待测组分的含量为：

$$w_i=\frac{\Delta W_i}{\dfrac{A'_i}{A_i}-1}$$

标准加入法的优点是：不需要另外的标准物质作内标物，只需欲测组分的纯物质，进样量不必十分准确，操作简单。若在样品的预处理之前就加入已知准确量的欲测组分，则可以完全补偿欲测组分在预处理过程中的损失，是色谱分析中较常用的定量分析方法。

标准加入法的缺点是：要求加入欲测组分前后两次色谱测定的色谱条件完全相同，以保证两次测定时的校正因子完全相等，否则将引起分析测定的误差。

任务 7 GC9790 型气相色谱仪 FID 检测器操作

任务目标

能独立正确地打开气源、仪器开关；

能独立准确地对载气流量进行设定和对柱箱、进样口及检测器温度进行设定；

能独立准确地进行检测器点火；

进一步熟练掌握进样技术；

在完成分析任务后，能够独立正确地进行关机操作；

熟练操作 N2000 色谱工作站；

能够对FID使用过程中出现的故障进行及时排查。

一、通载气

① 打开高压钢瓶气源；

② 调减压阀，使输出气体的压力为0.5MPa左右。

二、启动仪器

打开电源开关、加热开关，仪器通过自检后，证明一切正常，将等待用户设定参数。此时若用户不进行参数设定，仪器将按照上一次所设定参数进行工作。仪器进入升温（或初始化）状态。

三、检测器点火

待仪器温度稳定以后，打开记录仪将表笔调节适当位置。对照仪器给定的气体压力流量曲线，调节相应气体流量控制阀，设定氢气30mL/min、空气150mL/min左右，用电子点火枪沿检测器气体放空口进行点火（参照图10-46）。此时观察记录仪，气体点燃后信号应急剧增大，若回到原来基线位置，说明火焰没有点燃，可适当增加氢气流速再次点火。

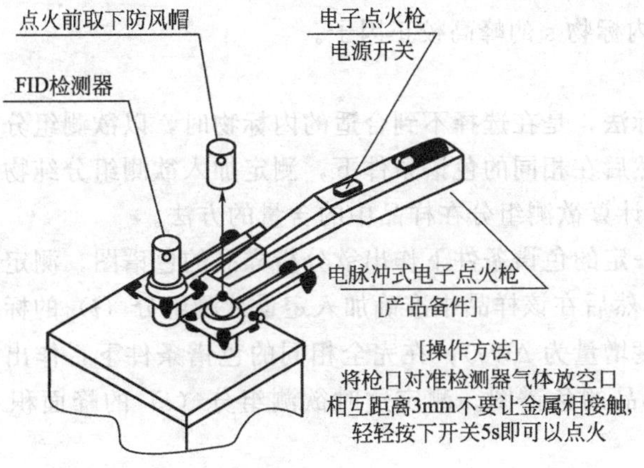

图10-46 检测器点火示意

若仍不能点火则应检查下列事项：

① 氢气、空气气路是否连接正确，气路是否畅通；

② 检查点火枪电池连接是否正确；

③ 用小镜子靠近检测器气体放空口，观察镜面有无冷凝现象。有冷凝水出现，则说明气体已经被点燃。火焰点燃以后，将空气调节到300mL/min。按照上述方法选择最佳气体配比条件。

调整结束后，应保证仪器有一定的稳定时间，稳定时间的长短应根据仪器灵敏度使用范围而合理的选择。

四、进样分析

待基线稳定后，根据具体的分析样品选择合适的进样量，严格按照进样技术进行进样操作。

五、停机操作

仪器关闭时，应先关闭氢气、氧气，再关闭记录仪或色谱工作站、电脑，然后降温至室温左右，关主机总电源，然后再将载气（N_2）高压气瓶总阀关闭。

知识补充

一、FID检测器工作原理

氢火焰离子化检测器是将被分析的样品在氢火焰中燃烧，产生离子流。其离子化机理是化学电离。电离产生的离子流在外电场的作用下，离子被检测。其信号的大小即是被分析样品含量的多少。图10-47显示了一个氢火焰检测器的工作原理。载气携带样品组分从色谱柱流出，经过电极间隙，气体中的一些分子被氢火焰电离成的带电粒子，在电场作用下，产生

电流 I，电流流过间隙和测量电阻 R_2，在 R_2 两端产生电压降 E_0，通过微电流放大器放大后，输给记录仪。其电极间隙如同一个可变电阻 R_1，电阻值的大小取决于间隙内带电粒子的数量。当只有纯载气（实际工作中，载气中存有有机物质和色谱柱流失的固定液等物质）经过电极间隙时，产生一个对流恒定电流 I，这个恒定电流称为基流或称本底电流，氢火焰离子化检测器应用时，对基流的要求是越小越好，只有在小的基流情况下，才能使电流的微小变化检测出来。检测器在只有载气通过时，为了能够抵消基流的影响使放大器输入（出）为零，所以在输入端给定了一个与 I 乘上 R_2 相等、且极性相反的补偿电压。此时正负抵消，放大器输出信号等于零，在记录仪上绘出一条直线。当载气中含有被测样品通过电极间隙时，组分分子被电离，电荷粒子数目急剧增加，使气体导电的这个可变电阻 R_1 减小，引起一个增加量 R_2，于是记录仪上绘出了一个信号谱图。

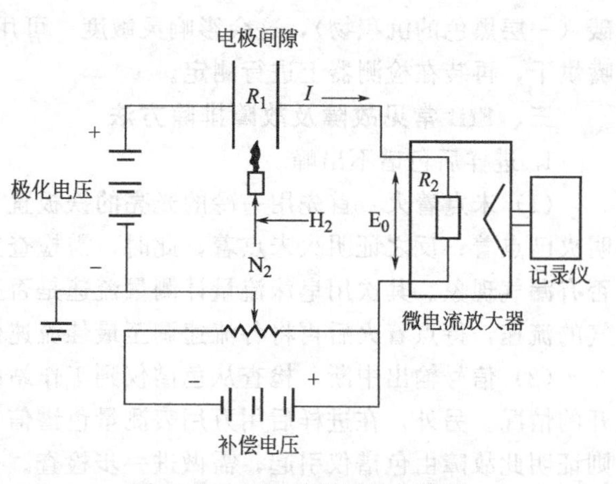

图 10-47 FID 检测器工作原理

二、FID 使用注意事项及日常维护

① FID 虽然是通用型检测器，但是有些物质在此检测器上的响应值很小或无响应。这些物质包括永久气体、卤代硅烷、H_2O、NH_3、CO、CO_2、CS_2、CCl_4 等。所以，检测这些物质时不应使用 FID。

② 尽量采用高纯气源，空气必须经过 5A 分子筛充分的净化。

③ FID 是用氢气和空气燃烧所产生的火焰使被测物质离子化的，故应注意安全问题。在未接色谱柱时，不要打开氢气阀门，以免氢气进入柱箱。测定流量时，一定不能让氢气和空气混合，即测氢气时，要关闭空气，反之亦然。无论什么原因导致火焰熄灭时，应尽快关闭氢气阀门，直到排除了故障，重新点火时，再打开氢气阀门。高档仪器有自动检测和保护功能，火焰熄灭时可自动关闭氢气。

④ FID 的灵敏度与氢气、空气和氮气的比例有直接关系，因此要注意优化。一般三者的比例接近或等于 1∶10∶1，如氢气 30～40mL/min，空气 300～400mL/min，氮气 30～40mL/min。另外，有些仪器设计有不同的喷嘴，分别用于填充柱和毛细柱，使用时要仔细查看说明书。

⑤ 点火时，不要拔下收集极向检测器筒体内观看。

⑥ 在安装和拆卸检测器零部件时，不要用手直接接触零部件，在高温时，不能使用塑料手套操作。

⑦ 检测器工作在高温状态时，即使关机后短时间内仍有一定的温度，因此不要用手直接接触检测器表面，以免烫伤。

⑧ 为防止检测器被污染，检测器温度设置不应低于色谱柱实际工作的最高温度。一旦检测器被污染，轻则灵敏度下降或噪声增大，重则点不着火。消除污染的办法是清洗，主要是清洗喷嘴表面和气路管道。具体办法是拆下喷嘴，依次用不同的溶剂（丙酮、氯仿和乙醇）浸泡，并在超声波水浴中超声 10min 以上。还可用细不锈钢丝穿过喷嘴中间的孔，或用酒精灯烧掉喷嘴内的油状物，以达到彻底清洗的目的。有时使用时间长了，喷嘴表面会积

碳（一层黑色的沉积物），这会影响灵敏度。可用细砂纸轻轻打磨表面除去。清洗之后将喷嘴烘干，再装在检测器上进行测定。

三、FID 常见故障及故障排除方法

1. 进样后色谱不出峰

（1）未点着火　首先用一冷的光亮的铁板置于检测器的上方，若有细小水珠生成，则证明火已点着；反之证明火未点着，此时，需检查氢气、氮气、空气的密封情况是否完好，是否有漏气现象。其次用皂沫流量计测量流速是否正常，适当增大氢气的流速，减小载气与空气的流速，待点着火后再将各流速调至最佳流速位置。

（2）信号输出中断　检查从色谱仪到工作站的信号线连接情况，观察有无接触不良或断开的情况。另外，在进样后用万用表测量色谱信号输出，观察有无信号输出，若无信号输出则证明此故障由色谱仪引起，需做进一步检查。

（3）收集极绝缘不好　测量收集极与仪器外壳的电阻应大于 $10^{13}\Omega$。

（4）其他方面的原因　主要包括进样垫损坏、色谱柱断裂（毛细管柱比较常见）、微量进样器损坏等。

2. 基线噪声波动大

（1）电器方面的原因　首先将检测器信号线断开，在采集状态下观察基线运行情况，如果基线波动很大，则可判断该故障是电器方面的原因，此时，需要进一步检查仪器接地是否良好（接地电阻应小于 5Ω）、线路板及各插件是否松动等。

（2）测量系统污染　断开信号线后，在采集状态下检查基线运行的情况，如果基线运行正常，则证明测量系统污染。需要检查色谱柱是否失效（需活化处理）、柱进口是否污染（更换玻璃丝、玻璃衬管等）、检测器是否污染，检测器污染主要是离子头的污染，因为此处高温会有杂质碳结，需要小心地拆下检测器用中性溶剂清洗。

3. 空气峰掩盖组分峰

分析微量组分时，如分析液态氧气中总烃含量时，氧信号峰保留时间最小，随后是甲烷、乙烷、乙烯等，如果调整不好会出现氧气覆盖甲烷或将氧气峰误判为甲烷峰。排除办法是逐渐降低氢气流速，依次进样可观察到氧气峰逐渐降低，调节至满意为止。

任务 8　GC9790 型气相色谱仪 FPD 检测器操作

任务目标

能独立正确地打开气源、仪器开关；

能独立准确地对载气流量进行设定和对柱箱、进样口及检测器温度进行设定；

能独立准确地进行检测器点火；

能够独自进行进样分析及色谱工作站的操作；

能够独立正确地进行关机操作；

能够对 FPD 使用过程中出现的故障进行及时排查。

一、准备工作

安装色谱柱：接色谱柱，若是毛细管柱，伸入检测器端 200mm。

二、开机

通载气，开主机电源，连接记录仪，检查 FPD 板是否能准确地调零。

三、设定温度

设定 FPD 检测器温度，通过键盘操作进行检测器温度设定，设定步骤如下：

【检测器】+【数字键】+【输入】+【数字键】+【输入】

设定完毕后，按【显示】键回到检测器温度显示状态，然后通过键盘操作进行注样器温度设定，设定步骤如下：

【注样器】+【数字键】+【输入】+【数字键】+【输入】

设定完毕后，按【显示】键回到注样器温度显示状态。设定柱炉温度，通过键盘操作进行柱炉温度设定，设定步骤如下：

【柱箱】+【数字键】+【输入】+【数字键】+【输入】

设定完毕后，按【显示】键回到柱箱温度显示状态。

将面板上 FPD 检测器窗体加热开关置于开的位置。

四、通燃气、助燃气

待温度稳定后，接通氢气、空气，调节氢气流量约 60mL/min，调节空气流量约 50mL/min。

五、点火

移开铝帽，用点火枪点火（注意 FPD 控制板上开关必须处于【OFF】位置），盖上铝帽，推上 FPD 控制板上的开关处于【ON】位置。

六、进样分析

待基线稳定后，根据具体的分析样品，选择合适的进样量，严格按照进样技术进行进样操作。

七、关机

分析完毕后，将 FPD 控制面板上的开关置于【OFF】位置，将面板上 FPD 检测器窗体加热开关置于【OFF】位置，关氢气和空气开关，关主机电源，关电源。

知识补充

一、FPD 检测器工作原理

带有样品的载气流出色谱柱同氢气混合到达喷口，并与另外一路空气在喷口形成富氢火焰，烃类和硫磷化合物在火焰中分解，并产生复杂的化学反应，发出特征光。为避免发光中产生的大量水蒸气燃烧产物和高温对光电系统的影响，用石英窗和散热片将发光室和光电系统隔开，火焰罩在石英桶内，一些不耐温的元件（如滤光片、光电倍增管等）通过一套散热组件使其始终保持不高的温度。为了仅接收 S 和 P 的特征光，用 394nm 的滤光片来检测含硫的组分，526nm 的滤光片用于检测含磷的组分，当含硫或含磷的组分燃烧后，产生 394nm 或 526nm 特征波长的光，而其他波长的光线将被滤掉，加有 −700V 高压的光电倍增管将这些光信号转换成电信号，被记录仪记录或被数据处理机系统检测。图 10-48 所示为 FPD 检测器工作原理。

二、FPD 检测器使用注意事项及日常维护

① 柱的选择　因为微量的含硫/磷组分容易被吸附，选择柱子应选用活性小的材料作柱子，比如玻璃、聚四氟乙烯、石英。

② 熄火现象　当大量样品进入 FPD 而空气流量偏大时，容易产生熄火现象。

③ FPD 也是使用氢火焰，故安全问题与 FID 相同。

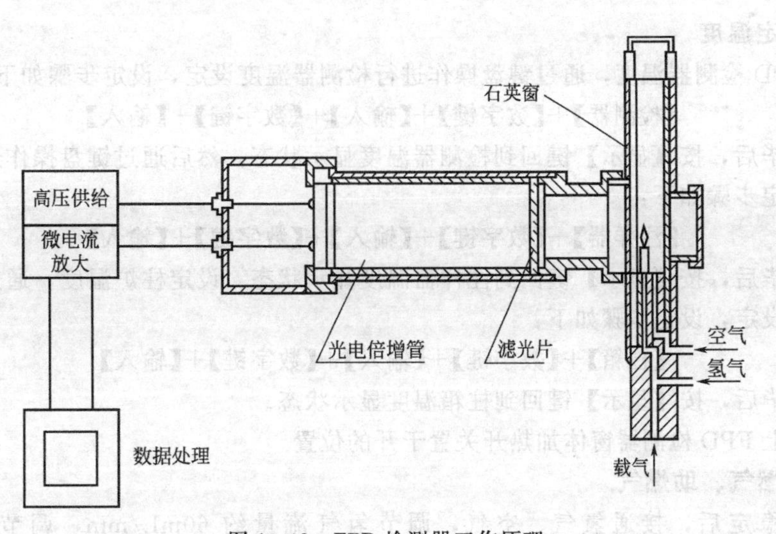

图 10-48 FPD 检测器工作原理

④ FPD 的氢气、空气和尾吹气流量与 FID 不同，一般氢气为 60～80mL/min，空气为 100～120mL/min，而尾吹气和柱流量之和为 20～25mL/min。分析强吸附性样品如农药等，中部温度应高于底部温度约 20℃。

⑤ 更换滤光片或点火时，应先关闭光电倍增管电源。

⑥ 火焰检测器，包括 FID、FPD，必须在温度升高后再点火；关闭时，应先熄火再降温。

三、FPD 检测器故障排除

FPD 检测器故障分析和排除见表 10-8。

表 10-8 FPD 检测器故障分析和排除

故 障	可能的原因	故障排除
不出峰	检测器温度不够高	加热器断,更换
	未点着火	调节流量后点火
	石英桶污染	清洗石英桶
	光电倍增管高压	修理 FPD 控制板
	滤光片未安装	选择合适的滤光片
	光电倍增管损坏	换光电倍增管
	不合适的色谱柱	更换色谱柱
灵敏度低	气体流量不合适	改变流量
	石英桶污染	清洗石英桶
	滤光片、光电倍增管或石英窗脏	用擦镜布擦干净
	柱对产品有吸附	换柱
	喷嘴位置不合适	调节喷嘴位置
重复性差	气路污染	清洗气路
	柱不合适	更换色谱柱
	高压不正常	修理控制 FPD 板
	火焰不稳定	检漏
基线漂移	光电倍增管损坏	更换光电倍增管
	气路管道污染	清洗气路
基线上有噪声	漏光	检查检测器部件
	光电倍增管损坏	更换光电倍增管
	高压电路损坏	修理 FPD 控制板
	密封处漏气	检漏

项目 10 气相色谱仪使用与维护——任务实施记录单 见《学生实践技能训练工作手册》。

项目 10 气相色谱仪使用与维护——操作技能考核表 见《学生实践技能训练工作手册》。

项目 10 气相色谱仪使用与维护——知识测试题 见《学生实践技能训练工作手册》。

【阅读材料】

氮氢空气体发生器使用方法

一、概述

本仪器是集氮、氢、空发生器于一体的仪器（见图 10-49），它是在 SGN 型高纯氮发生器、SGH 型高纯氢发生器、SGK 型低噪声空气泵的基础上，融合现代最新技术，为适应市场的需要而开发、设计并向市场推出的新一代产品。

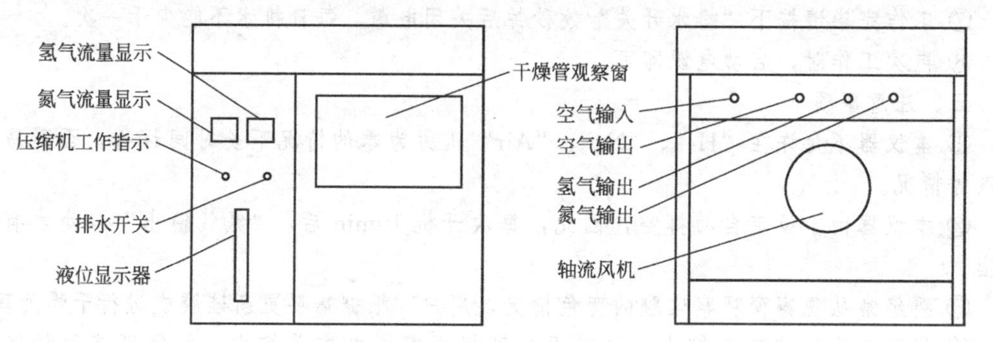

图 10-49 氮氢空气体发生器结构

二、外观示意

三、工作原理

工作原理见图 10-50。

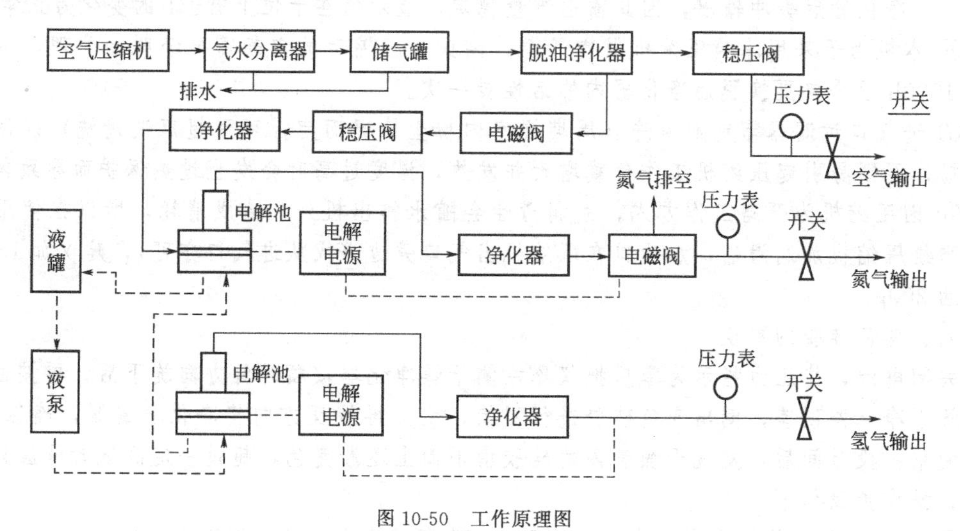

图 10-50 工作原理图

四、使用方法

① 配置电解液：将 120g 氢氧化钾（分析纯）KOH 兑 500mL 蒸馏水，溶解冷却后注入液罐（液罐容积 2L），然后再补充蒸馏水至 1.8L 刻度线处。（注液口处于仪器顶面，取下管盖后即可注入，注意不要外溅，工作时保证此口畅通，不要堵塞。）

② 将仪器电源线接地端（中间片）及机箱外壳可靠接地，以防止产生静电。

③ 将仪器后面板上的“空气输入”口上的密封压帽取下，然后换上随机所带的过滤器。

④ 将后面板上的“H_2”、“N_2”、“Air”输出口上的密封母拧紧不漏气。

⑤ 接通电源启动开关（在仪器左侧），空气“Air”“工作指示”灯亮，数分钟左右，待空气压力达到0.2～0.3MPa时，“H_2”、“N_2”系统自动启动，数分钟后，“H_2”的流量显示为“000”或接近“000”；压力指示为0.4MPa。

此时，“N_2”系统进行净化排空（10min左右），流量显示变化较大，没有输出压力。10min后“N_2”的流量显示为“000”或接近“000”；“N_2”、“Air”、“H_2”压力指示均为0.4MPa。

⑥ 以上正常后，关闭电源，将“H_2”、“N_2”、“Air”输出口上的密封母取下，用外径$\phi 3$的管道与仪器相连并保证不漏气，即可工作。

⑦ 工作完毕请按下“排水开关”数秒钟后关闭电源。每日排水不能少于一次。

⑧ 再次工作时，启动电源即可。

五、注意事项

① 本仪器不允许在“H_2”、“N_2”、“Air”压力为零的情况下长时间运行，否则易发生返液等情况。

② 本仪器由于设定自动排空，因此，每次开机10min后，“氮气输出”口处才有氮气输出。

③ 要经常从观察窗观察硅胶的变色情况，用户可根据需要更新硅胶或进行干燥处理。

④ 仪器工作时消耗蒸馏水，平时用户可根据需要补充蒸馏水，并保证液位始终处于1.2～1.8L刻度线之间。（建议半年左右更换电解液一次，也可根据实际情况重新配制新液。）

⑤ 本仪器显示的流量值仅供参考，它是由电解电流转换而来的，由于氢气、氮气是经过储气、净化管后缓冲输出，因此输出流量稳定，显示值在十位上有±1的变化为正常。

⑥ 本机由于采用冰箱压缩机做空气源，因此，压缩后的空气需要经脱油处理，本机在工作1000h后需要更换脱油净化器内的活性炭一次。

⑦ 进气口过滤器需定期清洗（周期视室内粉尘情况而定，可用超声波清洗）以保持进气通畅，否则易引起压缩机工作负载增大并发热，温度过高时会发生过热保护而导致停机。

⑧ 因压缩机为开路工作方式，故润滑油会随水排出机外，造成消耗，所以在使用一年后适当给压缩机加润滑油，加油口在压缩机出气口旁边（或从进气口亦可），建议加1S号冷冻机油200g。

六、变色硅胶的更换

关闭电源，待压力指示为零后把仪器左侧干燥净化器按顺时针方向旋下后，再按逆时针方向旋下净化器顶盖，倒出变色硅胶进行更换，之后再按反方向将净化器旋紧，确保密封。仪器使用一段时间后，发现干燥管内的硅胶由下而上逐渐变色，超过一定高度时就应该更换硅胶，操作步骤如下。

① 关闭电源，待压力指示为零后按图10-51所示方向旋转，卸下干燥管。

② 拧下干燥管顶盖，取出棉团，倒出硅胶，见图10-52。

③ 装进新的（或烘干后的）硅胶，量以不超过中心细蓝管管口为宜。盖上棉团，注意不能有棉丝沾到干燥管口端面上（否则易导致漏气）。旋紧顶盖。

④ 拧上干燥管，保证密封。

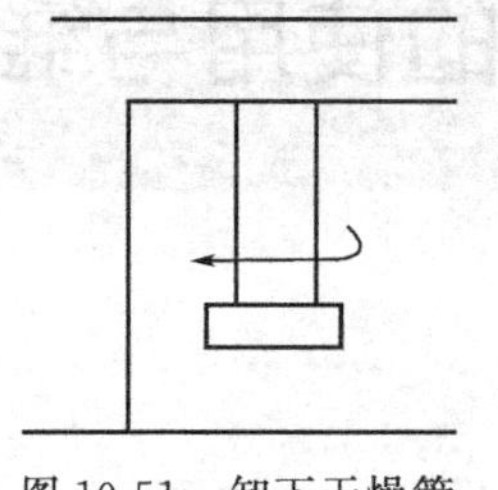

图 10-51 卸下干燥管

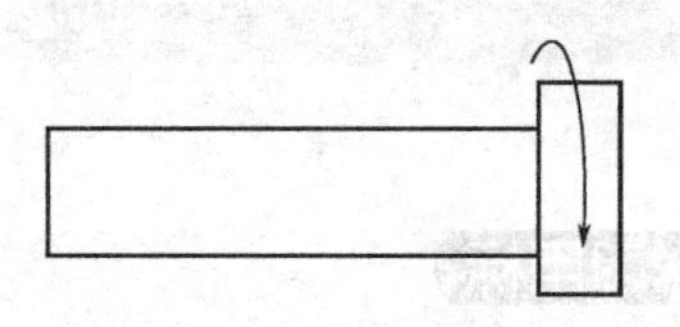

图 10-52 更换硅胶

七、活性炭的更换

关闭电源，待压力指示为零后，把仪器右侧板打开，然后把装有活性炭的脱油净化器底脚的固定螺钉拆下，将其上连接的两条蓝色高压管卸下（要记住对应接头）。把顶盖按逆时针方向旋下。倒出活性炭（铅笔芯式）进行更换，之后再按反方向将净化器旋紧，确保密封。按原位置把脱油管装到仪器上，注意蓝色高压管的对应接头，不能装反。

八、气密性检测

仪器使用一段时间后，如发现压力达不到规定值或显示的数值比平时使用时的数值大，一般说来是由漏气造成的，所以应用皂液全面检漏，尤其是重新换过变色硅胶的净化器上下两端处更应特别注意检查。

项目11　高效液相色谱仪的使用与维护

预期学习目标

◆ 能够准确说出液相色谱仪各组成部分的名称及作用；
◆ 能够独立对液相色谱仪各部件进行安装；
◆ 能够准确地对液相色谱仪进行调试；
◆ 能熟练操作液相色谱仪；
◆ 能够掌握液相色谱仪操作时的注意事项；
◆ 能够对液相色谱仪出现的故障进行排除及进行日常维护；
◆ 能按照说明书制定出不同型号液相色谱仪的操作规程；
◆ 能够运用液相色谱仪原理和所掌握的操作技能，对实际样品分析设计出合理的方案，并独立使用液相色谱仪完成分析任务；
◆ 具有较好的逻辑性、合理性的科学思维动手能力；
◆ 具备较强的自我防护和应急事故的处理能力。

具体工作任务

① 液相色谱仪的结构认知；
② FL2200 型液相色谱仪的安装连接；
③ 进样阀、色谱柱、检测器及色谱站的安装；
④ FL2200 型高效液相色谱仪高压输液泵的操作使用；
⑤ FL2200 型高效液相色谱仪紫外检测器的操作使用；
⑥ N2000 色谱工作站的使用。

任务1　液相色谱仪的结构认知

任务目标

能够认识 FL2200 型液相色谱仪各部分结构；
学会操作 FL2200 型液相色谱仪操作键盘。

FL2200 高效液相色谱仪具有压力高、流量稳定性好、流量调节范围大、检测灵敏度高、稳定性好等特点。高压输液泵适用于等度系统和可编程流量控制及双泵对控梯度淋洗。紫外检测器可实现可变波长调节和波长扫描功能，并且整套仪器符合 GLP 规范。仪器的显示器采用 5in（1in＝2.54cm）LCD 屏，全中文信息显示，并可在屏幕上显示梯度淋洗运行图和色谱图，操作使用十分方便。

一、FL2200 型液相色谱仪主要技术指标

（1）FL2200 高压输液泵

流量范围：0.001～9.999mL/min（在压力为 1～40MPa 时）

流量精度：±0.3%RSD　　　　流量设置精度：±1%

最高工作压力：40MPa　　　　使用环境温度：5～40℃

电源：AC220V

(2) FL2200 紫外检测器

波长范围：0～600nm　　　　谱带宽度：8nm

波长精度：±1nm　　　　波长重复性：±0.3nm

(3) 使用环境温度：5～40℃。

二、FL2200 型液相色谱仪的外形结构

液相色谱仪一般包括高压输液系统（溶剂瓶、高压输液泵）、进样系统（手动或自动进样器）、分离系统（液相色谱柱）、检测系统（紫外检测器）和数据处理系统 5 个部分，见图 11-1。

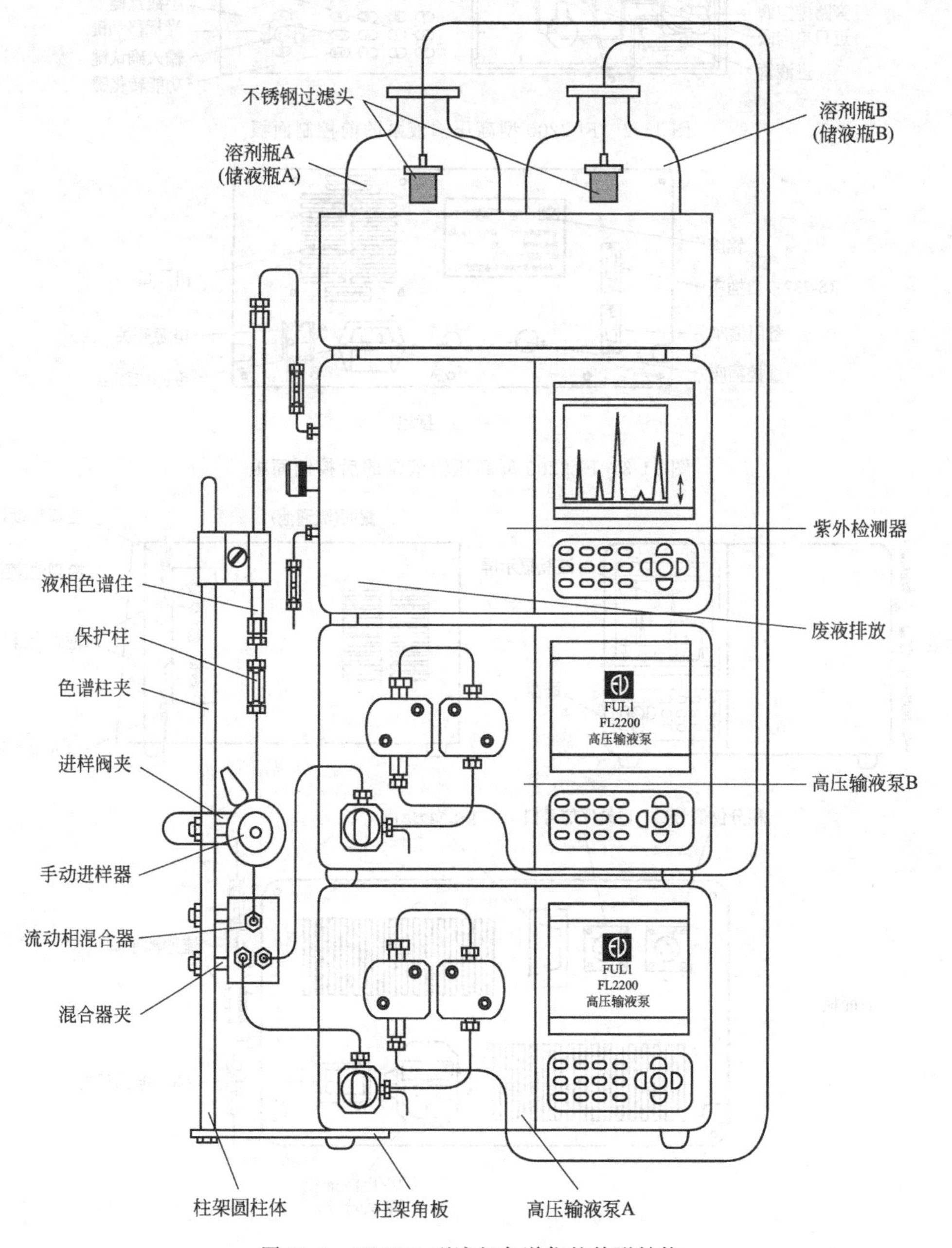

图 11-1　FL2200 型液相色谱仪的外形结构

三、高压输液泵及检测器控制面板

1. 高压输液泵前控制面板和后控制面板

高压输液泵前控制面板和后控制面板见图 11-2 和图 11-3。

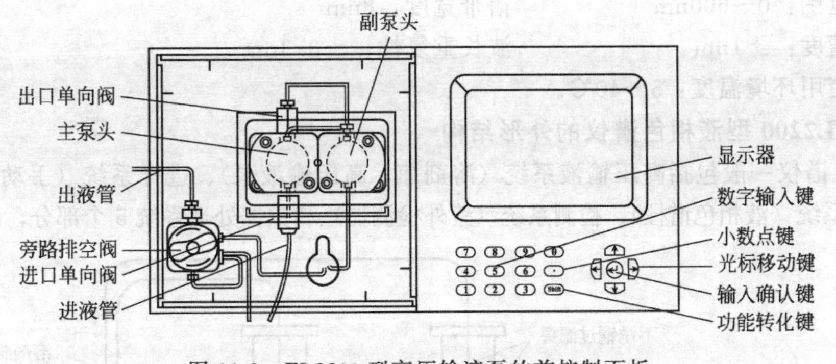

图 11-2 FL2200 型高压输液泵的前控制面板

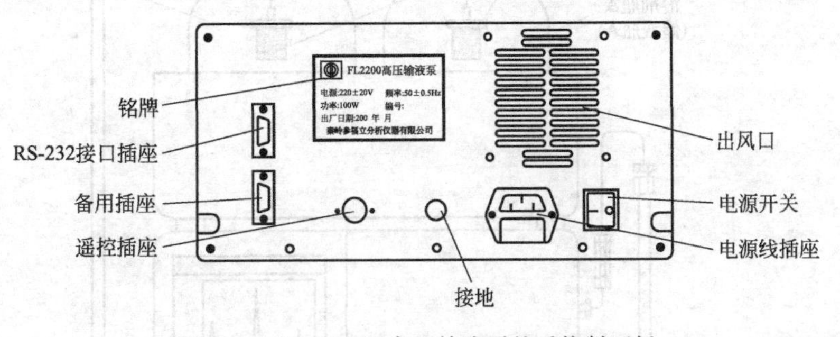

图 11-3 FL2200 型高压输液泵的后控制面板

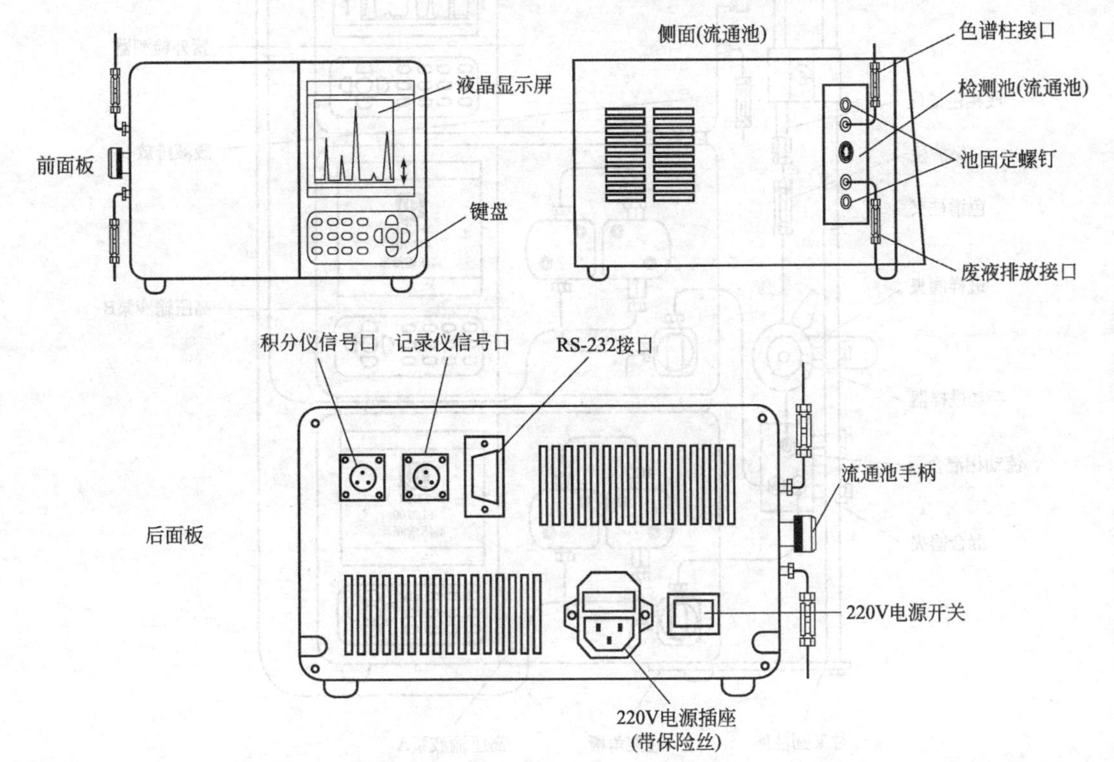

图 11-4 FL2200 型紫外检测器控制面板

各按键的功能如下。

① 数字按键（1～0） 用于设置泵的参数数字，1～0 共有 10 个按键。

② 小数点键（·） 用于输入数字中的小数点符号。

③ 功能转换键（Menu） 在泵、检测器的各种操作功能之间进行转换。

④ 光标移动键（←↑↓→） 在设置泵、检测器参数和控制泵、检测器运行过程中控制光标上、下、左、右移动。

⑤ 输入确认键（↵） 在设置泵、检测器参数和控制泵、检测器的运行过程中确认输入参数值或确认泵、检测器的运行过程。类似于计算机键盘上的回车键。

2. 紫外检测器控制面板

FL2200 型紫外检测器控制面板见图 11-4。

知识补充

高效液相色谱法（high performance liquid chromatograph，HPLC）起源于经典液相色谱法，是现代分析化学中最重要的分离分析方法之一。高效液相色谱法不受样品挥发性的限制，可以完成气相色谱法不易完成的分析任务，适于分析沸点高、分子量大、受热易分解的化合物、生物活性物质以及多种天然产物，这些化合物约占全部有机化合物的 80%。

一、高效液相色谱仪工作原理

高效液相色谱分离是利用试样中各组分在色谱柱中的淋洗液和固定相间的分配系数不同，当试样随着流动相进入色谱柱中后，组分就在其中的两相间进行反复多次（10^3～10^6）的分配（吸附→脱附→放出），由于固定相对各种组分的吸附能力不同（即保存作用不同），因此各组分在色谱柱中的运行速度就不同，经过一定的柱长后，便彼此分离，顺序离开色谱柱进入检测器，产生的离子流信号经放大后，在记录器上描绘出各组分的色谱峰。其组成及工作流程见图 11-5。

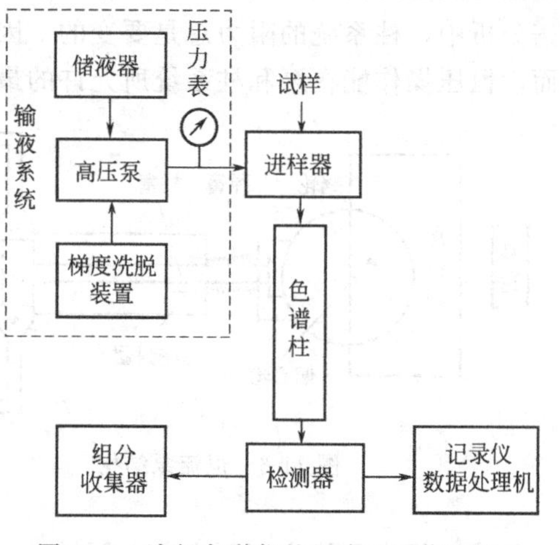

图 11-5 液相色谱仪的组成及工作流程

储液器储存流动相，流动相经过过滤和脱气，比例阀控制进入色谱柱的流动相流量和比例，由高压输液泵输送至色谱柱中。与此同时，样品溶液经进样阀或自动进样器注入流动相中，由流动相带入色谱柱中，样品组分依据在两相间作用能力的差别达到分离，分离后的各组分经检测器检测并输出各组分的色谱信号，再经放大器放大和数据处理系统的运算处理，获得的色谱图及分析结果可以显示、储存或打印。

二、高效液相色谱仪的基本结构

（一）载液系统

高效液相色谱仪输液系统包括储液罐、高压输液泵、梯度淋洗装置等。

1. 储液罐

储液罐是用来供给足够数量的合乎要求的流动相以完成分析工作的，它一般以不锈钢、玻璃或聚四氟乙烯衬里为材料。容积一般以 0.5～2.0L 为宜。对凝胶色谱仪和制备型仪器，其容积应该更大些。

储液罐的放置位置应该高于泵体，以保持一定的输液静压差。溶剂使用前必须脱气。因为色谱柱是带压操作的，而检测器是在常压下工作。若流动相中含有的空气不除去，则流动相通过柱子时其中的气泡受到压力而压缩，流出柱子后到检测器时因常压而将气泡释放出来，造成检测器噪声大，使基线不稳，仪器不能正常工作。

常用的脱气方法有：低压脱气法（电磁搅拌、水泵抽空、可同时加热或向溶剂吹 N_2），吹氦气脱气法和超声波脱气法。使用过程中储液罐应密闭，防止溶剂蒸发引起流动相组成的变化，还可防止空气重新溶解进入已脱气的流动相中。

2. 高压输液泵

在高效液相色谱分析中，色谱柱中装填直径为 5～10μm 的固定相，其对流动相有较高的阻力。为了达到快速高效的分离，必须有很高的柱前压力，才能获得高的液体流速。高压输液泵是高效液相色谱仪的重要部件，它将流动相输入到柱系统，使样品在柱系统中完成分离过程。

对高压输液泵的要求是：流量稳定，输出压力高，流量范围宽，耐酸、碱和缓冲液腐蚀，压力变动小，更换溶剂方便，空间小，易于清洗和更换溶剂并具有梯度淋洗功能等。

高压输液泵按排液性能可分为恒压泵和恒流泵；按工作方式又可分为液压隔膜泵、气动放大泵、螺旋注射泵和往返柱塞泵 4 种，前两种为恒压泵，后两种为恒流泵。

恒压泵可以输出一个稳定不变的压力，但当系统的阻力变化时，输入压力虽然不变，但流量却随阻力而变；而恒流泵对输出液体的流量保持恒定，与外界色谱柱等阻力无关。在色谱分析中，柱系统的阻力总是要变的。因而恒流泵比恒压泵显得优越，目前使用较普遍。然而，恒压操作能在泵和柱系统所允许的最大压力下冲洗柱系统，既方便又安全。目前有些恒流泵也带有恒压输流的功能，以满足多种需要。

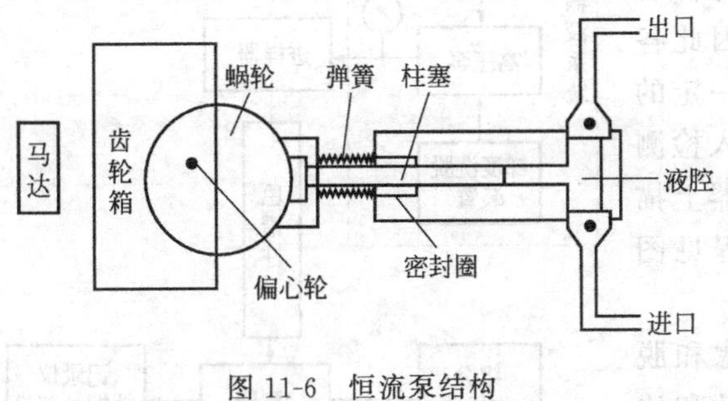

图 11-6 恒流泵结构

往复柱塞泵是目前在高效液相色谱仪中使用最广泛的一种泵。它的构造与一般工业用的高压供液泵相似，唯体积较小，如图 11-6 所示。由于这种泵的柱塞往复运动频率较高，因此对密封环的耐磨性及单向阀的刚性和精度要求都很高。密封环一般采用聚四氟乙烯添加剂材料制造，单向阀的球、阀座及柱塞则用人造宝石材料。往复泵有单柱塞、双柱塞和三柱塞。

3. 梯度洗脱装置

梯度洗脱（又称梯度洗提、梯度淋洗）与气相色谱中的程序升温一样，给色谱分离带来了很大的方便，所谓梯度洗脱，就是流动相中含有两种（或多种）不同极性的溶剂，在分离过程中按一定程序连续地改变流动相的浓度配比，以调节它的极性。通过流动相极性的变化来改变待分离样品的选择因子，并使样品中的所有组分可在最短的时间内，以适用的分离度获得最佳的选择性分离。采用梯度洗脱技术，可以提高分离度、缩短分析时间、降低最小检测量和提高分析精度。梯度洗脱对于复杂混合物，特别是保留性能相差较大的混合物的分离是极为重要的手段。

梯度洗脱可分为低压梯度和高压梯度两种操作方式。

(1) 低压梯度（外梯度） 低压梯度采用在常压下预先按一定的程序将两种或多种溶剂混合后再用泵输入色谱柱系统，亦称为泵前混合。此法的主要优点是仅需使用一个高压输液泵。

(2) 高压梯度（内梯度） 由两台高压输液泵、梯度程序器（或计算机及接口板控制）、混合器等部件组成。两台泵分别将两种极性不同的溶剂输入混合器，经充分混合后进入色谱柱系统，这是一种泵后高压混合形式。高压梯度所采用的泵多为往复柱塞泵，由此获得的流量精度高、梯度淋洗曲线重复性好。它的主要优点是两台高压输液泵的流量皆可独立控制，可获得任何形式的梯度程序，并且易于实现自动化。

(二) 进样系统

进样系统是将待分析样品引入色谱柱的装置，对于液相色谱进样装置，要求重复性好，死体积小，保证柱中心进样，进样时对色谱柱系统流量波动小，便于实现自动化等。进样系统包括取样、进样两个功能。而实现这两个功能又有手动和自动两种方式。

1. 注射器进样

高效液相色谱专用注射器将样品注入专门设计的与色谱柱相连的进样头内，这种进样方式可以获得比其他任何一种进样方式都要高的柱效，而且价格便宜，但压力不能超过15MPa。

这种进样方式的优点是：装置比较简单，成本低，而且可根据分析的需要任意改变进样体积，造成峰展宽的现象少，但进样量不能太大，适用范围小，进样重复性较差。

2. 六通阀进样

六通阀具有耐高压、死体积小的特点，分为定体积和不定体积两种。可以直接用于高压下，把样品送入色谱柱，不需要停流，进样量由固定体积的定量管或微量进样器控制（常压），所以重复性好，阀进样比进样器进样效率下降10%，但重现性好。

操作方法如图11-7所示，当六通阀手柄置“准备”位置时，用特制的平头注射器吸取比定量管体积稍多的样品从“6”处注入定量管，多余的样品由“5”排出。再将六通阀手柄置“工作”位置，流动相将样品携带进入色谱柱。

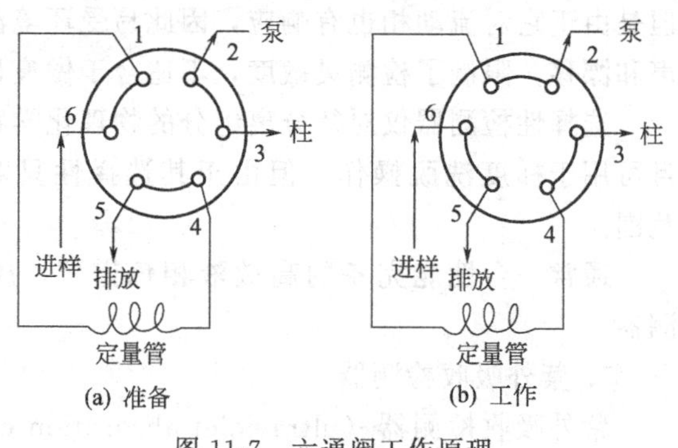

图11-7 六通阀工作原理

3. 自动进样器

自动进样器是由计算机自动控制定量阀，按预先编制注射样品的操作程序工作。取样、进样、复位、样品管路清洗和样品盘的转动等一系列动作全部按预定的程序自动进行，一次可进行几十个或上百个样品的分析。此装置一次性投资较高，但自动进样的样品量可连续调节，进样重复性高，适合做大量样品分析，节省人力，可实现自动化操作。

(三) 分离系统

色谱是一种分离分析手段，分离是核心，因此担负分离作用的色谱柱是色谱仪的心脏。对色谱柱的要求是柱效高、选择性好、分析速率快等，市售的用于HPLC各种微粒填料如多孔硅胶及以硅胶为基质的键合相、氧化铝、有机胶球（包括离子交换树脂）、多孔碳等，其粒度一般为3μm，5μm，7μm，10μm等，柱效理论值可达到理论塔板数每米5万～16万。对于一般的分析只需5000塔板数的柱效；对于同系物分析，只需500塔板即可；对于较难分离的物质可采用高达2万塔板的柱子，因此一般用10～30cm左右的柱长就能满足复杂混合物分析的需要，由于柱效受柱内外因素，特别是柱外因素影响，因此为使色谱柱达到最佳柱效，除系统死体积要小外，还需要有合理的柱结构及柱装填方法。色谱柱一般采用优质不锈钢管制作，高效液相色谱柱分为干法和湿法装填两种方法。

色谱柱按用途可以分为分析型和制备型两类，尺寸规格也不同：常用分析柱（常量柱），内径2～5mm（常用4.6mm，国内有4mm和5mm两种），柱长10～30cm；窄径柱（又称细管径柱、半微柱），内径1～2mm，柱长10～20cm；毛细管柱（又称微柱），内径0.2～0.5mm；半制备柱，内径＞5mm；实验室制备柱，内径20～40mm，柱长10～30cm；生产制备柱内径可达几十厘米。柱内径一般根据柱长、填料粒径和折合流速来确定，目的是避免管壁效应。

为满足现今各种分析需求，色谱柱的发展趋势如下：因强调分析速度而出现短柱，柱长3～10cm。为提高分析灵敏度，与质谱（MS）连接，而出现窄径柱、毛细管柱和内径小于0.2mm的微径柱。细管径柱的优点是：节省流动相、灵敏度增加、样品量少、能使用长柱达到高分离度、容易控制柱温、易于实现LC-MS联用。

（四）检测系统

高效液相色谱仪中的检测器是三大关键部件（高压输液泵、色谱柱、检测器）之一，主要用于检测经色谱柱分离后的组分浓度的变化，最终得到样品中各个组分的含量。检测器是色谱分析工作中定量分析的主要工具。高效液相色谱中的检测器应具有灵敏度高、重现性好、峰型好、线性范围宽、响应快、适用范围广、死体积小等特点，还应对温度和流速的变化不敏感。

检测器分为两大类：通用型检测器和选择性检测器。

通用型检测器对试样和洗脱液总的物理性质和化学性质有响应，因此能检测的范围广，但是由于它对流动相也有响应，因此易受环境温度、流量变化等因素的影响，造成较大的噪声和漂移，限制了检测灵敏度，不适合于做痕量分析，并且通常不能用于梯度洗脱操作。

选择性检测器仅对待分离组分的物理化学特性有响应。其灵敏度高，受外界影响小，并且可用于梯度洗脱操作。但由于其选择性只对某些化合物有响应，因此限制了它的应用范围。

通常一台性能完备的高效液相色谱仪，应当具备一台通用型检测器和几种选择性检测器。

1. 紫外吸收检测器

紫外吸收检测器（ultraviolet absorption detector，UAD）是高效液相色谱仪中使用最广泛的检测器，可分为固定波长、可变波长及二极管阵列检测3种类型。它只能检测分子中含有共轭双键的化合物，是一种选择性检测器。它的作用原理是基于被分析样品对特定波长紫外线的选择性吸收，样品浓度与吸光度的关系服从比耳定律。由于紫外吸收对温度、流动相组成和流速变化不敏感，因此紫外检测器可用于梯度洗脱。

局限性是分子中不含共轭体系的组分，如饱和烃、糖类等化合物不响应而无法检测，而且对紫外有吸收的溶剂不能使用。此外，在特定波长下，某些组分有吸收，并且灵敏度很高，而另外一些组分则无吸收或吸收响应的灵敏度很低，因此，无法由流出物中记录的各个峰值大小或有无流出峰，来判断流出物的纯度和各个峰之间相对含量的多少。

工作过程：固定波长紫外吸收检测器，由低压汞灯提供固定波长$\lambda=254$nm（或$\lambda=280$nm）的紫外线，其结构见图11-8。由低压汞灯发出的紫外线经入射石英棱镜准直，再经遮光板分为一对平行光束分别进入流通池的测量壁和参比壁。经流通池吸收后的出射光，经过遮光板、出射石英棱镜及紫外滤光片，只让254nm的紫外线被双光电池接收。双光电池检测的光强度经对数放大器转化成吸光度后，经放大器输送至记录仪。紫外-254检测器就是一种广泛使用的固定波长紫外吸收检测器。

可变波长紫外吸收检测器的光路与固定波长检测器基本一致，但灯源采用氘灯或氢灯，它可在200～400nm范围内有较好的连续光谱，因此可用一组滤光片来选择所需的工作波长，虽然氢灯或氘灯的功率近20W，但是在某个波长的能量分配却不大，因此它的灵敏度要比紫外-254检测器略低。HP1100可变波长紫外检测器见图11-9。

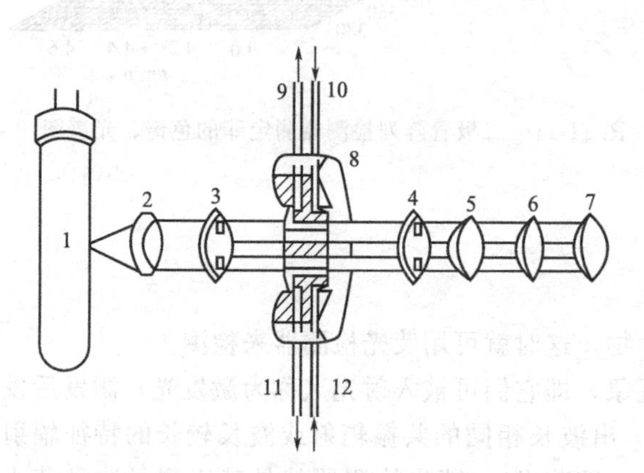

图11-8 固定波长紫外检测器

1—低压汞灯；2—入射石英棱镜；3、4—遮光板；5—出射石英棱镜；6—滤光片；7—双光电池；8—流通池；9、10—测量壁的入口和出口；11、12—参比壁的入口和出口

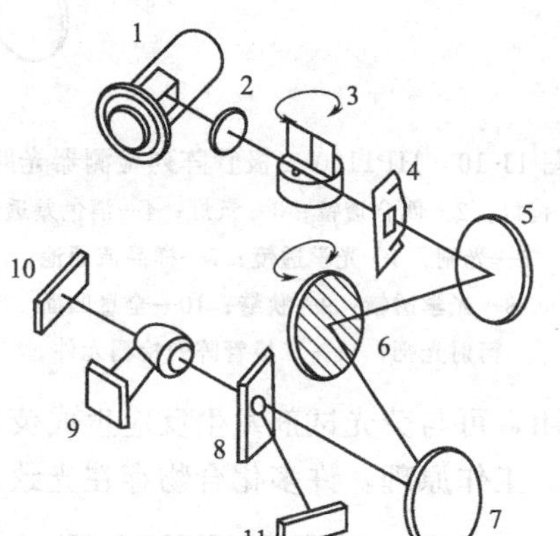

图11-9 HP1100可变波长紫外检测器

1—氘灯；2—聚光透镜；3—可旋转组合滤光片；4—入射狭缝；5—反射镜M1；6—光栅；7—反射镜M2；8—光分束器；9—样品流通池；10—测量光电二极管；11—参比光电二极管

紫外-可见检测器实质上就是装有流动相的紫外-可见分光光度计，但是对波长的单色性要求不高，光谱宽度可允许达10nm，波长精度约±1nm。光源用氘灯-钨灯，在紫外区工作时用氘灯，在可见区工作时切换为钨灯。设定棱镜或光栅的不同角度实现波长的选择。半透半反镜把光线分成两束，一束进入检测池，另一束作为参比信号。

可变波长检测器及紫外-可见分光光度检测器由于扩大了波长工作范围，而使得应用范围大为增加，并可获得更好的选择性，即可选择对所分析组分最适合而对溶剂背景不敏感的波长工作。

二极管阵列检测器（diode array detector，DAD）是一种新型的紫外检测器。与普通的紫外检测器相比，其分光系统和样品池的位置正好相反，即光束先通过样品池后由分光系统分光，所有波长的光在二极管阵列检测器上同时被检测，同时给出每个色谱峰的保留时间-吸光度-吸收波长三维色谱图，如图11-10、图11-11所示，也即同时给出其定量与紫外光谱定性信息，可以检测色谱峰的纯度。

2. 荧光检测器

在液相色谱中，荧光检测器（fluorescence detector，FD）主要用于在紫外激发下能发射荧光的化合物。荧光检测器最大的特点是其高灵敏度和高选择性。其灵敏度比紫外检测器高2～3个数量级，可检测出纳克级的痕量有机物。但是荧光检测器不如紫外检测器应用那么广泛，因为能引起荧光的化合物比较有限。许多生物物质包括某些代谢产物如药物、氨基酸、胺类、维生素都可用荧光检测器检测。有些化合物本身不产生荧光，但却含有适当的官

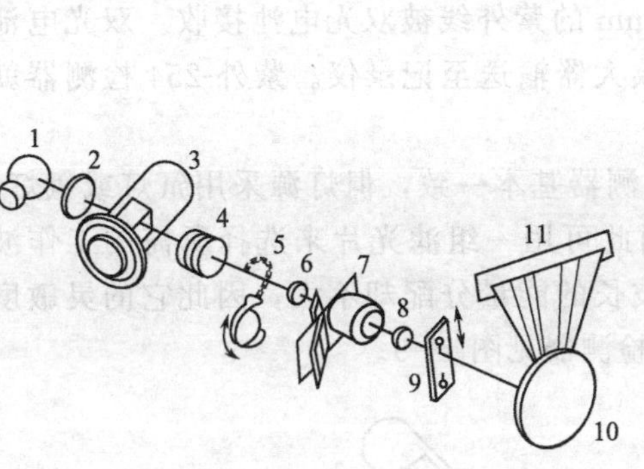

图 11-10 HP1100 二极管阵列检测器光路
1—钨灯；2—偶合透镜；3—氘灯；4—消色差透镜；5—光闸；6—光学透镜；7—样品流通池；8—光学透镜；9—狭缝；10—全息凹面衍射光靶；11—二极管阵列检测元件

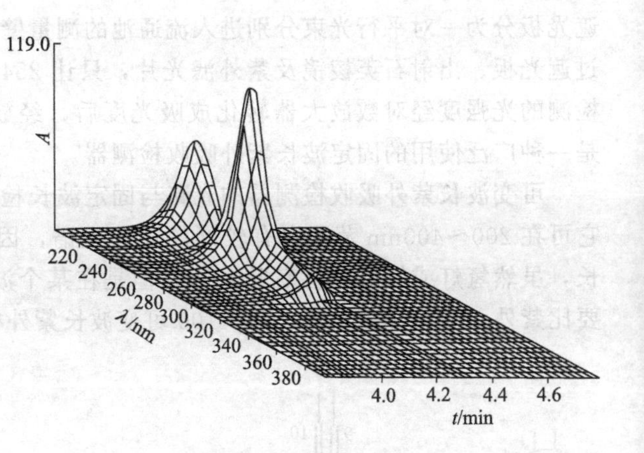

图 11-11 二极管阵列检测器测定菲的色谱、光谱图

能团，可与荧光试剂发生反应生成荧光衍生物，这时就可用荧光检测器来检测。

工作原理：许多化合物存在光致发光现象，即它们可被入射光（称为激发光）激发后发出波长相同的共振辐射或波长较长的特征辐射（即荧光）。荧光检测器就是基于测量这种荧光强度与样品浓度呈线性关系。图 11-12 是荧光检测器的光路。

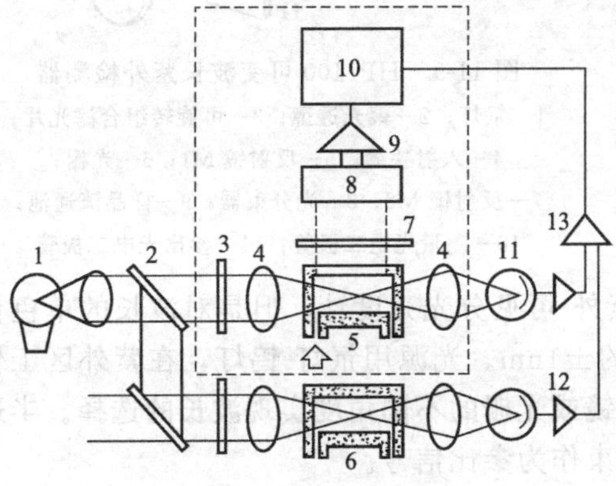

图 11-12 荧光检测器光路
1—中压汞灯光源；2—10%反射棱镜；3—激发光滤光片；4—透镜；5—测量池；6—参比池；7—发射光滤光片；8—光电倍增管；9—放大器；10—记录器；11—光电管；12—对数放大器；13—线性放大器

荧光检测器需要比紫外检测器强的光源作激发光源。常采用氙灯作光源，它可在 250～260nm 范围内发出强烈的连续光谱。经单色器 1 分光后选择特定波长的光线作为激发光，样品池内的试样组分受激发后发出荧光，经单色器 2 分光后由光电倍增管 PM_1 接收下来。半透半反镜可将 10%左右的激发光反射到光电倍增管 PM_2 上，由 PM_2 输出的电信号送入 PM 电压控制器以控制光电倍增管的工作电压。当光源变强时降低光电倍增管的工作电压，光源减弱时升高工作电压，这就补偿了光源强度的波动对输出信号的影响。

荧光检测器是一种选择性的检测器，线性范围较窄，不宜作为一般的检测器使用，可用于梯度洗脱。测定中不能使用可熄灭、抑制或吸收荧光的溶剂作流动相。荧光检测器现在已在生物化工、临床医学检验、食品检验、环境监测中获得广泛的应用。

3. 折射率检测器

折射率检测器（refractive index detector，RID）又称示差折光检测器（DRD），是基于连续测定参比池和测量池中溶液的折射率之差来测定试样浓度的检测器。由于每种物质都具有与其他物质不相同的折射率，因此 RID 是一种通用型的浓度检测器。

溶液的光折射率是溶剂（流动相）和溶质（样品）各自的折射率乘以各自的物质的量浓

度之和。溶有样品的流动相和流动相本身之间光折射率之差即表示样品在流动相中的浓度：原则上凡是与流动相光折射率有差别的样品都可用它来测定，其检测限可达 10^{-6}～10^{-7}g。其主要缺点在于它对温度变化很敏感。所以RID与UVD相比，RID更通用，但灵敏度低，受周围环境影响大。此类检测器一般不能用于梯度洗脱，因为它对流动相组成的任何变化都有明显的响应，会干扰被测样品的检测。

4. 电化学检测器

对于无紫外吸收或不能发生荧光但具有电活性的物质，可采用电化学检测法。目前电化学检测器主要有安培、电导、极谱和库仑四种检测器，许多具有电化学氧化还原性物质的化合物，如含有电活性的硝基、氨基等有机物及无机物阴阳离子等可用电化学检测器测定。如采用柱后衍生技术，电化学检测法的应用范围还可扩展到非电活性物质的检测。它已在有机和无机阴阳离子、食品添加剂、环境污染物、动物组织中的代谢、生物制品及医药测定中获得了广泛的应用。

5. 蒸发光散射检测器

蒸发光散射检测器（evaporation laser scattering detector，ELSD）是近年新出现的高灵敏度、通用型检测器。它对各种物质均有响应，且响应因子基本一致，它的检测不依赖于样品分子中的官能团，且可用于梯度洗脱。

ELSD是一种质量型检测器，它可以用来检测不挥发性化合物，包括氨基酸、脂肪酸、糖类、表面活性剂等，尤其对于一些较难分析的样品，如磷脂、皂苷、生物碱、甾族化合物等无紫外吸收或紫外末端吸收的化合物更具有其他HPLC检测器无法比拟的优越性。此外，ELSD对流动相的组成不敏感，可以用于梯度洗脱。ELSD的检测灵敏度要较高，检测限可低至 10^{-10}g。

（五）数据处理系统

高效液相色谱的分析结果现已广泛使用色谱数据工作站来记录和处理色谱分析的数据，使操作实现程序化、自动化。色谱工作站的主要功能如下。

1. 全部操作参数控制功能

色谱仪的操作参数，如柱温、流动相流量、梯度洗脱程序、检测器灵敏度、最大吸收波长、自动进样器的操作程序、分析工作日程等，全部可以预先设定，并实现自动控制。

2. 数据处理和谱图处理功能

可由色谱分析获得色谱图，打印出各个色谱峰的保留时间、峰面积、峰高、半峰宽，并可按归一化法、内标法、外标法等进行数据处理，打印出分析结果。谱图处理功能包括谱图的放大、缩小，峰的合并、删除、多重峰叠加等。使用专用的多种色谱参数的计算和绘图软件，可计算柱效、分离度、Kovats保留指数、拖尾因子，并可绘制标准工作曲线、范第米特曲线，还可进行仿真模拟等操作。

3. 进行计量认证的功能

工作站储存有对色谱仪器性能进行计量认证的专用程序，可对色谱柱控温精度、流动相流量精度、氘灯和氙灯的光强度及使用时间、光吸收波长校正、检测器噪声、自动进样器的线性等进行监测，并可判定是否符合计量认证标准。

此外，该工作站还具有控制多台仪器的自动化操作功能、网络运行功能，还可运行多种色谱分离优化软件、多维色谱系统操作参数控制软件等。

总的说来，色谱工作站的出现，不仅大大提高了色谱分析的速度，也为色谱分析工作者进行理论研究、开拓新型分析方法创造了有利的条件。可以预料，随着电子计算机技术的迅速发展，色谱工作站的功能也会日益完善。

三、液相色谱仪常用型号及特点

液相色谱仪型号繁多，不同型号仪器性能和应用范围不同。表 11-1 列出了当前常用液相色谱仪的生产厂家、型号与性能指标，供参考。

表 11-1 常用液相色谱仪生产厂家、型号、性能指标与主要技术指标

生产厂家	典型仪器型号	性能与主要技术指标
美国珀金埃尔默	PE200	200LC 泵为通用泵，可变性强，可从一元提升至四元溶剂系统；输液泵流量为 0.01～10mL/min；流量精度优于±0.3%RSD；流量精度优于±0.3%RSD；最高耐压为 42MPa(5mL/min)；紫外检测器波长范围为 190～700nm；波长精度<±1nm；波长重复性<±0.5nm；基线噪声≤±1×10⁻⁵AU；基线漂移≤1×10⁻⁴AU/h
美国 Agilent	HP1100	双柱塞具有独特的伺服控制系统，进行变冲程驱动；流量范围为 0.001～10mL/min；流量精确度为<0.3%RSD；最高耐压 40MPa(5mL/min)，20MPa(10mL/min)；紫外可见光检测器波长范围为 190～600nm(氘灯)；基线噪声≤±0.75×10⁻⁵AU；基线漂移≤1.0×10⁻⁴AU/h；波长精度为 1nm
大连依利特	P230	双柱塞往复泵，小凸轮驱动短行程柱塞杆设计；流量范围为 0.001～9.999mL/min；流量精确度<0.3%RSD(0.001～4.999mL/min 范围)，<0.5%RSD(5.000～9.999mL/min 范围)；最高耐压 40MPa(0.001～4.999mL/min)，20MPa(5.000～9.999mL/min)；紫外可见光检测器波长范围为 190～400nm(氘灯)，190～720nm(氘灯＋钨灯)；基线噪声≤±1.5×10⁻⁵AU；基线漂移≤3×10⁻⁴AU/h
北京北分瑞利	BFS5100	双柱塞往复泵，用微处理器软件控制柱塞运动；输液泵流量为<0.01～9.99mL/min；流量分辨率为 0.01mL/min；稳定性为±1.0%RSD；最高耐压为 42MPa；紫外检测器波长范围为 190～700nm；波长精度<±2nm；波长重复性<±0.4nm；柱温箱温度范围为 15～150℃；温控精度为±0.5℃
日本岛津	LC10A	分析型泵流量范围为 0.001～9.999mL/min；流量精度优于±0.3%RSD；最高耐压 39.2MPa；紫外检测器(氘灯)波长范围为 190～600nm，(氘灯、钨灯)波长范围为 190～900nm；波长精度为±1nm；波长重复性±0.1nm；基线噪声为±0.5×10⁻⁵AU；基线漂移≤±2.0×10⁻⁴AU/h
美国 Waters	Waters515	输液泵采取非圆齿轮传动方式，流速平稳精确；流量为 0.001～10mL/min；流量精度≤0.1%RSD；流量精度优于±0.3%RSD；Waters2487 紫外检测器波长范围为 190～700nm；基线噪声<±0.35×10⁻⁵AU
日本分光	LC-2000	PU-2080 分析型泵流量为 1μL/min～10mL/min；流量精度优于 0.1%；最高耐压 49MPa；UV-2075 紫外检测器波长范围为 190～600nm；波长精度为±0.1nm；基线噪声为±0.3×10⁻⁵AU
美国戴安	SUMMIT ®	P680A 流量设定范围为 0.001～10mL/min(梯度)，0.001～20mL/min(等度)，流量精度为±0.1%RSD；最高耐压为 50MPa；压力脉冲<1%；四通道紫外-可见检测器(UVD170U)波长范围为 200～595nm，程序可调；波长精度为±0.75nm(UV)；±1.5nm(Vis)；基线噪声<±5μAU；漂移<500μAU/h
温岭福立	FL2200	高压恒流泵流量范围为 0.001～9.999mL/min；流量精度±0.3%RSD；流量设置精度±1%；最高耐压 40MPa；紫外检测器波长范围为 195～600nm；波长精度 1nm；波长重复性±0.3nm；基线噪声≤±1×10⁻⁵AU；基线漂移≤±1×10⁻⁴AU/h
天乐精密	LC2900	微机宝石恒流泵，流量设定范围为 0～9.9mL/min；流速精度为<1%RSD；最高耐压为 45MPa；紫外-可见光检测器光源为氘灯；波长范围为 200～400nm；谱带宽度为 8nm；波长精度为±2nm；波长重复性为 0.5nm；基线噪声<±2×10⁻⁴AU；漂移<1×10⁻³AU/h
上海伍丰	LC-100	高压恒流泵流量范围为 0.001～9.999mL/min；流量精确度≤0.15%RSD；流量准确度≤2%RSD；最高耐压 42MPa；紫外检测器波长范围为 190～600nm；波长精度±2nm；波长重复性≤0.5nm；基线噪声≤5×10⁻⁵AU；基线漂移≤5×10⁻⁴AU/h

任务 2 FL2200 型液相色谱仪的液路系统的连接

任务目标

熟悉液相色谱仪的安装条件；

能够熟练地安装管线和流路；

能正确进行管线的切割与连接；

能够进行输液系统的维护与保养。

一、管子的切割与安装

（一）管子的切割

① 不锈钢管的切割使用仪器配套的专用管子切割刀锉，在管子四周锉出一个与管子轴线相垂直的环沟，见图 11-13。

② 在环沟的两边用手握紧不锈钢管，轻轻折断，见图 11-14。

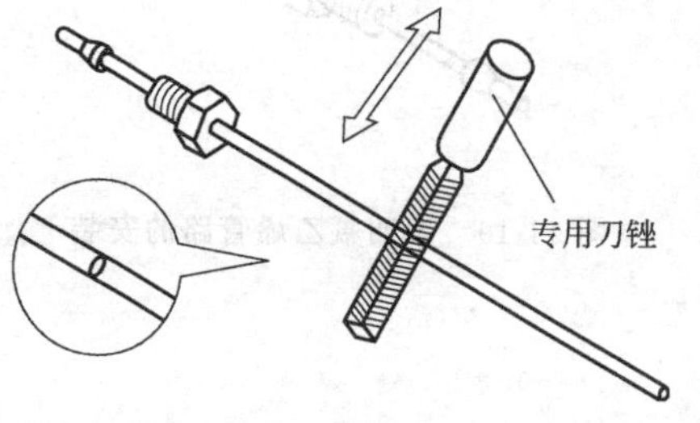

图 11-13　不锈钢管的切断

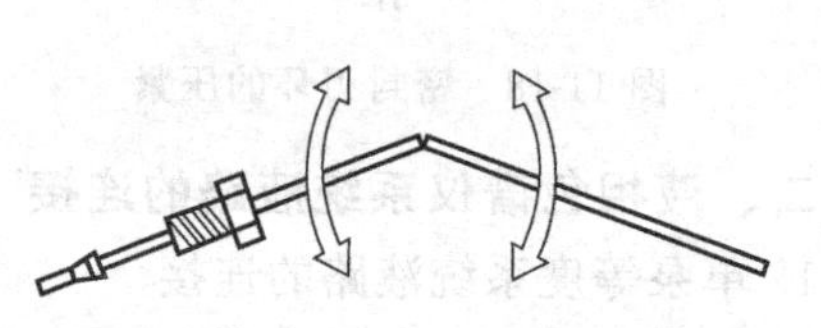
图 11-14　不锈钢管的折断

③ 用锉刀仔细修平切口，尽可能使切口断面与管子的轴线相垂直，并仔细检查毛细孔是否有铁屑堵塞。

④ 用甲醇清洗后方可安装使用。

注意：聚四氟乙烯管的切割使用切纸刀或锋利的单面剃须刀片切割聚四氟乙烯管，如图 11-15 所示。注意切口应平整无毛刺并与管子轴线相垂直。

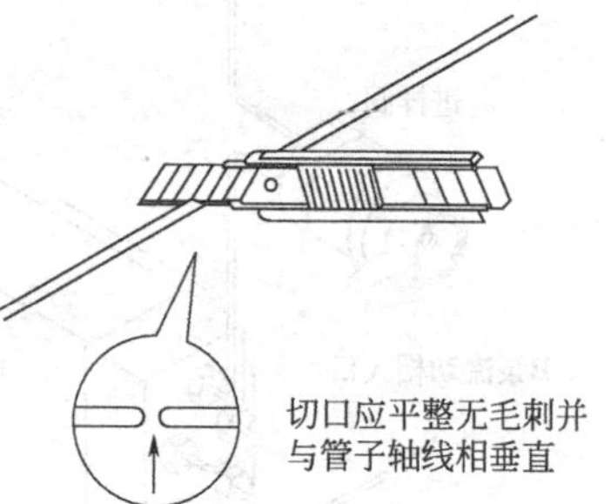

图 11-15　聚四氟乙烯管的切割

（二）管子的连接

1. 高压的不锈钢管子安装

① 按图 11-16 的顺序分别将紧固螺钉和不锈钢刃环套在管子上。

② 将带有刃环和紧固螺钉的组件（管子应伸出刃环小头 2～3mm）按图 11-17 的方法插入管路需要安装的螺孔中（如进、出口单向阀、旁路放空阀、手动进样器和色谱柱等）。

③ 用仪器配套的专用扳手用力拧紧紧固螺钉，如图 11-18 所示，则密封刃环在紧固螺钉的压力下会将管壁和螺孔锥面壁压合，达到密封效果。

2. 低压的聚四氟乙烯管子安装

① 将紧固螺钉和聚四氟乙烯刃环套在管子上，然后将管子组件按图 11-17 的方式插入待装管的螺孔中，先轻轻地紧固螺钉。

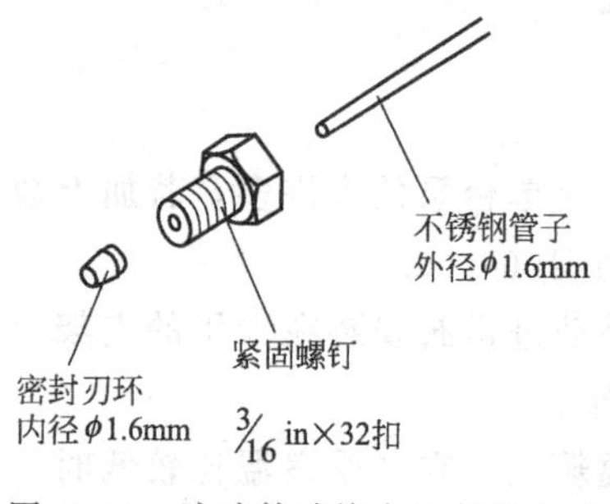

图 11-16　液路管路接头及密封刃环

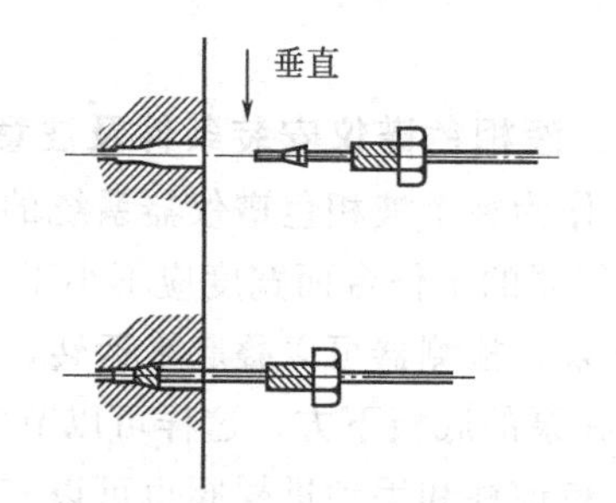

图 11-17　管子的安装方法

② 按图 11-19 所示，将管子组件拔出检查一下刃环是否已紧固在管子上，不会随意移动，然后再重新将管子组件插入螺孔中，用专用扳手轻轻紧固。扳手用力太大会使聚四氟乙烯的密封刃环或管子损坏。

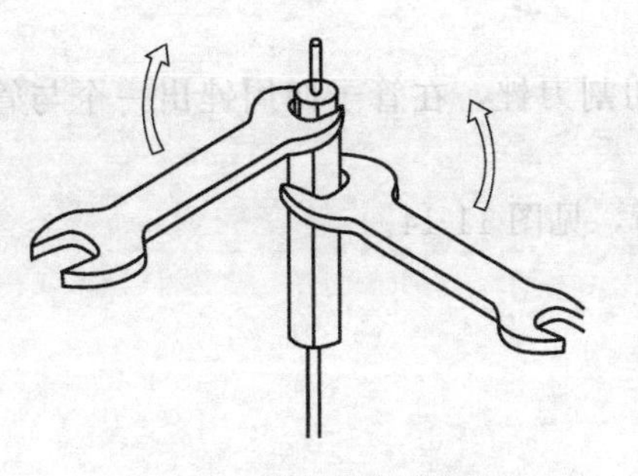

图 11-18 密封刃环的压紧

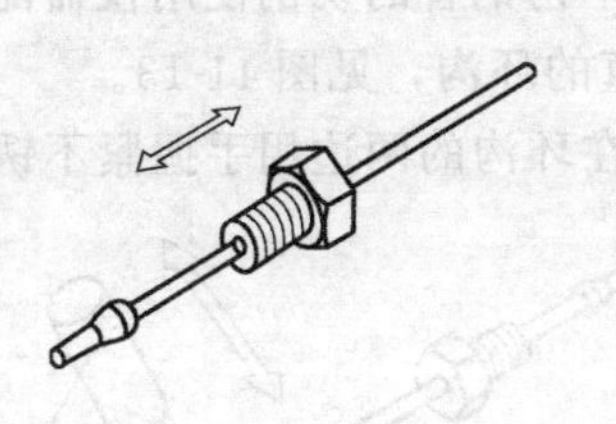

图 11-19 聚四氟乙烯管路的安装

二、液相色谱仪系统液路的连接

1. 单泵等度系统液路的连接

可按图 11-1 的连接方式进行连接除从溶剂瓶（储液瓶）到进口单向阀，以及从紫外检测器流通池出口到废液瓶为低压使用聚四氟乙烯管之外，液路系统的其他部分为高压，均使用不锈钢毛细管。

2. 双泵对控梯度系统液路的连接

它与等度系统管路连接的不同之处，仅是增加了一台泵、一个高压混合器和多一个溶剂瓶。

高压混合器利用安装支架可以固定在第二台泵的底盘上，连接可参考图 11-20。每台泵的底盘底部的左前方的橡胶脚两旁设有专门的 M4 螺孔，用以安装高压混合器，其余的安装方式及要求与等度系统一样。

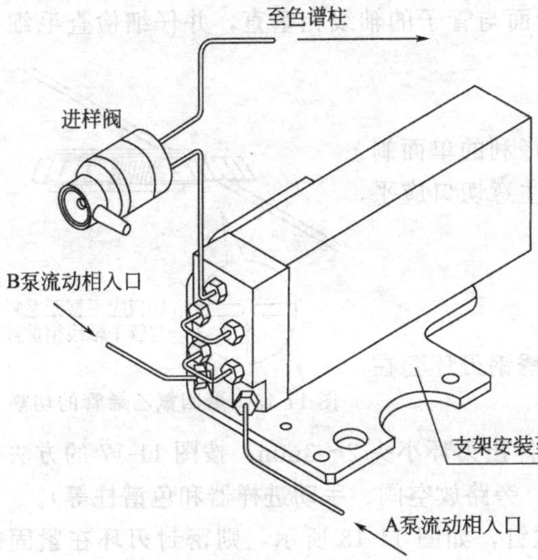

无论是等度还是梯度系统液路中旁路放空阀的废液出口都使用聚四氟乙烯软管连接至废液瓶。

图 11-20 高压混合器的安装和管路连接

知识补充

一、液相色谱仪安装条件及注意事项

① 作为整个液相色谱仪器系统的安装工作台面要比单台泵的大许多，若加上数据处理装置，仪器的工作台面宽度应不小于 120cm，深度不小于 60cm。

② 泵、检测器可以叠起来运转，液相色谱柱和手动进样阀安装在专用的支架上，支架则固定在泵的底板下方，这样可以节省空间和方便操作。

③ 色谱柱和手动进样阀也可以安装在专用的柱温箱上，在冬季室温比较低时，由于柱温较低会影响柱效和分析过程的稳定，因此在要求比较高时，往往需要配置专用柱温箱以保

持色谱柱恒温。

④ 本仪器使用的电源为交流 220V、50Hz，电源的容量对于等度系统应不低于 400W，对梯度系统应不低于 500W。检查电源电压是否稳定、功率是否足够，如果不满足要求，仪器将不能正常工作。

⑤ 仪器的接地是否良好，不仅对于防止事故及由于电泄漏而引起的电击是必要的，而且对于仪器的稳定工作也很重要，因此安装仪器的房间内应有良好的接地线。

⑥ 高效液相色谱仪所使用的溶剂大多是易燃且有毒的，因此安装仪器的房间应通风良好，否则会引起中毒或不良刺激，也可能引起火灾。

⑦ 高效液相色谱仪使用大量的易燃有机溶剂，因而严禁在仪器附近吸烟、使用明火或其他火源。安装本仪器的房间内禁止再安装其他任何发射或可能发射火花的设备。因为火花可能引发火灾。另外，房间内应配备灭火装置或设备，以备紧急时防止火灾的发生。

⑧ 安装仪器的房间内应配备自来水龙头或其他的冲洗设备。如果溶剂进入眼睛或者有毒的溶剂溅到皮肤上，应立即用清洁的水冲洗，配备的冲洗设备离本仪器越近越好。

⑨ 安装本仪器的实验台或其他台面应是水平的、稳固的，并且足以支撑本仪器的重量，至少要有 60cm 宽，否则仪器可能会翻倒或掉到实验台下面。

⑩ 避免在有腐蚀性气体或大量粉尘的地方安装本仪器，否则会影响仪器的正常运转，并缩短仪器的使用寿命。

二、管子的材料和规格

仪器在安装过程中，各单元之间的液路系统需要用许多不同材料、规格的管子。液相色谱仪常用管子材料和规格如下。

① 仪器高压部分，使用外径为 1.6mm、内径为 0.3mm 的 316 不锈钢管（不锈钢管应用溶剂仔细清洗内外壁表面的油污），如仪器主泵头、副泵头、缓冲器、旁路放空阀、手动进样器（或经高压混合器到手动进样器）、色谱柱及检测器之间的连接管子。

② 仪器的低压部分，通常使用外径为 3mm、内径为 2mm 的聚四氟乙烯管（如流动相储液瓶至主泵头、检测器至废液瓶）。

③ 主、副泵头清洗孔之间的连接使用外径 2.0mm、内径 0.5mm 聚四氟乙烯管。

三、密封刃环和刃环紧固螺钉

泵头旁路放空阀、手动进样阀、色谱柱以及检测器的流通池与管子相连接部分，都是通过密封刃环来密封的，见图 11-16。高压管路部分的不锈钢管应使用不锈钢密封刃环密封，而低压管路部分则使用聚四氟乙烯管和聚四氟乙烯密封刃环密封。

国际上的液相色谱分析仪压紧密封刃环的坚固螺钉的螺纹多为 3/16in（1in＝0.0254m）32 扣的英制螺纹，但密封刃环的角度是各不相同的，因而不能通用，否则会达不到密封效果而漏液。因此，使用 FL2200 型色谱仪，一定要使用专用的密封刃环。

四、输液系统的日常维护与保养

1. 储液器

① 完全由色谱纯溶剂组成的流动相不必过滤，其他溶剂在使用前必须用 0.45μm 的滤膜过滤，以保持储液器的清洁。

② 用普通溶剂瓶作流动相储液器时，应不定期废弃瓶子（每月一次），买来的专用储液器也应定期用酸、水和溶剂清洗（最后一次清洗应选用色谱纯的水或有机溶剂）。

2. 流动相

（1）必须使用 HPLC 级或相当于该级别的流动相，并要先经 0.45μm 薄膜过滤。

(2) 过滤后的流动相必须经过充分脱气，以除去其中溶解的气体（如 CO_2），如不脱气易产生气泡，增加基线噪声，造成灵敏度下降，甚至无法分析。

几种脱气方法的比较如下。

① 氦气脱气法　利用液体中氦气的溶解度比空气低，连续吹氦脱气，效果较好但成本高。

② 加热回流法　效果较好，但操作复杂，且有毒性挥发污染。

③ 抽真空脱气法　易抽走有机相。

④ 超声脱气法　一种较为常见的脱气法。流动相放在超声波容器中，用超声波震荡10～15min，此法效果并不太好，但操作简单。

如果管路中使用 peek 树脂部件，请不要使用下列流动相：浓硫酸、浓硝酸、二氯乙酸、丙酮、四氢呋喃、二氯甲烷、氯仿和二甲基亚砜。

3. 流动相的更换

在分析过程中，有时需要更换流动相进行分析。一定要注意使用的前一种流动相和所更换的流动相是否能够相容。如果使用的前一种流动相和所更换的流动相不能够相容，就要特别注意了。应当采用一种与这两种需更换的流动相都能相容的流动相进行过滤、清洗。

较为常用的过滤流动相为异丙醇，但实际操作中要视具体情况而定，原则就是采用与这两种需更换的流动相都能相容的流动相。一般清洗时间为 30～40min，直至系统完全稳定否则将会导致系统管路阻塞，严重时将引起流通池污染堵塞，不得不更换流通池，用户就要承担不必要的损失了。

任务3　进样阀、色谱柱、检测器及色谱工作站的安装

任务目标

能够独立熟练地进行进样阀的拆卸及安装；

能够独立熟练地进行色谱柱的安装；

能够独立熟练地进行检测器的安装；

能够较熟练地完成色谱工作站的安装；

具备液相色谱仪进样系统及色谱柱的日常维护与保养的能力。

一、手动进样阀的安装和连接

FL2200 型色谱仪使用的是美国 RHEODYNE 的 7725-018 手动进样阀，上面已装有 20μL 的定量管。手动进样阀安装在柱架圆柱体上，如图 11-1 所示，它与流动相的液路连接方式如图 11-21 所示。手动进样阀的后面有编号 1～6 的 6 个安装管路紧固螺钉的螺孔。

1～4 号孔装定量管，2 号孔接输液泵出口，3 号孔接色谱柱的入口 5 号，6 号是废液排放孔，由于液相色谱进样很小，通常废液排放孔不再接管子至废液瓶。

二、色谱柱的安装和连接

液相色谱柱的构造如图 11-22 所示，安装连接的注意事项也与进样阀一样，应该特别指出的是，在安装色谱柱时，一定要注意流动相的流动方向应与色谱柱上标明的方向一致。

为了延长色谱柱的使用寿命，通常在色谱柱的入口端与进样阀出口端之间再接上一支保护柱。

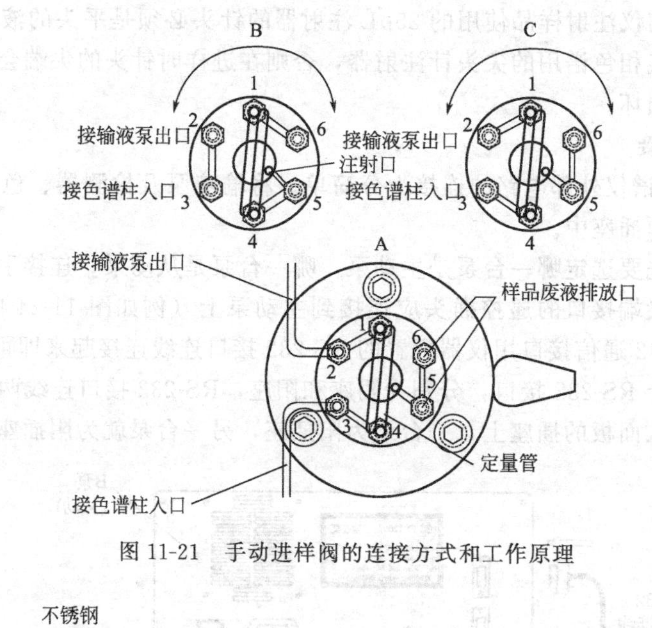

图 11-21 手动进样阀的连接方式和工作原理

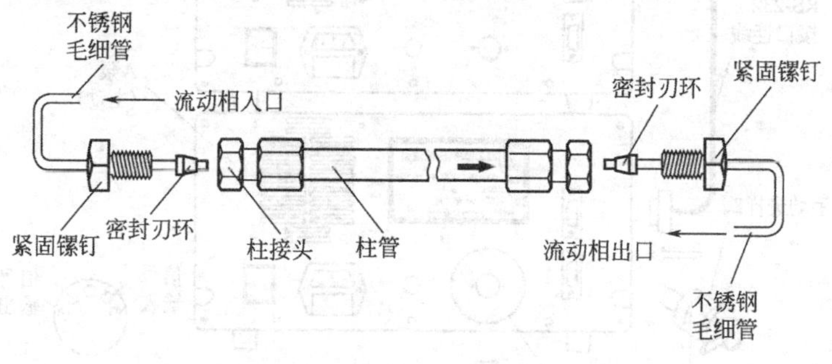

图 11-22 液相色谱柱的构造及连接

三、检测器的安装和连接

FL2200 型液相色谱仪的紫外检测器外形如图 11-4 所示，检测器流通池安装在检测器的左侧面，流通池的构造如图 11-23 所示。

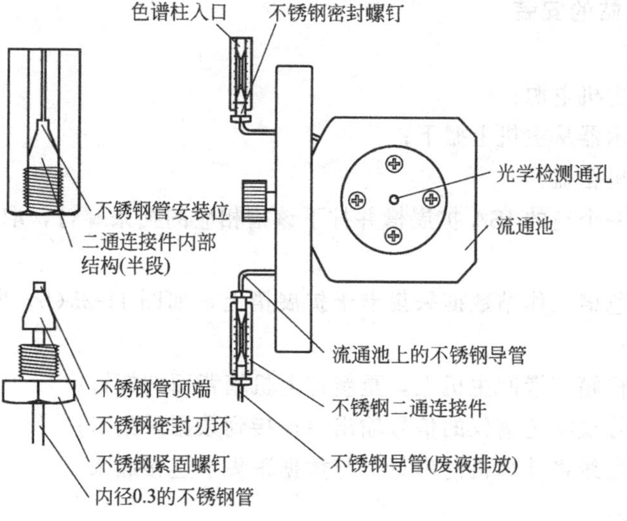

图 11-23 流通池的构造和连接

注意：液相色谱仪注射样品使用的 25μL 注射器的针头必须是平头的液相色谱专用注射器，绝对不能使用气相色谱用的尖头针注射器，否则在进样时针头的尖端会刺伤进样阀的密封件，导致进样阀损坏。

四、电路的连接

FL2200 液相色谱仪外部电路的连接十分简单。将输液泵及检测器、色谱数据工作站的电源线分别插入电源插座中。

在连线时，首先要选定哪一台泵是主动泵，哪一台泵是从动泵。连接手动进样阀触点和色谱数据工作站触发端接口的遥控插头应连接到主动泵上（例如图 11-24 中 A 为主动泵）。再将两台泵的 RS-132 通信接口用仪器配置的 RS-232 接口连线连接起来即可。

后面板上有两个 RS-232 接口，分别为阴座和阳座，RS-232 接口连线两头的插头分别为阴和阳，可随意插入面板的插座上，一台泵为阳插座，另一台泵就为阴插座。

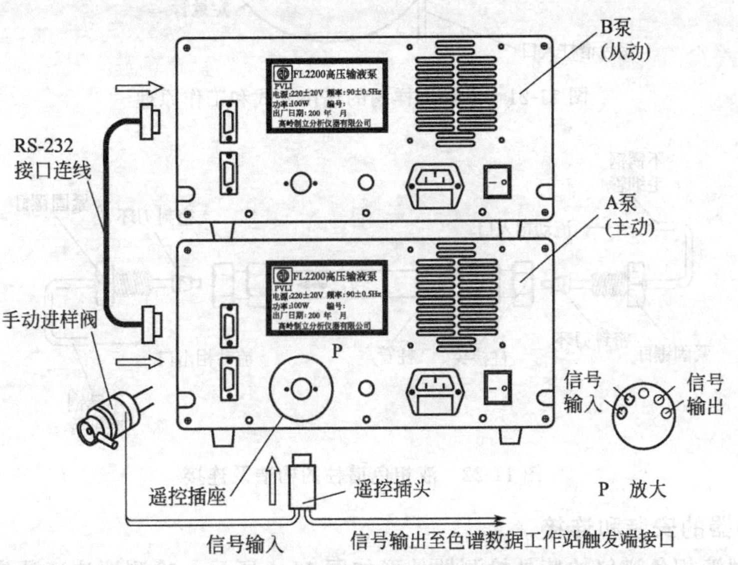

图 11-24 双泵对控高压梯度系统的电路接线

五、色谱工作站的安装

1. 硬件的安装

第一步：关掉主机电源；

第二步：把显示器从主机上搬下；

第三步：打开机箱盖；

第四步：选择一个空的 ISA 扩展槽并拧下该槽相应的挡条螺钉，取下该挡条，如图 11-25(a) 所示；

第五步：安装色谱工作站数据采集卡于扩展槽上，如图 11-25(b) 所示，用螺钉扭紧数据采集卡于背板上；

第六步：将主机箱盖滑回主机上，重新拧上机箱背面的螺钉；

第七步：用信号线将色谱仪的信号输出源连接到数据采集卡；

第八步：用通信线将计算机的串行口与数据采集卡连接起来。

2. 软件的安装

将 N2000 色谱工作站光盘放入光驱，从双击桌面上图标“我的电脑”开始，依照光驱

(F:)、N2000安装目录、DISK1目录、SETUP. EXE的安装顺序，执行光盘中\N2000安装\DISK1目录下的SETUP. EXE命令，依照安装程序的提示进行相应确认即可。(这里假设F：为光驱，实际情况与用户计算机的硬盘分区有关。)

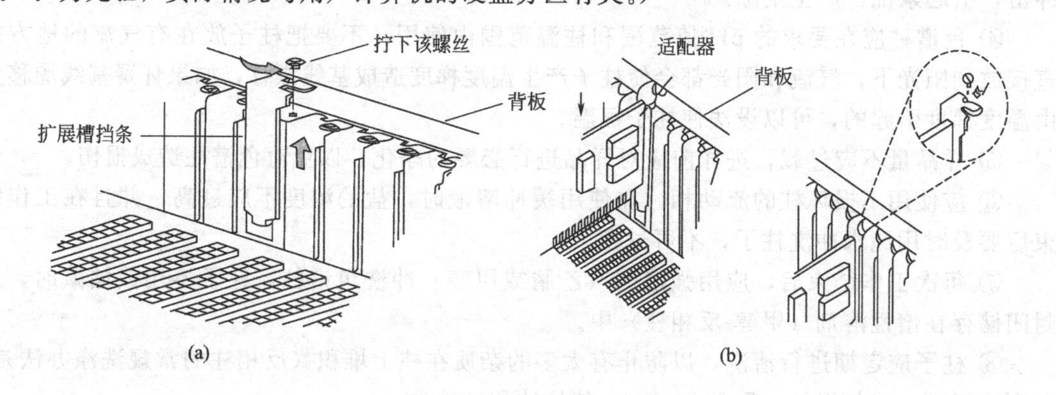

图11-25　安装采集卡

知识补充

一、安装注意事项

1. 安装进样阀的注意事项

① 连接不锈钢毛细管插入进样阀的螺孔中一定要插到底，不要留有死体积。否则会导致降低样品的分离度。

② 进样阀与输液泵连接的不锈钢管与进样阀与色谱柱连接的不锈钢管应尽可能的短。

2. 连接检测器流通池的注意事项

① 不锈钢毛细管的顶端一定要插到流动池二通连接器的孔底部，中间不能留有产生死体积的空间，否则死体积会导致样品分离度的降低而使色谱图峰形变坏。

② 废液排放的不锈钢二通连接件出口，可用聚四氟乙烯管或聚乙烯软管和聚四氟乙烯密封刃环。

二、进样系统的日常维护与保养

① 样品瓶应清洗干净，无可溶解的污染物。

② 自动进样器的针头应有钝化斜面，侧面开孔；针头一旦弯曲应该换上新针头，不能弄直了继续使用；吸液时针头应没入样品溶液中，但不能碰到样品瓶底。

③ 为了防止缓冲盐和其他残留物留在进样系统中，每次工作结束后应冲洗整个系统。

④ 在每次使用后，尤其是对于进样浓度差异比较大的样品，要用专用工具（不是带针头的注射器）冲洗进样阀，冲洗时必须冲洗进样阀两头数次，每次数毫升，以防止无机盐沉积和样品微粒造成阀内部磨损或阻塞以及样品的交叉污染。

⑤ 安装进样阀的出口要与注射器在同一水平线上，以防止虹吸现象的发生，导致进样量的重复性变异。

三、色谱柱的日常维护与保养

① 在进样阀后加流路过滤器（0.5μm烧结不锈钢片），挡住来源于样品和进样阀垫圈的微粒。

② 在流路过滤器和分析柱之间加上“保护柱”，收集阻塞柱进口的来自样品的降低柱效

能的化学“垃圾”。

③ 流动相流速不可一次改变过大，应避免色谱柱受突然变化的高压冲击，使柱床受到冲击，引起紊乱，产生空隙。

④ 色谱柱应在要求的 pH 值范围和柱温范围内使用，不要把柱子放在有气流的地方或直接放到阳光下，气流和阳光都会使柱子产生温度梯度造成基线漂移，如果怀疑基线漂移是由温度梯度引起的，可以设法使柱子恒温。

⑤ 样品量不应过载，进样前应对样品进行必要的净化，以免对色谱柱造成损伤。

⑥ 应使用不损坏柱的流动相，在使用缓冲溶液时，盐的浓度不应过高，并且在工作结束后要及时用纯水冲洗柱子，不可过夜。

⑦ 每次工作结束后，应用强溶剂（乙腈或甲醇）冲洗色谱柱，柱子不用或储藏时，应封闭储存在惰性溶剂（甲醇-反相柱）中。

⑧ 柱子应定期进行清洗，以防止有太多的杂质在柱上堆积（反相柱的常规洗涤办法是：分别取甲醇、三氯甲烷、甲醇/水各 20 倍柱体积冲洗柱子）。

⑨ 色谱柱使用一段时间后，柱效将会下降，必须进行再生处理（如反相色谱柱再生时将 25mL 纯甲醇及 25mL 甲醇/氯仿 1∶1 混合液依次冲洗柱子）。

⑩ 对于阻塞或受伤严重的柱子，必要时可卸下不锈钢滤板，超声洗去滤板阻塞物，对塌陷污染的柱床进行清除、填充、修补工作，此举可使柱效恢复到一定程度（80%），有继续使用的价值。

任务 4 FL2200 型高效液相色谱仪高压输液泵的操作使用

任务目标

能够独立准确地进行等度模式下泵参数的设定；
能够独立准确地进行程序流量模式下泵参数的设定；
能够独立准确地进行梯度模式下泵参数的设定；
能够进行高压输液泵的日常维护与保养；
能够进行常见故障的排除。

一、等度模式淋洗的操作

（1）按图 11-1 的单泵等度系统的方式，连接好系统的液路和电路系统。

（2）合上机箱后面板上的电源开关，仪器通电，液晶显示屏点亮。仪器进行自检，数秒钟后，显示 FL2200 型高效液相色谱输液泵界面。再过数秒钟，界面转为图 11-26 的等度模式。显示屏上各栏的功能如图 11-26 中说明所示。

（3）设置运行参数

① 设置流量　按向上光标移动按键▲，光标移到流量栏上，此时状态栏显示（流量范围：0～9.999mL/min），可以在此范围内设定想选择的流量值，假定选择流量为 1mL/min，则可按数字键“1”，然后再按下【确认】键则流量栏显示流量为 1.000，坐标上 1mL/min，横线由虚线变为实线。

② 设置其他参数　按功能转换键【Menu】，则状态栏变为 运行 设置 时间程序 辅助功能 。再按右移光标键，将光标移动到【设置】栏上，然后按回车键，上面有 4 个设

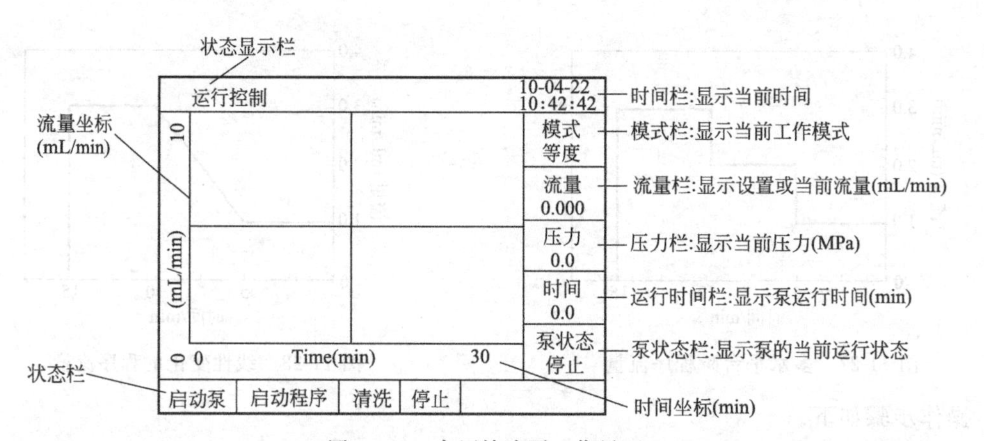

图 11-26 高压输液泵工作界面

置框：时间轴 Y 轴范围 压力限制 清洗。

【时间轴】设置框，设置时间轴最小和最大值。通常最小值设为零，最大值为色谱图的最长时间，可根据需要和经验确定。

【Y 轴范围】设置框，设置流量纵坐标的范围，使流量-时间图比较合适，通常最小值为零。

【压力限制】设置框，设置流动相压力范围，最大值为保护色谱柱不至于过压而损坏，最小值为检查液路系统是否存在漏液。若开机 5min 内，流动相压力还升不到最小压力，则说明漏液，此时会自动停泵，应检查液路的密封性。

【清洗】设置框，设置清洗流量和清洗时间。每次分析结束时或换流动相后，应使用泵流动相或新流动相，充分清洗液路系统，将残留在液路和色谱柱中的样品冲洗干净。

设置上述 4 个参数的方法都相似，只要按光标移动键，使光标落在所需设置的参数名称上（此时状态栏显示设置范围），然后按相应的数字键，输入所需的数字，再按回车键，或移开光标到另一参数上即可。

提醒：当输入设置的数字出错或需要修改参数时，可按相应的光标移动键，使光标重新落在所需修改的数字上，然后输入修改后的数字，再按输入【确认】键即可完成修改。

③ 启动泵 此时光标已落在状态栏的启动泵上，按下【确认】键，泵开始运转，光标自动移到停止栏上。同时泵状态栏显示运行时间栏，开始计算泵的运行时间，屏幕坐标轴的 1mL/min 横细实线逐步跟随泵运行时间而变粗，实时地显示出泵运行在时间轴上的时间，非常直观，此时只要根据需要在进样阀上注入待分析样品，即开始分析。

④ 停泵 当色谱图出峰完毕后，需停泵时，只要按下【确认】键则停泵。

提醒：若想不改变任何设置的参数，再进行第二次进样分析，非常简单，只需要再重新按一次【确认】键即可，此时泵运行时间自动从零开始计算，泵状态与上述一样显示为“运行”状态。

二、程序流量淋洗模式的操作

首先要设计一个欲操作执行的流量程序，FL2200 输液泵可以执行两种模式的程序流量：①多水平台阶的程序流量；②线性变化的程序流量，如图 11-27 和图 11-28 所示。下面分别予以介绍：

多水平台阶程序流量的操作以图 11-27 为例，程序是：①0～5min 流量为 1mL/min；②5～10min 流量为 2mL/min；③10～15min 流量为 3mL/min；④15min 时停泵。

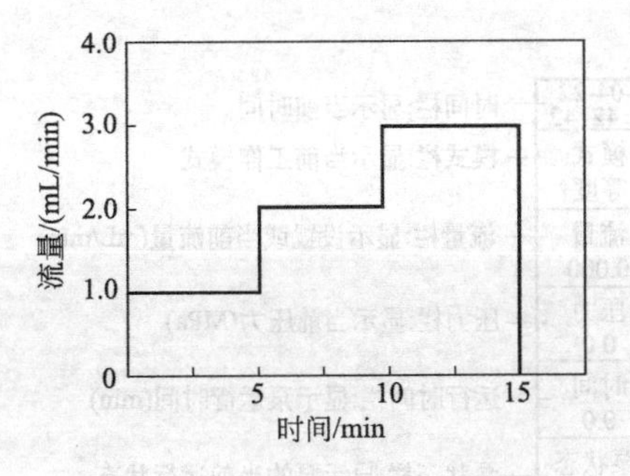

图 11-27 多水平台阶程序流量

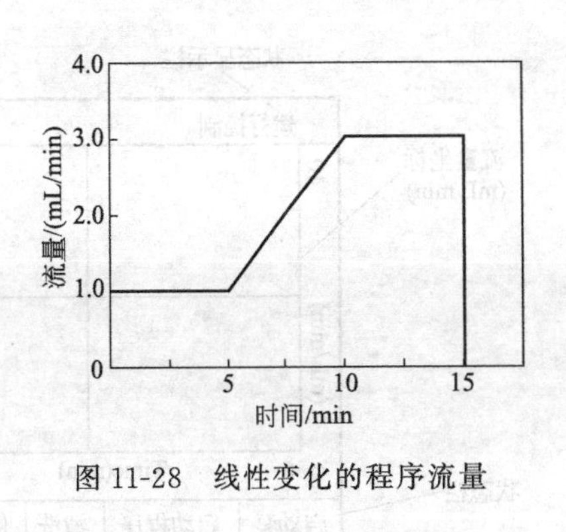

图 11-28 线性变化的程序流量

操作步骤如下。

① 开机后显示运行控制界面（见图 11-26）。

② 设置运行参数。方法 B 步骤与等度模式操作的步骤②一样，此处将流量纵坐标最小值设为 0，最大值为 4（即 4mL/min）。时间轴最大值为 20min，其余不变，此时界面转为运行控制界面。

③ 设置时间程序。按光标右移键，使光标落在时间程序上，然后按【确认】键，则界面转为时间程序显示，该界面各项目的作用如下。

【步序】：T000～T040，最多达 40 步。

【功能】：当输入数字键为“0”表示删除，清空文件；为“1”是用于程序流量模式，表示流量；为“2”是用于梯度模式，表示 A、B 泵流量之和的总流量。

【时间】：程序运行时间，T000 步序时间一定从 0 起算，时间是连续的，在输入时间时，下一步序的时间一定要比上一步序数值大，否则输入小于上一步序的时间时，光标会显示“?”提示出错，需要修改。

【数值】：为流量值，该数值是指从（时间）栏中的时间起始的流量值。

根据上例中的程序表，将各步序的数字输入到屏幕显示表格中。

④ 保存设置的程序文件。按【Menu】键则在程序表格下方的状态栏显示：打开文件 保存文件 删除文件，按光标右移键，将光标移到保存文件上，再按输入确认键，则状态栏显示：请输入文件号：01，请输入文件号：可以输入你选择的 01～20（例如选 01）的数字作为文件号，然后再按【确认】键则文件已保存，并在程序表上方的状态显示栏上显示时间程序 01。进行文件保存时，若输入程序有错（主要是时间顺序错），它会显示出来，提醒用户改正，若不改正，则在执行程序时，并不按设置的步序依次执行，而是按设置的时间顺序依次执行。

⑤ 执行程序。保存完程序文件后，按【Menu】键两次，则状态栏光标落在（运行）上。然后再按【确认】键，则界面转为带坐标的屏幕。移动光标上移键，使光标落在模式栏上，输入刚才编制的程序文件号（例如 01），则显示屏显示运行控制的界面，检查一下界面中的曲线是否与原设计的图 11-27 一致。若无误则可按【确认】键，则开始启动泵，但尚未开始执行程序。启动泵后光标自动移到启动程序栏上。直接按【确认】键，启动程序。

程序启动时，显示屏上的曲线，随着程序执行的时间而逐渐由左向右变粗，实时地显示程序执行到哪一步，非常直观，同时运行时间栏显示出程序运行的时间。

⑥ 停止程序。当一启动启动程序时，光标自动右移到停止栏。若想在程序执行时中止

执行，则可按【确认】键停泵，终止程序；否则程序会自动进行下去，直至结束时自动停泵。

三、梯度淋洗模式的操作

梯度淋洗模式与程序流量模式相似，FL2200 型输液泵也可以执行两种模式的梯度淋洗：①多水平台阶的梯度淋洗；②函数控制方式的梯度淋洗。目前版本软件的高压输液泵只能执行线性函数梯度淋洗，将来软件版本升级后，可以执行指数函数和对数函数关系的梯度控制。

在设置程序时同样也需要事先设计一个欲操作执行的梯度程序，如图 11-29 和图 11-30 所示。下面以 11-29 为例介绍梯度模式的操作。在操作前选择 A 泵为主动泵、B 泵为从动泵（受 A 泵控制）。

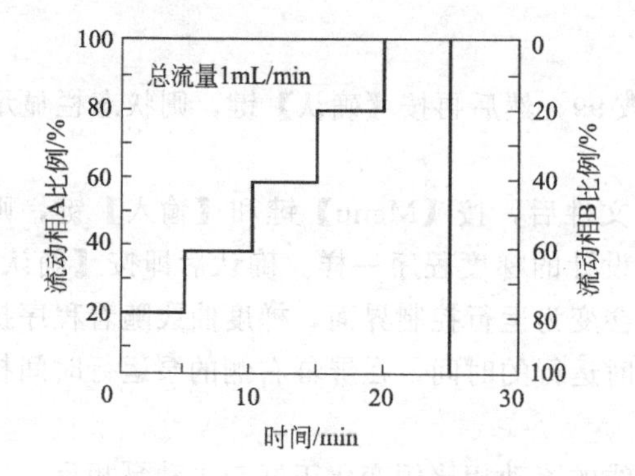

图 11-29　多水平台阶的梯度淋洗

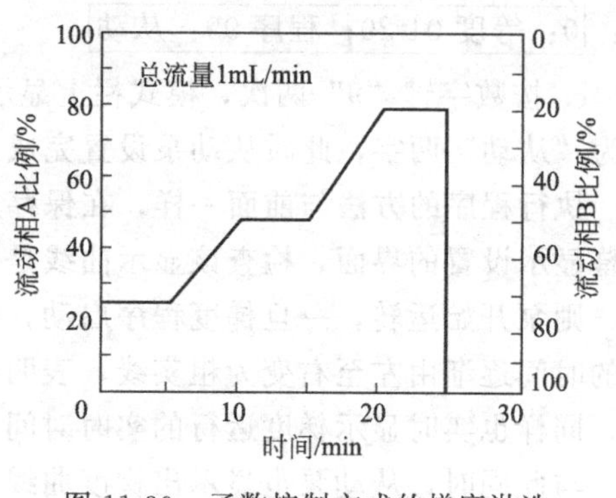

图 11-30　函数控制方式的梯度淋洗

多水平台阶的梯度淋洗模式的操作以图 11-29 为例，梯度程序是：总流量 1mL/min，A 泵为主动泵，B 泵为从动泵。具体参数如表 11-2 所示。

表 11-2　各时间段 A、B 泵的比例

时间	A泵比例	B泵比例	时间	A泵比例	B泵比例
0～5min	20%	80%	15～20min	80%	20%
5～10min	40%	60%	20～25min	100%	0
10～15min	60%	40%	25min	停泵	

操作步骤如下。

① 开机后显示运行控制界面，如图 11-26 所示。

② 设置运行参数　梯度模式时，设置运行参数只需要在主动泵 A 上进行，当主动泵 A 设置完毕，转入启动程序后，从动泵 B 就自动跟随主动泵运转，并显示相应的曲线。

与等度模式操作方法一样，按【Menu】键，可使界面进入显示设置状态。根据设置要求设置以下参数。最大时间：30min；Y 轴最大值：10（或 100，两者一样均为 100%）；最小压力值：0；最大压力值：30MPa；清洗流量：5mL/min；清洗时间：5min。

③ 设置时间程序　按【Menu】键，使状态栏显示：运行 设置 时间程序 辅助功能，按光标右移键使光标落在时间程序上，再按【确认】键，则界面转为时间程序的程序表，此时光标落在空文件上。按数字键“2”，再按【确认】键，则空文件显示为总流量，光标自动右移至时间项下。再按光标右移键，光标落在数值项下（此时在时间项下，无论输入任何数字，当光标移出后均显示为 0）。这时在数值项下，根据确定的总流量，输入相应的数字

后，按【确认】键即可（此时输入总流量为1mL/min）。

以后可按图11-29中的数据输入相应的数据。注意：在多水平台阶梯度中的【功能】项下，每次均输入数字键“2”即A比例，且T001步序的时间起始点一定为“0”，在设置时间时应按顺序由小到大，即下一步序的时间值要比上步序大。

④ 保存设置的程序文件　方法见前述，保存好文件后，给文件编号，例如“03”号文件。在此提醒注意：FL2200输液泵，可以最多保存20个程序文件，其中包括程序流量文件和梯度程序文件，若文件编号超过20，在光标上会显示一个“?”表示有问题而不能存储。

⑤ 执行程序　在执行程序前首先要将B泵设置为从动状态。操作方法如下。

a. 打开B泵电源，B泵屏幕上显示运行控制界面。

b. 按光标上移键，使光标落在屏幕右上方的模式栏上，此状态栏显示：0：等度01-20；程序99：从动。

c. 按数字键“9”两次，模式栏上显示两位数99，然后再按【确认】键，则状态栏显示变为“从动”两字，此时从动泵设置完成。

执行程序的方法与前面一样，在保存好程序文件后，按【Menu】键和【输入】键，则屏幕显示设置的界面，检查该显示曲线是否与所设计的梯度程序一样。确认后即按【确认】键，则泵开始运转，一旦梯度程序启动，则界面会变为运行控制界面，梯度曲线随着程序执行的时间逐渐由左至右变为粗实线，表明梯度实时运行的时间，在屏幕右侧的泵运行时间栏里，同样也实时显示梯度运行的实时时间。

与此同时，从动泵也显示出梯度曲线，该曲线的流动相比例变化正好与主动泵相反。

⑥ 停泵　当梯度程序执行完之后，会自动停泵。在程序执行过程中，由于在状态栏的光标已移至停止上，因此只要按输入确认键即可中途停泵。

知识补充

一、高压泵的日常维护与保养

① 每次使用之前应放空排除气泡，并使新流动相从放空阀流出20mL左右。

② 更换流动相时一定要注意流动相之间的互溶性问题，如更换非互溶性流动相则应在更换前使用能与新旧流动相互溶的中介溶剂清洗输液泵。

③ 如用缓冲液作流动相或以一段时间不使用泵，工作结束后应从泵中用含量较高的超纯水或去离子水洗去系统中的盐，然后用纯甲醇或乙腈冲洗。

④ 不要使用多日存放的蒸馏水及磷酸盐缓冲液，如果条件许可，可在溶剂中加入0.0001～0.001mol/L的叠氮化钠。

⑤ 溶剂的质量或污染以及藻类的生长会堵塞溶剂过滤头，从而影响泵的正常运行，清洗溶剂过滤头具体方法是：取下过滤头→用硝酸溶液（1＋4）超声清洗15min→用蒸馏水超声清洗10min→用吸耳球吹出过滤头中液体→用蒸馏水超声清洗10min→用吸耳球吹净过滤头中水分，清洗后按原位装上。

⑥ 仪器使用一段时间后，应用扳手卸下在线过滤器的压帽，取出其中的密封环和烧结不锈钢过滤片一同清洗，具体方法同上，清洗后按原位装上。

⑦ 使用缓冲液时，由于脱水或蒸发盐在柱塞杆后部形成晶体，泵运动时这些晶体会损坏密封圈和柱塞杆，因此应该经常清洗柱塞杆后部的密封圈，具体方法是：将合适大小的塑

料管分别套入所要清洗泵头的上、下清洗管→用注射器吸取一定的清洗液（如去离子水）→将针头插入连接上清洗管的塑料管另一端→打开高压泵→缓慢地将清洗液注入清洗管中，连续重复几次即可。

⑧ 如果泵长时间不用，必须用去离子水清洗泵头及单向阀，以防阀球被阀座粘住，泵头吸不进流动相。

⑨ 柱塞和柱塞密封圈长期使用会发生磨损，应定期更换密封圈，同时检查柱塞杆表面有无损耗。

⑩ 实验室应常备密封圈、各式接头、保险丝等易耗部件和拆装工具。

二、高压输液泵常见故障及其排除方法

高压输液泵常见故障原因与排除方法见表11-3。

表11-3 高压输液泵常见故障原因与排除方法

故障现象	故障原因	排除方法
输液不稳，并且压力波动较大	泵头内有气泡	通过放空阀排出气泡或用注射器通过放空阀抽出气泡
	原溶液仍留在泵腔内	加大流速并通过放空阀彻底更换旧溶剂
	气泡存于溶液过滤头的管路中	振动过滤头以排除气泡；若过滤头有污物，用超声波清洗；若超声波清洗无效，更换过滤头；流动相脱气
	单向阀不正常	清洗或更换单向阀
	柱塞杆或密封圈漏液	更换柱塞杆密封圈；更换损坏部件
	管路漏液	上紧漏液处螺钉；更换失效部分
	管路阻塞	清洗或更换管路
泵运行，但无溶剂输出	泵腔内有气泡	通过放空阀冲出气泡；用注射器通过放空阀抽气泡
	气泡从输液入口进入泵头	上紧泵头入口压帽
	泵头中有空气	在泵头中灌注流动相，打开放空阀并在最大流量下开泵，直到没有气泡出现
	单向阀方向颠倒	按正确方向安装单向阀
	单向阀阀球阀座粘连或损坏	清洗或更换单向阀
	溶剂储液瓶已空	灌满储液瓶
实际流速低于设定值	单向阀不正常	清洗或更换单向阀
	过滤头有污物	清洗或更换过滤头
不输送溶剂（泵不运行）	电源开关未开	打开电源开关
压力升不高	放空阀未关紧	旋紧放空阀
	管路漏液	上紧漏液处；更换失效部分
	密封圈处漏液	清洗或更换密封圈
压力上升过高	管路阻塞	找出阻塞部分并处理
	管路内径太小	换上合适内径管路
	在线过滤器阻塞	清洗或更换在线过滤器的不锈钢筛板
	色谱柱阻塞	更换色谱柱
运行中停泵	压力超过高压限定	重新设定最高限压，或更换色谱柱，或更换合适内径管路
	停电	供电

续表

故障现象	故障原因	排除方法
泵流速变小	泵内气泡聚集	打开放空阀，让泵在高流速下运行，排除气泡
	溶剂过滤器阻塞	打开泵头入口压帽，如溶剂不能很快流出输液管，说明过滤堵塞，需清洗或更换
	泵中两溶液不互溶	用一介乎两溶液之间的过渡溶剂来溶解两互不溶解的溶剂
	柱塞密封泄漏	更换柱塞密封
	压缩补偿调节失灵	检查或更换(参见说明书)
流速过高	流速补偿失灵	检查或更换(参见说明书)
	P.C. 板失灵	更换 P.C. 板
	压缩补偿调节失灵	检查或更换
流量不稳	泵头内聚集气泡	打开放空阀，让泵在高流速下运行，排除气泡
	泵内溶剂分层	使用过渡溶剂使两者互溶
	泵头松动	拧紧泵头固定螺钉
	输液管路漏液或部分堵塞	逐段检查管路进行排除
没有压力	两泵头均有气泡	打开放空阀，让泵在高流速下运行，排除气泡
	进样阀泄漏	检查排除
	泵连接管路泄漏	用扳手上紧接头或换上新的密封刃环
压力波动	其中一个泵头内聚集了气泡	打开泵出口，在最大流量下开泵，直到气泡消失
	泵中两溶剂不能互溶	如果需要的话，向泵中灌注流动相，用一介乎两溶液之间的过渡溶剂来溶解两互不溶解的溶剂
	高压系统中有泄漏(入口隔膜、进样阀、入口紧固件)	检查排除
	泵的单向阀已脏	拆去泵的进出口连接管；用25～50mL的1mol/L硝酸溶液清洗单向阀，随后用蒸馏水清洗；更换单向阀
泵有嗡声，不能正常启动	电机失灵	停泵检查
	线电压过低	增加线电压
柱压太高	柱头被杂质堵塞	拆开柱头，清洗柱头过滤片，如杂质颗粒已进入柱床堆积，应小心翼翼地挖去沉积物和已被污染的填料，然后用相同的填料填平，切勿使柱头留下空隙；另一种方法是在柱前加过滤器
	柱前过滤器堵塞	清洗柱前过滤器，清洗后如压力还高，可更换上新的滤片，对溶剂和样品溶液过滤
	在线过滤器堵塞	清洗或更换在线过滤器
泵不吸液	泵头内有气泡聚集	排除气泡
	入口单向阀堵塞	检查更换
	出口单向阀堵塞	检查更换
	单向阀方向颠倒	按正确方向安装单向阀
开泵后有柱压，但没有流动相从检测器中流出	系统中严重漏液	修理进样阀或泵与检测器之间的管路和紧固件
	流路堵塞	清除进样器口、进样阀或柱与检测器之间的连接毛细管或检测池的微粒
	柱入口端被微粒堵塞	清洗或更换柱入口过滤片；需要的话另换一根柱子；过滤所有样品和溶剂
柱压升高，流量减少	色谱柱，保护柱堵塞	清洗或更换柱入口过滤片；需要的话更换色谱柱
	检测池或检测器的入口管部分堵塞	拆卸并清洗检测池和管路

任务5　FL2200型高效液相色谱仪紫外检测器的操作使用

任务目标

能够独立准确地进行单波长模式下检测器参数的设定；
能够进行时间-波长程序模式下检测器参数的设定；
能够进行光谱扫描模式的操作下检测器参数的设定；
能够进行查找特征波长的操作；
能够进行检测器的日常维护与保养；
能够进行常见故障的排除。

FL2200型高效液相色谱仪紫外检测器有4个基本显示界面，如图11-31所示。

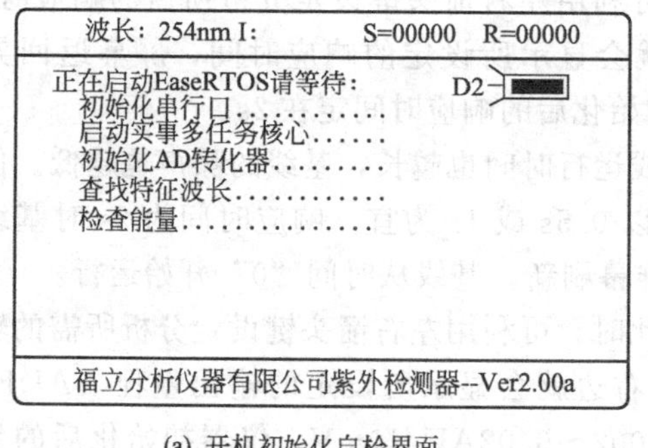

(a) 开机初始化自检界面

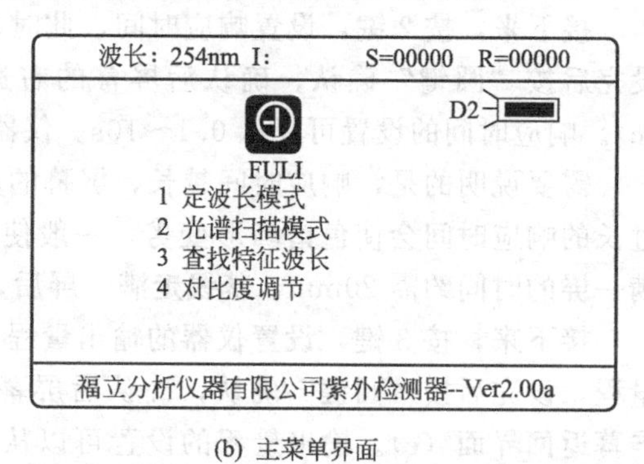

(b) 主菜单界面

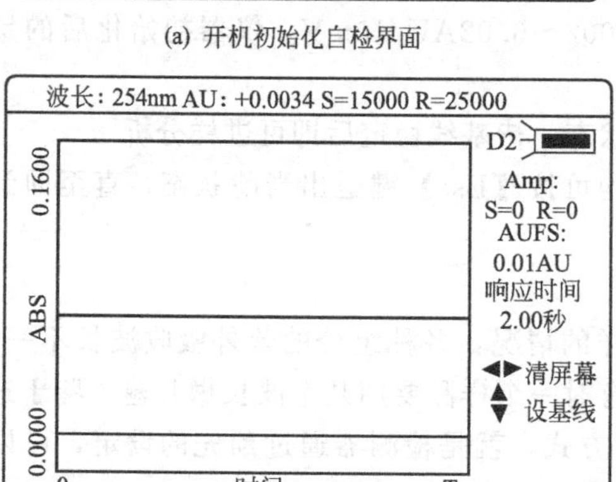

(c) 单波长模式界面

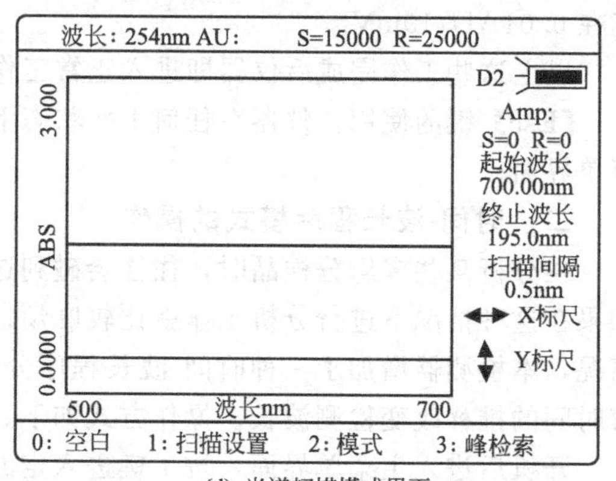

(d) 光谱扫描模式界面

图11-31　FL2200型高效液相色谱仪紫外检测器的4个基本显示界面

一、单波长模式的实际操作

单波长模式是液相色谱紫外检测器中最常用的一种分析方式，下面根据实例叙述使用中的设置方法。在仪器开机后进入自检工作界面（a），然后进入主菜单界面（b）。

此时，按1键进入单波长模式，按2键进入光谱扫描模式，按3键仪器执行查找特征波长功能，也就是仪器重新对光谱波长进行校正，按4键可进行屏幕显示的对比度调节，调节时其过程为屏幕显示逐步变黑直至全黑，再变为全白，最后再显示内容。需要指出的是，按4键调对比度要一下一下地按，连续按则无效。按六十四下为一个循环。

接下来，按1键后进入单波长模式，仪器进入界面（c）。

屏幕上端的显示为：目前仪器所在的分析波长、此波长的吸光度、样品通道的能量、参比通道的能量。屏幕右边的显示为：氘灯能量标志、满量程吸光度数值、仪器的响应时间。屏幕下端的显示为提示区，0 表示按 0 键进行基线调零，以此类推。上下箭头表示按上下键头键可进行基线的移动，基线的移动可以从 0～100mV 左右。左右箭头键的按动可使基线从时间 0 开始。屏幕中央的这一大块方框为仪器的基线显示区，可看到显示区内有一根线在移动，此线即为基线。方框的 Y 轴为吸光度，方框的 X 轴为时间。

调零键 0 的使用：当色谱基线由于某些原因产生飘移，偏过零太多而由此使屏幕上或色谱工作站、色谱数据处理机观察基线困难，此时就应使用调零键使仪器的输出复零。一般按下 0 键后基线在数秒钟内复零（有可能在小数点后两位留有一些数字），此为正常现象。

接下来，按 1 键，设置测量波长，此时，可利用数字键设定分析所需的光谱波长，设定后按"圆键"确认，确认后屏幕的左上角就会显示所设定的光谱波长，光谱波长的设置可以从 195～600nm。

接下来，按 2 键，设置响应时间，此时，可利用左右箭头键设定分析所需的响应时间，设完后按"圆键"确认，确认后屏幕的右边就会显示所设定的响应时间，屏幕返回界面（c）。响应时间的设置可以从 0.1～10s。仪器初始化后的响应时间定在 2s。

需要说明的是，响应时间越长，屏幕的基线运行时间也越长，基线的噪声也越低。但是过长的响应时间会使色谱峰形变劣，一般使用以 0.5s 或 1s 为宜。响应时间为 2s 时基线走满一屏的时间约需 20min，基线走满一屏后，屏幕刷新，基线从时间"0"开始运行。

接下来，按 3 键，设置仪器的输出量程，此时，可利用左右箭头键设定分析所需的输出量程，设完后按"圆键"确认，确认后屏幕的右边就会显示所设定的输出量程（AUFS），屏幕返回界面（c）。输出量程的设置可以从 0.002～0.02AU/10mV。仪器初始化后的量程定在 0.01AU/10mV。

以上这些工作完成后仪器即进入正常工作状态，待基线稳定后即可进样分析。

【Esc】键的使用：仪器在任何工作状态下均可按【Esc】键退出当前状态，直至回到主菜单界面。

二、时间-波长程序模式的操作

在分析某些多组分样品时，往往会碰到这样的情况：各种组分的紫外吸收波长不一样，如果在这种情况下进行分析工作就比较麻烦，有时一个样品要用几个波长做几遍。鉴于这种情况，本检测器增加了一种时间-波长程序分析方式，就是检测器通过预先的设定，可以随着时间的推移改变检测波长。操作方式如下。

开机后进入主菜单界面，按 1 键进入定波长分析方式，此时屏幕显示界面（c）。按 1 键进入波长设定界面。按数字键进行设定，根据需要使用的波长数进行波长设定，最多可以设定 10 个波长，屏幕显示界面见图 11-32。

图 11-32 中波长设置下第一行数字 1　254.0　60 表示进入分析后的第一个使用波长为 254nm，后面的 60 是时间（以 s 计），表示在 254nm 上停留的时间，以下各行依次类推。这样共可以设置 10 行（10 个波长和时间）。设置完成后按"圆键"进入图界面（c）。此时按下 4 键，仪器首先对所设置的波长进行空白校正，然后仪器还是回到界面（c）。此时可以进样分析，注入样品，扳动进样六通阀后，再按下"圆键"，仪器启动时间-波长程序，界面如图 11-33 所示。仪器进入分析状态。当时间程序运行完毕后检测器的波长仍旧回到第一个设置的波长处。

如果要进行下一次与上次时间-波长相同的分析，只要进样后，再次按下"圆键"检测器即可进行与上次相同的分析。

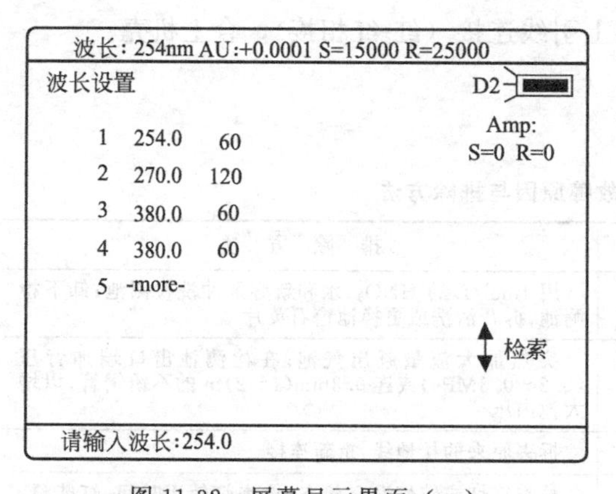

图 11-32　屏幕显示界面（一）

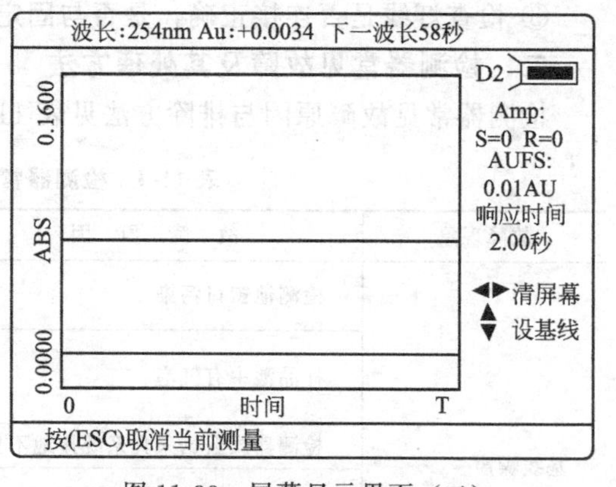

图 11-33　屏幕显示界面（二）

三、光谱扫描模式的操作

需要说明的是，液相色谱仪紫外检测器的光谱扫描工作方式是为了寻找分析所需的工作条件而设置的，在开始一个未知样品分析之前，为了确立分析波长，在无背景资料时可以使用本方式。因为紫外检测器在做光谱扫描时必须让样品停留在流过池中，即让仪器液体流路系统中的液体停止流动。但是何时停止液体流动？所以首先必须先知道样品何时进入流过池。为此可以先在某一紫外波长，如 254nm，先用单波长模式做一色谱图，得知每一个样品峰的保留时间。进入光谱扫描模式，待基线稳定后，先做一下空白背景，然后进样，在感兴趣的样品峰的保留时间到后，立即打开高压输液泵上的排放阀的开关，使泵出口后的液体流路系统中的液体立即停止流动，同时启动紫外检测器的样品扫描功能，完成样品扫描。

四、查找特征波长的操作

查找特征波长功能实际上是紫外检测器执行波长自动校正功能，操作过程很简单，只要在开机初始化后进入准备主菜单界面后，按下 3 键即可。但是需要注意的是，在执行本操作时流过池内必须洁净，无任何液体。必要时可将流过池的石英窗拆下，用软纸擦干净，并把流过池用氮气吹干。如无氮气则用洁净的洗耳球吹干后再执行本操作，否则就达不到准确的波长校正结果。

知识补充

一、检测器的日常维护与保养

1. 检测池清洗

将检测池中的零件（压环、密封垫、池玻璃、池板）拆出，并对它们进行清洗，一般先用硝酸溶液（1+4）超声清洗，再分别用纯水和甲醇溶液清洗，然后重新组装（注意：密封垫、池玻璃一定要放正，以免压碎池玻璃，造成检测池泄漏），并将检测池池体推入池腔内，然后拧紧固定螺杆。

2. 更换氘灯

① 关机，拔掉电源线（注意：不可带电操作），打开机壳，待氘灯冷却后，用十字螺丝刀将氘灯的 3 条连线从固定架上取下（记住红线的位置），将固定灯的两个螺钉从灯座上取下，轻轻将旧灯拉出。

② 戴上手套，用酒精擦去新灯上灰尘及油渍，将新灯轻轻放入灯座（红线位置与旧灯一致），将固定灯的两个螺钉拧紧，将 3 条连线拧紧在固定架上。

③ 检查灯线是否连接正确，是否与固定架上引线连接（红-红相接），合上机壳。

二、检测器常见故障及其处理方法

检测器常见故障原因与排除方法见表 11-4。

表 11-4 检测器常见故障原因与排除方法

故障现象	故障原因	排除方法
基线噪声	检测池窗口污染	用 1mol/L 的 HNO_3、水和新溶剂冲洗检测池；卸下检测池，拆开清洗或更换池窗石英片
	样品池中有气泡	突然加大流量赶出气泡；在检测池出口端加背压(0.2～0.3MPa)或连 0.3mm(1～2)m 的不锈钢管，以增大池内压
	检测器或数据采集系统接地不良	拆去原来的接地线，重新连接
	检测器光源故障	检查氘灯或钨灯设定状态；检查灯使用时间、灯能量、开启次数；更换氘灯或钨灯
	液体泄漏	拧紧或更换连接件
	很小的气泡通过检测池	流动相仔细脱气；加大检测池的背压；系统测漏
	有微粒通过检测池	清洗检测池；检查色谱柱出口筛板
基线漂移	检测池窗口污染	用 1mol/L 的 HNO_3、水和新溶剂冲洗检测池；卸下检测池，拆开清洗或更换池窗石英片
	色谱柱污染或固定相流失	再生或更换色谱柱；使用保护柱
	检测器温度变化	系统恒温
	检测器光源故障	更换氘灯或钨灯
	原先的流动相没有完全除去	用新流动相彻底冲洗系统置换溶剂，或采用兼容溶剂置换
	溶剂储存瓶污染	清洗储液器，用新流动相平衡系统
	强吸附组分未从色谱柱中洗脱	在下一次分离之前用强洗脱能力的溶剂冲洗色谱柱，使用溶剂梯度
记录仪或工作站上出现大的尖峰	检测池内有气泡通过	溶剂脱气并彻底冲洗系统；检查连接系统是否漏液
	记录仪或检测器接地不良	消除噪声来源，确保良好接地
负峰	检测器输出信号的极性不对	颠倒检测器输出信号接线
	进样故障	使用进样阀，确认在进样期间样品环中没有气泡
	使用的流动相不纯	使用色谱纯的流动相或对溶剂进行提纯
记录仪或工作站信号阶梯式上升；平头峰；基线不能回零	记录仪的增益和阻尼控制不当	调节增益和阻尼；修理记录仪
	检测器的输出范围设定不当	重新设定检测器的输出范围
	记录仪或检测器接地不良	确保良好接地
记录仪、积分仪或工作站在零点不平衡	记录仪、积分仪或工作站故障	修理
	样品池中有空气	增大流量冲洗色谱系统除去气泡；在检测器出口加背压；流动相脱气
	从样品池出来的光能量严重减弱	检查光路，清除堵塞物；清洗检测器或更换池窗
	光源等故障	更换氘灯或钨灯
	检测器与记录仪、积分仪或工作站之间的电路接触不良	检查和紧固连接线
	色谱柱固定相流失严重	更换色谱柱，改变流动相条件
	原先的流动相污染	彻底冲洗系统
	流动相吸收太强	改用紫外吸收弱的溶剂，改变检测波长
基线随着泵的往复出现噪声	仪器处于强空气中或流动相脉动	改变仪器放置，放在合适的环境中；用一调节阀或阻尼器以减少泵的脉动
随着泵的往复出现尖刺	检测池中有气泡	卸下检测池的入口管与色谱柱的接头，用注射器将甲醇从出口管端推进，以除去气泡

任务6 N2000色谱工作站的使用

任务目标

能够独立准确地进行试验方法的编辑；
能够独立准确地进行数据的采集；
能够独立准确地进行组分表的编辑和工作曲线的校正；
能够准确进行样品的定性定量分析；
能够根据色谱图的变化判断仪器故障和方法的失误。

一、N2000工作站的基本操作流程

进入N2000→编辑实验方法→选择积分方法及参数→编辑组分表→校正曲线→修改谱图显示内容→数据采样→编辑报告→打印报告

二、进入N2000色谱工作站

单击开始菜单，拉出程序菜单，选择程序中的N2000，如图11-34所示，即可进入

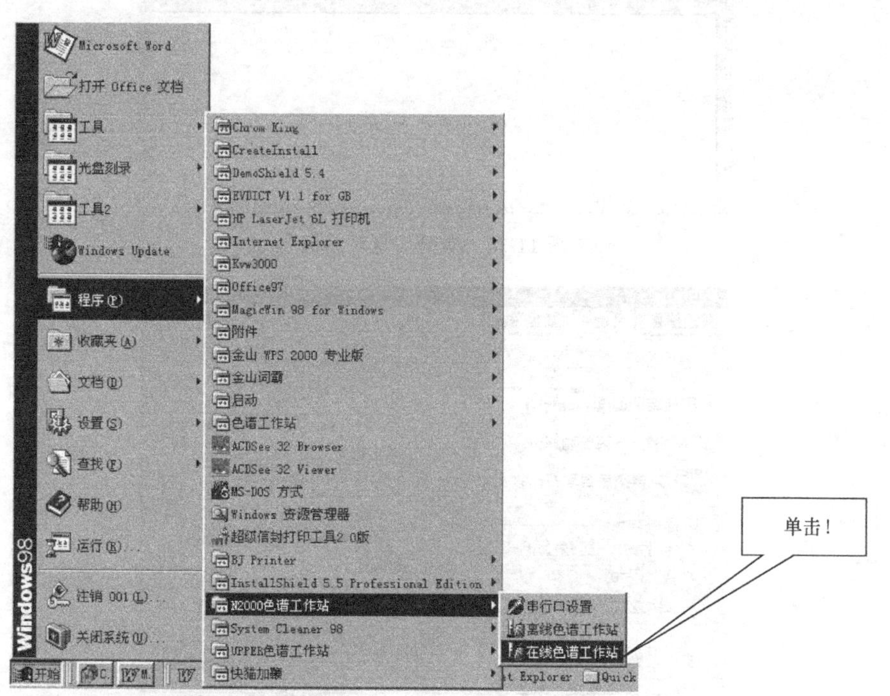

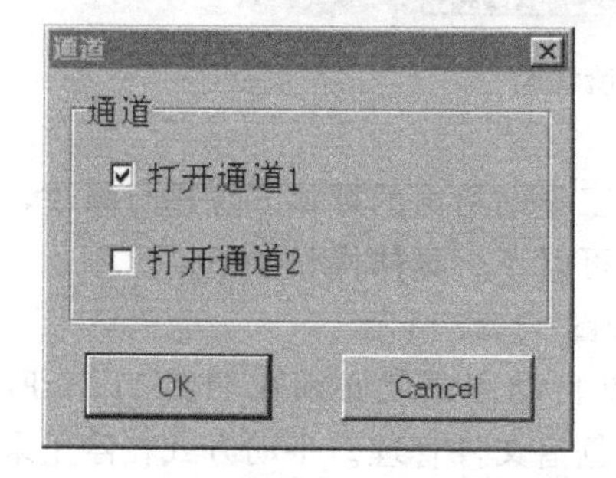

图11-34 进入N2000色谱工作站并打开通道

N2000 色谱工作站。选择打开在线色谱工作站，待工作站运行后会首先提示需要打开哪几个采样通道，只要单击打开通道 1 及打开通道 2，并单击 OK 按钮就可以了。

1. 输入实验信息

进入 N2000 型在线色谱工作站后，选择所需打开的采样通道，出现一个输入实验信息对话框，如图 11-35 所示，工作站系统自动调入一个默认方法，用户可以用中文输入实验信息，包括实验标题、实验者、实验单位、实验简介，另外，工作站还自动给用户填好实验时间和实验方法。

为了便于真实地记录实验情况，有效地管理实验记录，最好详细地输入测试样品时的仪器条件，并在备注栏里写明样品的简要信息，如图 11-36 所示。

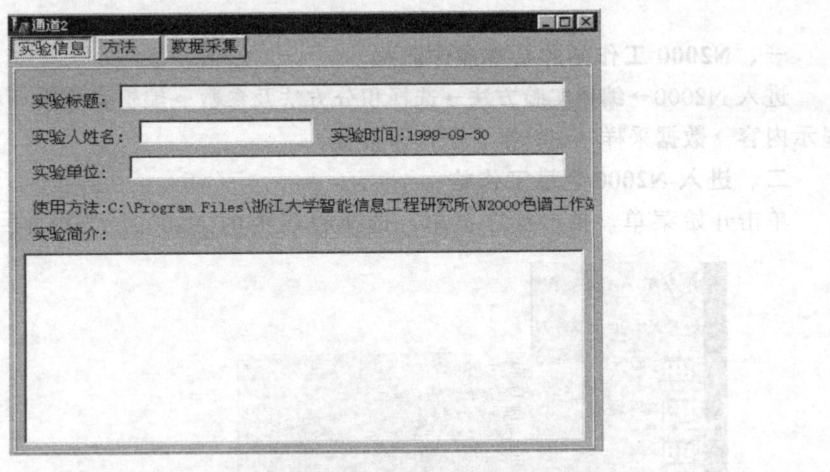

图 11-35 实验信息对话框

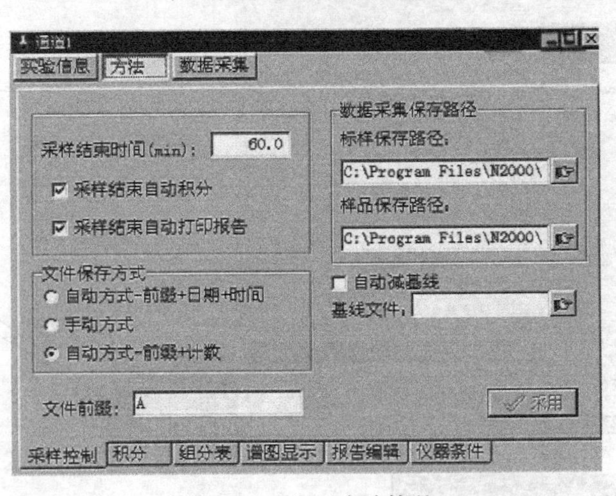

图 11-36 记录实验情况

2. 编辑实验方法

如果是第一次使用，可以根据实际情况，结合工作站给出的默认方法进行修改，然后另存为一个方法文件，下次只要重新打开这个方法就可以了。具体操作如下。

① 单击方法菜单即可进行实验方法的编辑，如图 11-37 所示。

② 首先选择一个喜欢的文件保存方式，如果是自动方式就必须在如图 11-37 所示处输入一个有特征性的文字作为文件前缀，以便以后的色谱文件管理。手动方式在停止采样以后输入，同时还可以选择样品及标样的保存位置。

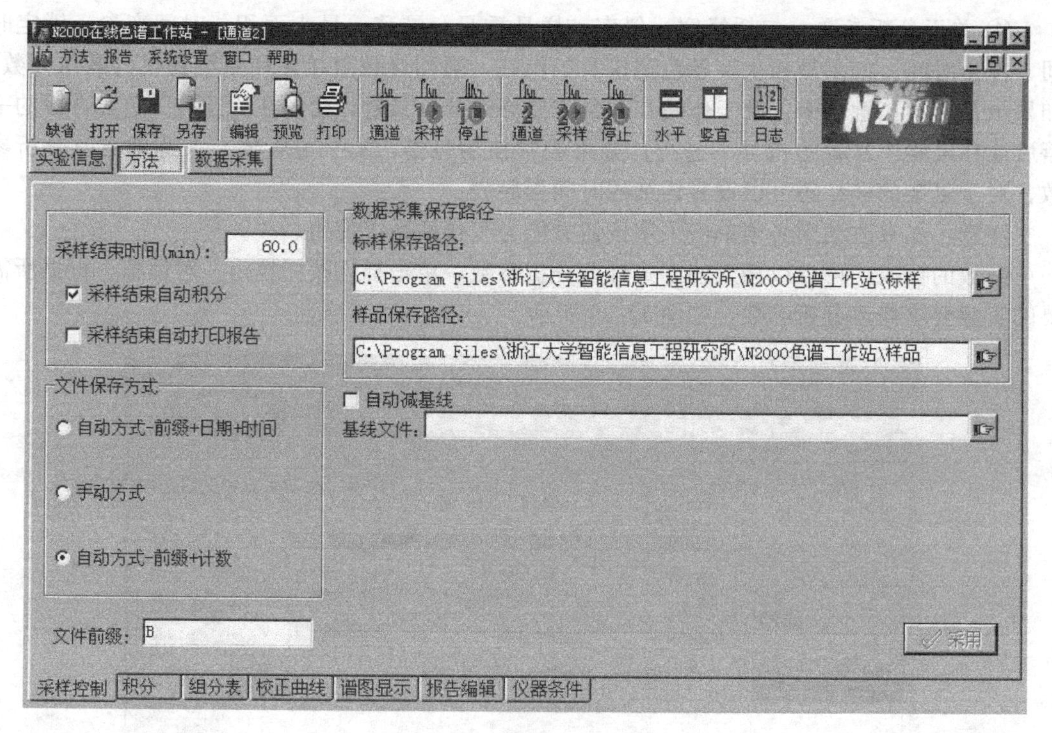

图 11-37　编辑实验方法

③ 如图 11-38 所示，单击下方的第二个积分菜单，选择好积分参量（即使用什么作为积分对象）及积分方法，积分方法有归一法、校正归一法、内标法、外标法、指数法等，以内标法为例，其操作如图 11-38 所示，选择内标法，单击采用按钮即可。

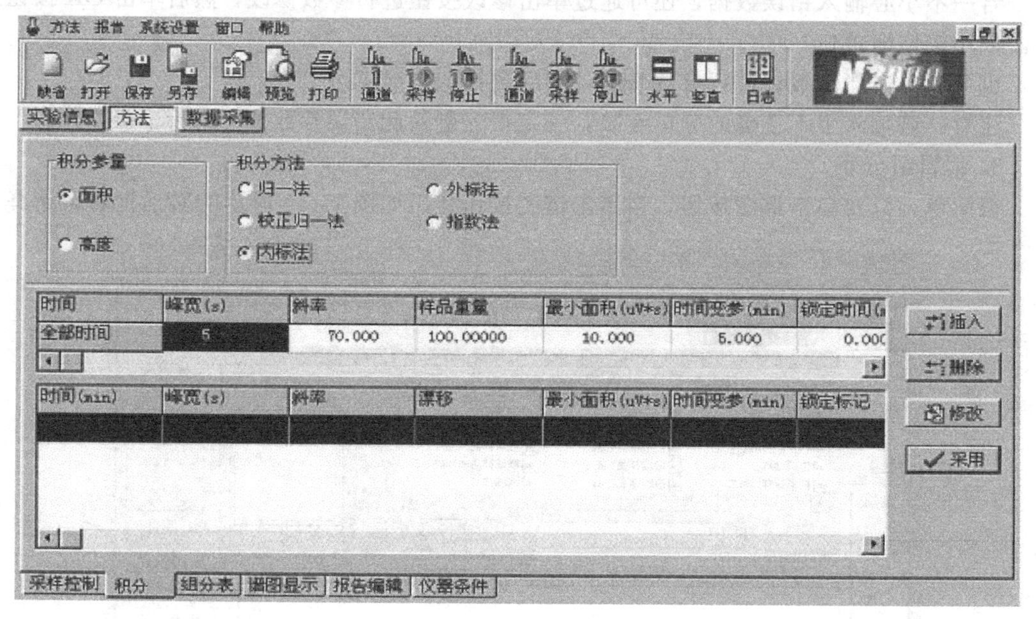

图 11-38　积分菜单

注意：无论在操作过程中做过何种修改，都必须单击采用按钮才能被系统所接受执行以后的操作。

④ 关于分析参数，包括峰宽、斜率、样品重量、漂移、最小面积、时间变参、锁定时间、停止时间。如果是初次接触色谱仪及工作站，强烈建议直接使用系统提供的默认参数；如果虽是初次接触色谱仪及工作站却非常需要修改分析参数，建议在阅读有关色谱方面的书籍后或在经验丰富者的指导下进行；如果经常使用色谱，那么尽管放心大胆地更改分析参数，对于复杂的样品还可以设置详细的时间程序表。

注意：如有改动则必须单击采用按钮方能为工作站系统使用。

参数的插入：可以以插入的方式修改分析参数，单击插入按钮拉出一对话框，根据所需要的实验要求修改分析参数，如图 11-39 所示。

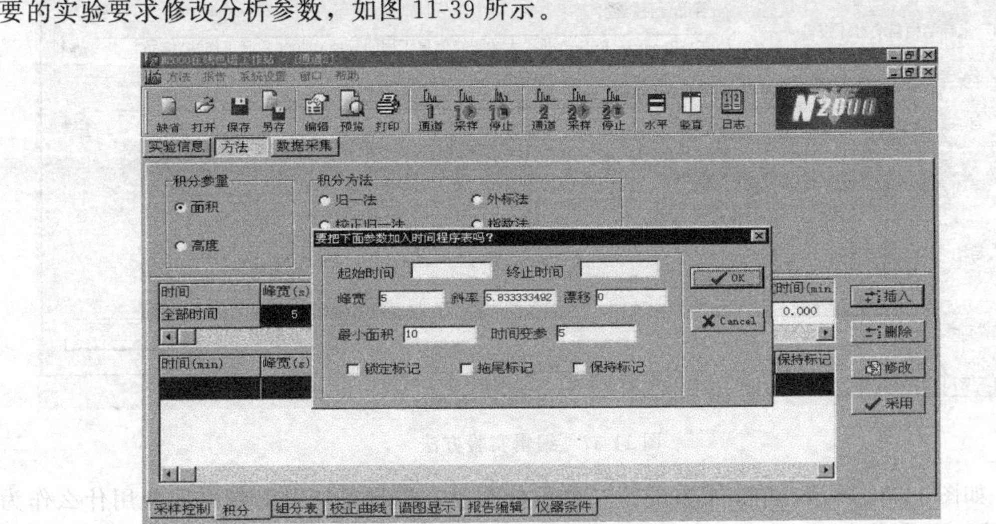

图 11-39 修改分析参数

若一不小心输入错误数据，还可通过单击修改按钮进行参数修改，然后单击 OK 按钮并单击采用按钮即可！

也可以单击删除按钮进行参数修改，然后再插入参数即可。

注意：若输入了不正确的分析参数，一定得先删除此错误参数才可进行下步操作。

3. 编辑组分表

很简单，只要单击谱图按钮，当单击谱图按钮弹出如图 11-40 所示的对话框时，选择一

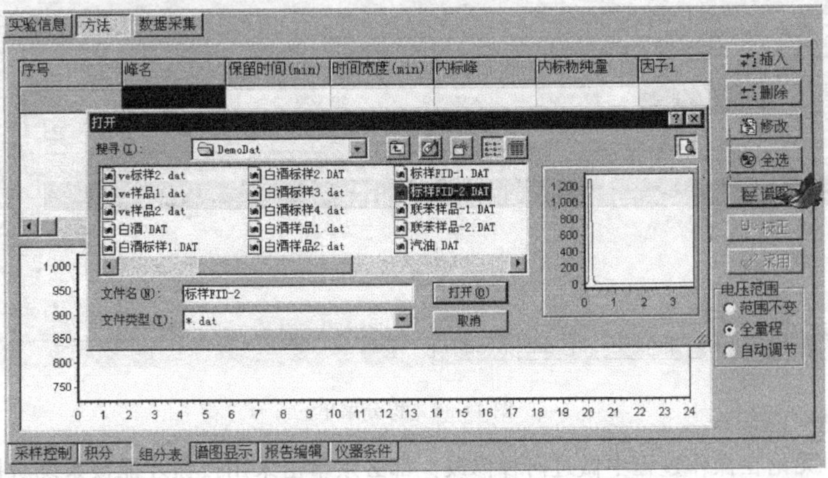

图 11-40 打开谱图文件

个谱图文件.DAT 并单击打开按钮。

系统随即弹出如图 11-41 所示的对话框。打开目标谱图文件，按下 Shift 键，单击选中所要计算的色谱峰，然后单击插入按钮，工作站就会弹出一个如图 11-42 所示的对话窗口，并自动将时间等参数填好，只要输入空的组分名、范围及其他就可以了，单击删除和修改功能键还可以轻松删除或修改已经输入的组分表信息。

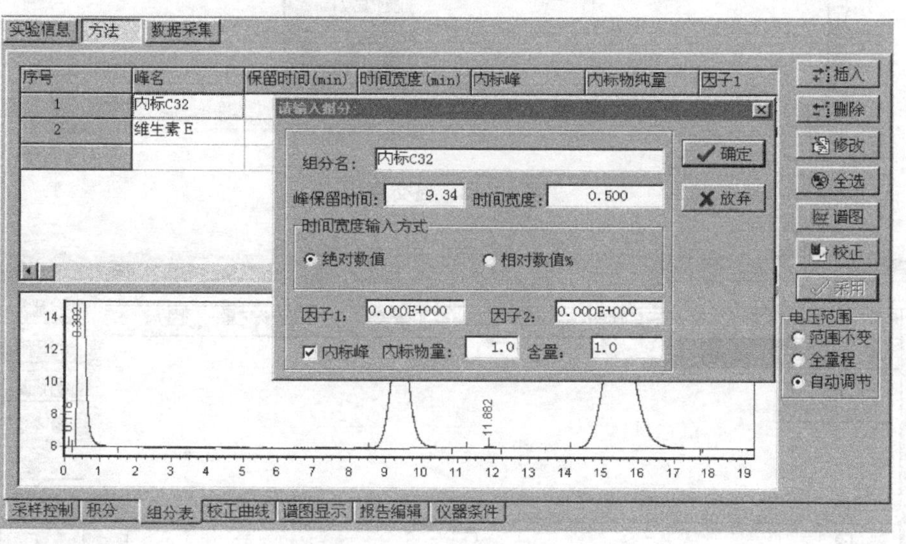

图 11-41　参数修改对话框

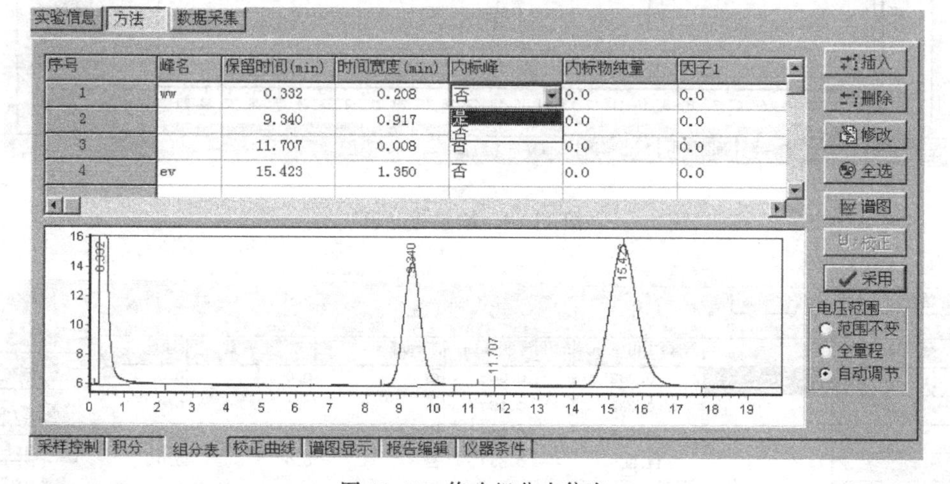

图 11-42　修改组分表信息

注意：增加或修改了组分表以后，一定要去单击一下采用按钮。

单击 OK 按钮即可，见图 11-43。

另外，还可以单击全选按钮，工作站即自动将所有的谱峰信息列在组分表内，供用户输入组分名，待输完后，只要一单击采用按钮，不需要的部分（即组分名为空白的）即自动删除，其操作如图 11-44 所示。

接着便弹出如图 11-45 所示的对话框。

单击颜色加深部分，根据需要选择两组组分并输入组分名，如图 11-46 所示。

单击颜色加深部分，拉出如图 11-47 所示的对话框，单击“是”选项即插入内标峰。

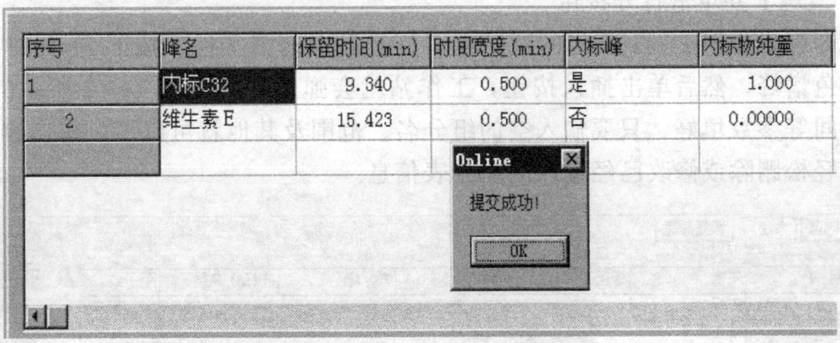

序号	峰名	保留时间(min)	时间宽度(min)	内标峰	内标物纯量
1	内标C32	9.340	0.500	是	1.000
2	维生素E	15.423	0.500	否	0.00000

Online

提交成功!

OK

图 11-43 提交成功

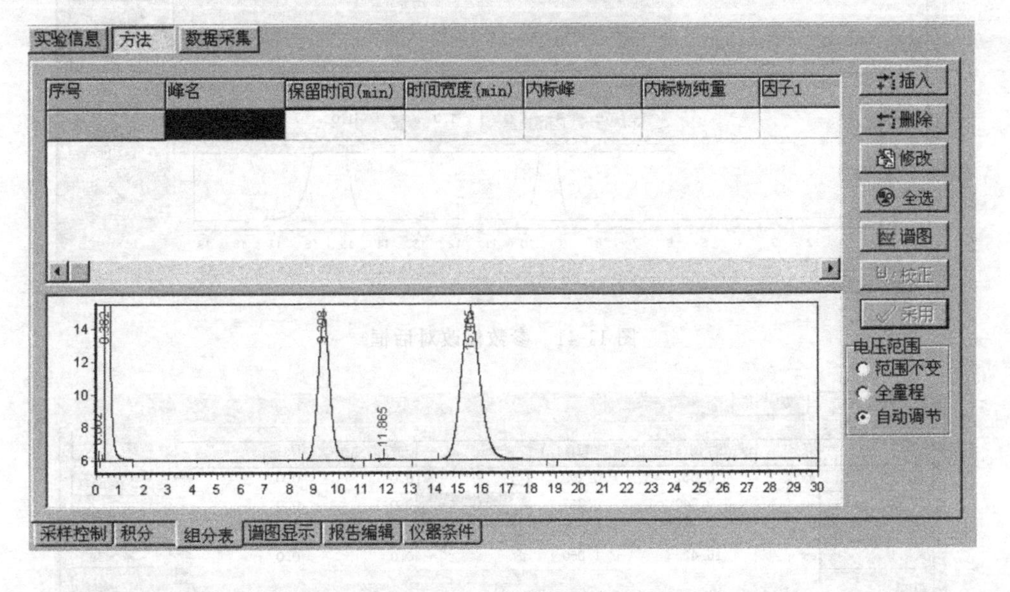

图 11-44 编辑组分表

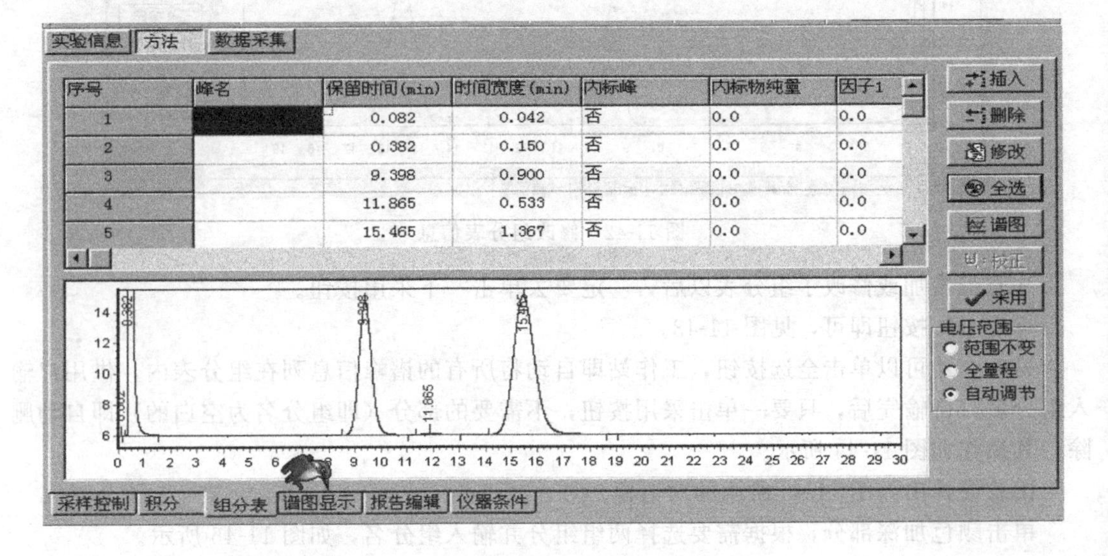

图 11-45 组分表对话框

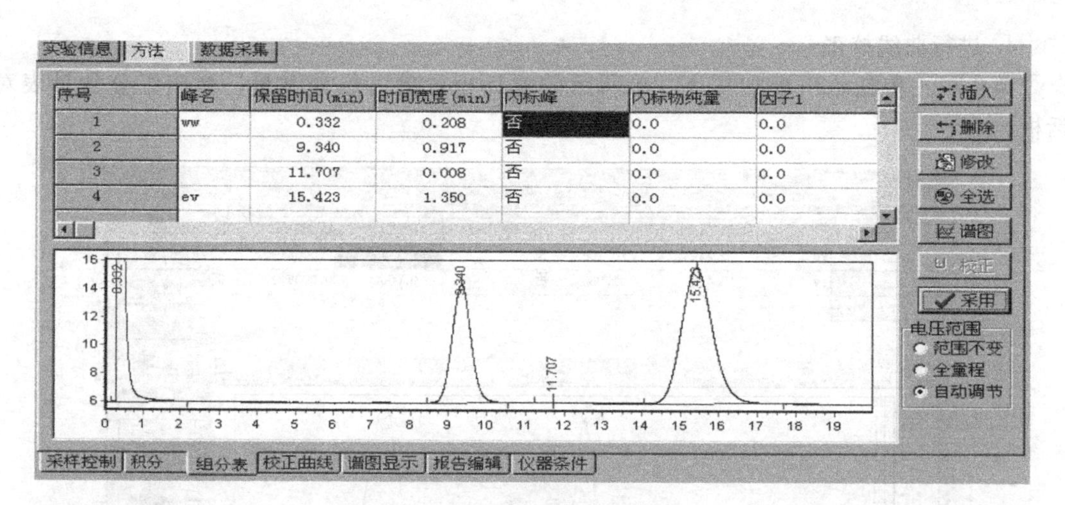

图 11-46　选择组分并命名

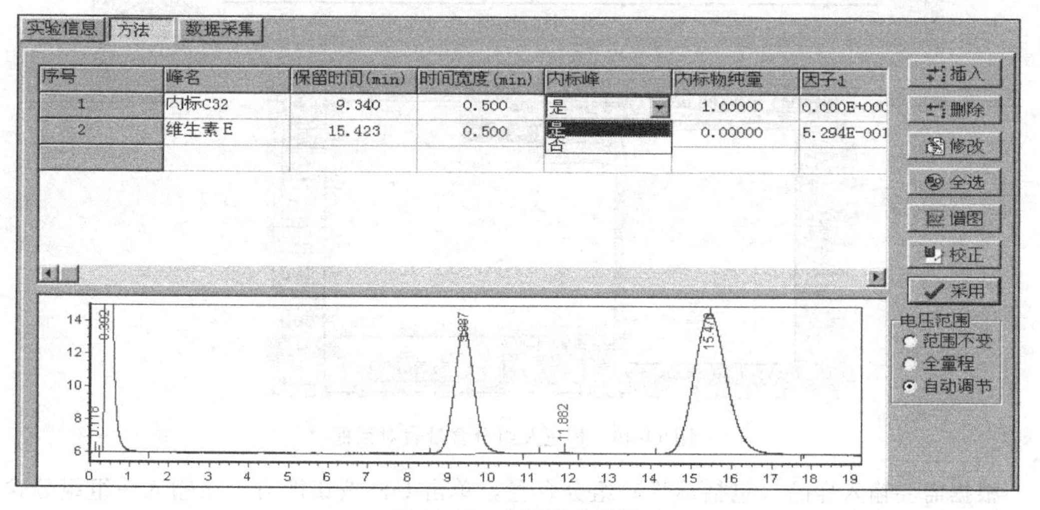

图 11-47　内标峰对话框

然后插入内标物量，单击采用按钮。当弹出如图 11-48 所示的对话框时，单击“OK”按钮即可。

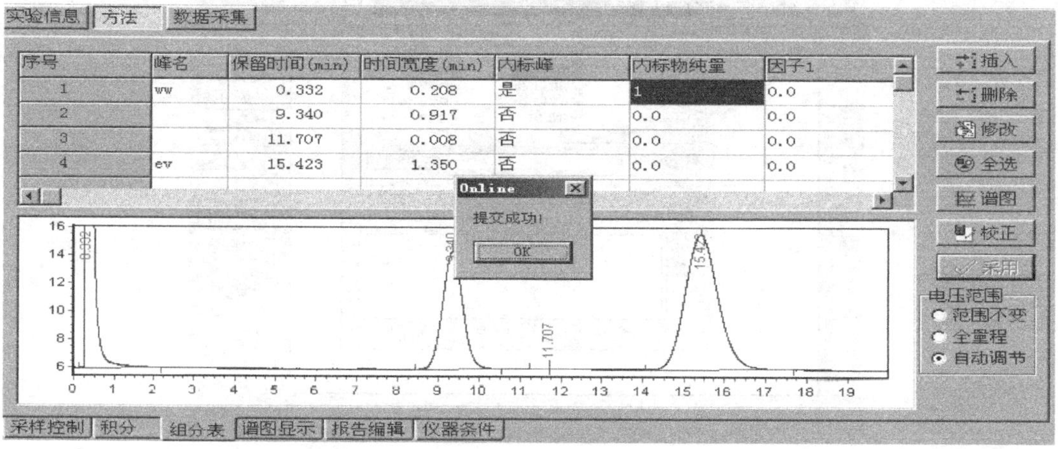

图 11-48　提交成功

4. 进行曲线校正

单击校正按钮，出现如图 11-49 所示的对话框，单击组分含量，弹出组分含量表对话框。

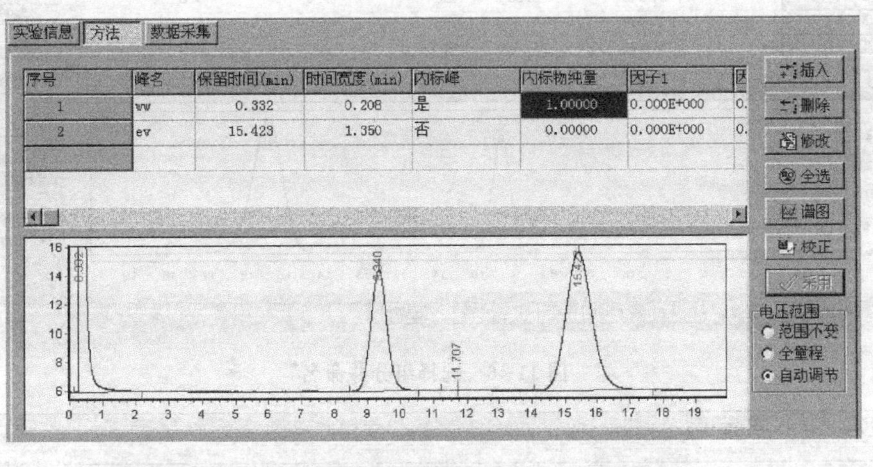

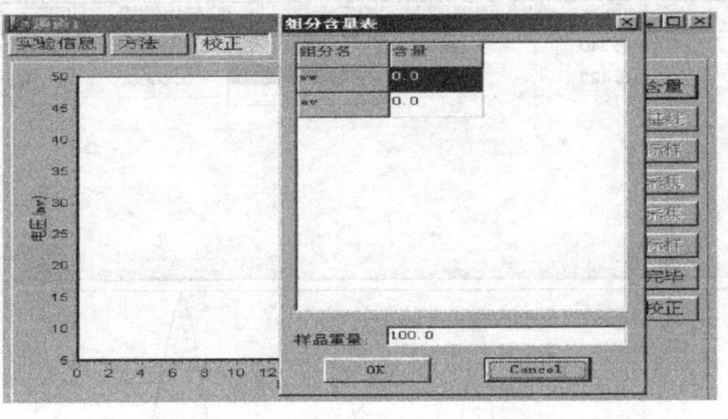

图 11-49　校正及组分含量表对话框

根据需要输入样品（包括标样）组分含量，单击 OK 按钮即可；在输入一组组分含量后，还必须加入标样图；单击加入标样按钮，选择一个标样图谱 .DAT 文件并打开这个文件样图。当弹出如图 11-50 所示的对话框时，单击选择的标样谱图即可。

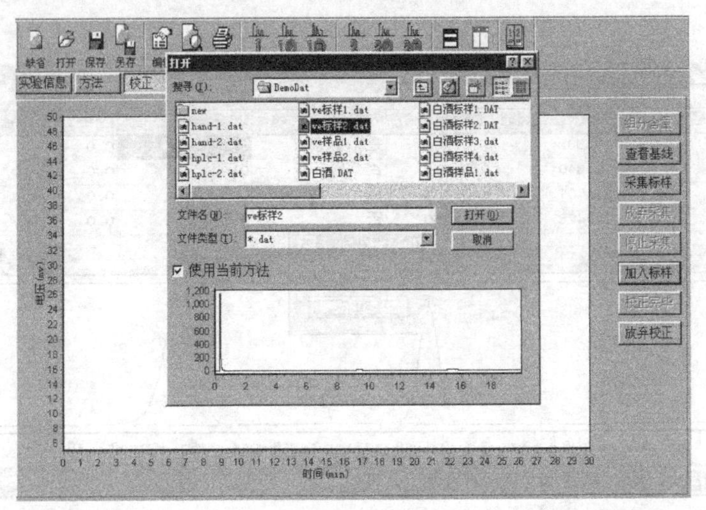

图 11-50　打开标样谱图

同时还可以输入另一组组分含量，并加入标样，其操作与第一组组分含量输入相同。单击校正完毕按钮（如图 11-51 所示）便可完成曲线校正了，接下来就可以进行谱图显示操作了。

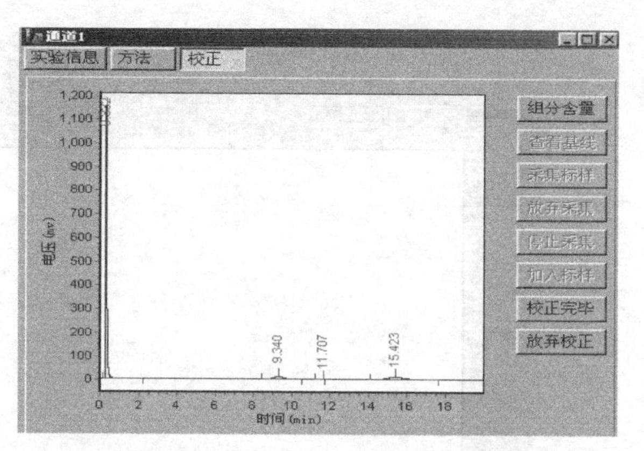

图 11-51 校正完毕

5. 谱图显示

单击谱图显示，可以修改以下内容：时间显示范围、电压显示范围、谱图显示颜色（包括谱图颜色、基线颜色、分割线颜色、注释颜色）、注释内容的选择，对其内容进行修改。

注意：修改菜单以后，千万不要忘了单击采用按钮，这样谱图就可以马上按照所需要的功能进行显示了。

接下来根据需要进行实验报告的编辑。

6. 编辑报告

为了方便用户将分析结果按不同需要打印出来，设计了编辑报告菜单。用户只需单击报告编辑按钮，就可以看到窗口右侧是实际的报告预览，用户可以根据需要选择左边的报告内容、谱图显示、实验信息、谱图尺寸、页眉页脚等，并可实时看到修改后的报告形状。

其中报告内容包含了实验报告上是否要显示积分方法、积分表、时间程序表、组分表、积分结果；谱图显示包含了网格显示、基线显示、注释内容选项（包括峰名、峰高、保留时间、含量、面积和注释）；实验信息则是一个关于是否需要打印实验人姓名、实验单位、实验日期、实验简介等的选项；谱图尺寸则是指色谱图占整个报告的比例；页眉页脚中则可以将用户输入的信息在每一页报告上显示并打印出来。

另外，窗口左上角还有 3 个按钮让用户快速选择预览页的大小，并可上下翻页。

最后根据实验仪器输入仪器条件。

7. 输入仪器条件

本工作站根据不同的色谱分析仪所需条件而设计了此采单。首先必须从气相色谱、液相色谱、离子色谱、毛细管电泳中选择一种仪器类型。然后可以根据需要在相应的项目内输入实验信息。同理，在选择了检测器、进样器和柱温以后，全中文的信息提示会使用户输入测试样品时的实验信息时相当顺手。所有这些信息都将作为谱图结果的一部分保存在原始处理结果（即 ORG 文件）中。至此便可进行数据采样了。

8. 数据采集

数据采集窗口如图 11-52 所示。

① 如果只想采样，一共有四种方法供选择：最简单的方法是按下相应通道的遥控开关；第二种方法应该是单击右上角相应通道的采样按钮。

第三种方法是：打开数据采集菜单，再单击谱图监视窗口右边的采集数据。

第四种方法是：按热键 F5 键（通道 1）、F7 键（通道 2）。

② 当设置的停止时间到了，或在单击停止采样时，工作站就自动将谱图及实验信息保存在依照用户设置的文件保存方式而生成的 ORG 文件和相应的 DAT 数据文件里，并弹出一个对话窗口提示用户。当不需要保存谱图时，只要单击放弃采集就可以了。

③ 如果想先看看色谱仪输入的信号，在先单击数据采集按钮以后，再单击查看基线按

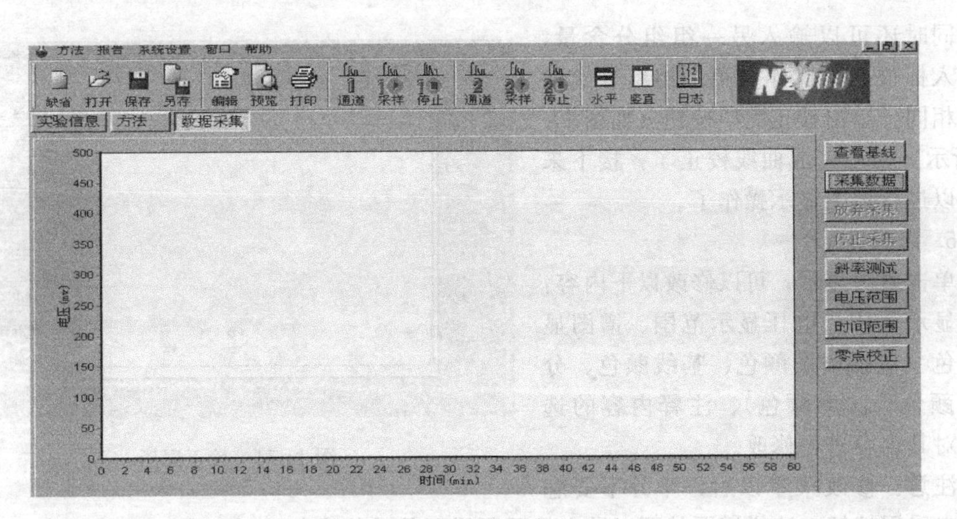

图 11-52 数据采集窗口

钮即可。

④ 如果想测试一下色谱信号的斜率，可以按斜率测试按钮，工作站即自动弹出一个窗口，告诉用户斜率测得值结果，并提示是否需要采用，只要用鼠标选择一下就可以了。

⑤ 用户看到的谱图监视窗口右边还有电压范围、时间范围等按钮。这是为了方便用户将谱图看得更清楚一些。需要哪一个功能，只要单击相应按钮并输入相应数值即可。

知识补充

一、定性分析方法

1. 根据色谱保留值进行定性

各种物质在一定的色谱条件（固定相、操作条件）下均有固定不变的保留值，因此保留值作为一种定性指标，是最常用的定性方法。这种方法应用简便，但由于不同化合物在相同的色谱条件下，往往具有近似甚至完全相同的保留值，因此这种方法的应用有很大的局限性。这种方法的可靠性与色谱柱的分离效率有密切关系。只有在高的柱效下，其鉴定结果才被认为有较充分的根据。

在农药的定性分析中，常将已知标准品与待测样品对照，比较两者的保留时间是否相同，如果两者（待测样品与标准品）的保留时间相同，但峰形不同，仍然不能认为是同一物质。进一步的检验方法是将两者混合起来进行色谱实验。如果发现有新峰或在未知峰上有不规则的形状（例如峰略有分叉等）出现，则表示两者并非同一物质；如果混合后峰增高而半峰宽并不相应增加，则表示两者很可能是同一物质。

应注意，在一根色谱柱上用保留值鉴定组分有时不一定可靠，因为不同物质有可能在同一色谱柱上具有相同的保留值，所以应采用双柱或多柱法进行定性分析，即采用两根或多根极性不同的色谱柱进行分离，观察未知物和标准农药样品的保留时间是否始终一致。

2. 与其他方法结合定性

与质谱、红外光谱等仪器联用。较复杂的混合物经色谱柱分离为单组分，再利用质谱、红外光谱或核磁共振等仪器进行定性鉴定。其中特别是气相色谱和质谱的联用，是目前解决复杂未知物定性问题的最有效工具之一。对于新开发的农药成分的定性，一般要用这种方法。

3. 利用检测器的选择性定性

不同类型的检测器对各种组分的选择性和灵敏度不同。例如，紫外吸收检测器只能检测分子中含有共轭双键的化合物；荧光检测器主要用于在紫外激发下能发射荧光的化合物；电化学检测器检测具有电活性的物质。利用不同检测器具有不同选择性和灵敏度的特点，可以对未知峰大致分类定性。

二、定量分析方法

高效液相色谱法的特点之一，就是能够对各种物质作定量测定，无论样品中组分含量是大的还是小的（包括痕量的），高效液相色谱均能给出好的定量分析结果。

当一定量化合物被注入色谱柱后，由流动相携带着在固定相与流动相之间进行多次分配，最后离开色谱柱，进入检测器而产生响应。由于该化合物在柱内运行过程中，受传质、扩散等因素的影响，化合物离开色谱柱时，其浓度随时间变化的规律是按高斯分布曲线的形式在记录仪上被记录下来的。

色谱峰峰面积与进入色谱柱的物质量之间有着线性的正比关系（在检测器响应值的线性范围以内）。这就是色谱法利用被测化合物的峰面积进行定量的基础。

1. 外标法

外标法是以待测组分的纯品作为标准品，取已知浓度的该标准品的溶液注入色谱柱得到其响应值（峰面积或峰高），在一定浓度范围内，标样量与响应值之间有比较好的线性关系，可用下式表示：

$$A_R = KC_RV_R$$

式中 A_R——标准样品的峰面积；

C_R——标准样品溶液的浓度；

V_R——标准样品溶液的进样体积。

因此，由已知的 A_R、C_R、V_R 值即能求得系数 K 值。然后，在完全相同的色谱条件下，注入待测的组分（与标样组分相同）体积为 V_X，得面积为 A_X。根据上式，由已知 A_X、V_X 及 K 值，即能求出 C_X，即待测组分的浓度。在检测器的灵敏度不是很稳定的情况下，测定样品期间需要经常注入标样以得到不同时间的 K 值。

这种方法操作和计算都比较简单，因此是常用的一种定量方法。但是该方法要求：在分析样品的整个操作过程中，操作条件要稳定，如检测器灵敏度、流速以及流动相组成等不发生变化；标样溶液及被测溶液密封好，使溶液浓度保持恒定；每次进样体积要有好的重复性。否则将会影响定量结果的准确性。

2. 内标法

由于外标法所提的几点要求有时难以实现，为了得到更准确的定量结果，可以采用内标定量方法。内标法是比较精确的一种定量方法。

内标法定量，首先要选择合适的内标物。内标物一般选用化学结构、物理性质与待测组分相近的纯品，而且要具有与被测物相近的保留值，当样品中有几个被测组分时，要求内标物的保留值介于几个被测组分之间，且不能与其他组分峰重叠。

内标法定量的基础是：在进行色谱测定之后，待测组分峰面积和参比物峰面积之比等于待测组分的质量与参比物质量之比，求出待测组分的质量，进而求出待测组分的含量。此比值不随进样体积或操作期间所配制的溶液浓度的变化而变化，因此能得到较准确的定量结果。

内标法定量的具体操作如下。

第一步：先精密称取被测组分 a 的标准样品 W_a 克，再精密称取内标物 W_s 克，加入定量溶剂使二者混合，得到混合标样。取一定体积（μL）混合标样注入色谱柱，分离后得色谱峰面积分别为 A_a（标准样品峰面积）、A_s（内标物峰面积），由此得到相对克（摩尔）响应值 S_a，计算公式如下：

$$S_a=\frac{A_a/W_a}{A_s/W_s} \tag{11-1}$$

注意：公式(11-1) 中 W_a、W_s 分别是混合标样溶液中所含有的总的被测组分 a 标准样品与内标物的绝对重量。另外，相对克响应值 S_a 是一常数。

第二步：称取含 a 组分的被测物 W 克，再精密称取内标物 W'_s克，用定量溶剂配成混合溶液，取一定体积（μL）注入色谱柱，得被测组分 a 的峰面积为 A'_a，内标物峰面积为 A'_s：

$$f_a=S_a=\frac{A'_a/W'_a}{A'_s/W'_s} \quad 即 \quad W'_a=\frac{A'_a\times W'_s}{A'_s\times f_a} \tag{11-2}$$

按式(11-2) 即可算出在被测物中的 a 组分的重量 W'_a。a 组分在被测物中的含量为：

$$a=\frac{W'_a}{W}\times 100\% \tag{11-3}$$

如果被测物中除 a 组分外，还有组分 b，c，…，均可按此方法先求得 S_b，S_c，…，然后分别求得组分 b，c，…在被测物中的含量。

内标法是通过式(11-1) 及式(11-3) 来进行计算得到定量结果的，操作过程中是将样品和内标物混在一起注入色谱柱的，因此只要混合溶液中被测组分量与内标物量的比值是恒定的，那么溶剂体积的变化不会影响定量结果。进样体积的不重复所造成对于峰面积的影响，在计算过程中均被抵消。由此可见，内标法较之外标法准确度高，但是操作和计算均较复杂。

外标法和内标法是液相色谱中常用的两种定量方法。至于其他方法，如气相色谱中常采用的归一化法，在液相色谱中一般不采用。这是因为在液相色谱中所使用的检测器多为选择性检测器，如紫外、荧光检测器等，它们对不同结构的化合物的响应值差别较大，有时甚至能相差几个数量级，所以一般不能采用归一化的定量方法。

三、通过色谱图的变化判断仪器故障和方法失误

色谱图常见故障现象、原因与排除方法见表 11-5。

表 11-5 色谱图常见故障现象、原因与排除方法

故障现象	故 障 原 因	排 除 方 法
进样后不出峰	检测方式选择不当导致样品无吸收	应正确选择检测器，如样品无紫外吸收就不应选UV检测器，而应选其他的检测器
	试样溶液浓度太低，而检测灵敏度不高	应适当提高样品浓度和进样量，并提高检测灵敏度
	检测器到记录仪之间的输入信号线连接不好或断开	修理接好信号线，并将灵敏度调到适宜的位置
	记录仪的信号线接错	检查接线，并正确连接
	进样用注射器堵塞或泄漏，使样品溶液不能进入进样阀	修理注射器或更换新注射器
进样不出峰或者峰高不正常	注射器泄漏	更换新注射器
	阀转子上针头密封垫磨损导致泄漏	更换新的零件
	选用的注射器针头与阀不匹配	更换合适的针管

续表

故障现象	故障原因	排除方法
进样不出峰或者峰高不正常	定子与转子接触密封面损坏引起内通道断路	损坏不严重经重新研磨可恢复其性能，否则更应换新的转子
	定体积量管堵塞	设法打通或者更换
出现无名峰	转子针头密封垫及进样针导管污染	清洗阀的样品通路
	阀样品通路清洗不干净	清洗阀的样品通路
峰形拖尾	定体积量管与阀连接出现死区	更换新管消除死区
	进样器内有污染或不干净	可先用2∶1∶4的硫酸∶硝酸∶水的混合物溶液清洗，接着用蒸馏水清洗，然后用丙酮或乙醚等溶剂清洗、烘干
	色谱柱选择不当，试样与固定相间有作用	更换色谱柱
	进样技术差	提高进样技术
	样品在流动相中溶解度小	选用对试样溶解能力强的溶剂作为流动相
	进样量太大	减少进样量
	色谱柱与阀的连接管连接处出现死区	重新装柱或更换
分离度变差	柱端固定相板结	挖掉修补，重填固定相
	柱端床层塌陷	修补柱端
	柱子寿命已到	更换新柱
	进样量过大	减少进样量
	样品浓度过大	减小试样浓度
	试样溶解不完全	换溶剂使其完全溶解
	试样黏度大	减少进样量，降低进样浓度
	色谱柱污染柱效下降	更换柱子或以极性溶剂冲洗
保留时间不重复	更换流动相时，旧流动相未完全被顶替掉	延长平衡时间
	正相柱中流动相脱水不完全	重新脱水
	柱温变化	柱恒温
	缓冲液容量不够	使用较浓的缓冲液
	柱内条件变化	稳定进样条件，调节流动相
	柱塌陷或形成短路通道	更换色谱柱
出现无规律色谱峰	长期进样滞留在柱中的组分被洗脱出来	先用强极性溶剂冲洗，再用流动相平衡
平顶峰	色谱柱超载	减少进样量
	记录仪灵敏度过高	适当降低记录仪的灵敏度
	记录仪机械部分有故障	参照有关说明书进行修理
	记录仪接收的信号超过了测量范围	改变记录仪量程
	检测池及其透镜、池窗等光学附件污染	清洗检测池以及透镜、池窗等光学附件
出负峰	记录仪或检测器极性接反	纠正极性连接错误
	用示差折光检测器检测时，样品的折射率小于流动相溶剂的折射率	若要得到正峰，可改变检测器或记录仪的极性
	使用的流动相不纯净	使用纯净的流动相
	样品池与参比池接反	掉换

续表

故障现象	故障原因	排除方法
色谱峰未分开	色谱柱分离度低，柱效不高	选择高效柱或重新装柱
	色谱柱或色谱条件（溶剂、检测器、温度、流速、柱子等）选择不当	再行试验选择最佳色谱分离条件
	柱子过载	减少进样量或采用“再循环分离”技术
	流动相流速过大	适当降低流速
	柱中填料流失过多，增加了柱外效应	更换色谱柱
	进样技术不佳	提高进样技术
有空峰（假峰）	不同批号、不同处理条件的溶剂分别用作溶样或作为流动相时，易出空峰	最好使用同一批溶剂，且是在同一条件下处理过的，用它分别作为流动相或溶样，则有可能避免出假峰
	流动相溶剂中有杂质或气泡，用该流动相配样，自然会出空峰	对流动相溶剂，应坚持以 0.5μm 过滤膜过滤和脱气后再用
	样品中有未知物	处理样品
	柱未平衡（尤其是离子对色谱）	重新平衡柱；用流动相作样品溶剂
	进样阀残余峰	每次用后用强溶剂清洗阀
	样品溶剂洗脱（与流动相的组成不同）	用流动相溶解样品；大大减少进样量
	用不同批号的溶剂溶解样品	尽量采用同一溶剂和相同处理条件的溶剂溶样，若非用异样溶剂时，应注意空峰对实验带来的影响
基线不能回零	样品黏度大	适当减小样品浓度，并采用低黏度流动相溶剂
	进样量太大，柱超载	减少进样量
	溶解样品的溶剂与流动相溶剂不互溶	尽量采用能互溶的溶剂来溶解试样
	柱效低，柱内有空隙	改用高效柱或重新装柱
	进样装置部分堵塞	检修进样器并清洗
基线有噪声	记录仪与检测器信号输出接触不良	检查并接好信号线
	电压不稳	采取稳压措施
	接地线不好	改用良好的接地线
	泵中有气泡，泵压不稳	用前述方法赶除聚集于泵头内的气泡
	溶剂纯度不高，背景吸收强，透光差	提纯溶剂或选纯度比较高（至少应为分析纯级）、透光性好的溶剂作为流动相
	检测池污染	清洗检测池
	用 RI 检测时，环境温度变化太大	应采用恒温或温度变化不大的环境做实验
	样品或参比池中有气泡	突然加大流量赶出气泡，在检测器出口加背压以增大池内压（如果检测池耐压的话）
	检测器光源（灯泡）故障	更换光源
	紧固件或连接件泄漏	拧紧或更换紧固件
	进样装置部分堵塞	检修进样器并清洗
	由泵的冲程引起的规则脉冲	连接脉冲阻尼装置；使用无脉冲泵
	隔膜泄漏	更换隔膜，最好使用进样阀
基线漂移	溶剂储槽污染	清洗储槽，装入新流动相冲洗柱子
	强吸附组分未从柱上洗脱	在下一次分离之前用强流动相从柱中洗脱所有的组分；使用溶剂梯度清洗柱子
	由微粒造成注入口，进样阀、柱入口的部分堵塞	清洗进样系统和柱入口过滤片

续表

故障现象	故障原因	排除方法
基线漂移	溶剂分层	采用合适溶剂
	泵输出缓慢改变	检查流量；如果泵的输出随温度变化，应控制温度
	检测器污染	清洗
	柱污染或“流失”	再生或更换(如果再生不成功)柱子；使用预柱
	检测器温度变化	使系统恒温
	光源故障	更换光源灯
基线噪声大，且漂移	环境温度变化大	采取恒温措施
	色谱系统未达平衡	应延长色谱系统流动相平衡时间
	柱子污染	用大流量极性溶剂冲洗柱子；更换柱子
基线不规则地漂移	示差折光检测器池裂开	检查更换
	色谱柱污染变脏	冲洗柱子、重新装柱或更换新柱子
	溶剂纯度差	更换纯溶剂
	泵密封不好	检查维修泵密封或更换密封圈
	用RI检测时，两溶剂互溶性不好	使两溶剂能很好地互溶混合，必要时可采取搅拌的方法
	环境温度变化大	采取恒温措施
	管路漏	检查管路，并消除泄漏处
	色谱柱没有完全平衡	应延长冲洗时间，使柱子达平衡
	溶剂直接吸收了空气中的水分，使RI检测器不稳定	阻止溶剂与潮湿空气接触，或用干燥剂干燥溶剂
记录仪基线上出现大的尖峰	检测池内有气泡通过	溶剂脱气并彻底冲洗系统；检紧固件是否有空气漏入系统
	实验室内其他电器装置(如恒温烘箱、其他色谱仪等)的影响	消除噪声来源；确保装置接地良好；用绝缘变压器使仪器绝缘
基线阶梯式上升	记录仪的增益和阻尼控制不当	调节增益和阻尼旋钮；修理记录仪
	记录器或仪器接地不良	小心地使装置接地
色谱峰无规则地摆动	检测池内有气泡	排除检测池气泡
峰重现性差	注射器针头太长，样品液部分漏掉	选用合适的针头
	进样技术欠佳，表现为峰面积忽大忽小	认真掌握注射器进样技术，使注射器进样重复性小于5%
	管路有漏处	检查修复
	仪器没有充分稳定	对仪器再次预热，稳定冲洗平衡
	实验条件发生变化	使实验条件(检测器灵敏度、流速、温度等)尽可能一致
	注射器有泄漏或单堵塞现象	修复或更换注射器
	进样速度不一致	掌握一样的进样速度
	进样阀开关不灵，阀门没有充分打开	维修检查进样阀开关
	样品溶解度小，进样后有少量在流动相中析出	溶解试样的溶剂应选对试样有较好的溶解能力且能与流动相互溶的溶剂
	流动相流速发生改变	用内标物定期检查流动相流速

续表

故障现象	故障原因	排除方法
峰分裂（一个组分有两个峰）	样品中可能有异构体	按异构体特征选择分离条件，使两峰达完全分离
	样品不稳定，有部分分解	采取措施，防止试样部分组分的分解
	进样量大，柱超载	减少进样量
	柱子中有孔隙	更换柱子
峰展宽	进样体积过大	减少进样体积
	柱外体积过大	减少检测池等体积
	流动相黏度过高	增加柱温，采用低黏度流动相
	保留时间过长	等度洗脱时增加强溶剂浓度，或采用梯度洗脱
	样品过载	稀释样品，或采用小体积样品

项目11 高效液相色谱仪的使用与维护——任务实施记录单 见《学生实践技能训练工作手册》。

项目11 高效液相色谱仪的使用与维护——操作技能考核表 见《学生实践技能训练工作手册》。

项目11 高效液相色谱仪的使用与维护——知识测试题 见《学生实践技能训练工作手册》。

【阅读材料】

高效液相色谱分类

高效液相色谱法作为色谱分析法的一个分支，是于20世纪60年代中后期，在经典液相色谱法和气相色谱法的基础上发展起来的。结合机械、光学和电子等技术的应用，出现了包括高效分离柱、高压输液泵和高灵敏度检测器的近代高效液相色谱装置和仪器。在柱效、速度和灵敏度方面远远超过了经典液相色谱。20世纪70年代中期以后，微处理机技术用于液相色谱，进一步提高了仪器的自动化水平和分析精度。

从本质上讲，高效液相色谱法与经典液相柱色谱法没有差别，但是高效液相色谱法具有分析速度快、分离效能高、检测灵敏度高及操作自动化等优点。近年来，随着高技术项目，即生物工程和生命科学的迅速发展，为高效液相色谱技术提出了更多、更新的分离、分析、纯化、制备的课题，大大促进了这一技术的迅速发展。至今高效液相色谱已在生物工程、医药工业、食品工业、环境监测、石油化工、农业、商检和法检等学科领域中获得广泛应用。

根据溶质在两相分离过程的物理化学原理不同，液相色谱可分为：液-固吸附色谱、液-液分配色谱、化学键合相色谱、离子交换色谱以及分子排阻色谱等。

1. 液-固吸附色谱

液-固吸附色谱是用固体吸附剂作固定相，以不同极性的溶剂作流动相，根据样品中各组分在吸附剂上吸附性能的差别来实现分离的。

具有一定的吸附性能的物质，如氧化铝、硅胶、聚酰胺等叫做吸附剂。液-固色谱中的固体吸附剂中以硅胶吸附剂应用最广。吸附是指吸附剂、溶质、溶剂分子三者之间的复杂相互作用。当流动相携带样品组分通过吸附剂时，组分分子和流动相分子对吸附剂表面活性中心发生竞争吸附。与吸附剂性质相似的组分易被吸附，与吸附剂表面活性中心的几何结构相适应的组分也容易吸附，呈现高的保留值。

液-固吸附色谱适宜于分离极性不同的试样，也适于分离异构体，但由于对分子量的选择性小，因此不宜于分离同系物。

2. 液-液分配色谱

液-液分配色谱法中常用硅胶作为载体，在其表面涂渍一薄层固定液作为固定相，被分离组分随流动相进入色谱柱，在两相间经过反复多次分配平衡，各组分间产生差速迁移，从而实现分离。分配色谱法的基本原理与液-液萃取相同，都是分配定律。

液-液分配色谱常用的固定液有β,β'-氧二丙腈、聚乙二醇、角鲨烷、甲基聚硅氧烷、聚烯烃等。液-液色谱流动相除一般要求外，还应尽可能不与固定液互溶，两者的极性差别应很大。固定液的极性大于流动相的极性的液-液色谱称为正相色谱，反之，则称为反相色谱。正相色谱中流动相的主体为己烷、庚烷，可加入$<20\%$的极性改性剂，如二氯甲烷、氯仿、四氢呋喃、乙酸乙酯、乙醇、乙腈等，主要用来分离极性化合物，被分离组分按极性从小到大的顺序流出色谱柱；反相色谱中流动相的主体为水，也可加入一定量的改性剂，如乙腈、甲醇、丙酮、乙醇、四氢呋喃、异丙醇等，主要用来分离非极性化合物，被分离组分流出顺序与正相色谱正好相反。液-液色谱既能分离极性化合物，又能分离非极性化合物，如烷烃、烯烃、芳烃、染料、甾族化合物等。但由于固定液易流失，使色谱柱的保留行为发生改变，并引起分离试样的污染，因此基本上已被化学键合固定相所取代。

3. 化学键合相色谱

化学键合相色谱是通过共价键将有机固定液结合到硅胶载体表面，而得到各种性能的固定相，而键合固定相非常稳定，在使用过程中不易流失。

根据键合固定相与流动相相对极性的强弱，可将键合相色谱法分为正相键合相色谱法和反相键合相色谱法。反相键合相色谱法适用于分离非极性、极性或离子型化合物，其应用范围比正相键合相色谱法广泛。但使用时应注意键合固定相不适于酸、碱度过大或含有氧化剂的缓冲溶液作流动相体系。据统计，高效液相色谱分析工作的70%～80%是在反相键合相色谱法上进行的。非极性键合相材料的商品化极大地促进了“反相”高效液相色谱的发展，目前应用最多的是十八烷基键合硅胶（octadecylsilane），通常称为ODS固定相。由于空间障碍，长链烷基键合相键合羟基数减少，ODS约30%的表面羟基被键合，但键合分子大，对残余羟基掩盖作用增强，有较高含碳量和较好的疏水性，对各种类型分子结构的试样有更强的适应能力。

4. 离子交换色谱

离子色谱是20世纪70年代发展起来的一项新型液相色谱法。这种方法中用离子交换树脂作为固定相，电解质溶液为流动相，用电导检测器检测。

离子交换色谱是根据离子交换树脂上可电离的离子与流动相中带相同电荷的组分离子进行可逆交换，这些离子对交换树脂具有不同的亲和力而彼此分离。离子交换色谱适于分析在溶剂中能形成离子的组分，不仅广泛用于无机离子的分离，亦可用于有机物和生物物质，如蛋白质、氨基酸、核酸等的分离。

离子交换树脂通常有两种类型：一类是以微粒硅胶为基质，用化学键合的方法将离子交换基团键合在硅胶表面；另一类是以苯乙烯与二乙烯苯的交联共聚物为基质，在它的网状结构上引入各种酸碱性基团作为交换基团。例如，对于阳离子的分离，可选用含有磺酸基（$RSO_3^- H^+$）的强酸型交换树脂，对于阴离子的分离可以选用含有季铵［$RN(CH_3)_3^+ OH^-$］的强碱型交换树脂。

5. 凝胶色谱

凝胶色谱法又称为分子排阻色谱法，它是基于试样中各组分分子的大小和形状不同来实现分离的。凝胶色谱的固定相是一种表面惰性、含有许多不同尺寸的孔洞或立体网状结构的聚合材料，有一定的形状和稳定性。当被分离混合物随流动相通过凝胶色谱柱时，比固定相孔洞尺寸大的分子不能进入孔洞而被排阻，只能沿多孔凝胶粒子之间的空隙先随流动相流出色谱柱；中等大小的分子能进入凝胶中一些适当的孔洞中，但不能进入更小的孔洞中，较慢地流出色谱柱；小分子则可以进入凝胶中的绝大部分孔洞中，在柱中滞留的时间较长，更慢地流出色谱柱。因此被分离组分依分子量由高到低的顺序依次流出色谱柱。

根据所用流动相的不同，凝胶色谱法可以分为两类，用水溶液作流动相，叫做凝胶过滤色谱法（gel fitration chromatography，GFC），而用有机溶剂作流动相，称为凝胶渗透色谱法（gel permeation chromatography，GPC）。凝胶色谱法主要用来分离分子量大于2000的化合物，如有机聚合物、蛋白质等生物高分子等，应用最广的是用来分析高分子聚合物的分子量分布。由于聚合物的相对分子量及其分布与其性能有着密切的关系，凝胶色谱的结果可用于研究聚合机理，选择适宜的聚合工艺及条件。凝胶色谱法不适宜用于分子大小组成相似或分子大小仅差10%的组分分析，如对同分异构体的分离就不宜使用。在未知物的分析中，凝胶色谱法可以作为一种初步分离手段，再配合其他分离方法，能够解决复杂的分离问题。

参 考 文 献

[1] 黄一石. 仪器分析. 北京：化学工业出版社，2002.
[2] 郭英凯. 仪器分析. 北京：化学工业出版社，2006.
[3] 姚进一，胡克伟. 现代仪器分析. 北京：中国农业大学出版社，2009.
[4] 黄一石. 分仪器操作技术与维护. 北京：化学工业出版社，2005.
[5] 谭湘成. 仪器分析. 北京：化学工业出版社，2001.
[6] 刘密新. 仪器分析. 北京：清华大学出版社，2002.
[7] 陈立春. 仪器分析. 北京：中国轻工业出版社，2002.
[8] 郭景文. 现代仪器分析技术. 北京：化学工业出版社，2004.
[9] 李彤. 高校液相色谱仪器系统. 北京：化学工业出版社，2005.
[10] 朱果逸. 电化学分析仪器. 北京：化学工业出版社，2010.
[11] 武杰. 气相色谱仪器系统. 北京：化学工业出版社，2007.
[12] 牟世芬. 离子色谱仪器. 北京：化学工业出版社，2007.
[13] 章诒学. 原子吸收光谱仪. 北京：化学工业出版社，2007.
[14] 李昌厚. 紫外可见分光光度计. 北京：化学工业出版社，2005.
[15] 成立春. 仪器分析. 北京：中国轻工业出版社，2002.
[16] 刘珍. 化验员读本——仪器分析. 北京：化学工业出版社，2004.
[17] 朱明华. 仪器分析. 第3版. 北京：高等教育出版社，2000.
[18] 武汉大学. 分析化学. 第4版. 北京：高等教育出版社，2000.

项目1　凯氏定氮仪的使用与维护——任务实施记录单

班级：　　　　姓名：　　　　学号：　　　第　　组　　　　组长签字：

工作任务1　KDY-9820凯氏定氮仪的结构认知
仪器与试剂：
注意事项与存在问题：
工作任务2　KDY-9820凯氏定氮仪的安装
仪器与试剂：
安装流程：
注意事项与存在问题：
工作任务3　KDY-9820凯氏定氮仪的调试
仪器与试剂：
调试流程：
注意事项与存在问题：

续表

工作任务 4　KDY-9820 凯氏定氮仪的操作
仪器与试剂：
操作流程：
故障的排查：
数据处理：
教师评语：

项目1　凯氏定氮仪的使用与维护——操作技能考核表

班级：　　姓名：　　学号：　　第　　组　　成绩：

工作内容	考核内容	参考标准	参考分值	得分
1. 认知凯氏定氮仪的结构(15分)	凯氏定氮仪外部结构	准确认知	5	
		不知道	0	
	凯氏定氮仪各部分作用	理解正确	5	
		理解不正确	0	
	凯氏定氮仪操作键盘	独立熟练操作	5	
		指导下完成操作	2	
		不会操作	0	
2. 凯氏定氮仪的安装(15分)	冷凝水入水口和排水口的连接	正确	3	
		不正确	0	
	蒸汽发生器入水口和排水口的连接	正确	2	
		不正确	0	
	硼酸、碱液入口与酸碱加液桶出液口的连接	正确	2	
		不正确	0	
	压缩空气出口的连接	正确	2	
		不正确	0	
	消煮管的安装	安装规范	3	
		安装不规范	0	
	三角瓶的安装	安装规范	3	
		安装不规范	0	
3. 凯氏定氮仪的调试(25分)	操作盘上按键设置	独立正确设定	5	
		需指导设定	2	
		不能正确设定	0	
	加硼酸溶液定量的调整	独立正确完成	5	
		指导下完成	2	
		不会操作	0	
	加氢氧化钠溶液定量的调整	独立正确完成	5	
		指导下完成	2	
		不会操作	0	
	接收液定量的调整	独立正确完成	5	
		指导下完成	2	
		不会操作	0	
	蒸馏工作的调整	独立正确完成	5	
		指导下完成	2	
		不会操作	0	

续表

工作内容	考核内容	参考标准	参考分值	得分
4. 凯氏定氮仪的操作(25分)	消煮管的连接	正确	2	
		不规范	0	
	三角瓶的放置	安装规范	2	
		安装不规范	0	
		加指示剂	2	
		未加指示剂	0	
	打开冷凝水	打开	2	
		未打开	0	
		水流量适中	2	
		水流量过小	0	
	待测样品蒸馏前进行空蒸	进行	3	
		未进行	0	
	加酸碱液	正确、熟练	3	
		不正确	0	
	对碱液足量的判断	准确	3	
		不准确	0	
	对碱解蒸馏结束的判断	正确	3	
		不正确	0	
	蒸馏结束关闭仪器的顺序	正确	3	
		不正确	0	
5. 凯氏定氮仪的维护与故障排查(10分)	对仪器前部槽皿中的积液进行擦洗	进行	2	
		未进行	0	
	碱液桶、硼酸桶内沉淀物的清洗	进行	2	
		未进行	0	
	对加热器上的水垢的处理	独立准确操作	2	
		在指导下操作	1	
		不能准确操作	0	
	对酸碱桶加不上液的处理	正确	2	
		不正确	0	
	仪器在自动工作状态下突然停止	正确处理	2	
		不会处理	0	
6. 结果记录与评价(5分)	原始记录	完整、规范	2	
		欠完整、不规范	0	
	结果准确度	允许范围内	2	
		允许范围外	0	
	整个操作完成时间	规定范围内	1	
		规定范围外	0	
7. 文明操作(5分)	实验过程台面	整洁有序	2	
		脏乱	0	
	废液、纸等	按规定处理	2	
		乱扔乱倒	0	
	实验后台面、试剂等	清理	1	
		未清理	0	

项目1 凯氏定氮仪的使用与维护——知识测试题

班级： 姓名： 学号： 第 组 成绩：

一、填空题

1. 凯氏定氮法是测定氮-蛋白质的经典方法。用此法测定试样时，需经过(　　　　)、(　　　　)、(　　　　)三个过程。

2. 混合定氮指示剂在碱性溶液中呈(　　　　)，在中性溶液中呈(　　　　)，在酸性溶液中呈(　　　　)；如果没有溴甲酚绿，可单独使用(　　　　)溶液。

3. 凯氏定氮法消化过程中 H_2SO_4 的作用是(　　　　)；$CuSO_4$ 的作用是(　　　　)。

4. 判断加入碱液量是否足量的方法有(　　　　)、(　　　　)、(　　　　)。

5. 判断碱解蒸馏完成的方法是(　　　　)。

6. 用标准酸滴定吸收液时，滴定终点颜色的变化，由(　　　　)色变为(　　　　)色。

二、选择题

1. K_2SO_4 在定氮法中消化过程的作用是(　　　　)。

A. 催化　　B. 显色　　C. 氧化　　D. 提高温度

2. 凯氏定氮法碱化蒸馏后，用(　　　　)作吸收液。

A. 硼酸溶液　　B. NaOH 液　　C. 萘氏试纸　　D. 蒸馏水

3. 碱解蒸馏时，加酸加碱液的顺序是(　　　　)

A. 先加硼酸，后加碱液　　B. 先加碱液后加硼酸

C. 同时加酸、加碱

4. 在操作中发现加不上碱液，原因是(　　)

A. 桶中碱液太少　　B. 吸管离开碱液面　　C. 保险丝坏

三、简答题

1. 凯氏定氮仪在长时间使用后，加热效果不是很好，可能的原因是什么？应该如何处理？

2. 在使用凯氏定氮仪进行碱解蒸馏时，对硼酸溶液和氢氧化钠溶液加入的顺序是否有要求？为什么？

3. 在凯氏定氮仪使用前为什么要进行空蒸？

4. 凯氏定氮仪使用一段时间后，自动加酸加碱量是否会有变化，应该怎么进行调试？

5. 凯氏定氮仪在自动工作状态下突然停止，请你分析一下原因，并给出故障处理办法。

6. 凯氏定氮仪在安装使用时，应注意哪些问题？

项目2 粗脂肪测定仪的使用与维护——任务实施记录单

班级：　　　　姓名：　　　　学号：　　　　第　　组　　　　组长签字：

工作任务1 SZF-06型粗脂肪测定仪的结构认知
仪器与试剂：
注意事项与存在问题：
工作任务2 粗脂肪测定仪的操作
仪器与试剂：
安装流程：

续表

工作任务 2　粗脂肪测定仪的操作
滤纸包的制作：
粗脂肪测定仪操作流程：
注意事项与存在问题
数据处理：
教师评语：

项目2 粗脂肪测定仪的使用与维护——操作技能考核表

班级： 姓名： 学号： 第 组 成绩：

工作任务	考核内容	参考标准	参考分值	得分
1. 认知粗脂肪测定仪各部分结构(20分)	说出粗脂肪测定仪各部分结构	独立准确认知	8	
		指导下认知	4	
		不能认知	0	
	粗脂肪测定仪温度控制面板	准确认知	6	
		指导下认知	3	
		不能认知	0	
	仪器各部分作用	知道	6	
		不知道	0	
2. 样品中粗脂肪含量的测定(70分)	冷凝水入水口和排水口的连接	独立正确完成	3	
		指导下完成操作	1	
		不能完成	0	
	抽提筒洗涤烘干	进行	3	
		未进行	0	
	滤纸筒制作	独立熟练操作	5	
		指导下完成操作	3	
		不会操作	0	
	样品篮与磁钢对齐吸住操作	规范	4	
		不规范	0	
	乙醚等浸提剂的用量	适中	4	
		不合适	0	
	抽提筒与保护套的密封连接	熟练、准确	4	
		不熟练	1	
		不会操作	0	
	打开电源、冷凝水	进行	3	
		未进行	0	
	调节数显仪设置键	独立操作	4	
		指导下完成操作	1	
		不会操作	0	
	温度设定	准确	4	
		不准确	0	
	移动滑动球将样品置入抽提筒内	进行、熟练	4	
		未进行	0	
	溶剂开始挥发，将纸筒升高5cm抽提	进行	5	
		未进行	0	

 续表

工作任务	考核内容	参考标准	参考分值	得分
2. 样品中粗脂肪含量的测定(70分)	脂肪抽提结束的判断	正确	5	
		不正确	0	
	溶剂回收	进行	4	
		未进行	0	
		调节旋塞平行	4	
		调节旋塞垂直	0	
	使用完毕后关闭仪器的顺序	正确	4	
		不正确	0	
	油脂渗透的处理	能独立处理	5	
		在指导下进行	3	
		不会处理	0	
	电加热温控失灵处理	能独立处理	5	
		在指导下进行	3	
		不会处理	0	
3. 结果记录与评价(5分)	原始记录	完整、规范	2	
		欠完整、不规范	0	
	结果准确度	允许范围内	2	
		允许范围外	0	
	整个操作完成时间	规定范围内	1	
		规定范围外	0	
4. 文明操作(5分)	实验过程台面	整洁有序	2	
		脏乱	0	
	实验后台面、试剂等	清理	2	
		未清理	0	
	实验后试剂、仪器放回原处	已放	1	
		未放	0	

项目2　粗脂肪测定仪的使用与维护——知识测试题

班级：　　　姓名：　　　学号：　　　第　　组　　　成绩：

一、填空题

1. 索氏提取法是将经前处理的样品用(　　　)或(　　　)回流提取，使样品中的(　　　)进入溶剂中，蒸去溶剂后所得到的残留物 即为(　　　)。索氏法提取的脂溶性物质为脂肪类物质的混合物，除含有脂肪外还含有(　　　)、(　　　)、(　　　)、(　　　)、(　　　)等醚溶性物质。因此，用索氏提取法测得的脂肪也称为(　　　)。

2. 索氏提取器又称(　　　)。索氏提取器主要由(　　　)、(　　　)、(　　　)三部分组成，提取管两侧分别有(　　　)和(　　　)装置。

3. 使用粗脂肪测定仪时，乙醚作为浸提剂，温度应控制在(　　　)。控制回流速度以(　　　)为宜。

4. 索氏提取中一般冷凝管上端最好安装(　　　)，这样不仅可以防止空气中水分进入，而且还可以避免乙醚等浸提剂挥发到空气中，这样可防止实验室微小环境空气的污染。

5. 在溶剂挥发前，先将样品篮浸泡在抽提筒中，其目的是(　　　)。

6. 测定粗脂肪，残余法指的是(　　　)，油重法指的是(　　　)。

二、判断题

1. 在抽提过程中，油脂渗透，可能是因为抽提筒上口与下压紧圈接触不良。(　　)

2. 在抽提完全后，把滤纸包取出来，直接将其放在烘箱中烘干。(　　)

3. 在进行乙醚回收时，须将冷凝管调节旋塞完全关闭。(　　)

4. 粗脂肪测定仪主要由抽提、溶剂回收和冷却三个部分组成。(　　)

三、简答题

1. 如何判断样品中的脂肪已经抽提完全了？

2. 测定粗脂肪的方法有哪些？这些方法有什么异同？

3. 为了防止乙醚等浸提剂在操作过程中挥发，应该采取什么措施？

4. 如何制作滤纸筒？对滤纸筒的高度有没有要求？为什么？

5. 在操作过程中发现油脂渗透，应如何处理？

项目2 粗脂肪测定仪的使用与维护——知识测试题

班级 姓名 学号 第 组 成绩

一、填空题

1. 索氏抽提法是将经前处理的样品用（　　）或（　　）回流提取，使样品中的脂肪进入溶剂中，蒸去溶剂后所得到的残留物即为（　　）。索氏法提取的脂溶性物质为脂肪类物质的混合物，除含有脂肪外还含有（　　）、（　　）、（　　）、（　　）等脂溶性物质。因此，用索氏提取法测得的脂肪也称为（　　）。

2. 索氏提取器又称（　　），索氏提取器主要由（　　）、（　　）、（　　）三部分组成，提取管两侧分别有（　　）和（　　）连管。

3. 使用粗脂肪测定仪时，乙醚作为提取剂，温度应控制在（　　），控制回流速度以（　　）为宜。

4. 索氏提取中，仪器冷凝管上端最好安装（　　），这样不仅可以防止空气中水分进入，而且还可以避免乙醚挥发到空气中，这样可防止实验室微小环境空气的污染。

5. 在溶剂挥发之前，先将样品放置在通风橱中，其目的是（　　）。

6. 测定粗脂肪，索氏法测的是（　　），常重视的是（　　）。

二、判断题

1. 在抽提过程中，抽脂变慢，可能是因为虹吸管上口与下口连接不良。（　　）

2. 抽提完全后，把滤纸包取出来，直接将其放在恒温箱中烘干。（　　）

3. 在进行乙醚回收时，须将冷凝管两头胶塞完全关闭。（　　）

4. 粗脂肪测定仪主要由加热、控制面板和冷却三个部分组成。（　　）

三、简答题

1. 如何判断样品中的脂肪已经抽提完全了？

2. 测定粗脂肪的方法有哪些？这些方法有什么异同？

3. 为了防止乙醚等提取剂在操作过程中挥发，应该采取什么措施？

4. 如何制作滤纸筒？对滤纸筒的高度有没有要求？为什么？

5. 在操作过程中发现油浴溢出，应如何处理？

项目3　粗纤维测定仪的使用与维护——任务实施记录单

班级：　　　　姓名：　　　　学号：　　　　第　　组　　　　组长签字：

工作任务1　粗纤维测定仪的结构认知
仪器与试剂：
注意事项与存在问题：
工作任务2　粗纤维测定仪的安装及操作
仪器与试剂：
安装流程：

续表

工作任务 2　粗纤维测定仪的安装及操作
操作前的准备工作：
粗纤维测定仪的操作流程：
数据处理：
教师评语：

项目3　粗纤维测定仪的使用与维护——操作技能考核表

班级：　　姓名：　　学号：　　第　　组　　成绩：

工作任务	考核内容	参考标准	参考分值	得分
1. 认知粗纤维测定仪各部分结构(20分)	粗纤维测定仪各部分结构	能独立准确认知	10	
		指导下认知	5	
		不能认知	0	
	仪器各部分作用	知道	10	
		不知道	0	
2. 粗纤维测定仪的安装及操作(70分)	酸、碱、蒸馏水烧瓶安装	能独立正确完成	4	
		指导下完成	2	
		不能完成	0	
	冷凝水连接	能独立正确完成	3	
		指导下完成	1	
		不能完成	0	
	抽滤管连接	能独立正确完成	3	
		指导下完成	1	
		不能完成	0	
	坩埚洗涤烘干	进行	4	
		未进行	0	
	加酸、碱、蒸馏水	加量合适	4	
		加量不适合	0	
	坩埚置于抽滤座中	与硅橡胶圈对齐	4	
		坩埚放偏或放斜	0	
	坩埚的使用	正确	4	
		不正确	0	
	操纵杆的使用	熟练	4	
		不熟练	0	
	打开进水开关	进行	3	
		未进行	0	
	酸、碱、蒸馏水预热	独立操作设置键	4	
		指导下完成	2	
		不会操作	0	
	加酸、碱、蒸馏水量	量适中	4	
		过量	0	
		量少	0	

续表

工作任务	考核内容	参考标准	参考分值	得分
2. 粗纤维测定仪的安装及操作(70分)	加酸、碱、蒸馏水漏液的处理	能独立处理	4	
		指导下完成	2	
		不会处理	0	
	加酸、碱、蒸馏水设置键操作	能独立准确操作	3	
		指导下完成	1	
		不会操作	0	
	抽滤操作	正确、熟练	3	
		不正确	0	
	反抽操作	正确、熟练	3	
		不正确	0	
	用蒸馏水洗涤样品至中性	进行	3	
		未进行	0	
		判断方法正确	3	
		不会判断	0	
	用乙醇和乙醚洗涤样品	进行	3	
		未进行	0	
	排液时样品黏附到管壁上的处理	独立正确解决	4	
		指导下完成	2	
		不会处理	0	
	用完仪器后对抽滤座的处理	正确	3	
		不正确	0	
3. 结果记录与评价(5分)	原始记录	完整、规范	2	
		欠完整、不规范	0	
	结果准确度	允许范围内	2	
		允许范围外	0	
	整个操作完成时间	规定范围内	1	
		规定范围外	0	
4. 文明操作(5分)	实验过程台面	整洁有序	2	
		脏乱	0	
	实验后台面、试剂等	清理	2	
		未清理	0	
	实验后试剂、仪器放回原处	已放	1	
		未放	0	

项目3 粗纤维测定仪的使用与维护——知识测试题

班级：　　　　姓名：　　　　学号：　　　　第　　组　　　　成绩：

一、填空题

1. 称量法是测定粗纤维的经典方法。其主要由(　　　　)、(　　　　)、(　　　　)步骤组成。

2. 使用粗纤维测定仪时，用酸消煮的目的是(　　　　　　　　)，用碱消煮的目的是(　　　　　　　　)。

3. 在测定粗纤维时，用酸碱消煮后，用乙醇或乙醚进行处理的目的是(　　　　)。

4. 若经酸碱处理后还含有不溶于酸碱的无机物质，可(　　　　)除去。

二、选择题

1. 当砂芯漏斗被样品堵住，不能正常抽滤时，(　　)。

A. 关闭抽滤开关，打开反抽泵　　B. 用吸管将溶液吸出

C. 打开抽滤开关，打开反抽泵　　D. 将样品取下来，重新操作

2. 加酸消煮时，加酸预热开关的状态为(　　)。

A. 关　　B. 开

3. 加酸消煮时，需加入酸量应达到(　　)。

A. 蓝刻度线以下　B. 蓝刻度线以上　C. 蓝刻度线位置

4. 加酸．加碱消煮时间为(　　)。

A. 20min　　B. 30min　　C. 1h　　D. 2h

5. 消煮过程中产生大量泡沫，可以向消煮液中加入(　　)。

A. 乙醇　　B. 乙醚　　C. 正辛醇　　D. 植物油

三．简答题

1. 粗纤维测定仪使用后应做哪些处理工作？

2. 当酸液或碱液消化完毕后，应做哪些工作？为什么？

3. 为什么在加液之前必须要先对酸、碱、蒸馏水进行预热？

项目 4　酸度计的使用与维护——任务实施记录单

班级：　　　　姓名：　　　　学号：　　　　第　　组　　　　组长签字：

工作任务 1　酸度计的结构认知
仪器与试剂：
注意事项与存在问题：
工作任务 2　酸度计的安装及操作
仪器与试剂：
安装流程：

续表

工作任务 2　酸度计的安装及操作
操作流程：
数据处理：
注意事项与存在问题：
教师评语：

项目 4　酸度计的使用与维护——操作技能考核表

班级：　　姓名：　　学号：　　第　　组　　成绩：

工作内容	考核内容	参考标准	参考分值	得分
1. 认知酸度计的结构(30 分)	酸度计外部结构	准确认知	10	
		不知道	0	
	酸度计各部分作用	理解正确	10	
		理解不正确	0	
	酸度计各旋钮的操作	熟练操作	10	
		在指导下操作	5	
		不会操作	0	
2. 酸度计的安装、校正和样品的测定(60 分)	短路插头取下方式	正确	3	
		不正确	0	
	电极的安装	正确	5	
		不正确	0	
	复合电极处理	正确	5	
		不正确	0	
	仪器预热	进行	3	
		未进行	0	
	【选择】旋钮的调节	正确	5	
		不正确	0	
	【温度】旋钮的调节	正确	5	
		不正确	0	
	【定位】旋钮的调节	正确	5	
		不正确	0	
	【斜率】旋钮的调节	正确	5	
		不正确	0	

续表

工作内容	考核内容	参考标准	参考分值	得分
2. 酸度计的安装、校正和样品的测定(60分)	测定时复合电极上小孔帽是否打开	是	5	
		否	0	
	电极清洗及擦拭	正确	5	
		不正确	0	
	单点校正	会	5	
		不会	0	
	缓冲溶液选择	正确	5	
		不正确	0	
	测定后电极的处理	正确	4	
		不正确	0	
3. 结果记录与评价(5分)	原始记录	完整、规范	2	
		欠完整、不规范	0	
	结果准确度	允许范围内	2	
		允许范围外	0	
	整个操作完成时间	规定范围内	1	
		规定范围外	0	
4. 文明操作(5分)	实验过程台面	整洁有序	2	
		脏乱	0	
	废液、纸等	按规定处理	2	
		乱扔乱倒	0	
	实验后台面、试剂等	清理	1	
		未清理	0	

项目4 酸度计的使用与维护——知识测试题

班级：　　　　姓名：　　　　学号：　　　　第　　组　　　　成绩：

一、填空题

1. 电化学分析法主要有(　　　　)、(　　　　)、(　　　　)、(　　　　)、(　　　　)等。

2. 电位分析仪主要有(　　　　)、(　　　　)、(　　　　)、(　　　　)等。

3. 酸度计是将(　　　　)插入被测溶液中，组成一个化学电池。化学电池的电动势与溶液的(　　　　)大小有关。

4. 初次使用或久置重新使用酸度计时，应将电极玻璃球泡浸泡在(　　　　)或(　　　　)溶液中活化(　　　　)h。

5. 玻璃球泡不能用(　　　　)溶液、(　　　　)或(　　　　)洗涤，也不能用于含氟较高的溶液中，否则电极将失去功能。

6. 在对酸度计进行定位时，采用的pH标准缓冲液是(　　　　)。

7. 若待测样品溶液是酸性的，对酸度计进行校准时，采用(　　　　)标准缓冲液；若待测样品溶液是碱性的，应采用(　　　　)标准缓冲液。

8. 配制pH标准溶液应使用(　　　　)水。

二、选择题

1. 常用的参比电极是(　　)。

A. 玻璃电极　　B. 气敏电极　　C. 饱和甘汞电极　　D. 银-氯化银电极

2. 关于pH玻璃电极膜电位的产生原因，下列说法正确的是(　　)。

A. 氢离子在玻璃表面还原而传递电子

B. 钠离子在玻璃膜中移动

C. 氢离子穿透玻璃膜而使膜内外氢离子产生浓度差

D. 氢离子在玻璃膜表面进行离子交换和扩散的结果

3. 酸度计在使用前，需检定其准确度，要求准确度总误差应在(　　)。

A. ≤±0.1pH　　B. ≤±0.01pH　　C. ≤±0.02pH　　D. ≤±0.2pH

4. 用玻璃电极测定溶液pH值时，采用的定量方法是(　　)。

A. 校正曲线法　　B. 直接比较法　　C. 一次加入法　　D. 增量法

5. 用电位法测定溶液的pH值时，电极系统由玻璃电极与饱和甘汞电极组成，其中玻璃电极是作为测量溶液中氢离子活度(浓度)的(　　)。

A. 金属电极　　B. 参比电极　　C. 指示电极　　D. 电解电极

6. pH计在测定溶液的pH值时，选用温度补偿应设定为(　　)。

A. 25℃　　B. 30℃　　C. 任何温度　　D. 被测溶液的温度

7. 电位法测定溶液pH值时，"定位"操作的作用是(　　)。

A. 消除温度的影响　　B. 消除电极常数不一致造成的影响

C. 消除离子强度的影响　　D. 消除参比电极的影响

续表

三、简答题

1. 常用的酸度计都有哪些类型？常用的电极都有哪些类型？

2. 在测量溶液 pH 值时，为什么酸度计要用标准 pH 缓冲液进行定位？

3. 为什么用单标准 pH 缓冲液法测量溶液 pH 值时，应尽量选用与它 pH 值相近的标准缓冲溶液来校正酸度计？

4. 标准缓冲液如何配制？如何保存？

5. 使用 pH 计的过程中，读数前轻摇样品杯起什么作用？读数时是否还要继续晃动溶液？为什么？

6. 为什么在酸度计上要有温度补偿装置？

项目5　电导率仪的使用与维护——任务实施记录单

班级：　　　　姓名：　　　　学号：　　　　第　　组　　　　组长签字：

工作任务1　电导率仪的结构认知
仪器与试剂：
注意事项与存在问题：
工作任务2　电导率仪的安装及其操作
仪器与试剂：
安装流程：

续表

工作任务 2　电导率仪的安装及其操作
操作流程：
数据处理：
注意事项与存在问题：
教师评语：

项目5 电导率仪的使用与维护——操作技能考核表

班级： 姓名： 学号： 第 组 成绩：

工作内容	考核内容	参考标准	参考分值	得分
1. 认知电导率仪的结构(30分)	电导率仪外部结构	准确认知	10	
		不知道	0	
	电导率仪各部分作用	理解正确	10	
		理解不正确	0	
	电导率仪各旋钮的操作	熟练操作	10	
		在指导下操作	6	
		不会操作	0	
2. 电导率仪的安装及其操作(60分)	电极杆的连接	正确	6	
		不正确	0	
	电极夹的安装	正确	6	
		不正确	0	
	电极的安装	正确	6	
		不正确	0	
	电极清洗及擦拭	正确	6	
		不正确	0	
	仪器预热	进行	6	
		未进行	0	
	选择旋钮的调节	正确	6	
		不正确	0	
	溶液温度的测定	进行	6	
		未进行	0	

续表

工作内容	考核内容	参考标准	参考分值	得分
2. 电导率仪的安装及其操作(60分)	电极常数的校准	独立进行	6	
		指导下完成	3	
		不会操作	0	
	量程的选择	独立进行	6	
		指导下完成	3	
		不会操作	0	
	变换量程是否重新校正	是	6	
		否	0	
3. 结果记录与评价(5分)	原始记录	完整、规范	2	
		欠完整、不规范	0	
	结果准确度	允许范围内	2	
		允许范围外	0	
	整个操作完成时间	规定范围内	1	
		规定范围外	0	
4. 文明操作(5分)	实验过程台面	整洁有序	2	
		脏乱	0	
	废液、废纸等	按规定处理	2	
		乱扔乱倒	0	
	实验后台面、试剂等	清理	1	
		未清理	0	

项目5　电导率仪的使用与维护——知识测试题

班级：　　　　姓名：　　　　学号：　　　　第　　组　　　　成绩：

一、填空题

1. 水的电导率与其所含无机酸、碱、盐的量有一定的关系，当它们的浓度较低时，电导率随着浓度的（　　　　）而增加，因此，该指标常用于推测水中离子的（　　　　）或（　　　　）。

2. 电导率仪的测量原理是将两块平行的极板放到被测溶液中，在极板的两端加上一定的电势（通常为正弦波电压），然后测量极板间流过的（　　　　）。根据欧姆定律，电导率是（　　　　）的倒数，是由导体本身决定的。

3. 电极常数常选用已知电导率的（　　　　）溶液测定。

4.【校正-测量】开关扳向（　　　　）挡，调节（　　　　）钮使显示数（小数点位置不论）与所使用的电极的（　　　　）一致。

5. 为确保测量精度，电极使用前应用（　　　　）蒸馏水（或去离子水）冲洗（　　　　）次，然后用（　　　　）冲洗3次方可测量。

6. 电导率的单位为（　　　　），用（　　　　）表示。

7. 校正电导池常数所用（　　　　）应该用一级试剂，并需在（　　　　）℃烘箱中烘（　　　　）h，取出在干燥器中冷却后方可称量。

8. 在测量高纯水时应避免污染，最好采用（　　　　）、（　　　　）的测量方式。

二、选择题

1. 电导率仪常用的电极是（　　）。

A. 玻璃电极　　B. 气敏电极　　C. 铂黑电极　　D. 银-氯化银电极

2. 电导率仪开机需预热（　　）。

A. 5min　　B. 10min　　C. 2h　　D. 4h

3. 当电导率在0.1～1μS/cm之间时，选用（　　）。

A. 常数为$0.1cm^{-1}$的电极　　B. 常数为$1cm^{-1}$的DJS-1C型光亮电极

C. DJS-1C型铂黑电极　　D. DJS-10C型铂黑电极

4. 电导率用（　　）表示。

A. A　　B. G　　C. R　　D. ρ

5. 电导率仪在测定溶液的pH值时，选用温度补偿应设定为（　　）。

A. 25℃　　B. 30℃　　C. 任何温度　　D. 被测溶液的温度

6. 分析用水的电导率应小于（　　　）。

A. 6.0μS/cm　　B. 5.5μS/cm　　C. 5.0μS/cm　　D. 4.5μS/cm

7. 电导是溶液导电能力的量度，它与溶液中的（　　）有关。

A. pH值　　B. 溶液浓度　　C. 导电离子总数　　D. 溶质的溶解度

三、简答题

1. 常用的电导率仪都有哪些类型？常用电极都有哪些类型？

2. 如何选择电极？如何对电导电极进行校正？

3. 如何测定电导电极常数？

4. 电导率仪在使用时应该注意哪些问题？

项目6　电位滴定仪的使用与维护——任务实施记录单

班级：　　　　姓名：　　　　学号：　　　　第　　组　　　　组长签字：

工作任务1　ZD-2型自动电位滴定仪的结构认知
仪器与试剂：
注意事项与存在问题：
工作任务2　ZD-2型自动电位滴定仪的安装
仪器与试剂：
安装流程：
注意事项与存在问题：

续表

工作任务 3　电位滴定仪测定 mV 及 pH
仪器与试剂：
操作流程：
数据处理：
工作任务 4　利用电位滴定仪进行电位滴定分析
仪器与试剂：
操作流程：
数据处理：
教师评语：

项目6 电位滴定仪的使用与维护——操作技能考核表

班级： 姓名： 学号： 第 组 成绩：

工作内容	考核内容	参考标准	参考分值	得分
1. 认知电位滴定仪的结构(15分)	电位滴定仪外部结构	能准确认知	5	
		不知道	0	
	电位滴定仪外部结构的各部分作用	理解正确	4	
		不知道	0	
	电极夹的组成	能准确认知	3	
		不知道	0	
	滴定架装置	能准确认知	3	
		不知道	0	
2. 电位滴定仪的安装(15分)	滴定装置的安装	能够独立安装	4	
		指导下完成	2	
		不会安装	0	
	安装硅橡胶管	能够独立安装	4	
		指导下完成	2	
		不会安装	0	
	电磁阀的调节	能够独立完成	4	
		指导下完成	2	
		不会操作	0	
	电极的安装	能够独立安装	3	
		指导下完成	1	
		不会安装	0	
3. 用电位滴定仪测定mV及pH(20分)	仪器预热	已预热	3	
		未预热	0	
	测定mV时，设置开关及选择开关的设置	正确	3	
		不正确	0	
	测pH时，温度补偿旋钮的设定	正确	4	
		不正确	0	
	测pH时，仪器校准	独立熟练完成	4	
		指导下完成	2	
		不会校准	0	
	测pH时，缓冲溶液的选择	正确	3	
		不正确	0	
	电极的清洗、使用	正确	3	
		不正确	0	
4. 用电位滴定仪进行电位滴定分析(40分)	仪器预热	已预热	1	
		未预热	0	
	滴定管清洗、润洗	正确	2	
		不正确	0	
	滴定管零刻度调节(静置、调零、残液处理)	正确	3	
		不正确	0	

续表

工作内容	考核内容	参考标准	参考分值	得分
4. 用电位滴定仪进行电位滴定分析(40分)	指示电极检查与预处理	正确	3	
		不正确	0	
	甘汞电极检查(液晶、晶体、气泡、胶帽、瓷芯)	已检查	3	
		未检查	0	
	搅拌子放入方法	正确	2	
		不正确	0	
	滴定装置安装	正确	1	
		不正确	0	
	电极安装(浸入溶液高度,极性选择)	正确	1	
		不正确	0	
	终点设定	正确	3	
		不正确	0	
	预控制点设定	正确	3	
		不正确	0	
	是否停止搅拌后读数	是	2	
		否	0	
	滴定管尖残液处理	正确	3	
		不正确	0	
	读数(读数方法,读数是否正确)	正确	2	
		不正确	0	
	使用后电极插孔是否旋上防尘帽	是	2	
		否	0	
	滴定前是否用溶液将电磁阀橡皮管冲洗	是	3	
		否	0	
	当滴定开始后,滴定灯闪亮但无滴液滴下,对此故障的处理	能够独立解决	3	
		指导下解决	1	
		不能解决	0	
	当电磁阀关闭时仍有滴液滴下的故障处理	能够独立解决	3	
		指导下解决	1	
		不能解决	0	
5. 结果记录与评价(5分)	原始记录	完整、规范	2	
		欠完整、不规范	0	
	结果准确度	在允许范围内	2	
		在允许范围外	0	
	整个操作完成时间	在规定范围内	1	
		在规定范围外	0	
6. 文明操作(5分)	实验过程台面	整洁有序	2	
		脏乱	0	
	废液、废纸等	按规定处理	2	
		乱扔乱倒	0	
	实验后试剂、仪器放回原处	已放	1	
		未放	0	

项目6　电位滴定仪的使用与维护——知识测试题

班级：　　　　姓名：　　　　学号：　　　　第　　组　　　　成绩：

一、填空题

1. 自动电位滴定仪的工作原理是通过测量(　　　　)变化来测量离子浓度。

2. 电位滴定仪由(　　　　)、(　　　　)、(　　　　)构成。

3. 用电位滴定法进行酸碱滴定时，通常使用(　　　　)电极作指示电极。

二、选择题

1. 在电位滴定中，以 $\Delta E/\Delta V$-V 作图绘制曲线，滴定终点为(　　)。

A. 曲线突跃的转折点　　B. 曲线的最大斜率点

C. 曲线的最小斜率点　　D. 曲线的斜率为零时的点

2. 电位滴定法是根据(　　　　)确定滴定终点的。

A. 指示剂颜色变化　　B. 电极电位

C. 电位突跃　　D. 电位大小

3. 对于电位滴定法，下列说法错误的是(　　)。

A. 在酸碱滴定中，常用 pH 玻璃电极为指示电极，饱和甘汞电极为参比电极

B. 弱酸、弱碱以及多元酸(碱)不能用电位滴定法测定

C. 电位滴定法具有灵敏度高、准确度高、应用范围广等特点

D. 在酸碱滴定中，应用电位法指示滴定终点比用指示剂法指示终点的灵敏度高得多

4. 在自动电位滴定法测 HAc 的实验中，自动电位滴定仪中控制滴定速度的机械装置是(　　)。

A. 搅拌器　　B. 滴定管活塞　　C. pH 计　　D. 电磁阀

5. 在自动电位滴定法测 HAc 的实验中，搅拌子的转速应控制在(　　)。

A. 高速　　B. 中速　　C. 低速　　D. pH 电极玻璃泡不露出液面

6. 电位滴定仪在测定溶液的 pH 值时，选用温度补偿应设定为(　　)。

A. 25℃　　B. 30℃　　C. 任何温度　　D. 被测溶液的温度

三、简答题

1. 以甘汞电极为例，说说如何安装参比电极。

2. 以玻璃电极为例，说说指示电极的安装方法。

3. 简述电位滴定仪的安装流程。

4. 在滴定分析仪使用过程中，滴定开始后，滴定灯闪亮，但无标准滴定溶液滴下，分析一下故障原因，应如何解决？

5. 在使用电位滴定仪时应注意哪些问题？

项目7 旋光仪的使用与维护——任务实施记录单

班级：　　　　姓名：　　　　学号：　　　　第　　组　　　　组长签字：

工作任务1 旋光仪的结构认知
仪器与试剂：
注意事项与存在问题：
工作任务2 旋光仪的操作
仪器与试剂：
操作流程：

续表

工作任务 2　旋光仪的操作
数据处理：
注意事项与故障排查方法：
教师评语：

项目7　旋光仪的使用与维护——操作技能考核表

班级：　　　　姓名：　　　　学号：　　　　第　　组　　　　成绩：

工作内容	考核内容	参考标准	参考分值	得分
1. 认知WZZ-2B型自动旋光仪的结构(30分)	旋光仪外部与内部结构	准确认知	10	
		不知道	0	
	旋光仪各部分作用	理解正确	10	
		不知道	0	
	旋光仪操作键盘	熟练操作	10	
		指导下完成	5	
		不会操作	0	
2. 旋光仪的操作(60分)	开机预热操作	进行	6	
		未进行	0	
	旋光管的拆卸、安装	独立正确操作	6	
		指导下完成	3	
		不会操作	0	
	旋光管的清洗	规范	6	
		不规范	3	
		未进行	0	
	装液的操作	正确熟练	6	
		不正确	0	
	排气泡方式	正确	6	
		不正确	0	
	试管放入样品室的操作	规范	6	
		不规范	0	
	测量过程的操作	正确、熟练	6	
		不正确	0	
	测定后旋光管的处理	处理	6	
		未处理	0	
	仪器使用中钠光灯不亮	正确处理	6	
		不会处理	0	
	关机的操作	正确	6	
		不正确	0	
3. 结果记录与评价(5分)	原始记录	完整、规范	2	
		欠完整、不规范	0	
	结果准确度	允许范围内	2	
		允许范围外	0	
	整个操作完成时间	规定范围内	1	
		规定范围外	0	
4. 文明操作(5分)	实验过程台面	整洁有序	2	
		脏乱	0	
	废液、废纸等	按规定处理	2	
		乱扔乱倒	0	
	实验后试剂、仪器放回原处	已放	1	
		未放	0	

项目7 旋光仪的使用与维护——操作技能考核表

班级：　　　姓名：　　　学号：　　　得　分　　　成绩

工作内容	考核内容	考核标准	参考分值	得分
1. 认知WZZ-2S型自动旋光仪的结构(30分)	旋光仪外部与内部结构	准确认知	10	
		不知道	0	
	旋光仪各部分作用	明确理解	10	
		不知道	0	
	旋光仪操作键盘	熟练操作	10	
		指导下完成	5	
		不会操作	0	
2. 旋光仪的操作(60分)	开机预热操作	进行	6	
		未进行	0	
	旋光管的拆卸、安装	独立正确操作	6	
		指导下完成	3	
		不会操作	0	
	旋光管的清洗	洗涤	6	
		不洗涤	[illegible]	
		未进行	0	
	校零的操作	正确熟练	6	
		不正确	0	
	赶气泡方式	正确	6	
		不正确	0	
	试管放入样品室的操作	规范	6	
		不规范	[illegible]	
	测量-读数的操作	正确、熟练	6	
		不正确	0	
	测定后旋光管的处理	处理	6	
		不处理	0	
	仪器使用中钠光灯不亮	正确处理	6	
		不会处理	0	
	关机的操作	正确	6	
		不正确	0	
3. 结果记录与评价(5分)	原始记录	完整、规范	2	
		不完整、不规范	0	
	结果准确度	允许范围内	2	
		允许范围外	0	
	整个操作完成时间	规定时间内	1	
		规定时间外	0	
4. 文明操作(5分)	实验过程台面	整洁有序	2	
		脏乱	[illegible]	
	废液、废纸等	按规定处理	[illegible]	
		乱扔乱倒	[illegible]	
	实验后试剂、仪器放回原处	已放	1	
		未放	[illegible]	

项目7　旋光仪的使用与维护——知识测试题

班级：　　　　姓名：　　　　学号：　　　　第　　组　　　　成绩：

一、填空题

1. 先将已知纯度的标准品或参考样品按一定比例稀释成若干份不同浓度的试样，分别测出其旋光度，然后以(　　　　)为横轴，(　　　　)为纵轴，绘成旋光曲线。

2. 根据国际糖度标准，规定用(　　　　)纯糖制成(　　　　)溶液，用200mm试管在(　　　　)℃下用钠光测定，其旋光度为(　　　　)，其糖度为100糖分度。

3. 仪器使用完毕后，应依次关闭(　　　　)、(　　　　)开关。

4. 当放入小角度样品(小于±5°)时，示数可能变化，这时只要按(　　　　)按钮，就会出现新数字。

5. 将装有蒸馏水或其他空白溶剂的试管放入样品室，盖上箱盖，待示数稳定后，按(　　　　)键。试管中若有气泡，应先让气泡浮在(　　　　)处；通光面两端的雾状水滴，应用(　　　　)揩干。

二、选择题

1. 钠光灯在电源开启后(　　)开启。

A. 3min　　B. 4min　　C. 5min　　D. 10min

2. 下面(　　)项目自动旋光仪不能做。

A. 糖浓度测定　　B. 淀粉纯度测定　　C. 国际糖分度测定　　D. 谷物含水量测定

3. 仪器电源开关和灯开关的开机、关机的先后顺序，正确的是(　　)。

A. 先开灯，后开电源B. 先关灯后关电源　　C. 同时开灯、电源　　D. 同时关灯、电源

三、简答题

1. 简述自动旋光仪的使用流程。

2. 讨论自动旋光仪的使用注意事项。

3. 分析直流下钠光灯不亮的原因，应如何处理？

项目8　722型分光光度计的使用与维护——任务实施记录单

班级：　　　　姓名：　　　　学号：　　　　第　　组　　　　组长签字：

工作任务1　722型分光光度计的结构认知
仪器与试剂：
注意事项与存在问题：
工作任务2　722型分光光度计的操作
仪器与试剂：
操作流程：
注意事项与存在问题：
数据处理：

续表

工作任务 3　722 型分光光度计的校正
仪器与试剂：
操作流程：
注意事项与存在问题：
教师评语：

项目 8　722 型分光光度计的使用与维护——操作技能考核表

班级：　　姓名：　　学号：　　第　　组　　成绩：

工作内容	考核内容	参考标准	参考分值	得分
1. 认知 722 型分光光度计的结构（15 分）	722 型分光光度计外部结构	准确认知	5	
		不知道	0	
	722 型分光光度计各部分作用	理解正确	5	
		理解不正确	0	
	分光光度计各旋钮的操作	熟练操作	5	
		在指导下操作	2	
		不会操作	0	
2. 722 型分光光度计的操作（45 分）	测量前预热仪器	预热 20min	3	
		未进行	0	
	开机后打开试样室盖	已开	3	
		未开	0	
	调“0%”和“100%”操作	熟练	3	
		不会	0	
	用待测液润洗比色皿	已润洗	3	
		未润洗	0	
	吸收池执法	正确	3	
		错误	0	
	吸收池光面擦拭方法	正确	3	
		错误	0	
	注液高度	皿高 2/3～4/5	3	
		过高或过低	0	
	测量顺序	由浅至深	3	
		随意	0	
	吸收池放置	沿光路方向	3	
		随意	0	
	测量过程重校“0%”、“100%”	校	3	
		未校	0	

续表

工作内容	考核内容	参考标准	参考分值	得分
2.722型分光光度计的操作(45分)	非测量状态下打开试样室盖	开	3	
		未开	0	
	关闭电源、罩上防尘罩	已进行	3	
		未进行	0	
	工作曲线绘制方法	正确	3	
		不正确	0	
	数据处理方法	正确	3	
		不正确	0	
	操作完成时间	在规定范围内	3	
		在规定范围外	0	
3.722型分光光度计的校正(30分)	滤光片放置	正确	5	
		不正确	0	
	波长调节	正确	5	
		不正确	0	
	不同波长下吸光度测量	正确	5	
		错误	0	
	波长校正	正确、熟练	5	
		不正确	0	
	比色皿的使用	正确	5	
		不正确	0	
	皿差测量	正确	5	
		不正确	0	
4.结果记录与评价(5分)	原始记录	完整、规范	2	
		欠完整、不规范	0	
	结果准确度	在允许范围内	2	
		在允许范围外	0	
	整个操作完成时间	在规定范围内	1	
		在规定范围外	0	
5.文明操作(5分)	实验过程台面	整洁有序	2	
		脏乱	0	
	洗涤比色皿并空干	已进行	2	
		未进行	0	
	实验后试剂、仪器放回原处	已放	1	
		未放	0	

项目8　722型分光光度计的使用与维护——知识测试题

班级：　　　　姓名：　　　　学号：　　　　第　　组　　　　成绩：

一、填空题

1. 紫外-可见分光光度计的基本构造都相似，都由（　　）、（　　）、（　　）、（　　）和（　　）五大部件组成。

2. 单色光是具有（　　）的光，722型分光光度计用（　　）装置获得单色光。

3. 紫外-可见分光光度计中，可见光区常用的光源为（　　），可用的波长范围（　　）；紫外光区常用的光源为（　　），它发射的连续波长范围为（　　）。

4. 国家技术监督局批准颁布的紫外-可见分光光度计的检定规程中规定，紫外-可见分光光度计检定周期为（　　），两次检定合格的仪器检定周期可延长至（　　）。

5. 722型分光光度计可以使用仪器随机配置的（　　）校正波长。

6. 可见光区使用（　　）吸收池，紫外光区使用（　　）吸收池。

二、选择题

1. 一束（　　）通过有色溶液时，溶液的吸光度与溶液浓度和液层厚度的乘积成正比。

A. 平行可见光　B. 平行单色光　C. 白光　D. 紫外光

2. 在目视比色法中，常用的标准系列法是比较（　　）。

A. 入射光的强度　B. 透过溶液后的强度

C. 透过溶液后的吸收光的强度　D. 一定厚度溶液的颜色深浅

3.（　　）互为补色。

A. 黄与蓝　B. 红与绿　C. 橙与青　D. 紫与青蓝

4. 摩尔吸光系数很大，则说明（　　）。

A. 该物质的浓度很大　B. 光通过该物质溶液的光程长

C. 该物质对某波长光的吸收能力强　D. 测定该物质的方法的灵敏度低

5. 下述操作中正确的是（　　）。

A. 比色皿外壁有水珠　B. 手捏比色皿的磨光面

C. 手捏比色皿的毛面　D. 用报纸去擦比色皿外壁的水

6. 紫外-可见分光光度法适合检测的波长范围是（　　）。

A. 400～760nm　B. 200～400nm

C. 200～760nm　D. 200～1000nm

7. 在光学分析法中，采用钨灯作光源的是（　　）。

A. 原子光谱　B. 紫外光谱　C. 可见光谱　D. 红外光谱

8. 分光光度分析中一组合格的吸收池透射比之差应该小于（　　）。

A. 1%　B. 2%　C. 0.1%　D. 5%

9. 在分光光度法分析中，使用（　　）可以消除试剂的影响。

A. 用蒸馏水　B. 待测标准溶液

C. 试剂空白溶液　D. 任何溶液

10. 吸光度为（　　）时，相对误差较小。

A. 吸光度越大　B. 吸光度越小　C. 0.2～0.7　D. 任意

续表

三、简答题

1. 简述色散元件的分类,并比较两种色散元件。

2. 简述比色皿的使用与保养。

3. 在吸收池配套性检查中,若吸收池架上二、三、四格的吸收池吸光度出现负值,应如何处理?

4. 如何更换光源灯？在更换光源灯的操作中应注意什么？

5. 杂散光的主要来源是什么？要消除杂散光影响,应注意哪几点?

项目9　原子吸收分光光度计的使用与维护——任务实施记录单

班级：　　　　姓名：　　　　学号：　　　　第　　组　　　　组长签字：

工作任务1　原子吸收分光光度计的结构认知
仪器与试剂：
注意事项与存在问题：
工作任务2　原子吸收分光光度计的安装
仪器与试剂：
操作流程：
工作任务3　原子吸收分光光度计的调试
仪器与试剂：
操作流程：

续表

工作任务4　利用原子吸收分光光度计测定待测样品
仪器与试剂：
操作流程：
数据处理：
教师评语：

项目 9　原子吸收分光光度计的使用与维护——操作技能考核表

班级：　　　姓名：　　　学号：　　　第　　组　　　成绩：

工作任务	考核内容	参考标准	参考分值	得分
1. 原子吸收分光光度计的结构认知(6 分)	仪器外部基本结构的认知	独立准确认知	2	
		在指导下认知	1	
		不知道	0	
	仪器辅助设备的认知	独立准确认知	2	
		在指导下认知	1	
		不知道	0	
	仪器的各部件功能	理解正确	2	
		理解不正确	1	
		不正确	0	
2. 原子吸收分光光度计的安装(24 分)	空气气路系统和仪器主机的连接	独立完成	2	
		指导下完成	1	
		不能完成	0	
	乙炔气路系统和仪器主机的连接	独立完成	2	
		指导下完成	1	
		不能完成	0	
	氩气气路系统和仪器主机的连接	独立完成	2	
		指导下完成	1	
		不能完成	0	
	冷却水系统和仪器主机的连接	独立完成	2	
		指导下完成	1	
		不能完成	0	
	空心阴极灯的安装和拆卸	独立完成	2	
		指导下完成	1	
		不能完成	0	
	无极放电灯的安装和拆卸	独立完成	2	
		指导下完成	1	
		不能完成	0	

续表

工作任务	考核内容	参考标准	参考分值	得分
2. 原子吸收分光光度计的安装(24分)	火焰燃烧头的安装	独立完成	2	
		指导下完成	1	
		不能完成	0	
	火焰燃烧头的拆卸	独立完成	2	
		指导下完成	1	
		不能完成	0	
	雾化器的安装和拆卸	独立完成	2	
		指导下完成	1	
		不能完成	0	
	排水管和废液筒的连接	独立完成	2	
		指导下完成	1	
		不能完成	0	
	排水管的拆卸和灌水	独立完成	2	
		指导下完成	1	
		不能完成	0	
	排水系统和仪器主机的连接	独立完成	2	
		指导下完成	1	
		不能完成	0	
3. 原子吸收分光光度计的调试(22分)	火焰控制窗口的调出	独立完成	2	
		指导下完成	1	
		不能完成	0	
	火焰燃烧头前后位置的调节	正确	2	
		不正确	0	
	火焰燃烧头上下位置的调节	正确	2	
		不正确	0	
	雾化器流量的调节——灯的点亮	独立完成	2	
		指导下完成	1	
		不能完成	0	

续表

工作任务	考核内容	参考标准	参考分值	得分
3. 原子吸收分光光度计的调试(22分)	雾化器流量的调节——“连续图”窗口的调出	独立完成	2	
		指导下完成	1	
		不能完成	0	
	雾化器流量的调节——火焰的点燃	独立完成	2	
		指导下完成	1	
		不能完成	0	
	雾化器调节工作的实施	独立完成	2	
		指导下完成	1	
		不能完成	0	
	进样针的修整	正确	2	
		不正确	0	
	石墨炉位置的优化——石墨炉对话框的调出	独立完成	2	
		指导下完成	1	
		不能完成	0	
	石墨炉位置优化的实施	独立完成	2	
		指导下完成	1	
		不能完成	0	
	进样针在石墨管中位置优化的实施	独立完成	2	
		指导下完成	1	
		不能完成	0	
4. 火焰原子化法操作界面(20分)	仪器开机前的准备	正确	2	
		不正确	0	
	仪器开机	正确	2	
		不正确	0	
	进入操作界面	规范	2	
		不规范	0	
	方法的建立	正确	2	
		不正确	0	
	样品信息和结果文件的建立	进行	2	
		未进行	0	
	灯操作条件的设定	正确	2	
		不正确	0	
	各种操作窗口的调出	完全	2	
		不完全	0	
	火焰的点燃	规范	2	
		不规范	0	
	待测样品测定	正确	2	
		不正确	0	

续表

工作任务	考核内容	参考标准	参考分值	得分
4. 火焰原子化法操作界面（20分）	仪器关机	正确	2	
		不正确	0	
5. 石墨炉原子化法操作界面（18分）	仪器开机前的准备	正确	2	
		不正确	0	
	火焰原子化转换到石墨炉原子化	正确	2	
		不正确	0	
	仪器开机	正确	2	
		不正确	0	
	进入操作界面	规范	2	
		不规范	0	
	方法的建立	正确	2	
		不正确	0	
	样品信息和结果文件的建立	进行	2	
		未进行	0	
	灯操作条件的设定	正确	2	
		不正确	0	
	各种操作窗口的调出	完全	2	
		不完全	0	
	待测样品的测定	正确	2	
		不正确	0	
6. 结果记录与评价（5分）	原始记录	完整、规范	2	
		欠完整、不规范	0	
	结果准确度	在允许范围内	2	
		在允许范围外	0	
	整个操作完成时间	在规定范围内	1	
		在规定范围外	0	
7. 文明操作（5分）	实验过程台面	整洁有序	2	
		脏乱	0	
	废液、废纸等	按规定处理	2	
		乱扔乱倒	0	
	实验后试剂、仪器放回原处	已放	1	
		未放	0	

项目9　原子吸收分光光度计的使用与维护——知识测试题

班级：　　　　姓名：　　　　学号：　　　　第　　组　　　　成绩：

一、填空题

1. 在原子吸收光谱中，为了测出待测元素的峰值吸收必须使用锐线光源，常用的是(　　)灯。

2. 空心阴极灯的阳极一般是(　　)，而阴极材料则是(　　)，管内通常充有(　　)。

3. 原子化器的作用是将试样(　　)，原子化的方法有(　　)和(　　)。

4. 火焰原子吸收法与分光光度法都是利用(　　)原理进行分析的方法，但二者有本质区别，前者是(　　)，后者是(　　)；所用的光源，前者是(　　)，后者是(　　)。

5. 火焰原子化器与无火焰原子化器相比较，测定的灵敏度(　　)，这主要是因为后者比前者的原子化效率(　　)。

6. 火焰原子吸收光谱分析中，化学干扰与(　　)等因素有关，它是一个复杂的过程，可以采用(　　)等方法加以抑制。

7. 原子吸收法测量时，要求发射线与吸收线的(　　)一致，且发射线与吸收线相比，(　　)要窄得多。产生这种发射线的光源通常是(　　)。

8. 原子吸收分析中主要的干扰类型有(　　)、(　　)和(　　)。

二、选择题

1. 空心阴极灯的主要操作参数是(　　)。

A. 灯电流　　B. 灯电压　　C. 阴极温度　　D. 内充气体的压力

2. 原子化器的主要作用是(　　)。

A. 将试样中待测元素转化为基态原子　B. 将试样中待测元素转化为激发态原子

C. 将试样中待测元素转化为中性分子　D. 将试样中待测元素转化为离子

3. 原子吸收分析对光源进行调制，主要是为了消除(　　)。

A. 光源透射光的干扰　　B. 原子化器火焰的干扰

C. 背景干扰　　D. 物理干扰

4. 在原子吸收分析法中，被测定元素的灵敏度、准确度在很大程度上取决于(　　)。

A. 空心阴极灯　　B. 火焰　　C. 原子化系统　　D. 分光系统

5. 若原子吸收的定量方法为标准加入法时，消除了(　　)干扰。

A. 分子吸收　　B. 背景吸收　　C. 光散射　　D. 基体效应

6. 石墨炉的升温程序为(　　)。

A. 灰化、干燥、原子化和净化　　B. 干燥、灰化、净化和原子化

C. 干燥、灰化、原子化和净化　　D. 净化、干燥、灰化和原子化

7. 空心阴极灯内充的气体是(　　)。

A. 大量的空气　　B. 大量的氖或氩等惰性气体

C. 少量的空气　　D. 少量的氖或氩等惰性气体

8. 原子吸收光谱仪与原子发射光谱仪在结构上的不同之处是(　　)。

A. 透镜　　B. 单色器　　C. 光电倍增管　　D. 原子化器

9. 原子吸收分光光度计中常用的检测器是(　　)。

A. 光电池　　B. 光电管　　C. 光电倍增管　　D. 感光板

续表

三、简答题

1. 在原子吸收分析中为什么必须使用锐线光源？

2. 在原子吸收分析中为什么常选择共振线作吸收线？

3. 原子吸收分光光度计和紫外-可见分子吸收分光光度计在仪器装置上有哪些异同点？

4. 原子吸收分析中会遇到哪些干扰因素？简要说明各用什么措施可抑制上述干扰。非火焰原子吸收光谱法的主要优点是什么？

5. 水冷保护的作用是什么？

项目 10　气相色谱仪的使用与维护——任务实施记录单

班级：　　　　姓名：　　　　学号：　　　　第　组　　　　组长签字：

工作任务 1　气相色谱仪的结构认知
仪器与试剂：
注意事项与存在问题：
工作任务 2　气相色谱仪的安装和气路系统连接及检漏
仪器与试剂：
操作流程：
注意事项与存在问题：
工作任务 3　气相色谱仪进样口及色谱柱的安装
仪器与试剂：
操作流程：
注意事项与存在问题：

续表

工作任务 4　气相色谱载气流量的测定和校正
仪器与试剂：
操作流程：
注意事项与存在问题：

工作任务 5　气相色谱仪控制面板的操作
仪器与试剂：
操作流程：
存在问题：

工作任务 6　GC9790 型气相色谱仪 ECD 检测器操作
仪器与试剂：
操作流程：
存在问题：

续表

工作任务 7　GC9790 型气相色谱仪 FID 检测器操作
仪器与试剂：
操作流程：
存在问题：
工作任务 8　GC9790 型气相色谱仪 FPD 检测器操作
仪器与试剂：
操作流程：
存在问题：
教师评语：

项目 10　气相色谱仪的使用与维护——操作技能考核表

班级：　　姓名：　　学号：　　第　　组　　成绩：

工作内容	考核内容	参考标准	参考分值	得分
1. 认知气相色谱仪的结构（12分）	气相色谱仪外部结构	独立准确认知	3	
		在指导下认知	1	
		不知道	0	
	气相色谱仪各部分作用	理解正确	3	
		理解不正确	0	
	气相色谱仪操作键盘	独立熟练操作	3	
		指导下完成操作	1	
		不会操作	0	
	气路控制面板	独立熟练操作	3	
		指导下完成操作	1	
		不会操作	0	
2. 气相色谱仪安装和气路系统连接及检漏(24分)	仪器台外电源线、检测器信号线连接	独立熟练操作	3	
		指导下完成操作	1	
		不能完成	0	
	高压气瓶减压阀的安装	独立熟练操作	3	
		指导下完成操作	1	
		不能完成	0	
	减压阀与净化器的连接	独立熟练	3	
		指导下完成	1	
		不能完成	0	
	净化器与仪器载气连接	独立熟练	3	
		指导下完成	1	
		不能完成	0	
	钢瓶至减压阀间检漏	独立熟练操作	3	
		指导下完成操作	1	
		不能完成	0	

续表

工作内容	考核内容	参考标准	参考分值	得分
2. 气相色谱仪安装和气路系统连接及检漏(24分)	气源至色谱柱间检漏	独立熟练操作	3	
		指导下完成操作	1	
		不能完成	0	
	气化室至检测器出口间检漏	独立熟练操作	3	
		指导下完成	1	
		不能完成	0	
	管路的清洗	独立正确进行	3	
		在指导下进行	1	
		不会清洗	0	
3. 气相色谱仪进样口及色谱柱的安装(40分)	进样器的拆卸	独立熟练拆卸	3	
		指导下完成拆卸	1	
		不会拆卸	0	
	进样器的安装	独立熟练安装	3	
		指导下完成安装	1	
		不会安装	0	
	玻璃衬管的填充	独立进行	3	
		指导下完成	1	
		不会操作	0	
	衬管的清洗	独立进行清洗	3	
		指导下完成	1	
		不会操作	0	
	进样垫的清洗	独立进行清洗	3	
		指导下完成	1	
		不会操作	0	
	微量注射器的清洗	独立进行清洗	3	
		指导下完成	1	
		不会操作	0	

续表

工作内容	考核内容	参考标准	参考分值	得分
3.气相色谱仪进样口及色谱柱的安装(40分)	气化室进样口的维护	独立进行维护	3	
		指导下完成	1	
		不会操作	0	
	色谱柱支架的安装	独立熟练安装	3	
		指导下完成安装	1	
		不会安装	0	
	色谱柱的检漏	独立熟练进行	3	
		指导下完成	1	
		不会检漏	0	
	色谱柱与进样口的安装连接	独立熟练安装	3	
		指导下完成安装	1	
		不会安装	0	
	色谱柱与检测器的安装连接	独立熟练安装	3	
		指导下完成安装	1	
		不会安装	0	
	检测器尾吹气的安装	独立熟练安装	3	
		指导下完成安装	1	
		不会安装	0	
	色谱柱的老化	独立熟练操作	4	
		指导下完成	2	
		不会老化柱子	0	
4.气相色谱载气流量的测定和校正(20分)	皂膜流量计的使用	独立熟练操作	3	
		指导下完成	1	
		不会操作	0	
	转子流量计的使用	独立熟练操作	3	
		指导下完成	1	
		不会操作	0	

续表

工作内容	考核内容	参考标准	参考分值	得分
4.气相色谱载气流量的测定和校正(20分)	气相色谱载气流量的测定	独立熟练完成	3	
		指导下完成	1	
		不能完成	0	
	载气流量测定结果的准确度	在允许范围内	3	
		在允许范围外	0	
	整个操作完成时间	在规定范围内	2	
		在规定范围外	0	
	气相色谱载气流量的校正	独立熟练完成	3	
		指导下完成	1	
		不能完成	0	
	流量计的清洗	独立正确完成	3	
		在指导下完成	1	
		不能完成	0	
5. 气相色谱仪控制面板的操作(32分)	加热区过温保护的设定	独立进行设定	3	
		在指导下完成	1	
		不能完成	0	
	柱恒温箱恒温温度与过温保护的设定	独立进行设定	3	
		在指导下完成	1	
		不能完成	0	
	柱恒温箱程序升温温度设定	独立进行设定	3	
		在指导下完成	1	
		不能完成	0	
	注样器恒温箱温度的设定	独立进行设定	3	
		在指导下完成	1	
		不能完成	0	
	检测器恒温箱温度设定	独立进行设定	3	
		在指导下完成	1	
		不能完成	0	

续表

工作内容	考核内容	参考标准	参考分值	得分
5. 气相色谱仪控制面板的操作(32分)	参数的设定	独立进行设定	3	
		在指导下完成	1	
		不能完成	0	
	秒表功能的使用	独立进行设定	3	
		在指导下完成	1	
		不能完成	0	
	运行记录的使用	独立进行设定	3	
		在指导下完成	1	
		不能完成	0	
	自检结果显示的操作	独立进行设定	3	
		在指导下完成	1	
		不能完成	0	
	报警状态显示操作	独立进行设定	3	
		在指导下完成	1	
		不能完成	0	
	系统设置的操作	独立进行设定	2	
		在指导下完成	1	
		不能完成	0	
6. GC9790型气相色谱仪ECD检测器操作(30分)	打开气源、电源	操作正确	3	
		操作不正确	0	
	电流的设定	准确	3	
		不准确	0	
	量程的设定	准确	3	
		不准确	0	
	载气流量调节	操作正确	3	
		不准确	0	
	柱箱、进样口及检测器温度的设定	独立正确进行	3	
		在指导下完成	1	
		操作不正确	0	

续表

工作内容	考核内容	参考标准	参考分值	得分
6. GC9790 型气相色谱仪 ECD 检测器操作(30 分)	注射器使用前处理	独立正确进行	3	
		在指导下完成	1	
		操作不正确	0	
	进样操作	操作正确	3	
		不正确	0	
	色谱站的使用	独立熟练操作	3	
		在指导下完成	1	
		操作不正确	0	
	仪器关机	操作正确	3	
		不正确	0	
	故障排查	正确	3	
		不正确	0	
7. GC9790 型气相色谱仪 FID、FPD 检测器操作(32 分)	开机步骤	操作正确	3	
		不正确	0	
	载气流量调节	操作正确	3	
		不正确	0	
	进样口、柱箱、检测器温度设定	正确	3	
		不正确	0	
	点火前燃气、助燃气调节	独立正确进行	3	
		在指导下完成	1	
		操作不正确	0	
	点火操作	独立正确进行	3	
		在指导下完成	1	
		操作不正确	0	
	点火后燃气调节	正确	3	
		不正确	0	
	是否点着火的判断	独立进行判断	3	
		不会判断	0	

续表

工作内容	考核内容	参考标准	参考分值	得分
7. GC9790型气相色谱仪 FID、FPD检测器操作(32分)	手动进样	独立正确进行	3	
		操作不正确	0	
	色谱站的使用	独立熟练操作	3	
		在指导下完成	1	
		操作不正确	0	
	关机操作	正确	2	
		不正确	0	
	故障排查	正确	3	
		不正确	0	
8. 结果记录与评价(5分)	色谱图	较好	2	
		不好	0	
	结果准确度	在允许范围内	2	
		在允许范围外	0	
	整个操作完成时间	在规定范围内	1	
		在规定范围外	0	
9. 文明操作(5分)	实验过程台面	整洁有序	2	
		脏乱	0	
	实验后台面、试剂等	清理	2	
		未清理	0	
	实验后试剂、仪器放回原处	已放	1	
		未放	0	

项目10 气相色谱仪的使用与维护——知识测试题

班级： 姓名： 学号： 第 组 成绩：

一、填空题

1. 色谱图是指(　　)通过检测器系统时所产生的(　　)和(　　)或(　　)的曲线图。

2. 一个组分的色谱峰，其峰位置(即保留值)可用于(　　)，峰高或峰面积可用于(　　)。

3. 色谱分离的基本原理是(　　)通过色谱柱时与(　　)之间发生相互作用，这种相互作用大小的差异使(　　)互相分离而按先后次序从色谱柱后流出；这种在色谱柱内(　　)，起(　　)作用的填料称为固定相。

4. 气-固色谱的固定相是(　　)，气-液色谱的固定相是(　　)等。

5. 气相色谱仪的载气是载送样品进行分离的(　　)，常用的载气有(　　)、(　　)、(　　)、(　　)、(　　)。

6. 气体钢瓶供给的气体经减压阀后，必须经(　　)净化处理，以除去(　　)。

7.(　　)和(　　)是气相色谱最常用的检测器。其中，(　　)属浓度型；(　　)属质量型。

8. 气相色谱仪的控制温度主要指对(　　)、(　　)、(　　)三处的温度控制。

9. 开机使用FID时，必须先通(　　)、(　　)，再开温度控制。待检测器温度超过(　　)时，才能通氢气点火。

10. 新制备的或新安装色谱柱，使用前必须进行(　　)。

二、选择题

1. 下列有关高压气瓶的操作正确的选项是(　　)。

A. 气阀打不开用铁器敲击　　B. 使用已过检定有效期的气瓶

C. 冬天气阀冻结时，用火烘烤　　D. 定期检查气瓶、压力表、安全阀

2. 气相色谱检测器的温度必须保证样品不出现(　　)现象。

A. 冷凝　　B. 升华　　C. 分解　　D. 气化

3. 选择固定液的基本原则是(　　)原则。

A. 相似相溶　　B. 极性相同　　C. 官能团相同　　D. 沸点相同

4. 氢火焰离子化检测器中，使用(　　)作载气将得到较好的灵敏度。

A. H_2　　B. N_2　　C. He　　D. Ar

5. 有机物在氢火焰中燃烧生成的离子，在电场作用下，能产生电信号的器件是(　　)。

A. 热导检测器　　B. 火焰离子化检测器

C. 火焰光度检测器　　D. 电子捕获检测器

6. 下列试剂中，一般不用于气体管路的清洗的是(　　)。

A. 甲醇　　B. 丙酮

C. 5%氢氧化钠水溶液　　D. 乙醚

三、简答题

1. 简述气路系统的主要部件、气体的种类及气路系统的要求。

2. 说明气路检漏的两种常用的方法。

3. 怎样清洗气路管路？

续表

4. 使用微量注射器应该注意哪些问题？
5. 简述进样垫的类型、作用及日程维护。
6. 如何清洗进样口？
7. 填充柱与毛细管柱的主要区别有哪些？
8. 氢火焰点不燃的可能原因是什么？如何排除？
9. 分析基线噪声大的可能原因。

项目11　高效液相色谱仪的使用与维护——任务实施记录单

班级：　　姓名：　　学号：　　第　　组　　组长签字：

工作任务1　液相色谱仪的结构认知
仪器与试剂：
注意事项与存在问题：
工作任务2　FL2200型液相色谱仪的液路系统的连接
仪器与试剂：
操作流程：
注意事项与存在问题：
工作任务3　进样阀、色谱柱、检测器及色谱站的安装
仪器与试剂：
操作流程：
注意事项与存在问题：

续表

工作任务 4　FL2200 型高效液相色谱仪高压输液泵的操作使用
仪器与试剂：
操作流程：
注意事项与存在问题：
工作任务 5　FL2200 型高效液相色谱仪紫外检测器的操作使用
仪器与试剂：
操作流程：
注意事项与存在问题：

续表

工作任务 6　N2000 色谱工作站的使用
仪器与试剂：
操作流程：
数据处理：
存在问题：
教师评语：

项目11 高效液相色谱仪的使用与维护——操作技能考核表

班级： 姓名： 学号： 第 组 成绩：

工作内容	考核内容	参考标准	参考分值	得分
1. 认知液相色谱仪的结构（10分）	液相色谱仪外部结构	独立准确认知	4	
		在指导下认知	2	
		不知道	0	
	液相色谱仪各部分作用	理解正确	3	
		理解不正确	0	
	液相色谱仪操作键盘	独立熟练操作	3	
		指导下完成操作	1	
		不会操作	0	
2. 液相色谱仪的液路系统的连接（15分）	管子的切割	独立熟练操作	3	
		指导下完成操作	1	
		不会操作	0	
	不锈钢管子安装	独立熟练操作	3	
		指导下完成操作	1	
		不会操作	0	
	聚四氟乙烯管子安装	独立熟练操作	3	
		指导下完成操作	1	
		不会操作	0	
	单泵等度系统液路的连接	独立熟练操作	3	
		指导下完成操作	1	
		不会操作	0	
	双泵对控梯度系统液路的连接	独立熟练操作	3	
		指导下完成操作	1	
		不会操作	0	
3. 进样阀、色谱柱、检测器及色谱工作站的安装（15分）	电路的连接	正确	1	
		不正确	0	

续表

工作内容	考核内容	参考标准	参考分值	得分
3. 进样阀、色谱柱、检测器及色谱工作站的安装(15分)	手动进样阀的安装和连接	独立熟练操作	2	
		指导下完成操作	1	
		不会操作	0	
	检测器的安装和连接	独立熟练操作	2	
		指导下完成操作	1	
		不会操作	0	
	色谱柱的安装和连接	独立熟练操作	2	
		指导下完成操作	1	
		不会操作	0	
	色谱工作站硬件的安装	正确	2	
		不正确	0	
	色谱工作站软件的安装	正确	2	
		不正确	0	
	进样阀的维护保养	独立熟练进行	2	
		指导下完成	1	
		不会	0	
	色谱柱的维护保养	独立熟练进行	2	
		指导下完成	1	
		不会	0	
4. 液相色谱仪高压输液泵的使用(10分)	等度模式下泵参数的设定	独立设定	2	
		指导下完成	1	
		不会设定	0	
	程序流量模式下泵参数的设定	独立设定	2	
		指导下完成	1	
		不会设定	0	
	梯度模式下泵参数的设定	独立设定	2	
		指导下完成	1	
		不会设定	0	

续表

工作内容	考核内容	参考标准	参考分值	得分
4. 液相色谱仪高压输液泵的使用(10分)	对输液泵的维护保养	独立熟练进行	2	
		指导下完成	1	
		不会	0	
	对高压泵故障的排除	会排除	2	
		不会排除	0	
5. 液相色谱仪紫外检测器的使用(18分)	单波长模式下检测器参数的设定	独立设定	3	
		指导下完成	1	
		不会设定	0	
	时间-波长程序模式下检测器参数的设定	独立设定	3	
		指导下完成	1	
		不会设定	0	
	光谱扫描模式的操作下检测器参数的设定	独立设定	3	
		指导下完成	1	
		不会设定	0	
	查找特征波长	独立操作	3	
		指导下完成	1	
		不会操作	0	
	检测器的维护保养	独立熟练进行	3	
		指导下完成	1	
		不会	0	
	检测器故障的排除	会排除	3	
		不会排除	0	
6. N2000色谱工作站的使用(22分)	输入实验信息	正确	2	
		不正确	0	
	编辑实验方法	正确	2	
		不正确	0	
	编辑组分表	正确	2	
		不正确	0	

续表

工作内容	考核内容	参考标准	参考分值	得分
6. N2000色谱工作站的使用(22分)	曲线校正	正确	2	
		不正确	0	
	谱图显示	正确	2	
		不正确	0	
	编辑报告	正确	2	
		不正确	0	
	输入仪器条件	正确	2	
		不正确	0	
	启动数据采集	正确	2	
		不正确	0	
	结束数据采集	正确	2	
		不正确	0	
	存储谱图信息	正确	2	
		不正确	0	
	根据谱图异常判断故障	会判断	2	
		不会判断	0	
7. 结果记录与评价(5分)	色谱图	较好	2	
		不好	0	
	结果准确度	在允许范围内	2	
		在允许范围外	0	
	整个操作完成时间	在规定范围内	1	
		在规定范围外	0	
8. 文明操作(5分)	实验过程台面	整洁有序	2	
		脏乱	0	
	废液、废纸等	按规定处理	2	
		乱扔乱倒	0	
	实验后试剂、仪器放回原处	已放	1	
		未放	0	

项目11　高效液相色谱仪的使用与维护——知识测试题

班级：　　　　姓名：　　　　学号：　　　　第　　组　　　　成绩：

一、填空题

1. 高效液相色谱仪最基本的组件是(　　)、(　　)、(　　)、(　　)和(　　)。

2. 高压输液系统一般包括(　　)、(　　)、(　　)和(　　)等。

3. 高压输液泵按输送流动相的性质不同可分为(　　)和(　　)两大类；目前高效液相色谱仪普遍采用的是(　　)，特别是(　　)。

4. 梯度洗脱装置依据溶液混合的方式可分为(　　)和(　　)。

5. 安装和更换色谱柱时应注意流动相的方向应与(　　)。

6. 色谱工作站兼具(　　)和(　　)的功能，由硬件和软件两部分组成，其中硬件由(　　)和(　　)组成。

7. 常用的溶剂脱气方法有(　　)、(　　)以及(　　)三种。

二、选择题

1. 液相色谱流动相过滤必须使用(　　)粒径的过滤膜。

A. 0.5μm　　B. 0.45μm　　C. 0.6μm　　D. 0.55μm

2. 液相色谱中通用型检测器是(　　)。

A. 紫外吸收检测器　　B. 示差折光检测器　　C. 热导池检测器　　D. 氢焰检测器

3. 下列用于高效液相色谱的检测器，(　　)不能使用梯度洗脱。

A. 紫外检测器　　B. 荧光检测器　　C. 蒸发光散射检测器　　D. 示差折光检测器

4. 在液相色谱中，不会显著影响分离效果的是(　　)。

A. 改变固定相种类　　B. 改变流动相流速　　C. 改变流动相配比　　D. 改变流动相种类

5. 高效液相色谱仪与气相色谱仪相比，增加了(　　)。

A. 恒温箱　　B. 高压泵　　C. 程序升温　　D. 梯度淋洗装置

6. 衡量色谱柱柱效能的指标是：(　　)。

A. 塔板高度　　B. 分离度　　C. 塔板数　　D. 分配系数

7. 在环保分析中，常常要监测水中多环芳烃，如用高效液相色谱分析，选用下述哪种检测器(　　)。

A. 荧光检测器　　B. 示差折光检测器　　C. 电导检测器　　D. 紫外吸收检测器

三、简答题

1. 新买来的溶剂管路应如何清洗？

2. 简述几种排除系统内气泡的方法。

3. 简述溶剂过滤头或在线过滤器的清洗方法。

4. 输液泵显示压力过高主要是由哪些因素引起的？应如何排除？

5. 检测器出现基线噪声主要是由哪些因素引起的？应如何排除？

6. 高效液相色谱法对泵的要求是什么？

7. 安装和更换液相色谱柱时应注意什么？

ISBN 978-7-122-10908-8
0 1>
9 787122 109088
定 价：48.00元